建筑施工
管理与结构设计

徐增强　李艳娜　刘洪欣　著

U0253501

吉林科学技术出版社

图书在版编目（CIPC]I数据

建筑施工管理与结构设计/徐增强，李艳娜，刘洪
欣著．-- 长春：吉林科学技术出版社，2024.3
ISBN 978-7-5744-1201-9

Ⅰ．①建… Ⅱ．①徐… ②李… ③刘… Ⅲ．①建筑施
工—施工管理②建筑结构—结构设计 Ⅳ．① TU71
② TU318

中国国家版本馆 CIP 数据核字 (2024) 第 065923 号

建筑施工管理与结构设计

著	徐增强　李艳娜　刘洪欣
出 版 人	宛　霞
责任编辑	高千卉
封面设计	青　青
制　　版	长春美印图文设计有限公司
幅面尺寸	185mm×260mm
开　　本	16
字　　数	360 千字
印　　张	23.125
印　　数	1~1500 册
版　　次	2024 年 3 月第 1 版
印　　次	2024年10月第1次印刷

出　　版	吉林科学技术出版社
发　　行	吉林科学技术出版社
地　　址	长春市福祉大路5788 号出版大厦 A 座
邮　　编	130118
发行部电话/传真	0431-81629529 81629530 81629531
	81629532 81629533 81629534
储运部电话	0431-86059116
编辑部电话	0431-81629510
印　　刷	廊坊市印艺阁数字科技有限公司

书　　号	ISBN 978-7-5744-1201-9
定　　价	90.00元

前　言

随着我国经济的发展以及城市化进程的加快，建筑行业取得了长足的发展。但是在实践中，仍然存在许多问题，并影响了建筑的质量。建筑物的质量不但关系建筑企业的经济效益，而且影响着人们的生产以及生活。而建筑物的结构设计以及施工的管理工作，是建筑工程质量以及施工得以顺利开展的重要保障。建筑企业的相关管理人员以及设计人员应当加强这两方面的工作，促进建筑行业的发展以及经济的繁荣。

建筑工程的结构设计包含框架、基础、结构、措施等多方面的内容，在进行设计之初，应当仔细进行实地的勘察和检验，科学合理地确定结构的设计方案。综合考虑地域环境，人文地理以及自然资源等各个层面，秉承着自然和谐的设计理念来进行建筑工程结构的设计。首先要注意建筑物的朝向以及建筑物之间的距离，充分地利用太阳能以及风能。其次要对建筑的体型系数进行科学的规划，尽量减少建筑物表面的凸凹不平现象，采用规则的平面设计外形降低体系系数，使设计更加绿色环保。

在建筑结构设计中，框架的选择最好优先考虑杆件刚接体系，从而提高工程结构的稳定性以及抗震性。要注意结构性构件的组成，充分考虑产生的垂直和水平的荷载能力，结构性构件之间要通过节点加以连接。在基础的设置上，要充分考虑现场的水温，地址以及工程的施工环境，低层的建筑物由于其上部的结构荷载较小，可以考虑采用独立基础的结构模式。高层建筑物，选择综合基础的结构模式，并要符合抗震设计的规范要求，加强建筑物的抗震性能设计，积极采取有效的抗震措施和手段。另外，在结构计算时，还应当避免发生错误，保证计算的科学性和合理性。

本书由徐增强（日照高新发展集团有限公司）、李艳娜（鄄城县建设工程监理服务中心）、刘洪欣（临沂市兰山区城市开发建设投资集团有限公司）、林高音（山东海鑫建设集团有限公司）、周扬（青岛市建筑工程管理服务中心）、李翠英（中牟县住房保障和房地产服务中心）、原蕾（焦作市建设工程质量检测站）、陈亚沛（中国市政工程中南设计研究总院有限公司）、张锐（合肥东部新中心建设管理办公室）、赵秋思（太康县住房和城乡建设局）共同撰写。

本书从建筑工程施工基础介绍入手，针对建筑工程、建筑施工的基本理论、建筑工程施工技术、建筑设计与施工组织进行了分析研究；另外对建筑工程项目管理、建筑工程施工成本管理、建筑工程施工质量管理、建筑工程施工项目风险管理做了一定的介绍；还对建筑工程结构设计、建筑工程地下结构设计、高层建筑结构设计、建筑施工安全生产应急管理、建筑工程施工技术做了研究。本书论述严谨，结构合理，条理清晰，内容丰富新颖，具有前瞻性，可以作为从事建筑工程施工等专业技术人员的参考资料。

目　录

第一章 建筑工程施工概述

第一节 建筑与建筑工程

一、建筑及其基本构成

（一）建筑

建筑一词的英文为 architecture，来自拉丁语 archi-tectura，可理解为关于建筑物的技术和艺术的系统知识，又称为建筑学。汉语"建筑"是一个多义词，它既可以表示建筑工程或土木工程的营造活动，又可以表示这种活动的成果。中国古代把建造房屋及其相关的土木工程活动统称为"营建"或"营造"，而建筑一词则是从日本引入的。有时建筑也泛指某种抽象的概念，如罗马建筑、拜占庭式建筑、哥特式建筑、明清建筑、现代建筑等。

目前，有关建筑的含义学术界有很多解释，这里按照最通俗的理解去说明。也就是把建筑作为工程实体来对待，即建筑通常认为是艺术与工程技术相结合，营造出供人们进行生产、生活或者其他活动的环境、空间、房屋或者场所，一般情况下是指建筑物和构筑物。建筑物是指供人们生活居住、工作、学习、娱乐和从事生产的建筑，如住宅、学校、宾馆、办公楼、体育馆等。而人们不在其中生产、生活的建筑则称为构筑物，如水塔、烟囱、蓄水池、桥梁、堤坝、囤仓等。

建筑的形成主要涉及建筑学、结构学、给排水、供暖通风、空调技术、电气、消防、自动控制、建筑声学、建筑光学、建筑热工学、建筑材料、建筑施工技术等方面的知识和技术，同时受到政治制度、自然条件、经济基础、社会需要以及人工技巧等因素影响，在一定程度上反映了某个地区在某个时期的建筑风格与艺术，也反映了当时的社会活动和工程技术水平。因此，建筑是一门集社会科学、工程技术和文化艺术于一体的综合性学科，是一个时代物质文明、精神文明和政治文明的产物。

（二）建筑工程

1. 建筑工程的概念

工程是运用科学原理、技术手段、实践经验，利用和改造自然，生产开发对社会有用的产品和实践活动的总称。而建筑工程是运用数学、物理、化学等基础知识和力学、材料等技术知识以及专业知识研究各种建筑物设计、修建的一门学科。

由于建筑工程主要涉及房屋等建筑物，因此建筑工程又指房屋建筑工程，即兴建房屋的规划、勘察、设计（建筑、结构和设备）、施工的总称。

土木工程是一门古老、传统、综合的学科，是人类赖以生存与发展的基础。而作为土木工程学科中最有代表性的分支——建筑工程，主要解决社会和科技发展所需的"衣、食、住、行"中"住"的问题，表现为形成人类活动所需要的、功能良好和舒适美观的空间，满足人类物质以及精神方面的需要。建筑工程在任何一个国家的国民经济发展中都占有举足轻重的地位。

2. 建筑工程的基本属性

建筑工程是土木工程学科的重要分支，从广义上讲，建筑工程和土木工程应属同一个意义上的概念。因此，建筑工程的基本属性与土木工程的基本属性大体一致。

（1）综合性

建筑工程项目的建设一般都要经过勘察、设计和施工等阶段。每一个阶段的实施过程都需要运用工程地质勘探、工程测量、土力学、建筑力学、建筑结构、工程设计、建筑材料、建筑设备、建筑经济等学科，以及施工技术、施工组织等不同领域的理论知识。因此，建筑工程具有广泛的综合性。

（2）社会性

建筑工程是随人类社会的进步而发展起来的，所建造的建筑物和构筑物反映出不同历史时期社会、经济、文化、科学、技术和艺术发展的全貌。建筑工程在相当大的程度上成为社会政治和历史发展的外在特征和标志。

（3）实践性

建筑工程涉及的领域非常广泛，因此，影响建筑工程的因素必然众多且复杂，使建筑工程对实践的依赖性很强。

（4）技术、经济和艺术的统一性

建筑工程是为人类需要服务的，所以它必然是一定历史时期集社会经济、技术和文化艺术于一体的产物，是技术、经济和艺术统一的结果。

（三）建筑的基本构成要素

构成建筑的基本要素是指不同历史条件下的建筑功能、建筑的物质技术条件和建筑形象。

1. 建筑功能

一是满足人体尺度活动所需的空间尺度，即人是建筑空间活动的主体，人体的各项活动尺度与建筑空间又有十分密切的关系。二是满足人的生理要求，即要求建筑应具有好的朝向，有保温、防潮、隔声、防水、采光和通风的性能，为人们提供舒适的卫生环境。三是满足不同建筑使用特点要求，即不同性质的建筑物在使用上又有不同的特点满足建筑功能要求是建筑的主要目的，体现了建筑的实用性，在构成的要素中起主导作用。

2. 建筑的物质技术条件

建筑的物质技术条件是建造建筑物的手段，一般包括建筑材料、土地、制品、构配件技术结构技术、施工技术和设备技术（水、电、通风、空调、通信、消防、输送等设备技术）等。建筑的物质技术条件是建筑发展的重要因素。例如，建筑材料是构成建筑的物质基础，通过一定技术手段运用建筑材料构建建筑骨架，形成建筑空间的实体。建筑技术和建筑设备对建筑的发展同样起到重要作用。电梯和大型起重设备的利用促进了高层建筑的发展，计算机网络技术的应用产生了智能建筑，节能技术的出现产生了节能建筑等。

建筑不可能脱离建筑技术而独立存在，例如，在19世纪中叶以前的几千年间，建筑材料是以砖、瓦、木、石为主，所以古代建筑的跨度和高度都受到限制，19世纪中叶到20世纪初，钢铁、水泥相继出现，为大力地发展高层和大跨度建筑创造了物质条件，可以说高度发展的建筑技术是现代建筑的一个重要标志。

3. 建筑形象

建筑除满足人们的使用要求外，又以它不同的空间组合、建筑造型、立面形式、细部与重点处理、材料的色彩和质感、光影和装饰处理等，共同构成一定的建筑形象。建筑的形象是建筑的功能和技术的综合反映。

不同时代的建筑有不同的建筑形象。例如，古代建筑与现代建筑的形象就不同地域的建筑也会产生不同的建筑形象，汉族和少数民族、南方和北方都会形成本民族本地区各自的建筑形象。

建筑构成的三要素是相互联系、相互约束的，又是不可分割的辩证统一关系。建筑功能是建筑的目的，是主导因素；物质技术条件是达到建筑目的的手段；而功能不同的各类建筑可以选择不同的结构形式和使用不同的建筑材料，形成不同的建筑形象。因此，在一定功能和技术条件下，应充分发挥设计者的主观作用，使建筑形象更加美观。

二、建筑的分类与等级

（一）建筑的分类

建筑工程的类别有许多种，可以按照建筑物的使用性质划分，也可以按照建筑物结构采用的材料划分，同时可以按照建筑物主体结构的形式和受力系统（也称结构体系）划分。

1. 按建筑物的使用性质划分

（1）住宅建筑

例如，别墅、宿舍、公寓等。其特点是它的内部房间的尺度虽小，但使用布局却十分重要，对朝向、采光、隔热和隔音等建筑技术问题有较高要求。它的主要结构构件为楼板和墙体，层数以 1~2 层、10~20 层不等。

（2）公共建筑

例如，展览馆、影剧院、体育馆、候机大厅等。它是大量人群聚集的场所，室内空间和尺度都很大，人流走向问题突出，对使用功能及其设施的要求很高。通常采用将梁柱连接在一起的大跨度框架结构以及网架、拱、壳结构等为主体结构，层数以单层或低层为主。

（3）商业建筑

例如，商店、银行、商业写字楼等。由于它也是人群聚集的场所，因此有着与公共建筑类似的要求。但它往往可以做成高层建筑，对结构体系和结构形式有较高的要求。

（4）文教卫生建筑

例如，图书馆、实验楼、医院等。这类建筑有较强的针对性，如图书馆有书库、实验楼要安置特殊实验设备、医院有手术室和各种医疗设施。这种建筑物经常采用以框架结构为主体结构，层数以 4~10 层为主。

（5）工业建筑

例如，重型机械厂房、纺织厂房（单层轻工业）、制药厂房、食品厂房（多层轻工业）等。它们往往有很大的荷载，沉重的撞击和振动，需要巨大的空间，而且经常有湿度、温度、防爆、防尘、防菌、洁净等特殊要求以及要考虑生产产品的起吊运输设备和生产路线等。单层工业建筑通常采用的是铰接排架结构，多层工业建筑往往采用刚接框架结构。

（6）农业建筑

例如，暖棚、畜牧场、大型养鸡场等。通常采用的是轻型钢结构。

2. 按建筑物结构采用的材料划分

（1）砌体结构

采用砖、石、混凝土砌块等砌体形成，主要用于建筑物的墙体结构。

（2）钢筋混凝土结构

采用钢筋混凝土或者预应力混凝土筑成，主要用于框架结构、剪力墙结构、筒体结构、拱结构、空间薄壳和空间折板结构等。

（3）钢结构

采用各种热轧型钢、冷弯薄壁型钢或钢管通过焊接、螺栓和铆钉等连接方法连接而成，主要用于框架结构、剪力墙结构、筒体结构、拱结构等。

（4）木结构

采用方木、圆木、条木连接而成。但木材主要用于制作建筑物结构所用的木梁、木柱、木屋架、木屋面板等。

（5）薄壳充气结构

主要用于屋盖结构。

3. 按建筑物的结构体系划分

（1）墙体结构

利用建筑物的墙体作为竖向承重和抵抗水平荷载（如风荷载或水平地震荷载）的结构。墙体同时可作为围护及房间分隔构件使用。另外，在高层建筑中墙体结构也称为剪力墙结构。

（2）框架结构

采用梁、柱组成的框架作为房屋的竖向承重结构，同时承受水平荷载。其中，梁和柱的整体连接，相互之间不能自由转动但可以承受弯矩时，称为刚接框架结构；梁和柱的非整体连接，其间可以自由转动但不能承受弯矩时，称为铰接框架结构。

（3）筒体结构

利用房间四周墙体形成的封闭筒体（也可利用房屋外围由间距很密的柱与截面很高的梁组成一个形式上像框架，实质上是一个有许多窗洞的筒体）作为主要抵抗水平荷载的结构。也可以利用框架和筒体组合成框架筒体结构。

（4）错列桁架结构

利用整层高的桁架横向跨越房屋两外柱之间的空间，并利用桁架交替在各楼层平面上错列的方法增加整个房屋的刚度，也使居住单元的布置更加灵活，这种结构体系称为错列桁架结构。

（5）拱结构

以在一个平面内受力，由曲线（或折线）形构件组成的拱所形成的结构来承受整个房屋的竖向荷载和水平荷载的结构。

（6）空间薄壳结构

由曲面形板与边缘构件（梁、拱或桁架）组成的空间结构。它能以较薄的板面形成承载能力高、刚度大的承重结构，并能覆盖大跨度的空间而无须中间设柱。

（7）空间折板结构

由多块平板组合而成的空间结构。它是一种既能承重又能围护，用料较省，刚度较大的薄壁结构。

（8）网架结构

由多根杆件按照一定的网格形式通过节点连接而成的空间结构，具有空间受力、质量轻、刚度大、可跨越较大跨度、抗震性能好等优点。

（9）钢索结构

指楼面荷载通过吊索或吊杆传递到支承柱上，再由柱传递到基础的结构。这种结构形式类似悬索结构的桥梁。

（二）建筑物的等级

建筑物可以按照其耐火性能、耐久程度、重要与否等分为不同的建筑等级。设计时应根据不同的建筑等级，采用不同的标准和定额，选择相应的材料和结构形式。

1.建筑物的设计等级

例如，民用建筑设计等级一般分为特级、一级、二级和三级，如表1-1所示。

表1-1　民用建筑工程设计等级分类表

类型工程等级		特级	一级	二级	三级
一般公共建筑	单体建筑面积	8万 m^2 以上	2万 m^2 以上至8万 m^2	5000m^2 以上至2万 m^2	5000m^2 及以下
	立项投资	2亿元以上	4000万元以上至2亿元	1000元以上至4000万元	1000万元及以下
	建筑高度	100m以上	50m以上至100m	24m以上至50m	24m及以下（其中砌体建筑不得超过抗震规范高度限值要求）
住宅、宿舍	层数		20层以上	12层以上至	12层及以下（其中砌体建筑不得超过抗震规范层数限值要求）
住宅小区、工厂生活区	总建筑面积		10万 m^2 以上	10万 m^2 及以下	
地下工程	地下空间（总建筑面积）	5万 m^2 以上	1万 m^2 以上至5万 m^2	1万 m^2 及以下	
	附建式人防（防护等级）		四级及以上	五级及以下	
特殊公共建筑	超限高层建筑抗震要求	抗震设防区特殊超限高层建筑	抗震设防区建筑高度100m及以下的一般超限高层建筑		
	技术复杂，有声、光、热振动、视线等特殊要求	技术特别复杂	技术比较复杂		

类型工程等级		特级	一级	二级	三级
特殊 公共建筑	重要性	国家级经济文化、历史、涉外等重点项目工程	省级经济文化历史涉外等重点项目工程		

注：符合某工程特征之一的项目即可确认该工程项目等级。

2. 建筑物的耐久等级

建筑物的耐久等级是指建筑物的使用年限。使用年限的长短由建筑物的性质决定。影响建筑物使用寿命的主要因素是结构构件的材料和结构体系。

3. 建筑物的危险等级

危险的建筑物（危房）实际上是指结构已经严重损坏，或者承重构件已属危险构件，随时可能丧失稳定性和承载力，不能保证居住和使用安全的房屋。建筑物的危险性一般分为以下四个等级。

A 级：结构承载力能满足正常使用要求，未发生危险点，房屋结构安全；

B 级：结构承载力基本满足正常使用要求，个别结构构件处于危险状态，但不影响主体结构；

C 级：部分承重结构承载力不能满足正常使用要求，局部出现险情，构成局部危房；

D 级：承重结构承载力已不能满足正常使用要求，房屋整体出现险情，构成整幢危房。

4. 建筑结构的安全等级

建筑结构设计时，应根据结构破坏可能产生的后果（危及人的生命、造成经济社会影响等）的严重性，采用不同的安全等级。建筑结构安全等级可划分为以下三个等级。

一级：破坏后果很严重，适用于重要的房屋；

二级：破坏后果严重，适用于一般的房屋；

三级：破坏后果不严重，适用于次要房屋。

第二节　建筑施工的基本理论

一、建筑施工的新技术

随着科学技术的快速发展，更多的建筑施工新技术运用于现代建筑施工中，推进了建筑施工水平的提升，而建筑施工企业也必须依靠新技术提升自身竞争力，在日益激烈的竞争中占有一席之地，使企业本身得到最大的发展。

近年来，随着建筑业产业规模、产业素质的发展和提高，我国建筑业取得了不错的成绩，但目前我国建筑技术的水平还比较低，建筑业作为传统的劳务密集型产业和粗放型经济增长方式，没有得到根本性的改变。在建筑工程领域加快科技成果转化，不断提高工程的科技含量，全面推进施工企业技术进步，促进建筑技术整体水平提高的唯一的途径就是紧紧依靠科技进步，将科学的管理和大量技术上先进、质量可靠的新技术广泛地应用到工程中去，应用到建筑业的各个领域。

（一）我国当前建筑施工新技术

随着科学技术的不断发展，建筑施工技术也得到了不断提升，由原来单一的技术发展成多元化的施工技术，已经达到一个比较成熟的水平。尤其是近年来科学技术日新月异地发展，新的施工技术、新工艺、新设备不断涌现，使原来存在的很多难题迎刃而解，破除了很多限制技术发展方面的"瓶颈"。随着新的施工技术的不断引导和推广，大大改变了过去施工效率低下的现状，使施工效率达到了新的高度。

（1）新的施工技术使施工成本大大降低，增加了单位时间能够完成的工作量。

（2）使工程施工的安全度大大提升，施工风险降到了更低的程度。目前建设部推广的一些新技术，如深基坑支护技术、高强高性能混凝土技术、高效钢筋和预应力混凝土技术、建筑节能和新型墙体运用技术、新型建筑防水和塑料管运用等已经广泛应用于建筑工程施工中。

（二）在建筑施工中施工新技术的地位

施工新技术有其鲜明的特点，施工新技术是指在面对客观世界的复杂性时，需要考虑多种因素，需要综合应用多门学科的知识，采取可靠和经济的方法，寻求最佳的解决方案。由于自然资源是有限的，因此除要有效节约利用现有资源外，还必须不断开发新的自然资源或利用新资源的技术，充分重视与自然界和环境的协调友好、功利当代、造福子孙，实现可持续发展。现代工程与人类社会关系密切，与人类生存休戚相关，施工新技术问题的解决还应采取有关社会科学的知识。科学的成就往往不能一出现就得到应用，只有通过施工新技术转化为直接的社会生产力，才能创造出满足社会需要的物质财富，于是在建筑工程中使用新技术就是将技术科学运用到实际情况中去，是创造社会财富的过程，也是施工企业提高经济效益的重要手段。

（三）当前施工新技术在建筑工程中的应用举例

1. 当前建筑施工中防水新技术的应用

防水技术的根本实质是指防水渗漏和有害性裂缝的防控技术，在实际操作中，必须坚持"质量第一，兼顾经济"的设计原则，选择最佳的防水材料，采用最合适的防水施工工艺。

一是从屋面防水工程来看，可以采用聚合物水泥基复合涂膜技术，采用此技术必须做好基层处、板缝处和节点处的处理。二是在塔楼及裙楼屋面进行施工的时候，应该采用分遍涂布的方式进行涂膜，待第一次涂抹的涂料完全干燥变成膜之后，再进行第二遍涂料的涂抹施工。涂料的铺设方向应该是互相垂直的，在最上面涂层进行施工时，应该严格控制涂层的厚度，其厚度必须大于1mm，在涂膜防水层的收头处，必须多涂抹几遍，以防止发生流淌、堆积等问题。三是在进行外墙防水施工时，为了严防抹灰层出现开裂和空鼓的问题，可以充分发挥加气砼砖墙的优势，在抹灰之前可以用钢丝网将两种材料隔离起来。在固定好钢丝网之后，再处理好基面，将108胶水（20%）与水泥（15%）混合，调配成浆体进行涂刷，待处理好基面后，再做好抹灰层的施工，在进行砌筑时，不可直接将干砖或含水过多的砖投入使用，不得采用随浇随砌的方式。

2. 当前建筑施工中大体积混凝土技术的应用

大体积混凝土技术是一种新型的建筑施工技术，在当前的建筑工程中得到了十分广泛的应用，在进行大体积混凝土施工时，其中的水泥用量比较多，因此，其水化热作用十分强烈，混凝土内部温度会急剧升高。当温度应力超过极限时，就会致使混凝土产生裂缝，因此，必须对混凝土浇筑的块体大小进行严格控制，切实有效地控制水化热而导致的温升问题，尽可能缩小混凝土块体里面与外面的温度差距。在具体施工中，应该根据实际情况和温度应力进行计算，再考虑采用整浇或者分段浇筑，做好混凝土运输、浇筑、振捣机械及劳动力相关方面的计算。

3. 当前建筑施工中钢筋连接施工技术的应用

钢筋连接施工中有需要规范的问题，比如机连接、焊接接头面积百分率应按受拉区不宜控制，当遇钢筋数量单数时，百分率略超过些也是符合要求的。绑扎接头面积百分率控制受拉钢筋梁、板、墙类不宜大，当工程中确有必要增大接头面积百分率时，梁受拉钢筋不应大于50%，其他构件可根据实际情况放宽。

二、建筑施工技术的特点

建筑业是一个古老的行业，及至现代，建筑业更成为社会进步的标志性产业。我国是人口大国，建筑业在我国发展迅速，施工技术日新月异。新技术的研发和应用是建筑企业与相关单位共同关注的问题，许多先进的技术已被我国所采纳，并在实际应用中得到了实惠。新技术的应用不但提高了工程的质量，而且节约了建筑施工所消耗的资源，从而降低了工程所需成本。下面从我国建筑业的基本情况出发，分析施工过程中的相关问题，通过引进新技术来提高我国施工技术的水平，从而加速我国建筑业的发展，提高施工效率和经济效益。

（一）现阶段的建筑技术水平概述

近年来，随着城市化进程的不断加快，我国建业发展迅速。许多新型建筑技术被应用于施工中，并在使用过程中得到了发展和创新，同时总结出许多宝贵经验。然而，新型建筑技术的推广在我国仍不广泛，简单分析有以下几点：①大多数建筑企业规模较小，缺乏必要的资金引进先进的技术和设备；②一部分单位的技术人员业务能力相对较低，对新技术不能很好地理解和掌握，使新技术在施工中得不到充分运用；③一些单位对新技术不够重视，国家缺乏相关管理部门进行管理和推广。针对我国现有建筑业的实际发展情况，国家一定要充分重视新型施工技术的推广，让建筑行业充分认识到新技术的优越性——节约资源，节省工时，提高质量。因此，引进新技术是建筑行业发展的必然需求，是提高建筑企业竞争力的必然需要。

桩基技术：①沉管灌注桩。在振动、锤击沉管灌注桩的基础上，研制出新的桩型，如新工艺的沉管桩、沉管扩底桩（静压沉管夯扩灌注桩和锤击振动沉管扩底灌注桩）直径500mm以上的大直径沉管桩等。先张法预应力混凝土管桩逐步扩大应用范围，在防止由于起吊不当、偏打、打桩应力过高、挤土、超静水压力等原因而产生的施工裂缝方面，研究出了有效的措施。②挖孔桩。近年来已可开挖直径 3.4m、扩大头直径达 6m 的超大直径挖孔桩。在一些复杂地质条件下，也可施工深 60m 的超深人工挖孔桩。③大直径钢管桩。在建筑物密集地区的高层建筑中应用广泛，有效防止挤土桩沉桩时对周围环境产生影响。④桩检测技术。桩的检测包括成孔后检测和成桩后检测。后者主要是动力检测，我国检测的软硬件系统正在赶上或达到国际水平。

混凝土工程技术：建筑施工过程中，混凝土技术占了较大的比例，对建筑工程施工也有重要的影响。我国建筑施工中混凝土技术现状：①混凝土作为建筑工程主要材料之一，施工技术和质量是建筑企业非常重视的问题，也是具有研究意义的课题。传统的混凝土技术主要以强度大为目标，但是随着科学技术的进步，施工技术不断革新，混凝土材料不仅要求强度大，更要求持久耐用。高强高性能混凝土、混凝土原材料、预拌混凝土等，这些材料的制作技术都必须得到进步，比如混凝土添加剂的性能，由原来的单纯减水剂发展到微膨胀、抗渗、缓凝、防冻等，这样就有效提高了混凝土质量。预拌混凝土的出现，减少了材料消耗，降低了施工成本，改善了劳动条件，提高了工程质量。②模板工程。模板在混凝土施工中起到重要作用，我国建筑施工行业的技师，以多年的建筑施工经验，研究出一些科学、先进的混凝土支模技术，如平模板、全钢模板、竖向模板等，而且每种模板都有自身独特的优势，比如全钢模板独特的优势有成型质量好、刚度高、承载能力较强等。③加强技术管理，严格检验入场的原材料。原材料是混凝土的重要组成部分，因此，要加强对原材料的把关，要求检验人员要严格按照相关标准和相关资料进行验收，杜绝不达标的材料入场。同时，加强人员的技术管理，在混凝土施工中的每一个环节，都要进行技术交底，且在施工前完成。在施工完成后，要做技术总结工作，对在施工过程中出现的各种问题、产生的各种现象，进行深入分析和研究，提出解决方案和措施。

（二）新技术在节约施工成本方面的作用

若想节约施工成本，就一定要熟悉施工过程中的所有环节。其内容包括采用技术及设备、设计方案和材料选取等。由此看出，工程施工是一个复杂的工作，它需要各个环节的相互配合才能顺利完成。建筑物的顺利竣工，需要考虑以上所有因素。下面简单介绍一些工程施工中主要的施工方法。

人力资源施工开始时，首先是提供施工地点，然后是组织人员合理开工。从这里可以发现，施工地点是固定不变的，而施工人数和材料设备是灵活多变的。因此，合理地调配施工人员和材料设备是管理人员提高施工效率的重点工作。在一个特定区域进行施工时，要结合建筑物设计的特点，合理施工，合理调配资源，以投入最少的资源来达到最理想的目标，由此来避免施工过程中造成的资源浪费、人员闲置、秩序混乱等问题，从而在保证施工质量的基础上，使整个施工过程合理有序。

建筑物在不同地区施工要求有所差异，不同的地域都有代表当地文化特色的建筑物。因此，不同地区的建筑施工也会大相径庭。不同类型的建筑要根据自身特点采用不同的施工方法及建筑材料进行施工。施工技术必须兼顾天时、地利、人和、因时、因地、因人制宜，充分认识主客观条件，选用最合适的方法，经过科学组织来实现施工。

施工过程中的多环节作业施工过程是一个多环节作业过程，其中涉及多个单位的共同合作，消耗的资源巨大，资金更是重中之重。施工过程的复杂有以下几点：

①工程施工需要政府支持，国家有关单位要监督和配合，为工程顺利施工提供必要的保障；②施工过程是一个复杂的过程，需要多个部门联合作业，环节众多，施工的复杂性是其重要的难题；③建筑企业要合理地制订施工计划，合理地调配人员和设备，在不影响工程质量的基础上，保证施工过程资源利用率最大化。施工过程虽然是一个多环节作业过程，但充分地做好这几点，就是为提高经济效益提供了前提条件。

施工方法的多样性。相同类型的建筑物施工方法各不相同，主要取决于施工技术及设备、设计方案、材料选取、天气情况和地理条件等。由此可以看出施工方法具有多样性的特点，这就要求我们在施工过程中做好资源整合，合理调配资源，选择符合施工要求的材料，选择合理的时间开始施工等。只有这样，才能保证工程质量，节约成本，提高经济效益。

加强安全管理，保证施工安全。施工管理也是提高施工质量、保证施工安全的重点。施工管理可以有效地监督施工成本控制中各个环节的实际情况，可以根据实际情况进行合理控制，保证企业的资金合理运用。同时，有效的管理可以保证工作人员的安全，防止危险发生。因此，管理人员要定期对施工人员进行安全培训，提高安全责任意识，以保证在现场监督过程中可以灵活地解决各种问题，从而保证施工的安全，提高施工质量。建筑企业也要引进先进的技术和设备，为安全施工提供保障，并制定施工安全制度，加大投入，提高安全生产率，建立健全的施工安全紧急预案，以应对各类突发事件，保证人身安全，保证安全施工。

（三）施工过程中如何使用新技术

我国的建筑业发展迅速，所以，提高建筑企业的技术水平，提高施工质量，一直是我们深入研究和急需解决的问题。新技术的应用和推广给建筑业带来了希望，并取得了一定的成效。新技术的应用主要体现在以下几个方面。

施工过程信息化管理。信息技术应用贯穿整个施工过程是施工过程信息化的体现。施工过程中的信息多种多样，如施工材料、施工方案、建筑企业、施工人员和设备等。信息化的管理使这些信息为合理施工提供了依据，施工管理者通过信息管理平台获得可靠信息，加强对施工环节的管理，以此来提高施工技术，让整个施工过程更加明朗化。

机器人技术的开展。随着科技的不断进步，机器人逐步走进各个行业，并在多个行业中占据了不可替代的位置。建筑行业也不例外，机器人应用正在不断推广和实践，尤其是在钢材喷涂和焊接技术中应用广泛。机器人具有其独特的特点：可靠性高，功能全面，可以完成高难度工作等。机器人技术攻克了许多技术难题，提高了施工的技术水平，给建筑施工带来了便利。然而此项技术也有不足之处：机器人数量较少，投入成本较高，不是所有的建筑企业都可以使用。但随着科学的发展，这些问题终将会解决。

施工期间周边环境的保护，建筑业的产品是庞大的建筑物。随着城市化进程的加快，高楼大厦拔地而起，钢筋混凝土结构的高楼象征着社会的发展，国家的富强，同时，环保意识在人类的脑海里也不断增强。在国家大力提倡可持续发展的今天，建筑企业在施工过程中应坚持保护施工周边的环境，选用先进施工设备，减少噪声污染，运用先进技术合理处理建筑废料，以此避免对生态环境造成不必要的破坏和影响。

随着国民经济与建筑业的发展，建筑工程施工技术在近几百年有了巨大的发展。我国的建筑企业已经采用了新型的施工技术，提高了施工队伍的技术水平，完善了施工的质量管理。但是，绝大多数建筑企业对新技术应用的认识还不够，新技术的应用效率还很低，还需要国家的监督和管理，需要相关部门进行培训和指导，从而让新技术在建筑领域得到应用和推广，为建筑企业乃至整个建筑业创造更多的经济效益，为各地区的经济发展作出贡献。

三、现代建筑施工中绿色节能

合理地使用绿色节能建筑施工技术，能够实现绿色管理、节材、节地和节水等效果，并可充分保护自然环境。下面介绍了绿色节能建筑的基本概况，分析了现代建筑施工中绿色节能建筑施工技术的优势及其具体应用，以供参考。

资源的浪费导致近年来人与环境的关系日益紧张，我国坚持走可持续发展道路的同时，也越来越关注节能技术。特别是在建筑行业，其能耗是相当大的。随着城市现代化进程，房屋建筑成为重点对象。在此种情况下，怎样提升房建施工领域中的资源利用率成为重要的问题。不过，科技的发展为我们打开了新的大门，政府与相关建设团队也逐渐意识到绿色节能的重要性。

（一）绿色节能建筑概述

为了提高建筑整体的环保性能，需要对其构成进行具体分析。因为墙体、屋顶及门窗等是关键的部位，而且使用率极高，所以需要针对这几个项目，具体地做出分析，使用污染小、对自然资源利用率高或者可回收的特质的绿色环保材料。从而实现提高整体建筑的环保性能。就现今情况来讲，修建物若想达到绿色环保就一定要拥有以下特征：

（1）舒适性。建筑为人类创造定居、工作、娱乐的场所，而绿色环保修建物一定要能为人类营造安适健康的生活条件，让修建物里的人能安适地工作，以及从事娱乐行为。

（2）推进人与生态环境的融洽同处。建设与自然条件、人需组成一种合理一致的共同体，环保节能建设一定需要积极顺应周围环境，提高我们日常生活的幸福指数，呈现人与生态的融洽同处。

（二）绿色施工技术在现代建筑工程中的特点

1. 节约材料的优势

施工材料的费用占到了工程造价的一半以上，因此它是一项重要的开支。如果建筑企业采用了节能技术，可以有效降低施工成本。需要注意的是，不能为了利益而忽视对质量的要求，只有不断提高施工技术，才能有效控制建筑垃圾的数量。

2. 绿色施工管理的优势

为了提高建筑工程的质量，必须从安全、进度和成本三个关键要素出发。而若想做好这项工作，就必须强化管理。在绿色节能理念下，就应该有整体意识，实施全局控制。首先，定期对施工状况及有关设备展开考察，确保其稳定性，发现问题及时处理；其次，严格按照施工方案，做好每一阶段的建设工作，保证工程能够按时完成；最后，必须将成本核算与管理贯穿整个流程，从前期的决策到竣工审核，必须确保企业能够达到效益最优化，才能在此基础上提高建筑目标，建成绿色环保型建筑。

3. 节水、节地和节能的优势

在建筑施工阶段，会使用较多的水资源，特别是混凝土配置的过程。由此，在绿色建筑施工技术中，绿色节水是不容忽视的一部分。由于我国人口众多，人均资源占有量贫乏，资源短缺问题十分严峻。因此，我们必须做好项目工程的设计工作和规划工作，只有这样才能使设计内容变得更加完善，提高土地使用效率。

4. 环境保护的优势

目前阶段，建筑项目现实施工的过程基本有扬尘、噪声、光污染等危害。因此，绿色型节能施工技术实施的时候，要求做好以上污染相关工作。制定管理粉尘等污染物的相关规定并严格执行，合理分配工程施工的时间段，完善相关设备的运行模式，淘汰落后的施工设备，尽可能地降低污染程度。

（三）现代建筑施工过程中环保节能建造技术的应用

1. 保温屋面层绿色节能施工技术的应用

一般情况下，屋面保温，即为将容重低和吸水率低、导热吸水低，并具有较强强度的保温施工材料，合理地设置防水层、屋面板间，选择适宜的保温施工材料，如板块状的加气混凝土块、水泥聚苯板、水泥、聚苯乙烯板、沥青珍珠岩等。散料加水泥的胶结料，现场施工浇筑的材料主要包括陶粒、浮石和珠岩、炉渣等。

2. 门窗绿色节能施工技术的应用

内外窗的选择有差别，需要根据实际情况对材料质量进行控制。合理地选择适宜的材料，可有效地提高绿色节能施工技术的利用率。在此我们具体介绍门窗安装供给：首先，对材料的选择，为保障其质量，必须强化监管，在采购过程中选择有资格生产的商家，而评判的标准就是从其提供的营业执照、产品检验等出发，以此作为依据，对该材料的性能与整体水平进行评定，结合自身的情况选择最佳的商家，进行合作采购。其次，门窗在选择节能技术的过程中，因为不同的部位要求有差异，所以我们需将这项工作细致化，在选择前充分了解门窗的特点，比如，外窗面积适宜，不可过大；传热系数的设置也要遵守规定，不同朝向和窗墙的面积比也要精确计算；对于多层建筑住宅的外窗，可通过平开窗进行设置。目前最常见的塑钢型就是节能门窗首选；最后，安装工艺，必须遵循的就是确保垂直与水平面的高低保持一致，严格地控制洞口尺寸与位置，做好这些准备工作之后再进行具体的安装。

3. 地源热泵绿色节能施工技术的应用

地源热泵施工技术，即为通过地表层储存能量对温度实行调节。针对温差较大的位置，以及室外气温差较大的位置，其低温比较稳定。经吸收夏季建筑物的热量，确保建筑物体维持在稳定、平衡的状态下。然后，合理地使用绿色节能建筑施工技术，以此实现降低能耗的目的，这项施工技术的日常维护较为简单，也可称为高效节能施工技术。在建筑物体中，空调系统为达到节能的效果，应合理地使用地源热泵施工技术，进而实现控制能耗的效果，并可实现环保的目的，不会对施工环境、四周环境构成较大的影响，有利于实行日常的维护工作。

绿色节能技术的应用与发展已经成为我国房建工程的必然，无论是从环境角度，还是从提高项目效益出发，都必须将这项技术真正地落实到具体施工过程中。不过，目前我国要大力发展节能建筑还遇到一些"瓶颈"，比如施工人员意识不足，专业性不强，管理者监察力度不够，等等。但是，我们要相信这只是暂时的，只要提高重视程度，并且不遗余力地研究这项技术，在实践中总结更新，就一定能够实现我国房建的绿色节能道路。

四、现代建筑施工信息化发展

在我国社会不断发展、科技不断创新的背景下，建筑行业获得来了飞速发展，因此需要重视创新、优化建筑工程的管理模式，以便有效提高建筑质量，保证建筑施工过程的安全性、缩短施工周期及减少施工成本，从而增加建筑工程的建设效益。

（一）建筑施工信息化建设的意义

在当今信息化发展的时代，建筑施工行业也需要积极地应对信息化发展的压力，通过内部体制的更新和优化升级来更好地体现信息化水平提升的要求和标准。在推动综合实力提升的过程之中，建筑施工领域的信息化水平有了较大的提升与发展，同时不同施工环节的有效性以及精确性能够获得极大的保障，相关的管理者也立足于信息化水平建设的相关要求，不断地加深对信息化的认知和理解，以促进工作效率与生产建设资源的合理配置为切入点，采取积极有效的策略和手段，获取全方位的信息，保障后期决策的科学性及合理性。传统的建筑施工模式非常复杂，同时在这种机械的运作模式之下工作人员及相关管理部门受到了投资资金和技术不足的影响，现有企业的信息化水平不符合时代发展的要求，严重影响自身的进一步发展。对于建筑施工来说，除需要对不同的发展战略进行分析之外，还需要关注建设技术和手段的有效应用，积极地引进一些新技术，更好地促进工业化水平落后这一问题的有效解决，促进自身的进一步发展，提高综合竞争实力。

（二）现代建筑施工信息化发展趋势与对策

1. 建立完善的集约化信息系统

对于建筑工程来说，其最终的工程质量将会受到管理工作的直接影响，在我国建筑事业飞速发展的背景下，处理好工程管理工作与企业工程建造的关系变得尤为重要。在传统的工程管理工作中，应用信息化技术可以全面提升管理效率，同时会降低传统建筑管理工作的成本。基于以上原因，现代建筑工程管理工作可以通过建立集约化信息系统提升管理效率。对于集约化信息系统的建立，应该立足于本土工程管理软件，从而建立一套高效率、高稳定、高安全的信息化系统。集约化信息系统的建立可以从以下几个方面来实现：首先，相关的技术人员应结合企业自身发展特点以及发展方式对管理工程实现信息化，通过对国外现有的管理软件借鉴，制作出一款符合企业自身的专业管理软件。这个软件在应用过程中，需要对工程进度、工程质量和工程成本等问题进行有效管理。其次，企业应搭建一个共享性平台，以此来方便政府部门、施工单位以及设计单位等部门之间的交流，这样既可以省去纸张应用的成本，又可以实现各个工程环节无缝衔接。最后，随着建筑工程规模的增加，管理工作中需要记录的信息日渐增多，单一性质的信息系统已经不能满足工程管理工作的诸多需求，复合型的信息系统被发明出来，其中不仅包含施工基本内容，还会细化到各个部门的负责人，让管理工程变得更加便捷。

2. 不断构建信息化管理平台和系统

在实际施工过程中，建筑工程管理工作有着重要的作用。然而信息化管理可以通过信息化的管理平台和系统来实现建筑工程管理工作更好地开展。因此，在对各个施工环节和相关的制度进行确立以后，就要及时地建立一个能够覆盖整个工程信息化管理平台和相关的系统，这样可以在施工过程中，使各个环节和各个部门根据施工的具体情况进行一些信息的交流和数据的分析，这样就可以更好地使各个部门的建筑工程管理信息化更加完善。在建立信息化平台管理系统的过程中，要针对具体的建筑工程管理工作各个工作内容和环节进行有针对性的改善，这样就可以使建筑企业中各个部门在使用同一个信息化管理系统的时候实现各个方面以及各个数据的共享，更能使建筑企业中的各个部门更加协调以及有利于他们之间有机融合。这样也可以使整个建筑工程施工的过程中被全程监测和控制。

3. 完善机构，制定信息化制度

对于企业来说，信息化不是孤立的，并非只有工程管理才能用到。信息化是渗透到整个企业管理的方方面面的。随着时间的推移，信息化对于企业的作用会越来越大。因此，信息化不是随便指定一两个人就可以做到的，而应该指定或成立一个专业的部门来作为信息化工作的支撑。同时，必须及时转变传统管理思维、突破传统管理模式，进行信息化管理思维及模式的改革，建立一系列完善合理的信息化管理体制，不断推进管理信息化进程。

4. 发挥政府机关的引导作用

要让信息化管理技术在建筑行业中占有一席之地，政府应加大力度，对企业进行相关的引导、必要的支持。可以推出关于信息化管理的相关政策，引起企业的重视。使企业自身积极主动地制定一系列相关的政策规定，促进信息化管理的发展，在实践中不断完善信息化管理的体系。政府也应组织关于信息化知识学习的活动，大力鼓励企业对于相关管理人员进行信息化知识的讲授，重视对信息化管理人才的培养，政府进行有效的监督，以及不定时地进行调查活动。

5. 开展培训，建设信息化队伍

人才是工作的基础保证。在信息化大背景下，要推进建筑工程管理信息化建设工作，需要大量既懂得建筑行业又熟悉信息技术的复合型人才。企业应当构建多层次、多渠道的工程管理信息化人才培养机制，一方面要加大人才引进力度，招聘一批具备建筑行业和计算机行业知识的综合型人才；另一方面要内部挖掘，加大对原有管理人员的信息化技术应用培训力度。储备信息化人才，提升企业核心竞争力，不断推动企业建筑工程信息化程度，创造更多的经济效益和社会效益。

信息化建设所涉及的内容比较复杂，同时涉及许多不同的工作环节和工作要素，管理工作人员需要以信息化发展趋势为依据，更好地体现施工信息化发展的相关要求，结合新时期施工企业发展的现实条件和所选择的各类不足，采取有效的解决对策，以实现信息资源的合理利用和配置为前提，更好地加强不同环节之间的紧密联系和互动，保障建筑施工企业能够提高自身的综合竞争实力。

第三节　建筑工程施工技术

一、建筑工程施工测量放线技术

建筑工程施工测量是施工的第一道工序，是整个工程中占有主导地位的工程环节，而建筑施工测量放线技术则为施工中的各个方面提供了正常运行的保障。下面主要分析探讨施工测量的流程和质量监控及其技术，以及视觉三维技术在测量放线技术中的应用。

（一）概述

在建筑施工项目启动之后，首先要做的工作就是施工定位的测量放线，它对于整个工程施工的成功与否具有重要意义，在实际施工过程中，测量放线不仅要对施工进度实时跟进，还要根据施工进度对设计标准和施工标准进行对比，及时改正施工误差，对建筑工程标准高度和平面位置进行测量。在每一个施工项目进行施工之前，测量放线时每一个施工项目施工之前必要的准备，不仅要对设计图纸进行反复的检验，还要对设计标准进行探究分析，保证每一个环节的标准都达到设计标准，施工人员严格按照图纸要求，照样施工，把图纸上体现出来的各个细节全部在建筑物上展现。在施工人员进行测量放样时，如果要保证测量放线的可靠性和严谨性，就必须严格按照施工图纸进行施工，从而保证工程质量，降低返工率。应要求施工人员对于施工作业具有丰富的经验和熟练的器械设备操作经验。如果在测量放线的过程中出现差错，必然会对施工项目的建设成果造成必要的影响。在工程施工完成后，测量放线人员要根据竣工图进行竣工放线测量，从而对日后建筑可能出现的问题进行及时的检测维修工作。

（二）建筑工程施工的测量的主要内容和准备工作

1. 测量放线的主要施工内容

测量放线的主要施工内容是按照设计方的图纸要求严格进行测量工作，为了方便后期对施工项目的查验，对前期的施工场地做好土建平面控制基线或红线、桩点、表好的防线和验收记录，对垫板组进行相应的设置，然后对基础构件和预件的标准高度进行测量，建立主轴线网，保证基础施工的每一个环节都做到严格按照图纸施工，先整体，后局部，高精度控制低精度。

2. 测量之前的准备工作

（1）测量仪器具的准备

严格按照国家有关规定，在钢框架结构中投入使用的计量仪器具必须经过权威的计量检测中心检测，在检测合格之后，填写相关信息的表格作为存档信息，应填写的表格有《计量测量设备周检通知单》《计量检测设备台账》《机械设备校准记录》《机械设备交接单》等。

（2）测量人员的配备

相关操作的测量人员的配备要根据测量放线工程的测量工作量及其难易程度。

（3）主轴线的测量放线

根据建立的土建平面控制网和测量方案，对整个工程的控制点进行相应的主轴线网的建立，并设置控制点和其余控制点。

（4）技术准备

做到对图纸的透彻了解，并且满足工程施工的要求，对作业内的施工成果进行记录以便后期核查。

（三）测量放线技术的应用

在每一个施工项目开始之前对其进行定位放线是关乎工程施工能否顺利进行的重要环节，平面控制网的测放以及垂直引测，标高控制网的测放以及钢珠的测量校正，都是为了确保施工测量放线的准确性与严谨性，而测量放线技术的掌控能力则是每一个技术管理人员必备的技能。

1. 异形平面建筑物放线技术

在场面平整程度好的情况下，引用圆心，随时对其进行定位。如果在挖土方时，因为建筑物或土方的升高，出现圆心无法进行延高或者圆心被占时，就要对其垂直放线，进行引线的操作，这是在异形平面建筑物最基本的放线技术，根据实际施工情况选择等腰三角形法、勾股定理法和工具法等相应地进行测量放线。将激光铅直仪设置在首层标示的控制点上，逐一垂直引测到同一高度的楼层，布置六个循环，每50米为一段，避免测量结果的误差累计，确保测量过程的安全和测量结果的精准，做到高效且快速，保证测量达到设计标准。

2. 矩形建筑放线技术

在这种情况下，最常使用的测定方式有钉铁钉、打龙门桩和标记红三角标高，在垫层上打出桩子的位置且对四个角用红油漆进行相应的标注。在矩形的建筑中，通常要对规划设计人员在施工设计图中标注的坐标进行审核，根据实际的施工情况对其进行相应的坐标调整，减少误差，对建筑物的标高和主轴线进行相应的测量。

（四）视觉三维测量技术在测量放线中的应用

随着科技的不断发展，动态和交互的三维可视技术已被广泛地应用于对地理现象的演变过程的动态分析及模拟，在虚拟现实技术和卫星遥感技术中尤为明显。视觉三维测量技术就是把在三维空间中的一个场景描述映射到二维投影中，即监视器的平面上。在进行三维图像的绘制时，主要的流程大致是将三维模型的外部造型进行描述，大致逼近，从而在一个合适的二维坐标系中利用光照技术对每一个像素在可观的投影中赋予特定的颜色属性，显示在二维空间中，也就是将三维的数据通过坐标转换为二维的数据信息。

综上所述，建筑工程施工测量放线技术在施工之前以及施工过程中被反复应用，关系整个施工项目的成败，对施工质量管理起着重要作用。随着建筑造型的多样变化，测量放线技术的难度日益增加，应该在每一个环节的应用进行分析探讨，严格按照指定的施工方案实施，从而保证工程施工的质量。

二、建筑工程施工的注浆技术

如今，随着时代的发展，建筑工程对于我国至关重要。而建筑工程是否优质，由注浆工作的优良决定。注浆技术就是将一定比例配好的浆液注入建筑土层中，使土壤中的缝隙达到充足的密实度，起到防水加固的作用。注浆技术之所以被广泛运用于建筑行业，是因为其具有工艺简单、效果明显等优点，但注浆技术运用到建筑行业中也遇到了大大小小的问题。下面旨在通过实例来分析注浆技术，试图得出可以将注浆技术合理运用到建筑行业中的措施。

建筑工程十分繁杂，不仅包括建筑修建的策划，还包括建筑修建的工作，以及后面维修养护的工作。随着科技的飞速发展，建筑技术也不断地成熟，注浆技术也有一定程度的提升，而且可以更好地使用于建筑过程中，但是在使用过程中也遇见了很多的问题，这不仅需要专业技术人员进行努力解决，还需要国家多颁布相关政策激励大家进行解决。注浆技术就是将合理比例的淤浆通过一个特殊的注浆设备注入土壤层，虽然过程看起来十分简单，但是在其运用过程中也有难以解决的问题。注浆技术运用于建筑工程中的主要优点：一定比例的浆料往往有很强的黏度，可以将土壤层的空隙紧密结合起来，填补土壤层的空隙，最终起到防水加固的作用。注浆技术在我国还处于初步发展阶段，没有什么实质性的突破，需要我们进一步地研究探索。

（一）注浆技术的基本概论

1. 注浆技术原理

注浆技术的理论基础随着时代和科技的发展越来越完善，越来越适用于建筑工程。注浆技术的原理十分简单，就是将有黏性的浆液通过特殊设备注入建筑土层中，填补土壤层的空隙，提高土壤层的密实度，使土壤层的硬度和强度能够得到一定程度的提升，这样，当风雨来袭时，建筑能够有很好的防水基础。值得注意的是，不同的建筑需要配定不同比例的浆液，这样才能很好地填充土壤层缝隙，起到防水加固的作用。如果浆液配定的比例不合适，那么注浆这一步工作就不能产生实质的作用，造成工程量的增加，也浪费大量的注浆资金。因此，在进行注浆工作前，要根据不同的建筑配备合理的浆液比例，这样才有利于后续注浆工作顺利的进行。注浆设备也要进行定期清理，不然在注浆工程中，容易造成浆液的堵塞，影响后续工作的进行，而且当浆液凝固在注浆设备中时，难以对注浆设备进行清理，容易造成注浆设备的报废，也会造成浆液资金的大量浪费。

2. 注浆技术的优势

注浆技术虽然处于初步发展阶段，但是已经广泛运用于建筑工程中，其主要的原因是具有三个优势：一是工艺简单，二是效果明显，三是综合性能好。注浆技术可以在不同部位中进行应用，这样就有利于同时开工，提高工作效率；注浆技术也可以根据场景（高山、低地、湿地、干地等）的变换而灵活更换施工材料和设备，比如在高地上可以更换长臂注浆设备，来满足不同场景下的施工需要。注浆技术最主要的优点就是效果明显，相关人员通过合适的注浆设备进行注浆，用浆液填补土壤层的空隙，最后使建筑能够防水和稳固，即使是洪水暴雨的来袭，墙壁也不容易进水和坍塌。在现实生活中，注浆技术十分重要，因为在地震频发的中国，有效地防止地震时建筑过早坍塌，可以使人们有更多的逃离时间。综合性能好是注浆技术运用于建筑工程中最明显的优点。注浆技术将浆液注入土壤层中，能够很好地结合内部结构，不产生破坏，不仅可以很好地提升和保证建筑的质量，还可以延长建筑结构的寿命。也因为这些优势，才使注浆技术在建筑工程中如此受欢迎。

（二）注浆技术的施工方法分析

注浆技术有很多种，如高压喷射注浆法、静压注浆法、复合注浆法等。高压喷射注浆法在注浆技术中是比较基础的一种技术方式，而静压注浆法主要应用于地基较软的情况，复合注浆法是将高压喷射注浆法和静压注浆法结合起来的方法，从而起到更好的加固效果。每种方法都有不同的优势，相关人员在进行注浆时，可以结合实际情况选择合适的注浆方法，这样才能事半功倍，还可以将多种注浆方法进行结合使用，有利于提高工作效率。下面进行详细介绍。

1. 高压喷射注浆法

在注浆技术中是比较基础的一种技术。我国在近些年引入高压喷射注浆法运用于建筑工程中，也取得了很好的结果，而且在使用过程中，我国相关人员总结经验、结合实例，对高压喷射注浆法进行了一定的改善，使其可以更好地运用于我国的建筑过程中。高压喷射注浆法主要运用于基坑防渗中，这样有利于基坑不被地下水冲击而崩塌，保证基坑的完整性和稳固性；高压喷射注浆法也适用于建筑的其他部分，不仅可以有效地进行防水，还进一步提高了其稳定性。高压喷射注浆法与静压注浆法比较，具有很明显的优势，就是高压喷射注浆法可以适用于不同的复杂环境中，而静压注浆法只能应用于地基较软的环境。但是静压注浆法相较高压喷射注浆法，也具有很大的优势，就是静压注浆法可以对建筑周围的环境给予一定保护，而高压喷射注浆法却不可以。

2. 静压注浆法

主要应用于地基较软、土质较为疏松的情况。注浆的主要材料是混凝土，其自身具有较大的质量和压力，因而在地基的最底层能够得到最大限度的延伸。混凝土凝结时间较短，在延伸的过程中，会因为受到温度的影响而直接凝固，但是在实际的施工过程中，施工环境的温度局部会有不同，因而凝结的效果也大不相同。

3. 复合注浆法

具体来说是由静压注浆法与高压喷射注浆法相结合的方法，所以其同时具备静压注浆法与高压喷射注浆法的优点，在应用范围上也更加广泛。当应用复合注浆法进行加固施工时，首先通过高压喷射注浆法形成凝结体，然后通过静压注浆法减少注浆的盲区，从而起到更好的加固效果。

（三）房屋建筑土木工程施工中的注浆技术应用

注浆技术在房屋建筑土木工程施工中也被广泛应用，主要运用于土木结构部位、墙体结构、厨房与卫生间防渗水中。土木结构部位包括地基结构、大致框架结构等，需要注浆技术来进行加固。墙体一般会出现裂缝，如果每一条缝隙都需要人工来一条一条进行补充，不仅会加大工作压力，而且填补的质量得不到保证，这时就需要注浆技术来帮忙，通过将浆液注入缝隙中，可以很好地进行缝隙的填补，既不破坏内部结构，也不破坏外部结构。人们在厨房和卫生间经常用水，所以一定要注意防水，而使用注浆技术能够很好地增加土壤层的密实度，提高厨房和卫生间的防渗水性。

土木结构部位应用随着注浆技术的应用范围越来越广，其技术也越来越成熟，特别是由于注浆技术的加固效果，使得各施工单位乐于在施工过程中使用注浆技术。土木结构是建筑工程中最重要的一部分，只有结构稳固，才能保证建筑工程的基本质量。注浆技术能够对地基结构进行加固，其他结构部位也可以利用注浆技术进行加固，尽管注浆技术有如此多的妙用，但在利用注浆技术对土木结构部位加固时，仍要严格遵守施工规范。施工时要用合理比例的浆液，要用原则合适的注浆设备，这样才能事半功倍，保证土木结构的稳定性。

1. 在墙体结构中的应用

墙体一旦出现裂缝就容易出现坍塌的现象，严重威胁人们的安全。为此，需要采用注浆技术来有效加固房屋建筑的墙体结构，以防止出现裂缝，保证建筑质量。在实际施工中，应当采用黏结性较强的材料进行裂缝填补注浆，从而一方面填补空隙，另一方面增加结构之间的连接力。另外，在注浆后还要采取一定的保护措施，才能更好地提高建筑的稳固性，保证建筑工程的质量，进而保证人们的人身安全。

2. 厨房、卫生间防渗水应用

注浆技术在厨房、卫生间防渗水应用中使用得最频繁。注浆技术主要为房屋缝隙和结构进行填补加固。厨房、卫生间是用水较多的区域，它们与整个排水系统相连接，如发生渗透现象，将会迅速扩大渗透范围，严重的话会波及其他建筑部位，最终发生坍塌的严重现象。因此，解决厨房、卫生间防渗水问题，保证人们的人身安全时，要采用环氧注浆的方式：先切断渗水通道，开槽完后再对其注浆填补，完成对墙体的修整工作。

综上所述，注浆技术是建筑工程中不可缺少且至关重要的技术，不仅可以加固建筑，而且可以提高建筑的防水技能。注浆技术有很多种，如高压喷射注浆法、静压注浆法、复合注浆法等，相关工作人员只有结合实际情况选择合适的注浆方法，才能事半功倍，而且可以结合使用多种注浆方法，提高工作人员的工作效率，保证建筑工程的质量。

三、建筑工程施工的节能技术

随着我国经济社会的快速发展，人们物质生活不断提高，越来越多的人住进了现代化的高楼大厦。而人们对建筑施工建筑的需求也是越来越高，越来越多的高楼大厦正在拔地而起。但是，在建筑施工过程中存在着许许多多的困难需要克服，对于建筑施工节能技术的研究亟待提高。

随着我国经济和科技的不断发展，人们的生活水平逐渐提高，我国建筑行业也取得了较大进步，施工技术及工程质量也得到了较大提升。人们越来越重视节能、环保、绿色、低碳发展，因此这就对我国建筑工程施工过程提出了较高的要求，建筑企业应当根据时代发展的需求不断调整自身建筑方式和施工技术，最大限度地满足用户的需求。建筑企业对建筑物进行创新、节能建设可以有效降低房屋施工过程中的能源损耗，提高建筑物的稳定性及安全性。随着社会发展进程不断加快，各种有害物质的排放量也逐渐增加，若不及时加以控制，人类必将受到大自然的反噬，因此将节能环保技术应用于建筑施工工程已经成为大势所趋。节能环保技术有助于节能减排，有效减少环境污染，促进我国可持续健康发展。

（一）施工节能技术对建筑工程的影响

建筑节能技术对建筑工程主要有三个方面的影响。第一，节能技术的应用能够减少建筑施工中施工材料的使用。节能技术通过提高技术手段、优化施工工艺，采用更加科学、合理的架构，对建筑施工的整个过程进行优化，可以减少建筑施工过程中的物料使用与资源浪费，降低建筑工程的施工成本。第二，节能技术在建筑施工过程中的使用，能够降低建筑对周边环境的影响。传统的施工建筑过程中噪声污染、光污染、粉尘污染、地面垃圾污染问题严重，对施工工地周围居住的人造成比较大的困扰，节能技术的应用可以将建筑物与周围的环境相融合，营造一个更加环境友好型的施工工地。第三，节能技术的应用帮助建筑充分地利用自然资源与能源，建筑在投入使用后可以减少对电力资源、水资源的消耗，提高建筑整体的环保等级，提升业主的舒适感。

（二）施工节能技术的具体技术发展

1. 在新型热水采暖方面的运用

燃烧煤炭的采暖方式在我国北部地区依然是主要的采暖方式，但是在其燃烧时会释放 SO_2、CO_2 和灰尘颗粒等有害物质，这不但浪费了不可再生的煤炭资源，而且严重影响环境和居民健康。随着时代的进步，新型绿色节能技术的诞生意味着采暖方式也将向更加绿色环保的方向前进。例如，采用水循环系统，即在工程施工时利用特殊管道的设置连接和循环水方法，使水资源和热能的利用率最大化，增加供暖时长，减少污染和浪费，改善居住环境。

2. 充分利用现代先进的科学技术，减少能源的消耗

随着科学技术的不断发展，越来越多的先进技术被运用到当代的建筑当中去，并且这些技术对于环境的污染并不是很多，这就要求我们充分地利用这些技术。科学技术的不断发展可以很好地解决节能相关问题。利用先进的技术，要考虑楼间距的问题。动工的第一步就是开挖地基，这一过程必须运用先进的技术进行精密的计算，不能有一点差错，只有完成好这一步才能更好地完成之后的工作，为日后建设打下坚实的第一步。而太阳能的使用也是十分具有划时代意义的。太阳能作为一种清洁能源，取之不尽，用之不竭，现在已经逐渐进入千家万户之中。另外，对于雨水的收集，进行雨水的情节处理，实现真正的水循环，可以减少水资源的浪费。充分利用自然界的水、风、太阳，实现资源的循环使用，真正地做到节能发展。

3. 将节能环保技术应用于建筑门窗施工中

在施工单位将建筑整体结构建设完成之后，就应当进行建筑物的门窗施工。门窗施工工程在建筑物整体施工过程中占据较大地位，门窗的安装不仅需要大量的材料，而且需要大量的安装工人，而材料质量较差的门窗会影响建筑整体的稳定性和安全性，在安装结束后还会出现一系列的问题，这就迫使施工单位进行二次安装，严重增加施工成本，同时降低了施工效率和建筑质量。因此，建筑企业在进行建筑物的门窗施工时，应当充分采用节能环保材料和新型安装技术，完整实现门窗的基本功能，同时能使其与建筑物整体完美融合，增强建筑物的环保性、稳定性、安全性及美观性。

4. 建筑控温工程中的节能技术应用

建筑在施工过程中的温度控制基础设施主要是建筑的门窗。首先，在建筑的选址与朝向设计上，要应用先进的技能科技，通过合理的测绘和数据计算，根据当地的光照情况与风向情况，合理地设计建筑的门窗朝向与门窗开合方式，保障建筑在一天的时间内，有充足的自然光和自然风从窗户进入建筑内部，减少建筑后期装修中的温控设备与新风系统的能源资源消耗。其次，要科学地设计门窗在建筑中的位置、形状与比例，根据建筑的朝向和整体的室内空气调节系统的设计，制定合理的门窗比例，既不能将比例定得过大，造成室内空气与室外空气的过度交换，也不能定得过小，造成室内空气长期流通不畅。再次，要采用节能技术，在门窗周围设置合理的温度阻尼区，令进入室内的外部空气的温度在温度阻尼区进行合理的升温或降温，使之与室内温度的差值减小，减少室内外的热量交换，降低建筑空调与新风系统的压力。最后，要选择节能的门窗玻璃材料与金属材料，例如，采用最新的铝断桥多层玻璃技术，增强窗户的气密效果，减少室内外的热量交换。

综上所述，建筑施工中节能技术的应用，是现代建筑工艺发展的一种必然，既有利于建筑行业本身合理地利用资源能源，促进行业的健康可持续发展，又响应了我国建设环境保护型、资源节约型社会的号召，同时符合民众对新式建筑的普遍期待，是建筑施工行业由资源能源消耗型产业转向高新技术支持型产业的关键一步。

四、建筑工程施工绿色施工技术

下面以建筑工程的施工为说明对象，对施工过程中应用的绿色施工技术进行深入的分析和研究，主要阐述了在建筑工程施工过程中应用绿色施工技术的目的和重要性所在，并且针对这个行业在未来发展中可能存在的问题进行了介绍，希望可以给读者带来一些有用的信息，供读者进行参考和借鉴。

随着社会的不断进步和经济的快速发展，建筑行业在取得了长远发展的同时面临着相应的问题。施工技术缺乏和环保理念贯彻问题等，给建筑工程的施工开展带来了很大的影响，所以解决这些问题是目前的关键所在。针对这种情况，有关部门和单位必须对绿色施工技术进行及时的改进和优化，然后在建筑工程施工中应用这些绿色施工技术，让整个施工任务变得更加绿色和环保，提高建筑工程施工的质量效果和效率。

（一）在环保方面的研究

我国的建筑行业在众多工作人员的不懈努力与以前相比已经今非昔比，在世界建筑行业领域已占有了一席之地，但是在建筑行业快速发展的同时相关部门却严重忽视了环境保护在建筑施工中的重要影响，仅关注经济效益而忽视环境效益。从某种程度上而言，建筑工程的建设会利用大量的人力、物力和财力，并给施工现场周围的环境带来很大的损害，另外受到了施工技术落后和施工的机械设备落后的影响，这与我国的可持续发展战略是相违背的，并且人民群众的日常生活和工作都因为建筑工程的施工受到了很大的影响，无法保持正常的生活与工作状态，所以对建筑工程施工绿色施工技术进行优化迫在眉睫。绿色施工技术的目的就在于保证建筑工程施工进行中可以保护周围的环境不受破坏，与自然环境达到和谐相处。

传统的建筑工程施工技术在使用过程中不可避免地将产生大量的环境污染问题，并对后期的环境改善工作提出新挑战。而通过绿色施工技术的应用，可以在提高环境保护效果的同时，降低环境污染的产生。与此同时，通过利用环保型建材也可以减少建筑成本，并提高工程建设的质量效果和效率，由此建筑工程施工所带来的社会效益和经济效益最终实现了和谐的统一，给我国建筑行业的环保性和节能性带来了积极的作用，改善了以往建筑行业的高消耗和高污染的特点，让建筑工程的施工变得更加绿色环保。

（二）应用关键性技术

1. 施工材料的合理规划

传统的建筑工程建设中使用的施工技术在施工材料的使用中出现了过度浪费的现象，

所以就给建筑工程建设增加了成本。然而，解决这一问题需要对施工材料进行合理的选择，并不断地推动其进行改进和优化，从而减少建筑企业在材料方面的成本投入，实现对材料的高效使用。具体而言，选择一部分能够二次回收利用或者循环利用的原材料就是具体实施的方法。在建筑工程施工进行中，相关工作人员一定要严格遵守绿色施工的原则，而做到这一点就必须从材料的合理选择优化方面进行着手，优先利用无污染、环保的材料进行施工建设。当然，其中对于材料的储存问题也要进行充分的考虑，减少因方法问题而带来的损失。同时，针对建设中出现的问题还要进行后续环保处理，由工作人员借助一些先进的设备来对这些材料进行回收利用和处理，例如，目前经常用到的机械设备就是破碎机、制砖机和搅拌机等。在对这些材料实现回收利用之后还需要着重注意利用多重处理方式进行操作，对于处理后的材料重新利用，将废旧的木材等不可再生资源循环利用，提高资源利用效率，实现环保理念的贯彻。

除此之外，还需要在实践中展开对施工技术的选择和优化，对施工材料进行科学的管理和使用，减少因为材料或多或者使用方法不当而造成的材料浪费现象。在施工任务正式开始之前，施工人员一定要根据实际情况做好施工图纸的设计工作，对整个工作阶段进行合理的规划，对每一个环节每一个细节都应更加关注；在施工阶段，工作人员一定要严格按照预先计划进行施工和材料的采购和使用，避免出现材料的浪费，给企业创造更大的经济效益和社会效益。

2. 水资源的合理利用

水资源目前是一种相对来说比较紧缺的资源，但是我国现在建筑行业关于水资源使用的现状却不容乐观，依然普遍地存在水资源浪费的现象，针对这种情况，相关部门一定要采取措施进行及时的解决。在水资源合理利用中十分关键的环节之一就是基坑降水，这个阶段通过辅助水泵效果的实现可以有效地推动水资源的充分利用，并减少资源的浪费现象。通过储存水的方式也可以方便后续工作的使用，这一部分水资源的具体应用主要体现在对楼层养护和临时消防的水资源利用的提供。从某种程度而言，这两个环节是可以减少水资源消耗的重要环节，可以最大化地减少水资源的浪费。

与此同时，建筑施工中还可以通过建造水资源的回收装置来实现水资源的合理利用，对施工现场周围区域的水资源展开回收处理，针对自然的雨水资源等进行储存、净化及回收，提高各种可供利用水资源的利用效率。例如，对施工区域附近来往的车辆展开清洗工作用水、路面清洁用水、对施工现场的洒水降尘处理用水等进行合理的规划设计，提高水资源利用效率。除上述以外，建筑行业必须严格制定有效的水质检测和卫生保障措施来实现非传统水源的使用和现场循环再利用水，这样可以最大限度地保证人们的身体健康，提高建筑工程的施工质量效果。

3. 土地资源利用的节能处理

很多建筑工程在具体的建设施工过程中会对于周围的土地造成破坏，并带来利用危害，这主要是指破坏土地植被生长情况、造成土地污染、减少水源养护、造成水资源的流失等现象。这些情况的存在会给周围的施工区域带来十分严重的影响。因此，针对这种情况相关部分必须提高对于施工环境周围地区的土地养护工作重视程度，及时采取有效措施进行问题的解决和土地资源的保护。而且，由于缺乏对建筑施工的有效设计和合理规划，导致其在具体施工阶段给土地带来很严重的影响，并且由于没有对施工的进度进行严格的把控，很大一部分的土地处于闲置状态，进而造成土地资源的浪费。对于这种问题的存在，需要有专门的人员进行施工方案的有效设计和重新规划，对于具体建设施工过程中土地利用情况进行全面的分析和研究，对其有一个全面的了解和认识，最终形成对于建筑施工设备应用和施工材料选择的全面分析和合理设计。

除此之外，在做好提高资源利用效率工作的同时，还需要加强对节能措施推进工作的监督，对于在建筑施工中应用的各种电力资源、水资源、土地资源等进行节能利用，减少资源浪费现象的存在。当然，在条件允许的情况下，可以多利用一些可再生能源，发挥资源的替代效果。在建筑工程施工阶段要对机械设备管理制度进行不断建立健全，对设备档案进行不断丰富和完善。同时，做好基础的维修、防护工作，提高设备的使用寿命，并将其稳定在低消耗高效率的工作状态之下。

总而言之，建筑行业随着社会的不断进步和经济的快速发展也取得了快速发展，但是也出现了许多问题，针对这种情况必须在施工阶段采用绿色施工技术，并且对这项技术进行不断的改进和优化，对施工方案进行合理的安排和科学的规划。除此之外还需要培养施工人员的节约意识，制定合理的管理制度，避免出现材料浪费和污染的现象，给建筑工程的绿色施工打下一个坚实的基础，提高建筑工程施工的效率和质量。

第二章　建筑设计与施工组织

第一节　建筑设计的基本程序

无论建筑设计涵盖了哪些具体操作过程，其最终目的还是解决特定的设计问题。一个好的设计不仅需要漂亮地实现对问题的解决，还要在解决问题的同时体现出设计师独特的创造能力。因此，建筑学专业所进行的建筑设计训练，其中心应该围绕如何通过不同的设计操作过程，去漂亮地、创造性地解决具体的设计问题。

一、建筑设计构思

建筑设计作为一个全新的学习内容，与基础的制图技法和形态构成训练有着本质的不同。建筑设计可分为设计构思、设计深化和设计表达三个阶段，其顺序不是单向和一次性的，需要经过任务分析—设计构思—分析选择—再设计构思的循环往复过程才能完成。

任务分析作为第一阶段的工作，其目的是通过对设计要求、场地环境、经济因素和规范标准等内容的分析研究，为设计构思确立基本的依据。设计要求主要是以课程设计任务书的形式出现基本功能空间的要求（如体量大小、基本设施、空间位置、环境景观、空间属性、人体尺度等），整体功能关系的要求（如各功能空间之间的相互关系、联系的密切程度等），还要考虑不同使用者的职业、年龄、兴趣爱好等个性特点，建筑基地的场地环境要求，用于建设的实际经济条件和可行的技术水平，以及相关的规范标准要求等。

设计构思在任务分析的基础上展开，需要注意的是，建筑师的核心价值在于通过设计来解决实际的问题，这些问题往往是复杂而多层次的，需要将它们进行分类，选择合理的技术途径，并挖掘不同技术的潜力。在解决问题的过程中，才产生了方法论层面上设计的自身问题。对于采用的具体方法而言，没有最好的方法，只有更合适的方法，建筑师应努力通过自己的设计，去漂亮地、创造性地解决特定的设计问题。

（一）场地调研和分析

建筑属于某个建设用地（场地），通过对场地的调查分析，可以较好地把握、认识基地环境的质量水平及其对建筑设计的制约和影响，分析哪些条件因素是应该充分利用，哪些条件因素是可以通过改造而得以利用，哪些条件因素又是必须进行回避的。具体的场地调研应包括以下三个方面。

地段环境：气候条件（冷热、干湿、雨雪），地质条件（地质构造，抗震要求），地形地貌，景观朝向（自然景观资源、日照朝向），周边建筑，道路交通，城市区位，市政设施，污染状况等。

人文环境：城市性质和规模，地方风貌特色等（文化风俗、历史名胜、地域传统）。

城市规划条件：后退红线限定（建筑物最小后退距离指标），建筑高度限定（建筑物有效檐口高度，也是建筑物的最大高度），容积率限定（地面以上总建筑面积与总用地面积之比），绿地率要求（用地内有效绿地面积与总用地面积之比），停车量要求等。

1. 老城区内的场地调研和分析要点

（1）城市性质：该区域是政治、文化、金融、商业、旅游、交通、工业还是科技的城市属性。

（2）地方风貌：该区域是否存在特殊的文化风俗、历史名胜或地方特色建筑物。

（3）气候条件：四季冷热、干湿、雨雪情况。

（4）道路交通：现有及未来规划道路和交通状况，基地周边所临道路级别（路幅、是否车行、主要人流方向），所临街道的界面延续与街巷空间的尺度比例关系。

（5）周边建筑：基地周边相关建筑物状况（包括现有和未来规划的）。

（6）规模及方位：基地的纵横向尺寸，城市的空间方位及到达方式。

（7）景观朝向：基地的主要视线观察角度，基地周边是否存在较好的景观资源，基地的日照条件与朝向。

（8）市政设施：水、暖、电、信、气、污等市政管网的分布和供应情况。

（9）污染状况：基地周边是否存在空气或噪声的污染源或不良景观。

2. 风景区内的场地调研和分析要点

（1）景观朝向：基地周边是否存在山川湖泊等特殊自然景观资源，周边的植被分布状况及树种组成，基地的日照条件，主要的景观视线方向。

（2）气候条件：四季冷热、干湿、雨雪情况。

（3）地形地貌：是平地还是丘陵，基地周边是否存在景观水体，基地所跨越的高差大小和朝向，是否存在陡坎、冲沟等突变的地貌特征，基地雨季时的汇水方向。

（4）地方风貌：该区域是否存在特殊的文化风俗、历史名胜或地方特色建筑物。

（5）地质条件：基地的地质构造是否适合工程建设，有无抗震要求。

（6）道路交通：现有及未来规划道路和交通状况，基地周边所临道路级别（路幅、是否车行、主要人流方向）。

（7）规模及方位：基地的纵横向尺寸，城市的空间方位及到达方式。

（二）建筑形体与外部空间

设计首先要解决的问题，就是在哪里盖房子的问题，这涉及建筑形体与外部空间的关系，以及建筑的场地问题。建筑的形体是其内部空间的反映，而建筑的外部空间是指建筑周围或建筑物之间的环境。建筑形体和外部空间的关系好像铸造业中铸件和砂模的关系，一方表现为实，另一方表现为虚，两者相互嵌套，呈现出一种互补的关系。当考虑建筑形体与外部空间的关系时，需要在基地现状条件和相关的法规、规范的基础上，对场地内的建筑、道路、绿化等各构成要素进行全面合理的布置，通过设计使场地中的建筑物与其他要素能形成一个有机整体，以发挥效用，并使基地的利用达到最佳状态，充分发挥用地效益，节约土地，减少浪费。在此基础上进行合理的功能分区及用地布局，使各功能区对内、对外的行为合理展开，各功能区之间既保持便捷的联系，又具有相对的独立性，做到动静分开、洁污分开、内外分开等。

有时候，特定的外部条件，反过来对建筑形体的生成施加了预先的控制。例如，在老城区的环境条件下，采用自由曲线或多边形的建筑形体，其剩余的外部空间与周边环境便很难处理融洽；而在城市风景区的环境条件下，建筑形体的可能性便明显变得多样起来。

（三）场地设计与外部空间

建筑形体与外部空间关系基本确定后，需要对场地进行进一步的深化设计。除场地的物质空间信息（场地的位置、坡度、周边建筑、自然状况等）之外，不仅要了解场地的非物质空间信息，如场地的历史文脉、区域文化属性、区域经济状况、社会生态等。此外，还需要了解场地的技术支撑条件，如交通状况、基础设施状况等。

首先，进行合理的功能分区和用地布局，布置建筑的基本平面几何关系，确定划分建筑形体和外部空间的垂直界面。其次，组织合理的内、外部交通流线，设置各种出入口，为交通留出足够的缓冲空间（使建筑主体退后用地边界，确保留出足够的内外部缓冲空间，满足设置楼梯、台阶、坡道等交通设施的要求；或者将建筑主体架空，用开放式的底层空间解决交通组织和设置缓冲空间）。再次，根据景观朝向和日照对基本平面关系进行调整。如公共建筑就需要考虑在外部环境中，建筑物作为新视觉要素的景观效果；而居住类建筑则需要满足基本居住空间具有好的南向日照和通风，能通过阳台、落地窗、转角窗等看到外部景观。最后，对场地按其自然状况和使用要求进行竖向设计，包括场地与道路的标高设计，以及建筑物室内外地坪的高差，这样为良好的排水条件和坚固的建筑物提供基础。

场地设计是对场地内的建筑群、道路、绿化等全面合理的布置，并综合利用环境条件使之成为有机的整体，在此基础上进行合理的功能分区及用地布局，使各功能区对内、对外的行为合理展开，各功能区之间既保持便捷的联系，又具有相对的独立性，做到动静分开、洁污分开、内外分开等。其间，合理布置各种动线（交通流线、人流、物流、设备流）及出入口，减少相互交叉与干扰；同时，明确建筑群的主从关系，完善空间布置，并根据用地特点及工艺要求合理安排场地内软硬地面的铺装、竖向设计（标高控制和排水组织）、绿化配置和环境设施等。

二、建筑设计深化

（一）功能与流线

建筑的功能是指建筑物内外部空间应满足的实际使用要求，它决定了建筑各房间的大小，相互间联系方式，并满足观赏性、私密性、开放性、协调性、可变通性等的要求。

建筑的主要功能回答了建筑基本使用目的的问题，如旅馆的主要功能由不同类型的客房构成、中小学学校的主要功能由班级教室构成等。建筑除主要功能之外还有辅助功能，如交通联系空间（走廊、门厅、过厅、楼梯、电梯间、坡道、自动扶梯）、卫生间、储藏室、设备间、管道井等。需要注意的是，建筑的主要使用功能往往是千变万化的，而建筑的辅助功能却基本保持稳定（大部分公共建筑的辅助功能往往占到总建筑面积的30%左右）。因此，在建筑设计操作中需要仔细对待辅助功能的设计问题，保持主要功能空间的灵活性。

建筑的流线俗称动线，是指人流和车流在建筑中活动的路线，根据不同的行为方式把各种空间组织起来，通过流线设计来联系和划分不同的功能空间。一般交通联系空间要有适宜的高度、宽度和形状，流线简单直接明确，不宜迂回曲折，有较好的采光和照明，同时起到导向人流的作用。

在建筑设计操作中，空间要按照功能要求分类。功能分区要按主次、内外、动静关系合理安排，并根据实际使用要求，按照人流活动的顺序关系安排位置。辅助功能的安排要有利于主要功能的发挥，对外联系的空间要靠近主要流线，内部使用的功能要相对隐蔽。

主要流线的设置应直截了当，防止曲折多变，与各部分空间有密切联系，并有较好的采光和通风。根据流线设置交通联系空间，楼（电）梯的位置和数量依功能及消防要求而定，与使用人流数量相适应。

（二）结构与空间

建筑设计操作最根本的目的是获得合乎使用需求的空间。现代建筑日趋复杂的功能要求、建造技术和材料的突破，为建筑师创造建筑空间提供了更多的可能，空间意义也成为现代建筑最重要的内涵。

建筑师追求现代意义上的空间，但空间无法直接获取，需要通过垂直或水平方向上的建筑构件（柱、梁、承重墙、隔墙、楼板等）进行划分而得以界定。空间的划分也不是一次操作即可完成的，需要建筑师应进行多重的操作，经过不断修改与调整才能得到最优的空间效果。

建筑基本功能与流线关系确立以后，便可以展开空间划分的操作。建筑的结构虽然形成了空间的第一次划分（尤其对于砌体结构而言，结构墙体完成了大部分的空间划分），但结构不等于空间。钢筋混凝土框架体系是最为常用的结构形式，但框架结构划分后的空间仍然是开敞的。剪力墙可以划分空间，但剪力墙的设置需要考虑抗震要求，无法与空间限定的需求相一致。框架结构的柱子之间可以砌墙，这些隔墙才真正限定出建筑的空间。如果需要一个开敞的空间，不希望任何结构构件对空间产生多余的限定，建筑师就必须重新进行结构选型，选择大跨结构体系以实现特殊的空间要求，此时，需要重新考虑结构与附加隔墙之间的组合关系。

（三）比较与优化

由于同样一个设计，解决问题的方法与途径存在多种可能性，这就需要对不同的可能性进行比较与优化。多方案构思是一个过程，为实现方案的比较与优化，首先应提出数量尽可能多、差别尽可能大的不同方案。其次，任何方案的提出都必须建立在满足功能、环境与建造要求的基础之上。最后，通过综合评价、逐步淘汰，优化选择出发展方案，并对其进一步完善、深化，弥补设计缺项。

在多方案比较与优化阶段，设计工作应围绕以下几点展开：

第一，建筑形体与外部空间。建筑体量是否满足任务书的面积要求；建筑形体与周边城市或环境的肌理是否融洽；建筑的形体界面与高度是否与周边道路或外部空间的界面与控制线相衔接；主次出入口的设置是否顺应了外部人流的来向；开放空间的设置是否为建筑提供了配套的服务与缓冲空间，场地内软硬地面的铺装与景观绿化的设置是否合理，建筑物和场地及周边各种要素是否整合形成一个有机整体，等等。

第二，平面关系与空间组织。建筑的功能分区、流线组织是否合理，主要功能与辅助功能之间的组合关系是否适宜与完善，平面布局是否紧凑与高效，消防疏散是否便捷并符合相应的规范，建筑空间的构成与限定是否体现了内部不同功能的潜在要求，并与周围环境取得呼应，是否考虑并营造出特殊的空间体验，等等。

第三，结构体系和选型。结构柱网的布置是否优化以适应建筑功能的要求，是否充分发挥了结构自身的优势，是否考虑了材料和施工技术的条件并尽可能降低了造价，等等。

第四，细部推敲和处理。是否保证了特定部位的实用性，是否通过构造手段体现了建筑技术和工艺水平，是否体现了建筑背后的地域性和场所性，反映了特定的社会和文化特征，等等。

优化方案确定后，对它的调整应控制在适度的范围内，力求不影响原有方案的整体布局和构思，并进一步提升方案已有的优势。

三、建筑设计表达

（一）草图

草图表现是一种传统的但也被实践证明行之有效的表现方法，它的操作迅速且简洁，可以进行比较深入的细部刻画，尤其擅长对局部空间造型的推敲。草图可以发生在建筑设计的各个阶段，然而它在构思阶段中使用最多，因为它是建筑设计中最快捷和最简单的表达复杂思想的方法。草图可以快速直观地生成方案，但是它不够细致和准确，这也正是它的魅力所在。

从一个建筑方案被构思的那一刻起，它的概念草图也随之而来，呈现出构思的产生和进行各种分析和探究的过程。草图不够准确，因为它可以再加工和再修改，所以给设计方案带来了多种可能性。草图为灵感的爆发提供了可能性，只有当设计理念以草图的形式在纸上表现出来时，才会得到进一步的发展。分析草图可以让人产生灵感并且可以在细节上进行推敲，它通常用来解释这个方案为什么是这个样子的，或者最终它会是什么样子的。它根据人的活动赋予空间功能，或者根据亲身经历对城市进行分析，再根据城市规模进行城市设计。任何人都会画草图，在纸上不停地画线条很容易，关键是线条背后所要表达的思想和创作灵感。

（二）计算机辅助设计

计算机辅助设计可以用三维的立体形式，形象地表达建筑的外部环境和内部空间形态。计算机辅助设计将二维图纸与实际立体形态结合起来，让使用者在真实空间的条件下观测、分析、研究空间和形体的组合和变化，表达设计意图。计算机模型不仅表现形体、结构、材料、色彩、质感等，而且表现物质实体和空间关系的实际状态，使平面图纸无法直观反映的情况得以真实显现，使错综复杂的设计问题得到恰当的解决。

（三）实体模型

实体模型是以三维形式表达思想提供了另一种方式。实体模型可采用多种形式，由多种材料构成，并以不同比例表现出来。在所有模型种类之中，所要考虑的最重要的因素是模型的尺度与材料，从而表达出设计思想。模型并不一定要与实际所使用的材料相同，有时在模型材料中使用特定材料可以强化设计理念。

计算机辅助设计的优势，除可以直观地表达三维形体之外，还可以使用分层（Layer）建造的方法，将建筑进行抽象分解，使建筑师可以更好地去理解建筑与空间。

建筑模型有两种：一种是设计过程中使用的，即为推敲方案在设计不同阶段的制作和修改；另一种是展示和表现使用，多在设计完成后制作。前者制作比较粗糙，强调某个特定的概念，而后者制作较为精细化，具有模拟真实的表现性。

草模使建筑师能够快速产生对于空间的构思。概念模型可以运用各种材料来表达出对于一个概念的夸大性阐释。细部大样模型探索一个概念的特定方面，它关注的焦点是单个构造节点，而不是建筑整体或构思。场地环境模型提供了对于基地周边文脉的理解。城市模型提供了关于关键元素的位置以及基地地形等信息。表现模型表达了最终的建筑理念。表现模型可以通过多种具有不同质感的模型材料，展示建筑物建成后的真实效果，某些表现模型还具有可移除的屋顶或墙，从而展示出内部空间的重要角度。制作模型的材料有油泥（橡皮泥）、石膏条块或泡沫塑料条块，多用于设计模型，尤其在城市、街区和场地环境模型中被广泛采用，也是制作草模常用材料，如木板或三夹板、塑料板、硬纸板或吹塑纸板。各种颜色的板材用于建筑模型的制作非常方便和适用，它与泡沫塑料一样，切割和黏结都比较容易，便于制作空间研究模型，也可制作草模和表现模型。有机玻璃、金属薄板多用于能看到室内布置或结构构造的高级展示模型，加工复杂、价格昂贵。

（四）技术性图纸

在方案设计的后期，需要绘制技术性图纸，以专业规范的图示语言将设计构思清晰完整地表达出来。技术性图纸中最基本的便是平面图、立面图、剖面图和细部节点图。这些图纸都是精确的，它们使用比例来表达所包含的空间和形式。建筑设计可以通过全套图纸的信息和不同比例的使用清晰地表现三维空间。单独来看，每种图纸表达的信息不尽相同，但是把它们集合在一起就可以完整地表现建筑设计。

技术性图纸通常成套出现，它们有着特定的比例，便于相互查对：总平面图1：500~1：1000，平立剖面图1：100~1：200，建筑节点图1：5~1：20。

1. 总平面图

总平面图亦称总体布置图，表示新建建筑物的方位和朝向，室外场地、道路网、绿化等的布置，基地临界情况，地形、地貌、标高和原有环境的关系等。图上标注指北针，有的还有风玫瑰、比例尺。

2. 平面图

平面图包括建筑的各个层，如底层、基层和顶层。表达平面的总尺寸、开间、进深和柱网尺寸，各主次出入口的位置，各主要使用房间的名称，结构受力体系中的柱网、承重墙的位置，各楼层地面标高，室内停车库的停车位和行车路线等。底层平面图应标明剖切线位置和编号，并标示指北针。必要时绘制主要房间的放大平面和室内布置。

3. 立面图

立面图表达了建筑的立面，通常包括对建筑各个角度的观察，体现建筑造型的特点。当与相邻建筑有关系时，应绘制其局部立面图。这些图可以通过使用阴影来表现进深感，还可以表现场地。立面图通过使用数学、几何和对称等方法来表现设计的整体效果。例如，根据房间的功能来布置窗的位置，同时，窗的布置也与整体立面相关。建筑师需要从各个比例和层面上理解空间和建筑。

4. 剖面图

剖面图是假想出一个面，纵向切开建筑和内部空间。剖面应剖在高度和层数不同，空间关系比较复杂的部位，标示各层标高及室外地面标高，室外地面至建筑檐口（女儿墙顶）的总高度。若有高度控制时，还需标明最高点的标高。可以从剖面图中看出不同的空间结构与楼层之间的联系，或者建筑内部与外部之间的联系。

5. 建筑节点图

建筑节点图亦称大样图，表达建筑构造的细部做法，把构造细节用较大比例绘制出来，表达构件配件相互之间的连接关系，每个构件的材料、尺寸，甚至每个螺栓的位置做法。建筑节点图涵盖面很广，从室外散水、台阶，到室内楼梯，再到屋面檐沟、女儿墙、泛水、屋脊，墙体保温处理、变形缝等。建筑节点做法有专门的图集可供参考使用，各省也编制有适应当地构造做法的地方图集。

（五）效果图

建筑效果图就是把建筑主体与周边环境用写实的方法，通过图形进行表达，把建筑落成后的实际效果用真实和直观的视图展示出来。传统上，建筑设计的表现图是人工绘制的，当前更普遍的是利用计算机建模渲染而成，二者的区别是绘制工具不同，表现的风格也各异。前者能体现设计风格和绘画的艺术性，后者类似照片，能够逼真地模拟建筑及环境建成后的效果。

建筑效果图为了模拟人眼观察的实际感受，大多数采用了人眼高度的透视图作为图面的视角。透视图很容易被那些看不懂平面图的人所理解，因为它们通常是建立在人的视点（或透视）的思维之上，表达了对空间或地点的"真实"印象或视角。透视图由于需要来自有比例的平面图、剖面图、立面图的信息而更加复杂。

1. 鸟瞰图

用较高的视点，按照透视原理绘制，适合表达建筑整体布局与周边场地环境，也适合表达建筑群体之间的相互关系。

2. 室外透视

最常用的一类透视图，模拟人正常的视角，选择有代表性的观察位置，真实地模拟建筑物落成后的效果。

3. 照片融入

将建筑物按照给定的透视关系进行渲染，置入场景照片之中，以获得强烈的真实感。

4. 室内透视图

采用人眼高度、角度模拟室内空间真实建成的效果。

5. 剖透视图

在剖面上采用一点透视法生成，用于特殊空间表达。

（六）版面布局

版面布局应以易于辨认和美观悦目为原则。如一般的读图顺序是从图纸的右上角向左下角移动，所以在考虑图形元素的布局时，就需要注意这个因素。版面布局还要讲求美观，影响版面美观的因素很多，如版面的疏密安排、各图形元素的位置均衡、主色调的选择、配景的配置，以及标题、说明性文字的位置和大小等，这些都应该在事前就有整体上的考虑。要特别注意版面效果的统一，初学者很容易将配景画得过碎过多，或颜色缺乏呼应，或标题字体的形式、大小选择不当等，这些都会破坏图面的统一。就布局版面的适当尺寸来说，大尺寸的图纸可能需要更大的物质空间去陈列，当图纸需要创造视觉上的冲击力时，往往需要以大尺度展示。一幅小尺寸的图纸往往图幅很小，也就占用了较小的空间。需要整体性地考虑版面的布局，确定主要的图纸位置和文字位置，通过不同排版软件中的控制线加以界定。

图纸尺寸与图像大小相一致是至关重要的。布局选择的关键因素包括真实的图纸尺寸、图纸的观众或是读者、用于介绍图纸的信息的清晰度（比如标题、图例比例和指北针之类的平面图，上必要的元素），以及这些辅助信息不会分散观众或读者对图纸的注意力。

纵向或横向的布局则是另一个需要考虑的因素，这个选择必须考虑一系列的图纸信息如何被轻松地阅读，更容易地理解。

第二节　建筑工程施工组织设计

一、基本建设项目

（一）基本建设

基本建设是指以固定资产扩大再生产为目的，国民经济各部门、各单位购置和建造新的固定资产的经济活动，以及与其有关的工作。简言之，就是形成新的固定资产的过程。基本建设为国民经济的发展和人民物质文化生活水平的提高奠定了物质基础。基本建设主要包括以下内容：

通过新建、扩建、改建和重建工程，特别是新建和扩建工程的建造，以及与其有关的工作来实现的。因此，建筑施工是完成基本建设的重要活动。

基本建设是一种综合性的宏观经济活动。它还包括工程的勘察与设计、土地的征购、物资的购置等。它横跨于国民经济各部门，包括生产、分配和流通各环节。其主要内容有建筑工程、安装工程、设备购置、列入建设预算的工具及器具购置、列入建设预算的其他基本建设工作。

（二）基本建设项目及其组成

基本建设项目简称建设项目，是指有独立计划和总体设计文件，并能按总体设计要求组织施工，工程完工后可以形成独立生产能力或使用功能的工程项目。在工业建设中，一般以拟建的厂矿企业单位为一个建设项目，如一个制药厂、一个客车厂等；在民用建设中，一般以拟建的企事业单位为一个建设项目，如一所学校、一所医院等。

各建设项目的规模和复杂程度各不相同。一般情况下，将建设项目按其组成内容从大到小划分为若干个单项工程、单位工程、分部工程和分项工程等项目。

1. 单项工程

单项工程是指具有独立的设计文件，能够独立组织施工，竣工后可以独立发挥生产能力和效益的工程，又称为工程项目。一个建设项目可以由一个或多个单项工程组成。例如，一所学校中的教学楼、实验楼和办公楼等。

2. 单位工程

单位工程是指具有单独设计文件，可以独立施工，但竣工后一般不能独立发挥生产能力和经济效益的工程。一个单项工程通常是由若干个单位工程组成。例如，一个工厂车间通常由建筑工程、管道安装工程、设备安装工程、电器安装工程等组成。

3. 分部工程

分部工程一般是指按单位工程的部位、构件性质、使用的材料或设备种类等不同而划分的工程。例如，一幢房屋的土建单位工程，按其部位可以划分为基础、主体、屋面和装修等分部工程；按其工种可以划分为土石方工程砌筑工程、钢筋混凝土工程、防水工程和抹灰工程等。

4. 分项工程

分项工程一般是指按分部工程的施工方法、使用材料、结构构件的规格等不同因素划分的，用简单的施工过程就能完成的工程。例如，房屋的基础分部工程可划为挖土、混凝土垫层、砌毛石基础和回填土等。

二、基本建设程序

（一）建设项目的建设程序

建设项目的建设程序是指建设项目在建设全过程中各项工作必须遵循的先后顺序。建设程序是指建设项目从设想选择、评估、决策、设计、施工，到竣工验收、投入生产整个建设过程中，各项工作必须遵循先后次序的法则。按照建设项目发展的内在联系和发展过程，建设程序分成若干阶段，这些发展阶段有严格的先后次序，不能任意颠倒、违反它的发展规律。

在我国按现行规定，建设项目从建设前期工作到建设、投产，一般要经历以下几个阶段的工作程序：①根据国民经济和社会发展长远规划，结合行业和地区发展规划的要求，提出项目建议书；②在勘察、试验、调查研究及详细技术经济论证的基础上编制可行性研究报告；③根据项目的咨询评估情况，对建设项目进行决策；④根据可行性研究报告编制设计文件；⑤初步设计经批准后，做好施工前的各项准备工作；⑥组织施工，并根据工程进度，做好生产准备；⑦项目按批准的设计内容建成并经竣工验收合格后，正式投产，交付生产使用；⑧生产运营一段时间后（一般为两年），进行项目后评价。

以上程序可由项目审批主管部门视项目建设条件、投资规模作适当合并。

目前，我国基本建设程序的内容和步骤：前期工作阶段，主要包括项目建议书、可行性研究、设计工作；建设实施阶段，主要包括施工准备、建设实施；竣工验收阶段和后评价阶段。这几个大的阶段中每一阶段都包含许多环节和内容。

1. 前期工作阶段

（1）项目建议书

项目建议书是要求建设某一具体项目的建议文件，是基本建设程序中最初阶段的工作，是投资决策前对拟建项目的轮廓设想。项目建议书的主要作用是推荐一个拟建设的项目的初步说明，论述它建设的必要性、条件的可行性和获得的可能性，供基本建设管理部门选择并确定是否进行下一步工作。

项目建议书报经有审批权限的部门批准后，可以进行可行性研究工作，但并不表明项目非上不可，项目建议书不是项目的最终决策。

项目建议书的审批程序：项目建议书首先由项目建设单位通过其主管部门报行业归口主管部门和当地发展计划部门（其中工业技改项目报经贸部门），由行业归口主管部门提出项目审查意见（着重从资金来源建设布局、资源合理利用经济合理性、技术可行性等方面进行初审），发展计划部门参考行业归口主管部门的意见，并根据国家规定的分级审批权限负责审批、报批。凡行业归口主管部门初审未通过的项目，发展计划部门不予审批、报批。

（2）可行性研究

①可行性概述

项目建议书一经批准，即可着手进行可行性研究。可行性研究是指在项目决策前，通过对项目有关的工程技术、经济等各方面条件和情况进行调查、研究、分析，对各种可能的建设方案和技术方案进行比较论证，并对项目建成后的经济效益进行预测和评价的一种科学分析方法，由此考察项目技术上的先进性和适用性、经济上的营利性和合理性、建设上的可能性和可行性。可行性研究是项目前期工作的最重要内容，它从项目建设和生产经营的全过程考察分析项目的可行性，其目的是回答项目是否有必要建设，是否可能建设和如何进行建设的问题，其结论为投资者的最终决策提供直接的依据。因此，凡大中型项目以及国家有要求的项目，均要进行可行性研究，其他项目有条件的也要进行可行性研究。

②可行性研究报告的编制

可行性研究报告是确定建设项目、编制设计文件和项目最终决策的重要依据，要求必须有相当的深度和准确性。承担可行性研究工作的单位必须是经过资格审定的规划、设计和工程咨询单位，要有承担相应项目的资质。

③可行性研究报告的审批

可行性研究报告经评估后按项目审批权限由各级审批部门进行审批。其中，大中型和限额以上项目的可行性研究报告要逐级报送国家发展和改革委员会审批，同时要委托有资格的工程咨询公司进行评估。小型项目和限额以下项目，一般由省级发展计划部门、行业归口管理部门审批。受省级发展计划部门、行业主管部门的授权或委托，地区发展计划部门可以对授权或委托权限内的项目进行审批。可行性研究报告批准即国家同意该项目进行建设后，一般先列入预备项目计划。列入预备项目计划并不等于列入年度计划，何时列入年度计划，要根据其前期工作进展情况、国家宏观经济政策，以及对财力、物力等因素进行综合平衡后决定。

（3）设计工作

一般建设项目包括工业、民用建筑城市基础设施、水利工程道路工程等，设计过程划分为初步设计和施工图设计两个阶段。对技术复杂而又缺乏经验的项目，可根据不同行业的特点和需要，增加技术设计阶段。对一些水利枢纽、农业综合开发、林区综合开发项目，为解决总体部署和开发问题，还需进行规划设计或编制总体规划，规划审批后编制具有符合规定深度要求的实施方案。

①初步设计（基础设计）

初步设计的内容依项目的类型不同而有所变化，一般来说，它是项目的宏观设计，即项目的总体设计、布局设计，主要的工艺流程、设备的选型和安装设计，土建工程量及费用的估算等。初步设计文件应当满足编制施工招标文件、主要设备材料订货和编制施工图设计文件的需要，是下一阶段施工图设计的基础。

初步设计（包括项目概算）根据审批权限，由发展计划部门委托投资项目评审中心组织专家审查通过后，按照项目实际情况，由发展计划部门或会同其他有关行业主管部门审批。

②施工图设计（详细设计）

施工图设计的主要内容是根据批准的初步设计，绘制出正确、完整和尽可能详细的建筑安装图纸。施工图设计完成后，必须由施工图设计审查单位审查并加盖审查专用章后使用。审查单位必须是取得审查资格、具有审查权限要求的设计咨询单位。经审查的施工图设计还必须经有审批权限的部门进行审批。

2. 建设实施阶段

（1）施工准备

①建设开工前的准备

征地、拆迁和场地平整；完成施工用水、电、路等工程；组织设备、材料订货；准备必要的施工图纸；组织招标投标（包括监理、施工、设备采购、设备安装等方面的招标投标）并择优选择施工单位，签订施工合同。

②项目开工审批

建设单位在工程建设项目可行性研究报告经批准，建设资金已经落实，各项准备工作就绪后，应当向当地建设行政主管部门或项目主管部门及其授权机构申请项目开工审批。

（2）建设实施

①项目开工建设时间

开工许可审批之后即进入项目建设施工阶段。开工之日是指按统计部门规定建设项目设计文件中规定的任何一项永久性工程（无论生产性或非生产性）第一次正式破土开槽开始施工的日期。公路、水库等需要进行大量土石方工程的，以开始进行土石方工程作为正式开工日期。

②年度基本建设投资额

国家基本建设计划使用的投资额指标，是以货币形式表现的基本建设工作，是反映一定时期内基本建设规模的综合性指标。年度基本建设投资额是建设项目当年实际完成的工作量，包括用当年资金完成的工作量和动用库存的材料、设备等内部资源完成的工作量，而财务拨款是当年基本建设项目实际货币支出。投资额是以构成工程实体为准，财务拨款是以资金拨付为准。

③生产或使用准备

生产准备是生产性施工项目投产前进行的一项重要工作。它是基本建设程序中的重要环节，是衔接基本建设和生产的桥梁，是建设阶段转入生产经营的必要条件。使用准备是非生产性施工项目正式投入运营使用所要进行的工作。

3. 竣工验收阶段

（1）竣工验收的范围

根据国家规定，所有建设项目按照上级批准的设计文件规定的内容和施工图纸的要求全部建成，工业项目经负荷试运转和试生产考核能够生产合格产品，非工业项目符合设计要求并能够正常使用，都要及时组织竣工验收。

（2）竣工验收的依据

按国家现行规定，竣工验收的依据是经上级审批机关批准的可行性研究报告、初步设计或扩大初步设计（技术设计）、施工图纸和说明、设备技术说明书、招标投标文件和工程承包合同、施工过程中的设计修改签证现行的施工技术验收标准及规范，以及主管部门有关审批修改、调整文件等。

（3）竣工验收的准备

竣工验收主要有三个方面的准备工作：一是整理技术资料。各有关单位（包括设计、施工单位）应将技术资料进行系统整理，由建设单位分类立卷，交生产单位或使用单位统一保管。技术资料主要包括土建方面、安装方面、各种有关的文件、合同和试生产的情况报告等。二是绘制竣工图纸。竣工图纸必须准确、完整、符合归档要求。三是编制竣工决算。建设单位必须及时清理所有财产、物资和未使用或应收回的资金，编制工程竣工决算，分析预（概）算执行情况，考核投资效益，上报规定的财政部门审查。

竣工验收必须提供的资料文件。一般非生产项目的验收要提供以下文件资料：项目的审批文件、竣工验收申请报告、工程决算报告、工程质量检查报告、工程质量评估报告、工程质量监督报告、工程竣工财务决算批复、工程竣工审计报告、其他需要提供的资料。

（4）竣工验收的程序和组织

按国家现行规定，建设项目的验收根据项目的规模大小和复杂程度可分为初步验收和竣工验收两个阶段。规模较大、较复杂的建设项目应先进行初步验收，再进行全部建设项目的竣工验收；规模较小较简单的项目，可以一次进行全部项目的竣工验收。建设项目全部完成，经过各单项工程的验收，符合设计要求，并具备竣工图表、竣工决算、工程总结等必要文件资料，由项目主管部门或建设单位向负责验收的单位提出竣工验收申请报告。竣工验收的组织要根据建设项目的重要性、规模大小和隶属关系而定，大中型和限额以上基本建设和技术改造项目，由国家发展和改革委员会或由国家发展和改革委员会委托项目主管部门、地方政府部门组织验收，小型项目和限额以下基本建设和技术改造项目由项目主管部门和地方政府部门组织验收。竣工验收要根据工程的规模大小和复杂程度组成验收委员会或验收组。验收委员会或验收组负责审查工程建设的各个环节，听取各有关单位的工作总结汇报，审阅工程档案并实地查验建筑工程和设备安装，并对工程设计、施工和设备质量等方面作出全面评价。不合格的工程不予验收，对遗留问题提出具体解决意见，限期落实完成。最后经验收委员会或验收组一致通过，形成验收鉴定意见书。验收鉴定意见书由验收会议的组织单位印发，各有关单位执行。

生产性项目的验收根据行业不同又有不同的规定。工业、农业、林业、水利及其他特殊行业，要按照国家相关的法律法规及规定执行。上述程序只是反映项目建设共同的规律性程序，不可能反映各行业的差异性。因此，在建设实践中，还要结合行业项目的特点和条件，有效地贯彻执行基本建设程序。

4. 后评价阶段

建设项目后评价是工程项目竣工投产、生产运营一段时间后，对项目的立项决策、设计施工、竣工投产生产运营等全过程进行系统评价的一种技术经济活动。通过建设项目后评价以达到肯定成绩、总结经验、研究问题、吸取教训、提出建议、改进工作、不断提高项目决策水平和投资效果的目的。

我国目前开展的建设项目后评价一般都按三个层次组织实施，即项目单位的自我评价、项目所在行业的评价和各级发展计划部门（或主要投资方）的评价。

（二）建筑工程项目及施工程序

建设项目是为完成依法立项的新建、改建、扩建的各类工程（土木工程、建筑工程及安装工程等）而进行的、有起止日期的、达到规定要求的一组相互关联的受控活动组成的特定过程，包括策划、勘察设计、采购、施工、试运行竣工验收和移交等。有时也简称为项目。建筑工程项目是建设项目中的主要组成内容，又称为建筑产品，建筑产品的最终形式为建筑物和构筑物。建筑工程施工项目是建筑施工企业自建筑工程施工投标开始到保修期满为止的全过程中完成的项目。

建筑施工程序是指项目承包人从承接工程业务到工程竣工验收一系列工作必须遵循的先后顺序，是建设项目建设程序中的一个阶段。它可以分为承接业务签订合同、施工准备、正式施工和竣工验收四个阶段。

1. 承接业务签订合同

项目承包人承接业务的方式有三种：国家或上级主管部门直接下达；受项目发包人委托而承接；通过投标中标而承接。不论采用哪种方式承接业务，项目承包人都要检查项目的合法性。

承接施工任务后，项目发包人与项目承包人应根据《合同法》《招标投标法》的有关规定及要求签订施工合同。施工合同应规定承包的内容、要求、工期、质量、造价及材料供应等，明确合同双方应承担的义务和职责以及应完成的施工准备工作（土地征购、申请施工用地施工许可证、拆除障碍物，接通场外水源、电源、道路等内容）。施工合同经双方负责人签字后具有法律效力，必须共同履行。

2. 施工准备

施工合同签订以后，项目承包人应全面了解工程性质、规模特点及工期要求等，进行场址勘察、技术经济和社会调查，收集有关资料，编制施工组织总设计。施工组织总设计经批准后，项目承包人应组织先遣人员进入施工现场，与项目发包人密切配合，共同做好各项开工前的准备工作，为顺利开工创造条件。根据施工组织总设计的规划，对首批施工的各单位工程，应抓紧落实各项施工准备工作。例如，图纸会审，编制单位工程施工组织设计，落实劳动力、材料构件施工机具及现场"七通一平"等。具备开工条件后，提出开工报告并经审查批准，即可正式开工。

3. 正式施工

施工过程是施工程序中的主要阶段，应从整个施工现场的全局出发，按照施工组织设计，精心组织施工，加强各单位、各部门的配合与协作，协调解决各方面问题，使施工活动顺利开展。

在施工过程中，应加强技术、材料、质量安全、进度等各项管理工作，落实项目承包人项目经理负责制及经济责任制，全面做好各项经济核算与管理工作，严格执行各项技术、质量检验制度，抓紧工程收尾和竣工工作。

4. 进行工程验收、交付生产使用

这是施工的最后阶段。在交工验收前，项目承包人内部应先进行预验收，检查各分部分项工程的施工质量，整理各项交工验收的技术经济资料。在此基础上，由项目发包人组织竣工验收，经相关部门验收合格后，到主管部门备案，办理验收签证书，并交付使用。

三、建筑工程施工组织的设计

（一）建筑工程施工组织设计的作用和任务

建筑工程施工组织设计是规划和指导拟建工程从施工准备到竣工验收全过程的综合性的技术经济文件。由于受建筑产品及其施工特点的影响，因此每个工程项目开工前必须根据工程特点与施工条件，编制施工组织设计。

1. 建筑施工组织设计的作用

建筑施工组织设计是对施工过程实行科学管理的重要手段，是检查工程施工进度、质量、成本三大目标的依据。通过编制施工组织设计，明确工程的施工方案、施工顺序、劳动组织措施、施工进度计划及资源需要量计划，明确临时设施、材料、机具的具体位置，有效地使用施工现场，提高经济效益。

2. 建筑施工组织设计的任务

根据国家的各项方针、政策、规程和规范，从施工的全局出发，结合工程的具体条件，确定经济合理的施工方案，对拟建工程在人力和物力、时间和空间、技术和组织等方面统筹安排，以期达到耗工少、工期短、质量高和造价低的最优效果。

（二）建筑工程施工组织设计的分类

建筑工程施工组织设计按编制阶段和对象的不同，分为以下三类。

1. 施工组织总设计

施工组织总设计是以一个建筑群或建设项目为编制对象，用以指导一个建筑群或建设项目施工全过程的各项施工活动的技术、经济和组织的综合性文件。施工组织总设计一般是在建设项目的初步设计或扩大初步设计被批准之后，在总承包单位的工程师领导下进行编制。

2. 单位工程施工组织设计

单位工程施工组织设计是以一个单位工程为编制对象，用以指导单位工程施工全过程的技术、经济和组织的综合性文件。单位工程施工组织设计是在施工图设计完成之后、工程开工之前，在施工项目技术负责人领导下进行编制。

3. 分部（分项）工程施工组织设计

分部（分项）工程施工组织设计是以分部（分项）工程为编制对象，对结构特别复杂、施工难度大、缺乏施工经验的分部（分项）工程编制的作业性施工设计。分部（分项）工程施工组织设计由单位工程施工技术员负责编制。

（三）编制施工组织设计的基本原则

在组织施工或编制施工组织设计时，应根据建筑工程施工的特点及以往积累的经验，遵循以下原则。

（1）认真贯彻国家对工程建设的各项方针和政策，严格执行基本建设程序。严格控制固定资产投资规模，保证国家的重点建设；对基本建设项目必须实行严格的审批制度；严格按基本建设程序办事；严格执行建筑施工程序。要做到"五定"，即定建设规模、定投资总额、定建设工期、定投资效果、定外部协作条件。

（2）坚持合理的施工程序和施工顺序。建筑工程施工有其本身的客观规律，按照反映这种规律的工作程序组织施工，就能保证各施工过程相互促进，加快施工进度。

①施工顺序随工程性质施工条件和使用要求会有所不同，但一般遵循如下规律：先做准备工作，后正式施工。准备工作是为后续施工活动正常进行创造必要的条件。准备工作不充分就贸然施工，不仅会引起施工混乱，而且会造成资源浪费，延误工期。

②先进行全场性工作，后进行各个工程项目施工。场地平整、管网敷设、道路修筑和电路架设等全场性工作先进行，为施工中用电、供水和场内运输创造条件。

③对于单位工程，既要考虑空间顺序，又要考虑各工种之间的顺序。空间顺序解决施工流向问题，它是根据工程使用要求、工期和工程质量来决定的。工种顺序解决时间上的搭接问题，它必须做到保证质量、充分利用工作面、争取时间。

还有先地下后地上，地下工程先深后浅；先主体、后装修；管线工程先场外、后场内的施工顺序。

（3）尽量采用国内外先进的施工技术，进行科学的组织和管理。采用先进的技术和科学的组织管理方法是提高劳动生产率、改善工程质量、加快工程进度、降低工程成本的主要途径。在选择施工方案时，要积极采用新技术、新工艺、新设备，以获得最大的经济效益。同时，也要防止片面追求先进而忽视经济效益的做法。

（4）采用流水施工、网络计划技术组织施工。实践证明，采用流水施工方法组织施工，不仅能使拟建工程的施工有节奏、均衡、连续地进行，而且会带来显著的技术、经济效益。

网络计划技术是当代计划管理的最新方法。它是应用网络图的形式表示计划中各项工作的相互关系，具有逻辑严密、层次清晰、关键问题明确等特点，可进行计划方案的优化、控制和调整，有利于计算机在计划管理中的应用。实践证明，管理中采用网络计划技术，可有效地缩短工期和节约成本。

（5）尽量减少临时设施，科学合理地布置施工平面图。尽量利用正式工程、原有或就近已有设施，以减少各种临时设施；尽量利用当地资源，合理安排运输装卸与存储作业，减少物资运输量，避免二次搬运；精心进行现场布置，节约现场用地，不占或少占农田；做好现场文明施工。

（6）充分利用现有机械设备，提高机械化程度。建筑产品生产需要消耗巨大的体力劳动，在建筑施工过程中，尽量以机械化施工代替手工操作，这是建筑技术进步的另一重要标志。为此在组织工程项目施工时，要结合当地和工程情况，充分利用现有的机械设备，扩大机械化施工范围，提高机械化施工程度。同时要充分发挥机械设备的生产率，保证其作业的连续性，提高机械设备的利用率。

（7）科学地安排冬季、雨季项目施工，提高施工的连续性和均衡性。建筑工程施工一般是露天作业，易受气候影响，严寒和下雨的天气都不利于建筑施工的正常进行。如果不采取相应的技术措施，冬季和雨季就不能连续施工。目前，已经有成功的冬季、雨季施工措施，保证施工正常进行，但是施工费用也会相应增加。因此，在施工进度计划安排时，要根据施工项目的具体情况，将适合冬雨季节施工的、不会过多增加施工费用的施工项目安排在冬雨季进行施工，提高施工的连续性和均衡性。

综合上述原则，既是建筑产品生产的客观需要，又是加快施工进度缩短工期、保证工程质量降低工程成本、提高建筑施工企业和工程项目建设单位的经济效益的需要，所以必须在施工过程中认真地贯彻执行。

第三节　建筑施工组织理论与方法

建筑施工组织对统筹建筑施工全过程、促进技术进步、实现安全文明施工、增强企业竞争能力促进建筑业的发展起着关键的作用。

一、建筑工程流水施工

建筑产品的生产过程非常复杂，往往需要多个施工过程、专业班组相互配合才能完成。由于采用的施工方法不同、班组数不同、工作程序不同等，会使工程的工期、造价、质量等方面有所矛盾，这就需要找到一种较好的施工组织方式，科学合理地安排施工生产。

（一）常用的施工组织形式

建筑项目的常用的施工组织形式主要有以下三种：

1. 依次施工

依次施工是按一定的施工顺序，各施工段或施工过程依次施工、依次完成的一种施工组织方式。

依次施工组织方式具有以下特点：

①工作面有空闲，工期较长；

②各专业队（组）不能连续工作，产生窝工现象；

③若由一个工作队完成全部施工任务，不能实现专业化生产；

④单位时间内投入的资源量的种类较少，有利于资源供应组织；

⑤施工现场的组织管理较简单。

它适用于工作面有限、规模小、工期要求不紧的工程。

2. 平行施工

平行施工是对所有的施工段同时开工、同时完工的组织方式。

平行施工组织方式具有以下特点：

①工作面能充分利用，施工段上无闲置，工期短；

②若由一个工作队完成全部施工任务，不能实现专业化生产；

③单位时间内投入的资源数量成倍增加，不利于资源供应组织；

④施工现场的组织管理较复杂，不利于现场的文明施工和安全管理。

这种施工组织方式一般适用于工期要求紧、大规模的建筑群。

搭接施工：当上一施工过程为下一施工过程提供了足够的工作面时，下一施工过程可提前进入该段施工。各施工过程之间最大限度地搭接起来，充分利用工作面，有利于缩短工期。

3. 流水施工

流水施工是指将施工对象划分成若干个施工过程和施工段，各施工过程分别由专业班组去完成，所有的施工过程按一定的时间间隔依次投入施工，各施工过程陆续开工、陆续竣工，使同一施工过程的施工班组保持连续、均衡施工，不同的施工过程尽可能搭接施工的组织方式。

流水施工组织方式具有以下特点：

①合理利用工作面，工期适中；

②各施工段上，不同的工作队（组）依次连续地进行施工；

③实现了施工的专业化；

④单位时间内投入施工的资源量较为均衡，有利于资源供应的组织工作；

⑤为施工现场的文明施工和科学管理创造了有利条件。

从三种施工组织方式的分析中，可以看出流水施工方式是一种先进的、科学的施工组织方式。

（二）流水施工的组织条件和经济效果

1. 流水施工的组织条件

（1）划分施工过程

把拟建工程，根据工程特点、施工要求、工艺要求、工程量大小等将建造过程分解为若干个施工过程，它是组织专业化施工和分工协作的前提。

（2）划分施工段

根据组织流水施工的需要，将拟建工程在平面上或空间上划分为工程量大致相等的若干个施工段，它是形成流水的前提。

（3）每个施工过程组织对应的专业班组

在一个流水组中，每一个施工过程尽可能组织对应的专业班组，这样可以使每个专业班组按施工顺序，依次、连续、均衡地从一个施工段转移到另一施工段进行相同的操作，它是提高质量增加效益的保证。

（4）保证主导施工过程连续、均衡地施工

主导施工过程是指工程量较大、施工时间较长、对总工期有决定性影响的施工过程，必须组织连续、均衡地施工；对次要施工过程，可考虑与相邻的施工过程合并，如不能合并，为缩短工期，可安排间断施工。

（5）不同的施工过程尽可能组织平行搭接施工

根据施工顺序和不同施工过程之间的关系，在工作面允许条件下，除去必要的技术和组织间歇时间外，力求在工作时间上有搭接，在工作空间上有搭接，从而使工作面的使用、工期更加合理。

2. 流水施工的技术经济效果

流水施工组织方式既然是一种先进科学的施工组织方式，那么应用这种方式进行施工会体现出优越的技术经济效果，主要体现在以下几个方面：

（1）缩短施工工期

由于流水施工的连续性，减少了时间间歇，加快了各专业队的施工进度，相邻工作队在开工时间上最大限度地、合理地搭接，充分利用了工作面，从而可以大大地缩短施工工期。

（2）提高劳动生产率、保证质量

各个施工过程均采用专业班组操作，可提高工人的熟练程度和操作技能，从而提高工人的劳动生产率，同时工程质量也易于保证和提高。

（3）方便资源调配、供应

采用流水施工，使劳动力和其他资源的使用比较均衡，从而可避免出现劳动力和资源的使用大起大落的现象，减轻施工组织者的压力，为资源的调配、供应和运输带来方便。

（4）降低工程成本

由于组织流水施工缩短了工期，提高了工作效率，资源消耗均衡，便于物资供应，用工少，因此减少了人工费、机械使用费、暂设工程费、施工管理费等有关费用支出，降低了工程成本。

二、建筑工程网络计划技术

（一）网络计划技术的原理及优缺点

1. 网络计划技术的基本原理

①利用网络图的形式表达一项工程中各项工作的先后顺序及逻辑关系；

②通过对网络图时间参数的计算，找出关键工作、关键线路；

③利用优化原理，改善网络计划的初始方案，以选择最优方案；

④在网络计划的执行过程中进行有效的控制和监督，保证合理地利用资源，力求以最少的消耗获取最佳的经济效益和社会效益。

2. 网络计划技术的优缺点

（1）优点

①能全面而明确地反映出各项工作开展的先后顺序和它们之间的相互制约、相互依赖的关系；

②可以进行各种时间参数的计算；

③能在工作繁多、错综复杂的计划中找出影响工程进度的关键工作和关键线路，便于管理者抓住主要矛盾，集中精力确保工期，避免盲目施工；

④能够从许多可行方案中，选出最优方案；

⑤保证自始至终对计划进行有效的控制与监督；

⑥利用网络计划中反映出的各项工作的时间储备，可以更好地调配人力、物力，以达到降低成本的目的；

⑦可以利用计算机进行计算、优化、调整和管理。

（2）缺点

表示计划不直观，不易看懂；不能反映出流水施工的特点；不易显示资源平衡情况；在计算劳动力、资源消耗量时，与横道图相比较为困难。

（二）网络计划的表达方法

网络计划的表达形式是网络图。网络计划有以下分类方法。

1. 按工作和事件在网络图中的表示方法分类

（1）双代号网络计划

双代号网络计划是指以双代号网络图表示的计划。

（2）单代号网络计划

单代号网络计划是指以单代号网络图表示的计划。

2. 按肯定与非肯定不同分类

（1）肯定型网络计划

肯定型网络计划是指各工作数量、各工作之间的逻辑关系及各工作的持续时间都肯定的网络计划。

（2）非肯定型网络计划

非肯定型网络计划是指在各工作数量、各工作之间的逻辑关系及各工作的持续时间三者之中，有一项及以上不肯定的网络计划。

3. 按网络计划包括范围不同分类

（1）局部网络计划

局部网络计划是指以一个建筑物或构筑物中的一部分，或以一个分部工程为对象编制的网络计划。

（2）单位工程网络计划

单位工程网络计划是指以一个单位工程或单体工程为对象编制的网络计划。

（3）综合网络计划

综合网络计划是指以一个单项工程或一个建设项目为对象编制的网络计划。

4. 网络计划的其他分类

（1）时标网络计划

时标网络计划是指以时间坐标为尺度编制的网络计划，其主要特点是时间直观，可以直接显示时差。

（2）搭接网络计划

搭接网络计划是指前后工作之间有多种逻辑关系的肯定型网络计划，其主要特点是可以表示各种搭接关系。

（三）双代号网络计划

用一根箭线及其两端节点的编号表示一项工作的网络图称为双代号网络图。工作的名称写在箭线上面，工作持续时间写在箭线下面，箭尾表示工作的开始，箭头表示工作的结束。

1. 双代号网络图的基本符号

（1）箭线

箭线有实箭线和虚箭线两种。

①实箭线

网络图中一端带箭头的实线即为实箭线。在双代号网络图中，它与其两端的节点表示一项工作。

一根箭线表示一项工作所消耗的时间和资源，分别用数字标注在箭线的下方和上方。

一般而言，每项工作的完成都要消耗一定的时间和资源，如砌砖墙、浇混凝土等；也存在只消耗时间而不消耗资源的工作，如混凝土养护、砂浆找平层干燥等技术间歇。若单独考虑时，也应作为一项工作对待。

箭线的方向表示工作进行的方向，应保持自左向右的总方向。箭尾表示工作的开始，箭头表示工作的结束。

箭线可以画成直线、折线和斜线。必要时，箭线也可以画成曲线，为使图形整齐，组画成水平直线或由水平线和垂直线组成的折线。

②虚箭线

虚箭线仅表示工作之间的逻辑关系，它既不消耗时间，又不消耗资源。虚箭线可画成水平直线垂直线或折线。当虚箭线很短、不易表示时，则也可用实箭线表示，但其持续时间应用零标注。

（2）节点

在双代号网络图中，箭线端部的圆圈就是节点。双代号网络图中的节点表示工作之间的逻辑关系。

①节点表示前面工作结束和后面工作开始的瞬间，所以节点不需要消耗时间和资源。

②箭线的箭尾节点表示该工作的开始，箭线的箭头节点表示该工作的结束。

③根据节点在网络图中的位置不同可以分为起点节点、终点节点和中间节点。网络图中的第一个节点就是起点节点，表示一项任务的开始。网络图中的最后一个节点就是终点节点，表示一项任务的结束。除起点节点和终点节点以外的节点称为中间节点，中间节点有双重的含义，它既是前面工作的箭头节点，又是后面工作的箭尾节点。

（3）节点编号

网络图中的每个节点都要编号，以便于网络图时间参数的计算和检查网络图是否正确。

①节点编号的基本规则：箭头节点编号要大于箭尾节点编号。

②节点编号的顺序：从起点节点开始，依次向终点节点进行；箭尾节点编号在前，箭头节点编号在后，凡是箭尾节点没编号的，箭头节点不能编号。

③在一个网络图中，所有节点不能出现重复编号，编号的号码可以按自然数顺序进行，也可以非连续编号，以便适应网络计划调整中增加工作的需要，编号留有余地。

2. 双代号网络图的逻辑关系

（1）工艺逻辑关系

工艺逻辑关系是由施工工艺所决定的各个施工过程之间客观上存在的先后顺序关系。对于一个具体的工程项目而言，当确定施工方法之后，各个施工过程的先后顺序一般是固定的，有的是绝对不允许颠倒的。

（2）组织逻辑关系

在施工组织安排中，考虑劳动力机具、材料及工期等方面的影响，在各施工过程之间主观上安排的施工顺序，这种关系不受施工工艺的限制，不是由工程性质本身决定的，而是在保证工作质量、安全和工期等的前提下，可以人为安排的顺序关系。

3. 双代号网络图的基本概念

（1）紧前工作

在网络图中，相对于某工作而言，紧排在该工作之前的工作称为该工作的紧前工作。

（2）紧后工作

在网络图中，相对于某工作而言，紧排在该工作之后的工作称为该工作的紧后工作。

（3）平行工作

在网络图中，相对于某工作而言，可以与该工作同时进行的工作即为该工作的平行工作。

（4）先行工作

相对于某工作而言，从网络图的第一个节点（起点节点）开始，顺箭头方向经过一系列箭线到达该工作为止的各条通路上的所有工作，都称为该工作的先行工作。

（5）后续工作

相对于某工作而言，从该工作之后开始，顺箭头方向经过一系列箭线与节点到网络图最后一个节点（终点节点）的各条通路上的所有工作，都称为该工作的后续工作。

在建设工程进度控制中，后续工作是一个非常重要的概念。因为在工程网络计划的实施过程中，如果发现某项工作进度出现拖延，则受到影响的工作必然是该工作的后续工作。

4. 线路、关键线路和关键工作

（1）线路

在网络图中从起点节点开始，沿箭头方向顺序通过一系列箭线与节点，最后到达节点的通路称为线路。线路上各工作持续时间之和，称为该线路的长度。

（2）关键线路和关键工作

沿着箭线的方向有很多条线路，通过对各条线路的工期计算，可以找到工期最长的线路，这种线路称为关键线路。位于关键线路上的工作称为关键工作。

（3）线路性质

①关键线路性质

a. 关键线路的线路时间代表整个网络计划的计划总工期；

b. 关键线路上的工作都称为关键工作；

c. 关键线路没有时间储备，关键工作也没有时间储备；

d. 在网络图中关键线路至少有一条；

e.当管理人员采取某些技术组织措施，缩短关键工作的持续时间就可能使关键线路变为非关键线路。

②非关键线路性质

a.非关键线路的线路时间只代表该条线路的计划工期；

b.非关键线路上的工作，除了关键工作之外，都称为非关键工作；

c.非关键线路有时间储备，非关键工作也有时间储备；

d.在网络图中，除了关键线路之外，其余的都是非关键线路；

e.当管理人员由于工作疏忽，拖长了某些非关键工作的持续时间，就可能使非关键线路转变为关键线路。

5.双代号网络图绘制的基本规则

①必须正确表达已定的逻辑关系。

②网络图中，严禁出现循环回路。

③网络图中的箭线（包括虚箭线，以下同）应保持自左向右的方向，不应出现箭头指向左方的水平箭线和箭头偏向左方的斜向箭线。

④网络图中严禁出现双向箭头和无箭头的连线。

⑤网络图中严禁出现没有箭尾节点的箭线和没有箭头节点的箭线。

⑥严禁在箭线上引入或引出箭线。

但当网络图的起点节点有多条箭线引出（外向箭线）或终点节点有多条箭线引入（内向箭线）时，为使图形简洁，可用母线法绘图。

⑦应尽量避免网络图中工作箭线的交叉。当交叉不可避免时，可以采用过桥法或指向法处理。

⑧网络图中应只有一个起点节点和一个终点节点（任务中部分工作需要分期完成的网络计划除外）。

6.双代号网络图绘制的基本方法

（1）网络图的布图技巧

①网络图的布局要条理清晰，重点突出；

②关键工作、关键线路尽可能布置在中心位置；

③密切相关的工作，尽可能相邻布置，尽量减少箭线交叉；

④尽量采用水平箭线，减少倾斜箭线。

（2）绘制方法

为使双代号网络图绘制简洁美观，宜用水平箭线和垂直箭线表示。在绘制之前，先确定出各个节点的位置号，再按节点位置及逻辑关系绘制网络图。

①无紧前工作的工作，其开始节点的位置号为0；

②有紧前工作的工作，其开始节点位置号等于其紧前工作的开始节点位置号的最大值加1；

③有紧后工作的工作，其结束节点位置号等于其紧后工作的开始节点位置号的最小值；

④无紧后工作的工作，其结束节点位置号等于网络图中各个工作的结束节点位置号的最大值加1。

（3）双代号网络图绘制步骤

①根据已知的紧前工作确定出紧后工作；

②确定出各工作的开始节点和结束节点位置号；

③根据节点位置号和逻辑关系绘出网络图。

（四）单代号网络计划

1.单代号网络图的概念

用一个节点及其编号表示一项工作，并用箭线表示工作之间的逻辑关系的网络图称为单代号网络图。节点所表示的工作名称、持续时间和工作代号等标注在节点内。

2.单代号网络图的特点

①工作之间的逻辑关系清晰，不用虚箭线，故绘图较简单；

②网络图便于检查和修改；

③工作的持续时间标注在节点内，箭线长度不代表持续时间，不形象不直观；

④表示工作之间的逻辑关系的箭线可能产生较多的纵横交叉现象。

3.单代号网络计划的基本符号

（1）箭线

单代号网络图中，箭线表示相邻工作之间的逻辑关系。箭线应画成水平直线、折线或斜线。单代号网络图中，只有实箭线，没有虚箭线。

（2）节点

单代号网络图中一个节点表示一项工作，节点宜用圆圈或矩形表示。节点所表示的工作名称、持续时间和工作代号等应标注在节点内。当有两个或两个以上工作同时开始或同时结束时，应在网络图两端分别设置一项虚工作，作为网络图的起始节点和终点节点。

（3）节点编号

单代号网络图的节点编号规则同双代号网络图。

4.单代号网络图的绘制规则

①单代号网络图不允许出现循环线路；

②单代号网络图不允许出现代号相同的工作；

③单代号网络图不允许出现双箭头箭线或无箭头的线段；

④绘制单代号网络图时，箭线不宜交叉，当交叉不可避免时采取过桥法绘制；

⑤单代号网络图只能有一个起始节点和一个终点节点。若缺少起始节点或终点节点时，应用虚拟的起始节点和终点节点补之。

5. 单代号网络图绘制方法

①绘图时要从左向右逐个处理已经确定的逻辑关系，只有紧前工作都绘制完成后，才能绘制本工作，并使本工作与紧前工作用箭线相连；

②当出现多个"起点节点"或多个"终点节点"时，应增加虚拟起点节点或终点节点，并使之与多个"起点节点"或"终点节点"相连，形成符合绘图规则的完整图形；

③绘制完成后要认真检查，看图中的逻辑关系是否与表中的逻辑关系一致，是否符合绘图规则，如有问题应及时修正；

④单代号网络图的排列方法，均与双代号网络图相应部分类似。

（五）双代号时标网络计划

1. 双代号时标网络计划的概念

时标网络计划是以时间坐标为尺度编制的网络计划。它通过箭线的长度及节点的位置，可明确表达工作的持续时间及工作之间恰当的时间关系，是目前工程中常用的一种网络计划形式。

2. 双代号时标网络计划的表示

①时标网络计划是绘制在时标计划表上的。时标的时间单位是根据需要，在编制时标网络计划之前确定的，可以是小时、天、周、旬、月或季等。时间可以标注在计划表顶部，也可以标注在底部。

②实箭线表示实工作，箭线的水平投影长度表示工作时间的长短。

③虚箭线表示虚工作。

④波形线表示工作的自由时差。

3. 双代号时标网络计划的特点

①能够清楚地展现计划的时间进程。

②直接显示各项工作的开始与完成时间、工作的自由时差和关键线路。

③可以通过叠加确定各个时段的材料、机具、设备及人力等资源的需要。

④由于箭线的长度受到时间坐标的制约，因此绘图比较麻烦。

4. 双代号时标网络计划的绘制要求

①时标网络计划需绘制在带有时间坐标的表格上。

②节点中心必须对准时间坐标的刻度线，以避免误会。

③以实箭线表示工作，以虚箭线表示虚工作，以水平波形线表示自由时差或与紧后工作之间的时间间隔。

④箭线宜采用水平箭线或水平段与垂直段组成的箭线形式，不宜用斜箭线。虚工作必须用垂直虚箭线表示，其自由时差应用水平波形线表示。

⑤时标网络计划宜按最早时间编制，以保证实施的可靠性。

5. 双代号时标网络计划的绘制方法

时标网络计划的绘制方法有间接法和直接法两种。

（1）间接法

间接法是先绘制出标时网络计划，找出关键线路后，再绘制成时标网络计划。绘制时先绘制关键线路，再绘制非关键工作。用实箭线形式绘制出工作箭线，当某些工作箭线的长度不足以达到该工作的完成节点时，用波形线补足，箭头画在波形线与节点连接处。用垂直虚箭线绘制虚工作，虚工作的自由时差也用水平波形线补足。

（2）直接法

①绘制时标表。

②将起点节点定位于时标表的起始刻度线上。

③按工作的持续时间在时标表上绘制起点节点的外向箭线。

④工作的箭头节点必须在其所有的内向箭线绘出以后，定位在这些内向箭线中最晚完成的实箭线箭头处。

⑤某些内向实箭线长度不足以到达该箭头节点时，用波形线补足。虚箭线应垂直绘制，如果虚箭线的开始节点和结束节点之间有水平距离时，也以波形线补足。

⑥用上述方法自左至右依次确定其他节点的位置。

三、网络计划的优化

网络计划经绘制和计算后，可得出最初方案。网络计划的最初方案只是一种可行方案，不一定是合乎规定要求的方案或最优的方案，因此，还必须进行网络计划的优化。

网络计划的优化，是在满足既定约束条件下，按某一目标，通过不断改进网络计划寻求满意方案。网络计划的优化目标应按计划任务的需要和条件选定，一般有工期目标、费用目标和资源目标等，网络计划优化的内容有工期优化、费用优化和资源优化。

在优化过程中，不一定需要全部时间参数值，只需寻求出关键线路。

（一）工期优化

工期优化是在网络计划的工期不满足要求时，通过压缩计算工期以达到要求工期目标，或在一定约束条件下使工期最短的过程。

1. 优化原理

①压缩关键工作。

②选择压缩的关键工作，应为压缩以后，投资费用少且不影响工程质量，又不造成资源供应紧张和保证安全施工的关键工作。

③压缩时间应保持其关键工作地位。

④多条关键线路要同时、同步压缩。

2. 优化步骤

网络计划的工期优化步骤如下。

①找出网络计划中的关键线路，并求出计算工期。

②按要求工期计算应缩短的时间 ΔT：

$$\Delta T = T_e - T_r \qquad (2-1)$$

③按下列因素选择应优先缩短持续时间的关键工作：a. 缩短持续时间对质量和安全影响不大的工作；b. 有充足备用资源的工作；c. 缩短持续时间所需增加的费用最少的工作。

④将应优先缩短的关键工作压缩至最短持续时间，并找出关键线路。在压缩时要注意不能将关键工作压缩成为非关键工作。若关键工作压缩变为非关键工作，则需要反弹保持其仍为关键工作。

⑤若计算工期仍超过要求工期，则重复以上步骤，直到满足工期要求或工期已不能再缩短为止。

⑥当所有关键工作或部分关键工作已达最短持续时间而寻求不到继续压缩工期的方案，但工期仍不能满足要求时，应对计算计划的原技术、组织方案进行调整，或对要求工期重新审定。

（二）费用优化

1. 概念

费用优化又称为时间成本优化，是寻求最低成本时的最短工期安排，或按要求工期寻求最低成本的计划安排过程。

2. 工程成本与工期的关系

网络计划的总费用由直接费和间接费组成。直接费是随工期的缩短而增加的费用；间接费是随工期的缩短而减少的费用。

由于直接费随工期缩短而增加，间接费随工期缩短而减少，因此必定有一个总费用最少的工期，这便是费用优化所要寻求的目标。

3. 费用优化的方法

通过对费用工期关系的研究可知，选择直接费率最低的关键工作，压缩其持续时间，只要直接费率小于或等于间接费率，随着工期的缩短，工程成本就是一个下降的过程。若直接费率大于间接费率，随着工期的增加，工程成本就是一个增加的过程。因此费用优化的方法就是选择直接费率最低的关键工作，压缩其持续时间。

（三）资源优化

资源是指为完成一项计划任务所需投入的人力、材料、机械设备和资金等。完成一项工程任务所需要的资源量基本上是不变的，不可能通过资源优化将其减少。资源优化的目的是通过改变工作的开始时间和完成时间，使资源按照时间的分布符合优化目标。

通常情况下，网络计划的资源优化分为两种，即"资源有限，工期最短"的优化和"工期固定，资源均衡"的优化。前者是通过调整计划安排，在满足资源限制的条件下，使工期延长最少的过程；后者是通过调整计划安排，在工期保持不变的条件下，使资源需要量尽可能均衡的过程。

资源优化的原则如下：

①在优化过程中，不改变网络计划中各项工作之间的逻辑关系；

②在优化过程中，不改变网络计划中各项工作的持续时间；

③网络计划中各项工作的资源强度（单位时间所需资源数量）为常数；

④除规定可中断的工作外，一般不允许中断工作，应保持其连续性。为简化问题，这里假定网络计划中的所有工作需要同一种资源。

1. "资源有限，工期最短"的优化

"资源有限，工期最短"的优化一般可按以下步骤进行，而且是合理的。

①按照各项工作的最早开始时间安排进度计划，并计算网络计划每个时间单位的资源需要量。

②计划开始日期起，逐个检查每个时段（每个时间单位资源需要量相同的时间段）资源需要量是否超过所能供应的资源限量。如果在整个工期范围内每个时段的资源需要量均能满足资源限量的要求，则可认为优化方案编制完成；否则，必须转入下一步进行计划调整。

③分析超过资源限量的时段。

④对于调整后的网络计划安排，重新计算每个时间单位的资源需要量。

⑤重复上述②~④步骤，直至网络计划整个工期范围内每个时间单位的资源需要量均满足资源限量为止。

2. "工期固定，资源均衡"的优化

"工期固定，资源均衡"的优化是指调整计划安排，在工期保持不变的前提下，使资源需要量尽可能均衡的过程。

资源均衡可以大大减少施工现场各种临时设施（如仓库堆场、加工场临时供水供电设施等生产设施和工人临时住房办公房屋、食堂、浴室等生活设施）的规模，从而节省施工费用。

（1）基本思路

在满足工期不变的条件下，通过利用非关键工作的时差，调整工作的开始和结束时间，使资源需求在工期范围内尽可能均衡。

（2）调整顺序

调整宜自网络计划终止节点开始，从右向左逐次进行。按工作完成节点的编号值从大到小的顺序进行调整，同一个完成节点的工作则先调整开始时间较迟的工作。所有工作按上述顺序自右向左进行多次调整，直至所有工作既不能向右移又不能向左移为止。

（3）工作可移性的判断

由于工期固定，因此关键工作不能移动。非关键工作是否可移，主要看是否削低了高峰值，填高了低谷值，即是不是削峰填谷。

第三章　建筑工程项目管理

第一节　建筑工程项目概述

一、建筑工程项目的含义

（一）项目

1. 项目的概念及特点

项目是在限定条件下，为完成特定目标要求的一次性任务。

项目在日常活动中随处可见，它的外延是广泛的。大项目诸如造船、航空航天、建筑工程、能源工程等，而更多的是一些较小的项目，比如，一个新计算机系统实施、一项新产品的研究开发和投产，甚至一项培训计划、发表一篇论文、揭开一次会议等。项目不论类型如何、规模大小，都具备一些共同的特性。

（1）独特性

任何一个项目都有区别于其他项目的特殊性。这一特性决定项目执行的过程是不可能完全程序化的，这也正是项目管理工作极具挑战性的原因所在。例如，按照同一设计图纸建造两座图书馆，但建设这两座图书馆的项目是不会完全相同的，由于地理位置、施工地质条件等不完全相同，其地基处理、平面处理、管道布置的施工方案和任务就不会完全相同。

（2）一次性

有起点和终点，任务完成，项目即告结束，没有重复。

（3）项目的目标性和约束性

任何项目都具有特定的目标，同时，这一特定目标的实现总是有一定约束条件的。当然，项目目标也可能在项目实施过程中发生变化。一旦项目目标和约束条件发生变化，项目的管理工作就要随之作出相应的调整。

（4）生命周期特性

项目是一次性的任务，总是有预期的终点的。任何项目都会经历启动、开发、实施和结束，人们通常把这一过程称为"生命周期"。项目的生命周期特性还表现在项目的全过程中启动比较缓慢，开发实施阶段比较快速，而结束阶段又比较缓慢的规律。

（5）项目的系统性

项目包括人力、物资、技术、时间、空间、信息和管理等多种要素。这些要素为实现项目的目标而相互制约、相互作用，构成一个相对完整的系统。

（6）项目具有众多结合部

项目与外部环境的各种约束、项目内部各种要素。项目生命周期的各个不同阶段之间存在众多的结合部（或称为界面）。这些结合部是项目管理工作的重点和难点。

2. 项目的参与者

项目的参与者，又称为项目干系人，是指那些积极介入项目，其利益可能由于项目执行或项目成功完成而受到积极或消极影响的个人或组织。一个项目中最起码应当有以下五个参与者。

（1）项目经理

项目经理是负责管理某一个项目的个人。项目经理一般要有足够的权利以便管理整个项目，并向用户负责，承担实现项目目标的责任，项目经理是项目班子的领导人。

（2）客户

将来使用项目产品的个人或组织。一个项目的客户可能有多个层次，例如，一种新的药品的客户可能有开处方的医生、用药的病人以及支付药费的保险公司。客户与使用者有时是同义词，有时客户是指项目产品的购买者，而使用者是实际使用项目产品的。

（3）执行组织

执行组织是指某个企业，这个企业的员工直接参与从事项目中的工作。

（4）项目班子成员

项目班子成员是指项目管理过程中的领导人员。

（5）项目出资人

项目出资人是指执行组织内部或外部以现金或实物为项目提供财务资源的个人或团体。

（二）建筑工程的项目

1. 建筑工程项目的概念

建筑工程项目，是以建筑物为目标产出物的、有开工时间和竣工时间的相互关联的活动所组成的特定过程。该过程要达到的最终目标应符合预定的使用要求，并满足标准或业主要求的质量、工期、造价和资源等约束条件。

2. 建筑工程项目的分类

（1）按工程项目建设性质分类

①新建项目

一般是指为经济、科学技术和社会发展而进行的平地起家的投资项目。有的单位原有规模很小，经过建设后新增的固定资产价值超过原有固定资产原值3倍以上的，也算新建项目。

②扩建项目

一般是指为扩大生产能力或新增效益而增建的分厂、主要车间、矿井、铁路干线、码头泊位等工程项目。

③迁建项目

一般是指为改变生产力布局而将企业或事业单位搬迁到其他地点建设的项目。

④改建项目

一般是指为技术进步，提高产品质量，增加花色品种，促进产品升级换代，降低消耗和成本，加强资源综合利用、三废治理和劳动安全等，采用新技术、新工艺、新设备、新材料等对现有工艺条件进行技术改造和更新的项目。

⑤恢复项目

一般是指因遭受各种灾害而使原有固定资产全部或部分报废，以后又恢复建设的项目。

（2）按投资用途分类

①商业项目

商业项目是指商场、零售连锁店、大型购物中心、饭店、写字楼等。

②工业项目

工业项目是指工业企业的厂房、车间、库房及其辅助设施的建设项目，如化工厂、食品厂、电器制造厂等。

③住宅项目

住宅项目是指建成后供人居住的房屋建筑项目，包括高层住宅、多层住宅、别墅等。

④基础设施项目

基础设施项目是指城市基础设施，如城市道路、地铁、轻轨、隧道、污水处理工程、供电工程等。

⑤公益项目

如学校、医院、图书馆、体育馆等。

⑥国防项目

国防项目是指与国防事业、军队建设、武器装备有关的工程项目，如雷达站、军事基地、军事机场等。

⑦其他项目

如农田灌溉、防洪工程等。

（3）按投资主体分类

①非政府投资项目

非政府投资项目是除政府投资的项目之外的投资项目的总称，包括企业投资项目、民间资本投资项目、国外企业与私人投资项目等。

②政府投资项目

政府投资项目包括中央政府投资的项目和地方政府投资的项目。它是由国家各级财政预算直接安排的工程建设项目。

（4）按资本金的来源分类

①外资项目

外资项目是指利用外国资金作为资本金进行投资的工程项目。

②内资项目

内资项目是指运用国内资金作为资本金进行投资的工程项目。

③中外合资项目

中外合资项目是指运用国内和外国资金作为资本金进行投资的工程项目。

（5）按建设总规模或总投资额分类

工程项目按项目的建设总规模或总投资额可分为大型项目、中型项目和小型项目。生产单一产品的工业项目按产品的设计能力划分；生产多种产品的工业项目按其主要产品的设计能力划分；生产品种繁多、难以按生产能力划分的按投资额划分。

3. 建筑工程项目的特点

（1）工程项目实体的特殊性

首先，工程项目具有庞大的实体体型。无论是复杂的工程项目实体，还是简单的工程产品，为满足其使用功能上的需要，并考虑到建筑材料的物理力学性能，均需要大量的物质资源，占据广阔的平面或空间，因而工程项目实体体型庞大。

其次，工程项目实体在空间上具有固定性。一般的工程项目实体由地下基础和地上主体两部分组成，建造后不能移动。

最后，工程项目实体的单件性。出其建造的时间、地点、地形、环境的不同，工程项目不可能有完全雷同的情况。

（2）建设目标的明确性

建设目标的明确性是工程项目的显著特征。无论是政府投资的项目，还是企业或私人投资的项目，都有自己的建设目标。例如，工业项目是在一定时期内为满足某种社会需求提供产品或服务，通过产品或服务使投资实现一定经济目标的投资方案；又如，交通工程项目是为满足社会对公共交通的需求而进行的投资方案。

（3）项目的风险性

工程项目从构思、实施到建成都有一个过程，有的工程项目建设周期较长，不可避免地面临较大的不确定性和风险，如国内投资环境的变化、天气或自然灾害的影响、金融市场的波动、原材料与产品市场的变化等，这些不确定因素会给项目带来一定的风险，可能造成不利后果。

（4）资源的有限性

每一个工程项目都有资金、土地、时间、人力、技术等方面的限制。要实现工期、质量、费用的项目目标，就必须对有限的资源进行最优配置。

（5）建设过程的特殊性

建设过程的特殊性体现在其建设周期长、建设过程的连续性及建设施工队伍的流动性上。

二、建筑工程项目准备工作

为拟建工程的施工创造必要的技术、物资条件，统筹安排施工资源和布置施工现场，确保工程施工顺利进行。它是建设程序中的重要环节，不仅存在于开工前，而且贯穿整个施工过程。

（一）建筑工程项目准备工作概述

1. 准备工作的重要性

现代的建筑施工是一项十分复杂的生产活动，它不但需要耗用大量的人力、物力，而且要处理各种复杂的技术问题，也需要协调各种协作配合关系。如果事先缺乏统筹安排和准备，势必会造成某种混乱，使施工无法正常进行。而全面、细致地做好施工前准备工作，对于调动各方面的积极因素，合理组织人力、物力，加快施工进度，提高工程质量，节约建设资金，提高经济效益，都会起着重要的作用。

任何工程开工都必须有合理的施工准备期，以便为施工创造一切必要的条件。实践证明，凡是重视施工准备工作的，积极为拟建工程创造一切施工条件，项目的施工就会顺利进行；反之，就会给项目后期施工带来麻烦和损失，甚至给项目施工带来灾难，其后果不堪设想。

2. 准备工作的基本任务

（1）取得工程施工的法律依据是指包括城市规划、环卫、交通、电力、消防、市政、公用事业等部门批准的法律依据。

（2）通过调查研究，分析掌握工程特点、要求和关键环节。

（3）调查分析施工地区的自然条件、技术经济条件和社会生活条件。

（4）从计划、技术、物资、劳动力、设备、组织、场地等方面为施工创造必备的条件，以保证工程顺利开工和连续进行。

（5）预测可能发生的变化，提出应变措施，做好应变准备。

（二）建筑工程项目准备工作内容

1. 施工调查准备

（1）施工调查依据

①工程中标通知书。

②施工合同文本。

③初步施工设计文件。

④招标文件及投标书。

（2）施工调查目的

任何工程的实施都是由施工调查开始，施工调查的成果直接关系后续施工，是后续施工的基础。

①核对设计文件，了解施工项目内容，分析施工特点。

②为编制项目管理策划书及施工方案提供依据。

③为工程的施工监理必要的技术和物质条件，统筹安排施工力量和施工现场。

（3）施工调查内容

①工程概况及特点

了解各个单位工程的位置、结构形式、基础类型、主要工程数量及分布情况，重难点工程结构类型、施工方案、技术难点等。

②地形地貌及地质构造

现场勘探，了解土壤类别、岩层分布、风化程度和工程地质状况；尤其注意滑坡、溶洞、严重风化软土等不良地质现象的位置及范围，或者由于环境、人为等因素产生变化的地段。当发现现场地形地貌或地质条件与设计不相符时，应对发现问题及时整理，提出相应的建议、措施和方案。

③水文、气象资料

明确河流分布、流量、流速、洪水期、水位变化、通航情况；气温、雨量、风向、风速、大风季节、积雪厚度、冻土深度等。用于研究降低地下水位的措施，选择基础施工方案，制定水下工程施工方案，复核地面、地下排水设计，确定临时防洪措施。

④材料物资供应

建筑材料、燃料动力、交通工具及生产工具的供应情况，运输条件；主要材料的产地、产量、质量、价格、运距、开采及供应方式等。

⑤当地施工条件

交通、运输条件，包括工地沿线的铁路、公路、河流位置，装卸运输费用标准，民间运输能力等。

水电供应情况，包括供水的水源、水量、水质、水费等情况；电源供电的容量、电压、电费等情况。

可利用的民房、劳动力和附属辅助设施情况；土地数量、农田水利、拆迁政策等。

民族状况和分布，生活习惯和民风民情，社会治安状态，医疗卫生条件等。

⑥临时工程及机械设备

铁路便线、施工便道及便桥、供电干线等设置方案；其他设施的选址和规模；主要施工机械和设备配置方案等。

（4）施工调查报告

现场调查工作完毕，应整理好资料，由调查组负责写出施工调查报告。施工调查报告的内容如下：

①工程概况

具体包括工程、水文地质情况，工程分布，重点工程情况，施工的特点和难易程度，工程数量等。

②施工条件

具体包括工程的场地情况，沿线交通和供水、供电情况，主要材料和地方材料的供应条件，砂、石料源情况，临时房屋和临时通信的解决条件等。

③提出相应的施工建议方案

a. 施工区段划分，施工队伍驻地、大小临时工程的布置。

b. 施工道路的布局。

c. 施工供水、供电网路和工地变、发电站设置。

d. 砂石料场选定和场地布置、运输、供应范围。

e. 重点工程施工方法及安排措施的意见。

f. 施工机具设备的配备和利用地方机械设备的意见。

g. 改善设计的建议。

h. 使用当地劳动力和向当地施工企业发包工程的意见。

2. 劳动组织准备

（1）建立工程项目领导机构

建立工程项目领导机构应遵循的原则：根据工程项目的规模、结构特点和复杂程度，确定工程项目施工的领导机构人选和名额；合理分工与密切协作相结合；把有施工经验、有创新精神、有工作效率的人选入项目领导机构；从施工项目管理的总目标出发，因目标设事，因事设机构定编制，按编制设岗位定人员，以职责定制度、授权力。

（2）施工队伍的组建

施工队伍的建立要认真考虑专业、工种的合理搭配，使其符合项目施工的需要，满足劳动组合优化的要求；技工、普工的比例要满足合理的劳动组织，要符合流水施工组织方式的要求；确定施工队伍的类型（是专业施工队伍，还是混合施工队伍）；要坚持合理、精干、高效的原则；人员配置要从严控制，对二三线管理人员力求一专多能、一人多职，要有利于提高劳动生产率。

对于某些专业性较强、专业技术难度较大的分部工程，有时还需要联合其他建筑队伍（称为外包施工队）共同完成施工任务。有时需要利用当地劳力进行施工，这时就要注意严禁非法层层分包，专业工种工人要持证上岗，使用临时施工队伍的要进行技术考核，对达不到技术标准、质量没有保证的不得使用。

（3）建立、完善规章制度

工地的各项规章制度是否建立、健全，直接影响其各项施工活动的顺利进行。有章不循其后果是严重的，而无章可循更是危险的，为此，工地必须建立健全的各项规章制度。其规章制度分为项目施工管理制度和项目组织内部工作制度。

3. 技术准备

（1）熟悉、审查施工图纸和有关的设计资料

首先，仔细审查工程，查看设计图纸的选址布局，以及建筑物的整体设计风格、结构等，是否符合国家的规划要求和城建要求。其次，技术上的问题，要审查设计是否合理，技术是否规范，标准是否能符合国家制定的有关技术规范。除了以上需要准备审查的，还需要检查设计总图和各个结构图之间，其相关数据是否一致，是否有矛盾的地方。

在项目的实施过程中，使图纸的要求符合现场的实际情况和国家的技术规范要求以及行业标准，按单位工程编制单项进度计划。要使具体的技术工艺以及流程等都需要符合业已形成的技术标准和规范。

（2）原始资料的调查分析

对设计图纸和原始数据等书面材料的掌握只是建筑施工技术准备工作的第一步，除此之外，还需要亲临现场，进行实地勘测，进行拟建工程的调查，获得有关数据的第一手资料，这对于拟定一个先进合理、切合实际的施工组织设计是非常必要的。

①自然条件的调查分析

建设地区自然条件的调查分析的主要内容：地区水准点和绝对标高等情况；地质构造、土的性质和类别、地基土的承载力、地震级别和裂度等情况河流流量和水质、最高洪水和枯水期的水位等情况；地下水位的高低变化情况，含水层的厚度、流向、流量和水质等情况；气温、雨、雪、风和雷电等情况；土的冻结深度和冬雨季的期限等情况。

②技术经济条件的调查分析

建设地区技术经济条件的调查分析的主要内容：地方建筑施工企业的状况，施工现场的动迁状况，当地可利用的地方材料状况，国拨材料供应状况，地方能源和交通运输状况，

地方劳动力和技术水平状况，当地生活供应、教育和医疗卫生状况，当地消防、治安状况和参加施工单位的力量状况。

（3）编制施工图预算

预算在工程项目施工过程中是非常重要的，是一项系统工程，分配企业的财务、实物及人力等资源，用以实现项目的既定目标，所以需要在施工之前编制好施工图预算。

施工图预算是技术准备工作的主要组成部分之一，是按照施工图确定的工程量、施工组织设计拟定的施工方法、建筑工程预算定额及其取费标准，由施工单位编制的确定建筑安装工程造价的经济文件，它是施工企业签订工程承包合同、工程结算、建设银行拨付工程价款、进行成本核算、加强经营管理等方面工作的重要依据。

（4）编制施工组织设计

施工组织设计是施工准备工作的重要组成部分，也是指导施工现场全部生产活动的技术经济文件。建筑施工生产活动的全过程是非常复杂的物质财富再创造的过程，为了正确处理人与物、主体与辅助、工艺与设备、专业与协作、供应与消耗、生产与储存、使用与维修以及它们在空间布置、时间排列之间的关系，必须根据拟建工程的规模、结构特点和建设单位的要求，在原始资料调查分析的基础上，编制出一份能切实指导该工程全部施工活动的科学方案。

4. 物资准备

（1）建筑材料准备

根据施工图预算的材料分析、施工进度计划的使用要求、材料储备定额、材料消耗定额，按照材料名称、规格、使用时间、需要数量进行汇总，编制材料需用量计划。依据材料需用量计划组织采购、确定材料仓库面积、堆场面积、运输能力。准备工作必须根据材料需用量计划，选择、评价材料分包商，确定采购计划、交货地点、交货方式、交货价格、验收标准、结算方法，签订材料分包合同。

材料的储备应当根据施工过程分期分批使用材料的特点，按照施工进度计划分期分批进行、合理储备、严格保管和发放材料，做好防水、防潮、防火、防散落、易碎材料的保护工作。

（2）构件加工准备

根据施工图预算，编制构件的需用量计划，并确定分期分批的储备数量。准备工作必须根据其需用量计划进行选择，签订分包合同。

（3）建筑施工机具准备

施工机械设备的种类很多，应当根据施工组织设计、施工方法、施工进度计划的要求，确定施工机械设备的型号、数量、供应方法、进出场时间，编制施工机具需用量计划。

（4）周转材料准备

周转材料一般有模板、模板支架、脚手架等。根据施工组织设计、施工方法、施工进度计划的要求，确定周转材料种类、规格、数量、供应方法、进出场时间，编制周转材料需用量计划。

第二节　建筑工程项目资源管理

一、建筑工程项目资源管理概述

（一）项目资源管理

1. 项目资源概念

项目资源是对项目实施中使用的人力资源、材料、机械设备、技术、资金和基础设施等的总称。资源是人们创造出产品（形成生产力）过程中所需要的各种要素，又称为生产要素。

项目资源管理的目的是在保证施工质量和工期的前提下，通过合理配置和调控，充分利用有限资源，节约使用资源，降低工程成本。

2. 项目资源管理概念

项目资源管理是对项目所需的各种资源进行的计划、组织、指挥、协调和控制等系统活动。项目资源管理的复杂性主要表现为以下几项：

（1）工程实施所需资源的种类多、需求量大。

（2）建设过程对资源的消耗极不均衡。

（3）资源供应受外界影响很大，具有一定的复杂性和不确定性，且资源经常需要在多个项目间进行调配。

（4）资源对项目成本的影响最大。加强项目管理，必须对投入项目的资源进行市场调查与研究，做到合理配置，并在生产中强化管理，以尽量少的消耗获得产出，达到节约劳动和减少支出的目的。

3. 项目资源管理的主要原则

在项目施工过程中，对资源的管理应该着重坚持以下四项原则：

（1）编制项目资源管理计划的原则

编制项目资源管理计划的目的，是对效法投入量、投入时间和投入步骤，作出一个合理的安排，以满足施工项目实施的需要，对施工过程中所涉及的资源，都必须按照施工准备计划、施工进度总计划和主要分项进度计划，根据工程的工作量，编制出详尽的需用量计划表。

（2）资源供应的原则

按照编制的各种资源配置计划，进行优化组合，并实施到项目中去，保证项目施工的需要。

（3）节约使用的原则

这是资源管理中最为重要的一环，其根本意义在于节约活劳动及物化劳动，根据每种资源的特性，制定出科学的措施，进行动态配置和组合，不断地纠正偏差，以尽可能少的资源满足项目的使用。

（4）使用核算的原则

进行资源投入、使用与产生的核算，是资源管理的一个重要环节，完成了这个程序，便可以使管理者心中有数。通过对资源使用效果的分析，一方面是对管理效果的总结，另一方面是为管理提供储备与反馈信息，以指导以后的管理工作。

4. 项目资源管理的过程和程序

（1）项目资源管理的全过程应包括资源的计划、配置、控制和处置。

（2）项目资源管理应遵循下列程序：

①按合同或根据施工生产要求，编制资源配置计划，确定投入资源的数量与时间。

②根据资源配置计划，做好各种资源的供应工作。

③根据各种资源的特性，采取科学的措施，进行有效组合、合理投入、动态管理。

④对资源的投入和使用情况进行定期分析，找出问题，总结经验，持续改进。

（3）项目资源管理应注意以下几个方面：

①将资源优化配置，适时、适量、按比例配置资源投入生产，满足需求。

②投入项目的各种资源在施工项目中搭配适当、协调，能够充分发挥作用，更有效地形成生产力。

③在整个项目运行过程中，对资源进行动态管理，以适应项目建设需要，并合理规避风险。项目实施是一个变化的过程，对资源的需求也在不断发生变化，必须适时调整，有效地计划组织各种资源，合理流动，在动态中求得平衡。

④在项目实施中，应建立节约机制，有利于节约使用资源。

5. 资源配置与资源均衡

在资源配置时，必须考虑如何进行资源配置及资源分配是否均衡。在项目资源十分有限的情况下，合理的资源配置和实现资源均衡是提高项目资源配置管理能力的有效途径。

（1）资源配置

资源配置是指项目资源根据项目活动及进度需求，将资源合理分配到项目的各项活动中去，以保证项目按计划执行。有限资源的合理分配又称为约束型资源的均衡。在编制约束型资源计划时，必须考虑其他项目对于可共享类资源的竞争需求。在进行型号项目资源分配时，必须考虑所需资源的范围、种类、数量及特点。

资源配置方法属于系统工程技术的范畴。项目资源的配置结果，不但应保证项目各子任务得到合适的资源，而且力求达到项目资源使用均衡。此外，还应保证让项目的所有活动都可及时获得所需资源，使项目的资源能够被充分利用，力求使项目的资源消耗总量最少。

（2）资源均衡

资源均衡是一种特殊的资源配置问题，是对资源配置结果进行优化的有效手段。资源均衡的目的是努力将项目资源消耗控制在可接受的范围内。在进行资源均衡时，必须考虑资源的类型及其效用，以确保资源均衡的有效性。

（二）项目资源管理计划

项目资源是工程项目实施的基本要素，项目资源管理计划是对工程项目资源管理的规划或安排，一般涉及决定选用什么样的资源，将多少资源用于项目的每一项工作的执行过程中（即资源的分配），以及将项目实施所需要的资源按争取的时间、正确的数量供应到正确的地点，并尽可能地降低资源成本的消耗，如采购费用、仓库保管费用等。

1. 项目资源管理计划的基本要求

（1）资源管理计划应包括建立资源管理制度，编制资源使用计划、供应计划和处置计划，规定控制程序和责任体系。

（2）资源管理计划应依据资源供应、现场条件和项目管理实施规划编制。

（3）资源管理计划必须纳入进度管理中。由于资源作为网络的限制条件，在安排逻辑关系和各工程活动时，要考虑到资源的限制和资源的供应过程对工期的影响。通常在工期计划前，人们已假设可用资源的投入量。因此，如果网络编制时不顾及资源供应条件的限制，则网络计划是不可执行的。

（4）资源管理计划必须纳入项目成本管理中，以作为降低成本的重要措施。

（5）在制定实施方案以及技术管理和质量控制中，必须包括资源管理的内容。

2. 项目资源管理计划的内容

（1）资源管理制度

资源管理制度包括人力资源管理制度、材料管理制度、机械设备管理制度、技术管理制度、资金管理制度等。

（2）资源使用计划

资源使用计划包括人力资源使用计划、材料使用计划、机械设备使用计划、技术计划、资金使用计划等。

（3）资源供应计划

资源供应计划包括人力资源供应计划、材料供应计划、机械设备供应计划、资金供应计划。

（4）资源处置计划

资源处置计划包括人力资源处置计划、材料处置计划、机械设备处置计划、技术处置计划、资金处置计划。

3. 项目资源管理计划编制的依据

（1）项目目标分析

通过对项目目标的分析，把项目的总体目标分解为各个具体的子目标，以便了解项目所需资源的总体情况。

（2）工作分解结构

工作分解结构确定了完成项目目标所必须进行的各项具体活动，根据工作分解结构的结果可以估算出完成各项活动所需资源的数量、质量和具体要求等信息。

（3）项目进度计划

项目进度计划提供了项目的各项活动何时需要相应的资源以及占用这些资源的时间，据此，可以合理地配置项目所需的资源。

（4）制约因素

在进行资源计划时，应充分考虑各类制约因素，如项目的组织结构、资源供应条件等。

4. 项目资源管理计划编制的过程

项目资源管理计划是施工组织设计的一项重要内容，应纳入工程项目的整体计划和组织系统中。通常，项目资源计划应包括以下过程：

（1）确定资源的种类、质量和用量

根据工程技术设计和施工方案，初步确定资源的种类、质量和需用量，然后再逐步汇总，最终得到整个项目各种资源的总用量表。

（2）调查市场上资源的供应情况

在确定资源的种类、质量和用量后，即可着手调查市场上这些资源的供应情况。其调查内容主要包括各种资源的单价，据此确定各种资源所需的费用；调查如何得到这些资源，从何渠道得到这些资源，这些资源供应商的供应能力怎样、供应的质量如何、供应的稳定性及其可能的变化；对各种资源供应状况进行对比分析等。

（3）资源的使用情况

主要是确定各种资源使用的约束条件，包括总量限制、单位时间用量限制、供应条件和过程的限制等。对于某些外国进口的材料或设备，在使用时还应考虑资源的安全性、可用性、对周围环境的影响、国家的法规和政策以及国际关系等因素。

在安排网络时，不仅要在网络分析和优化时加以考虑，在具体安排时更需注意，这些约束性条件多是由项目的环境条件或企业的资源总量、资源的分配政策决定的。

（4）确定资源使用计划

通常是在进度计划的基础上确定资源的使用计划的，即确定资源投入量—时间关系直方图（表），确定各资源的使用时间和地点。在做此计划时，可假设它在活动时间上平均分配，从而得到单位时间的投入量（强度）。进度计划的制订和资源计划的制订，往往需要结合在一起共同考虑。

（5）确定具体资源供应方案

在编制的资源计划中，应明确各种资源的供应方案、供应环节及具体时间安排等，如人力资源的招雇、培训、调遣、解聘计划，材料的采购、运输、仓储、生产、加工计划等。例如，把这些供应活动组成供应网络，应与工期网络计划相互对应，协调一致。

（6）确定后勤保障体系

在资源计划中，应根据资源使用计划确定项目的后勤保障体系，如确定施工现场的水电管网的位置及其布置情况，确定材料仓储位置、项目办公室、职工宿舍、工棚、运输汽车的数量及平面布置等。这些虽然不能直接作用于生产，但是对项目的施工具有不可忽视的作用，在资源计划中必须予以考虑。

二、建筑工程项目资源管理内容

（一）生产要素管理

1. 生产要素概念

生产要素是指形成生产力的各种要素，主要包括劳动力、机器、材料、资金与管理。对于建筑工程来说，生产要素是指生产力作用于工程项目的有关要素，也可以说是投入工程要素中的诸多要素。由于建筑产品的一次性、固定性、建设周期长、技术含量高等特殊的特性，可以将建筑工程项目生产要素归纳为劳动力、材料、机械设备、技术等方面。

2. 建筑工程项目生产要素管理概述

生产要素管理就是对诸要素的配置和使用所进行的管理，其根本目的是节约劳动成本。

（1）建筑工程项目生产要素管理的意义

①进行生产要素优化配置，即适时、适量、比例恰当、位置适宜地配备或投入生产要素，以满足施工需要。

②进行生产要素的优化组合，即投入工程项目的各种生产要素在施工过程中搭配适当，协调地在项目中发挥作用，有效地形成生产力，适时地、合格地完成建筑工程。

③在工程项目运转过程中，对生产要素进行动态管理。项目的实施过程是一个不断变化的过程，对生产要素的需求在不断变化，平衡是相对的，不平衡是绝对的。因此，生产要素的配置和组合也就需要不断调整，这就需要动态管理。动态管理的目的和前提是优化配置与组合，动态管理是优化配置和组合的手段与保证。

④在工程项目运行中，合理地、节约地使用资源，以取得节约资源（资金、材料、设备、劳动力）的目的。

（2）建筑工程项目生产要素管理的内容

生产要素管理的主要内容包括生产要素的优化配置、生产要素的优化组合、生产要素的动态管理三个方面。

①生产要素的优化配置

生产要素的优化配置就是按照优化的原则安排生产要素，按照项目所必需的生产要素配置要求，科学而合理地投入人力、物力和财力，使之在一定资源条件下实现最佳的社会效益和经济效益。

具体来说，对建筑工程项目生产要素的优化配置主要包括对人力资源（劳动力）的优化配置、对材料的优化配置、对资金的优化配置和对技术的优化配置等方面。

②生产要素的优化组合

生产要素的优化组合是生产力发展的标志，随着科学技术的进步，现代管理方法和手段的运用，生产要素优化组合将对提高施工企业管理集约化程度起到推动作用。

其内容一是指生产要素的自身优化，即各种要素的素质提高的过程。二是指优化基础上的结合，各要素有机结合发挥各自优势。

③生产要素的动态管理

生产要素的动态管理是指依据项目本身的动态过程而产生的项目施工组织方式。项目动态管理以施工项目为基点，优化和管理企业的人、财、物，以动态的组织形式和一系列动态的控制方法来实现企业生产诸多要素符合项目要求的最佳组合。

3. 生产要素管理的方法和工具

（1）生产要素优化配置方法

不同的生产要素，其优化配置方法各不相同，可根据生产要素特点来确定。常用的方法有网络优化方法、优选方法、界限使用时间法、单位工程量成本法、等值成本法及技术经济比较法。

（2）生产要素动态管理方法

动态管理的常用方法有动态平衡法、日常调度、核算、生产要素管理评价、现场管理与监督、存储理论与价值工程等。

（二）人力资源管理

1. 建筑工程项目人力资源管理概述

（1）人力资源管理含义

人力资源管理这一概念主要是指通过掌握的科学管理办法，对一定范围内的人力资源进行必要的培训，进行科学的组织，以便达到人力资源与物力资源充分利用。在人力资源管理工作中，较为重要的一点就是对工作人员的思想情况、心理特征和实际行为进行有效的引导，以便充分激发工作人员的工作积极性，让工作人员能够在自己的工作岗位上发光发热，适应企业的发展脚步。

（2）人力资源管理在建筑工程项目管理中的重要性

人力资源管理工作作为企业管理工作中的重要组成部分，其工作质量会对企业的长远发展产生极为重要的影响。对于建筑企业来说也是如此，这是由于在建筑工程项目管理中充分发挥人力资源管理工作的效用，就能够帮助企业累计人才，并将人才转化为企业的核心竞争力，通过优化配置人力资源来推动建筑企业的可持续发展。

2. 建筑工程项目人力资源管理优化

（1）管理者观念的转变

建筑工程企业应重视对先进管理理念的学习与应用，摒弃传统落后的管理观念，为提高自身人力资源管理水平奠定理念基础。这就需要企业的人力资源管理者能够重视自身专业水平的提升，积极学习新的管理理念，并充分利用互联网信息技术等来进行人力资源管理能力的自我锻炼，以便为提高建筑工程项目人力资源管理水平奠定基础。

（2）健全管理人才培养模式

从提高管理团队的综合素质与专业水平出发，通过这些方面来实现对人力资源管理工作质量的提升。这是由于工作人员是建筑企业开展人力资源管理工作的主体，其素质状况直接影响人力资源管理工作效果的发挥。

（3）建立完善的激励机制

建筑企业要重视对激励机制的建立与完善，以便能够充分调动工作人员的积极性。要将工作人员的工作绩效与薪资水平挂钩，以激发工作人员的主观能动性。同时，还应对工作态度认真且有突出表现的工作人员给予口头表扬等精神层面的鼓励，进而在企业内部形成一种积极向上、不断提升自己能力的工作氛围。此外，企业还应将工作人员平时的绩效考核情况与其岗位升迁等进行紧密关联，重视对人才晋升机制的完善与优化，引导工作人员实现自主提升，并逐渐推动企业的健康发展。

（三）建筑材料管理

1. 材料供应管理

一般而言，当前材料选择通常是指在建筑相关工程立项后通过相关施工单位展开自主采购，且在实际采购过程中，在严格遵循相关条例的规定的同时，还要满足设计中的材料说明要求。对材料供应商应该具有正规合法的采购合同，而对防水材料、水电材料、装饰材料、保温材料、砌筑材料、碎石、沙子、钢筋、水泥等采取材料备案证明管理，同时实施材料进厂记录。

（1）供应商的选择

供应商的选择是材料供应管理的第一步，在对建筑材料市场上诸多供应商进行选择时，应该注意：首先，采购员对各供应商的材料进行比较，认真核查材料的生产厂家，仔细审核供应商的资质，所有的建筑材料必须符合国家标准；其次，在对采购合同进行签订之前，验证现场建筑材料的检测报告、进出厂合格证明文件以及复试报告等；最后，与供应商所直接签订的合同需要在法律保障下才能发挥其行之有效的作用。

（2）制订采购计划文件

当前在确定好供应商之后，就要开始编制相应的计划文件，这就需要相关的采购员严格依据施工进度方案、施工内容及设计内容对具体的采购计划通过比较细致的研究，从而制订出完善的采购方案。并且，采购员必须对其质量进行科学化的检测，进而确保材料所具备的功能可以达到施工要求，更加有效地进行成本把控。

（3）材料价格控制

建筑工程相应项目中所涉及的材料种类比较，有时需要同时与多家材料供应商合作，因此，在建筑材料采购过程中，采购员应该对所采购的材料完成相应的市场调查工作，多走访对比几家，对实际的价格做好管控工作。最终购买的材料在保证满足设计和施工要求的同时，尽可能地使价格降到最低，综合材料实际的运费，最大限度地减少成本投入，进而达到材料资料等方面的有效经济控制。

（4）进厂检验管理

在建筑材料购买之后，要严格进行材料进厂验收，由监理单位和施工企业对进厂材料进行检验，对材料的证明文件、检测报告、复试报告以及出厂合格证进行审核。同时，委托具有相应资质的检测单位对进厂材料按批次取样检验，并做好备案书。检验结果不合格的材料坚决不能进厂使用，只有检验结果合格的材料才能进行使用。

2. 施工材料管理

（1）材料的使用

在建筑材料的使用过程中，要根据建筑材料的实际用量和计划用量做好建筑材料的使用，避免运输的材料超过计划上限，要严格控制材料的使用情况，做到尽量少的损耗、浪费。总之，在施工阶段的建筑材料管理工作中，要合理安排材料的进库和验收工作，同时，还要掌握好施工进程，从而保证施工需要，管理人员要时常对建筑材料进行检查和记录，以防止材料的损失。

（2）材料的维护

工程施工中的一些周转材料，应当按照其规格、型号摆放，并在上次使用后，及时除锈、上油，对于不能继续使用的，应及时更换。

（3）工程收尾材料管理

做好工程的收尾工作，将主要力量、精力放在新施工项目的转移方面，在工程接近收尾时，材料往往已经使用超过70%，需要认真检查现场的存料，估计未完工程实际用料量，在平衡基础上，调整原有的材料计划，消减多余，补充不足，以防止出现剩料情况，从而为清理场地创造优良条件。

（四）机械设备管理

1. 建筑机械设备管理与维护的重要性

（1）提高生产效率

建筑机械是建筑生产必不可少的工具，也是建筑企业投入最多的方面。随着科学技术的日新月异，机械现代化是建筑现代化的标志。机械设备的不断更新要求建筑企业不断更新技术知识，不断适应新环境的要求。机械设备可极大地提高生产效率，降低生产成本，从而使建筑企业具有更高的竞争力，在激烈的市场中赢得先机。

（2）在建筑中发挥重要作用

机械设备现代化是建筑现代化的基本条件，越先进的机械设备，越能发挥整体效能，越能提高建筑生产质量，不断更新机械设备是建筑企业提高核心竞争力的关键。一些老旧设备、带病运转、安全措施不到位、产品型号混杂、安装不合理等问题都会影响建筑企业的发展，因此，适当地对建筑机械设备进行管理与维护，对建筑工程项目的建设具有很重要的意义。

2. 建筑机械设备维修与管理措施

（1）设立专职部门

首先，施工单位应该对建筑机械设备维修与管理有足够的重视，可以设立一个专门的部门负责机械管理维修，部门中各个成员的职责必须明确规定，一旦出现问题，立即追责，当然，如有维修与管理人员表现良好，也要给予一定的奖励。其次，施工单位应该完善建筑机械管理与维修档案制度，同时做好统计工作，以便能够对机械设备进行统一的管理。最后，在工程实践中，施工人员必须安排足够的人员来负责建筑机械设备管理，做到定人、定岗、定机，以保证每个机械设备都能够检查到位，作业时不会出现任何故障。

（2）提高防范意识

施工人员应该意识到机械设备的维修与管理也是自己分内的工作，尤其是专门负责这项工作的施工人员。平时要不断加强自身素质，避免维修管理不当的行为出现。另外，机械设备操作人员在操作过程中，要爱惜机械设备，进行合理操作，作业技术之后，应对机械设备进行检查，这既能够保证机械设备性能始终处于优良状态，又能够保证操作人员的自身安全。此外，工程竣工之后，施工人员一定要全面进行检查，再将机械设备调到其他工程场地中，以免影响其他工程进度。

（3）做好建筑机械设备的日常保养

建筑机械设备既需要定期保养，又需要做好日常保养，这样才能够最大限度地保证机械设备始终保持良好状态。首先，有关部门要依据现实情况，制定科学合理的保养制度，编写保养说明书，并且依据机械设备种类来制定不同的保养措施，以便机械设备保养更具合理性、针对性。其次，机械设备维修与管理人员和机械设备的操作人员要进行时常沟通，操作人员必须依据保养制度中的要求进行操作，如果是新型的机械设备，维修与管理人员还需要将操作要点告知操作人员，避免操作人员误操作，损坏机械设备。最后，建立激励制度，将建筑机械设备的技术情况、安全运行、消耗费用和维护保养等纳入奖惩制度中，以调动建筑机械设备管理人员和操作人员的工作积极性。组织开展一些建筑机械设备检查评比的活动，推动机械设备的管理部门的工作。

（五）项目技术管理

1. 项目技术管理的重要性

技术管理研究源于 20 世纪 80 年代初，技术管理作为专有词汇也是在该时期出现的。技术管理是一门边缘科学，比技术有更广一层的含义，即使技术贯穿整个组织体系，使过去仅表现在车间及设备等方面的技术也可应用到财务、市场份额和其他事务中，将技术的竞争优势因素转为可靠的竞争能力，搞好技术管理是企业家或经营者的职责。

各工程项目均为典型项目，在实际工程项目管理中存在技术管理部门和人员。同时，可在很多与工程项目管理相关的期刊、文章中找到关于项目技术管理重要性的论述。技术管理在施工项目管理中，是施工项目管理实施成本控制的重要手段，是施工项目质量管理的根本保证措施，是施工项目管理进度控制的有效途径。

2. 项目技术管理的作用

分析项目技术管理的作用，离不开项目目标实现，技术管理的作用包括保证、服务及纠偏作用。利用科学手段方法，制定合理可行的技术路线，起到项目目标实现保证作用；以项目目标为技术管理目标，其所有工作内容均围绕目标并服务于目标；在项目实施过程中，依靠检测手段，出现偏差时要通过技术措施纠正偏差。

技术管理在项目中的作用大小会因项目不同而不同，是以科学手段提供保证项目各项目标实现的方法，是其他管理无法替代的。

3. 建筑工程项目技术管理内容

（1）技术准备阶段的内容

为保证正式施工的进行，在前期的准备工作中，不仅要保证施工中需要的图纸等资料的完善无误，还需要对施工方案进行反复确认。准备工作的强调，能有效降低图纸中存在的质量隐患。在对施工方案最终确定之前，应由项目经理以及技术管理的相关负责人对其进行审核，并让设计方案保留一定的调整空间，以便在实际施工中遇到有出入的地方可及时进行协调。在对施工相关资料进行审核中，各个负责人应对关键部分或有争议的部分进行反复讨论，最终确定最为科学性的施工方案。同时，在技术准备阶段，确定施工需要的相关设备与材料等，能为接下来的施工节约一定的材料选择时间，保证施工顺利完成。

（2）施工阶段的内容

施工阶段的技术管理内容更加复杂，需要调整的空间也较大。在施工期间，工程变更与洽谈、技术问题的解决、材料选择以及规范的贯穿等事项均需要技术管理的参与。具体来讲，技术管理主要对施工工程中的施工技术与施工工艺等进行管理与监督。但是，施工工程是一个整体，技术管理也会涉及其他方面的内容。同时，只有加强各个方面管理内容的协调与沟通，促使整个施工项目均衡发展，才能使其顺利完工。此外，技术管理还包括对施工工艺的开发与创新，有效解决施工过程中遇到的技术难题，并积极运用新的施工技术与理念，促进施工工艺的现代化及其不断进步。

（3）贯穿整个施工工程

技术管理是企业在施工工程中所进行的一系列技术组织与控制内容的总称。技术管理是贯穿整个施工工程的全过程，所以其在施工管理中起着重要的影响作用。技术管理涉及施工方案的制订、施工材料的确定、施工工艺以及现场安全等事项的分配，对整个施工工程的顺利进行有着直接影响。众所周知，一个施工项目包含的内容比较多，涉及的事项也比较复杂。因此，在具体的施工过程中，技术管理包含的事项以及内容也比较多。技术管理的进行，应与施工管理、安全管理等内容同样重要，只有各个方面的管理能够均衡，才能促使施工工程的质量得到保证并顺利完成。

三、建筑工程项目资源管理优化

（一）项目资源管理的优化

工程项目施工需要大量的劳动力、材料、设备、资金和技术，其费用一般占工程总费用的80%以上。因此，项目资源的优化管理在整个项目的经营管理中，尤其是成本的控制中占有重要的地位。资源管理优化时应遵循资源耗用总量最少、资源使用结构合理、资源在施工中均衡投入的原则。

项目资源管理贯穿工程项目施工的整个过程，主要体现在施工实施阶段。承包商在施工方案的制订中要依据工程施工实际需要采购和储存材料，配置劳动力和机械设备，将项目所需的资源按时按需地、保质保量地供应到施工地点，并合理地减少项目资源的消耗，降低成本。

1. 利用工序编组优化调整资源均衡计划

大型工程项目中需要的资源种类繁多，数量巨大，资源供应的制约因素多，资源需求也不平衡。因此，资源计划必须包括对所有资源的采购、保管和使用过程建立完备的控制程序和责任体系，确定劳动力、材料和机械设备的供应和使用计划。

资源计划对施工方案的进度、成本指标的实现有重要的作用。施工技术方案决定了资源在某一时间段的需求量，而作为施工总体网络计划中限制条件的资源，对于工程施工的进度有着重要的影响，同时，均衡项目资源的使用、合理地降低资源的消耗也有助于施工方案成本指标的优化。

（1）单资源的均衡优化

对于单项资源的均衡优化，建筑企业可以利用削峰法进行局部调整，但是对于大型工程项目整体资源的均衡，应采用"方差法"进行均衡优化。"方差法"的原理是通过逐个地对非关键线路上的某一工序的开始和完成时间进行调整，然后在这些调整所产生的许多工序优化组合中找出资源需求量最小的那个组合。然而，对于大型工程项目而言，在网络计划上非关键线路上工序的数量很多，资源需求情况也很复杂，调整所产生的工序优化组合会非常多，往往使优化工作变得耗时或不可行，达不到最佳的优化效果。

实际工程中，可以通过将初始总时差相等且工序之间没有时间间隔的一组非关键线路上的工序并为一个工序链，减少非关键线路上工序的数量，降低工序优化的组合。

（2）多资源的均衡优化

对于施工中的多资源均衡优化，可以利用模糊数学方法，综合资源在各种状况下的相对重要程度并排序，确定优化调整的顺序，然后再对资源进行优化调整。资源的优越性排序后，利用方差法对每一种资源计划进行优化调整。当资源调整有冲突时，应根据资源的优越性排序确定调整的优先等级。

2. 推进组织管理中的团队建设与伙伴合作

项目组织作为一种组织资源，对于建筑企业在施工中节约项目管理费用有着重要的作用。建筑企业应在大型工程项目的施工与管理中加强项目管理机构的团队建设，与项目参与各方建立合作伙伴关系。

（1）承包商项目管理团队建设

项目管理团队建设可以提高管理人员的参与度和积极性，增强工作的归属感和满意度，形成团队的共同承诺和目标，改善成员的交流和沟通，进而提升工作效率。项目管理团队建设还可以有效地防范承包商管理的内部风险，节约管理成本。

建筑企业将项目管理团队建设统一在工程项目人力资源管理中，通过制定规范化的组织结构图和工作岗位说明书，建立绩效管理和激励评价机制，拓展团队成员的工作技能，使团队管理运行流畅，实现团队共同目标。

（2）与项目各方建立合作伙伴关系

大型工程项目需要不同组织的众多人员共同参与，项目的成功取决于项目参与各方的密切合作。各方的关系不应仅仅是用合同语言表述的冷冰冰的工作关系，更需要建立各方更加紧密和高效的合作伙伴关系。

在工程项目建设中，工程的庞大规模和施工的复杂性决定了项目参与各方建立合作伙伴关系的必要性。建筑企业应在项目施工管理方案中增加与业主、设计院和监理工程师等其他各方建立伙伴合作的内容，以期顺利成功地完成工程项目的施工。

合作伙伴关系对于项目管理的主要目标、进度、质量、安全和成本管理的影响是明显的。成功的伙伴合作关系不仅能缩短项目工期，降低项目成本，提高工程质量，而且能使项目运行更加安全。

（3）优化材料采购和库存管理

材料的采购与库存管理是建筑工程项目资源管理的重要内容。材料采购管理的任务是保证工程施工所需材料的正常供应，在材料性能满足要求的前提下，控制、减少所有与采购相关的成本，包括直接采购成本（材料价格）和间接采购成本（材料运输、储存等费用），建立可靠、优秀的供应配套体系，努力减少资源浪费。

大型工程项目材料品种多、数量多，体积庞大，规格型号复杂。施工多为露天作业，易受时间、天气和季节的影响，材料的季节性消耗和阶段性消耗问题突出。同时，施工过程中的许多不确定性因素，如设计变更、业主对施工要求的调整等，也会导致材料需求的变更。采购人员在材料采购时，不仅要保证材料的及时供应，还要考虑市场价格波动对于整个工程成本的影响。

（二）建筑工程项目资源优化

1. 建筑工程项目中资源优化的必要性与可行性

当前我国社会化大生产使资源优化的矛盾日益凸显，土地供给紧张，主要原材料纷纷告缺时，资源的利用和保护再次成为关注的焦点。建筑工程的建设是一项资源高消耗的工程，不但需要消耗大量的钢材、水泥等建筑资源，而且要占用土地、植被等自然资源。建筑工程项目可以从全局上来分配资源，平衡各个项目的需求，实现整体工程项目的目标。这是传统职能型管理的一大优点，因为局部最优并不一定是整体最优，但是职能部门对项目缺少直接地、及时地了解和关注。而"项目"具有实施难度不能准确估测、随时可能有突发事件发生的特点，这种情况下，职能部门按部就班的工作模式就无法应对项目的各种突发事件，无法及时向有需求的项目组提供资源。

2. 资源优化的程序和方法

可以将建筑资源优化过程划分为更新策划与资源评价、方案设计与施工设计、工程实施三个阶段来进行。

建筑资源评价是在建筑资源调查的基础上，从合理开发利用和保护建筑资源及取得最大的社会、经济、环境效益的角度出发，选择某些因子，运用科学方法，对一定区域内建筑资源本身的规模、质量、分级及开发前景和施工开发条件进行综合分析和评判鉴定的过程。

资源评价与更新策划的工作是最为重要的环节，也是现阶段旧建筑资源优化工作的"瓶颈"所在。从工作内容上来讲，资源评价与概念策划是建筑师职能的拓展，将建筑师的研究领域从传统的仅注重空间尺度、比例、造型，拓展到了对人、社会、环境生态、经济等方面。

通过资源利用的可靠性评价环节可以与规划相互沟通，将可利用资源通过定性与定量的方式表现出来，并通过文字将更新思想程序化、逻辑化表达给投资商、政策管理机构，最后将策划成果直接用于改造设计。在工作中始终保持连续性，将有利地保证更新在持续合理状态中进行。例如，在建筑设计中，在标准阶段进行优化，要有精细化的设计，要根据每个建筑的不同特性去做精细化的设计，所以一定要强调"优生优育"。在选择钢筋时，细而密的钢筋一般会同时具有经济和安全的双重优点。细钢筋用作板和梁的纵筋时，锚固长度可以缩短，裂缝宽度一定会减小；在用作箍筋时，弯钩可以缩短，安全度又不会降低。追求性价比的概念不是说性价比最高的那个方案就是开发商应该要的，而是最适合的才是应当被选择、被采纳的。

3. 建筑工程项目资源优化的意义

资源是一个工程项目实施的最主要的要素，是支撑整个项目的物质保障，是工程实施必不可少的前提条件。真正做到资源优化管理，将项目实施所需的资源按正确的时间、正确的数量供应到正确的地点，可以降低资源成本消耗，是工程成本节约的主要途径。

只有不断地提高人力资源的开发和管理水平，才能充分开发人的潜能。以全面、缜密的思维和更优化的管理方式，保证项目以更低的投入获得更高的产出，切实保障进度计划的落实、工程质量的优良、经济效益的最佳；只有重视项目计划和资源计划控制的实践性，真正地去完善项目管理行为，才能根据建筑项目的进度计划，合理地、高效地利用资源；才能实现提高项目管理综合效益，促进整体优化的目的。

（三）建筑工程项目资源管理优化内容

1. 施工资源管理环节

在项目施工过程中，对施工资源进行管理，应注意以下几个环节：

（1）编制施工资源计划

编制施工资源计划的目的是对资源投入量、投入时间和投入步骤作出合理配置安排，以满足施工项目实施的需要，计划是优化配置和组合的手段。

（2）资源的供应

按照编制的计划，从资源来源到投入施工项目上实施，使计划得以实现，施工项目的需要得以保证。

（3）节约使用资源

根据每种资源的特性，制定出科学的措施，进行动态配置和组合，协调投入，合理使用，不断地纠正偏差，以尽可能少的资源满足项目的使用，达到节约的目的。

（4）合理预算

进行资源投入、使用与产出的核算，实现节约使用的目的。

（5）进行资源使用效果的分析

一方面是对管理效果的总结，找出经验和问题，评价管理活动；另一方面是为管理提供储备和反馈消息，以指导以后（或下一循环）的管理工作。

2.建筑项目资源管理的优化

目前国内在建的一些工程项目中，相当一部分施工企业还没有真正地做到科学管理，在项目的计划与控制技术方面，更是缺少科学的手段和方法。若解决好这些问题，应该做到以下几点。

（1）科学合理地安排施工计划，提高施工的连续性和均衡性

安排施工计划时应考虑人工、机械、材料的使用问题。使各工种能够相互协调，密切配合，有次序、不间断地均衡施工。因此，科学合理地安排人工、机械、材料在全施工阶段内能够连续均衡发挥效益是尤为必要的，这就需要对工程进行全面规划，编制出与实际相适应的施工资源计划。

（2）做好人力资源的优化

人力资源管理是一种人的经营。一个工程项目是否能够正常发展，关键在于对人力资源的管理。

①实行招聘录用制度

对所有岗位进行职务分析，制定每个岗位的技能要求和职务规范。广泛向社会招聘人才，对通过技能考核的人员，遵照少而精、宁缺毋滥录用原则，做到岗位与能力相匹配。

②合理分工、开发潜能

对所有的在岗员工进行合理分工，并充分发挥个人特长，给予他们更多的实际工作机会。开发他们的潜能，做到"人尽其才"。

③为员工搭建一个公平竞争的平台

只有通过公平竞争才能使人才脱颖而出，才能吸引并留住真正有才能的人。

④建立绩效考核体系，明确考核条线，纵横对比

确立考核内容，对技术水平、组织能力等进行考核，不同的考核运用不同的考核方法。

⑤建立晋升、岗位调换制度

以绩效为基础，以技能为主。通过考核把真正有能力、有水平的员工晋升至更重要的岗位，以发挥更大的作用。

⑥建立薪酬分配机制

对有能力、有水平的在岗员工，项目管理者应该着重使高额报酬与高中等的绩效奖励相结合，并给予中等水平的福利待遇，调动在岗员工的积极性，使人人都有一个奋发向上的工作热情，形成一个有技能的、创业型的团队。

⑦建立末位淘汰制度

以绩效技能考核为依据，制定并严格遵循"末位淘汰"制度，将不适应工作岗位、不能胜任本职工作的人员淘汰出局，以达到"留住人才，淘汰庸才"的目的。

（3）做好物质资源的优化

①对建筑材料、资金进行优化配置

适时、适量、比例适当、位置适宜地投入，以满足施工需要。

②对机械设备优化组合

对投入施工项目的机械设备在施工中适当搭配，相互协调地发挥作用。

③对设备、材料、资金进行动态管理

动态管理的基本内容就是按照项目的内在规律，有效地计划、组织、协调、控制各种物质资源，使之在项目中合理流动，在动态中寻求平衡。

第三节　建筑工程项目安全管理

一、建筑工程项目安全管理概述

（一）安全管理

安全管理是一门技术科学，是介于基础科学与工程技术之间的综合性科学。它强调理论与实践的结合，重视科学与技术的全面发展。安全管理的特点是把人、物、环境三者进行有机的联系，试图控制人的不安全行为、物的不安全状态和环境的不安全条件，解决人、物、环境之间不协调的关系，排除影响生产效益的人为和物质的阻碍事件。

1. 安全管理的定义

安全管理同其他学科一样，有自己特定的研究对象和研究范围。安全管理是研究人的行为与机器状态、环境条件的规律机器相互关系的科学。安全管理涉及人、物、环境相互协调关系的问题，有其独特的理论体系，并运用理论体系提出解决问题的方法。与安全管理相关的学科包括劳动心理学、劳动卫生学、统计科学、计算科学、运筹学、管理科学、安全系统工程、人机工程、可靠性工程、安全技术等。在工程技术方面，安全管理已广泛应用于基础工业、交通运输、军事及尖端技术工业等。

安全管理是管理科学的一个分支，也是安全工程学的一个重要组成部分。安全工程学包括以下三个方面。

①安全技术是安全工程的技术手段之一。它着眼于对生产过程中物的不安全因素和环境的不安全条件，采用技术措施进行控制，以保证物和环境安全、可靠，达到技术安全的目的。

②工业卫生工程也是安全工程的技术手段之一。它着眼于消除或控制生产过程中对人体健康产生影响或危害的有害因素，从而保证生产安全性。

③安全管理则是安全工程的组织、计划、决策和控制过程，它是保障安全生产的一种管理措施。

总之，安全管理是研究人、物、环境三者之间的协调性，对安全工作进行决策、计划、组织、控制和协调；在法律制度、组织管理、技术和教育等方面采取综合措施，控制人、物、环境的不安全因素，以实现安全生产为目的的一门综合性学科。

2. 安全管理的目的

企业安全管理是遵照国家的安全生产方针、安全生产法规，根据企业实际情况，从组织管理与技术管理上提出相应的安全管理措施，在对国内外安全管理经验教训、研究成果的基础上，寻求适合企业实际的安全管理方法。而这些管理措施和方法的作用则在于控制和消除影响企业安全生产的不安全因素、不卫生条件，从而保障企业生产过程中不发生人身伤亡事故和职业病，不发生火灾、爆炸事故，不发生设备事故。因此，安全管理的目的如下：

（1）确保生产场所及生产区域周边范围内人员的安全与健康

消除危险、危害因素，控制生产过程中伤亡事故和职业病的发生，保障企业生产区域内和周边人员的安全与健康。

（2）保护财产和资源

控制生产过程中设备事故和火灾、爆炸事故的发生，避免由不安全因素导致的经济损失。

（3）保障企业生产顺利进行

提高效率，促进生产发展，是安全管理的根本目的和任务。

（4）促进社会生产发展

安全管理的最终目的就是维护社会稳定、建立和谐社会。

3. 安全管理的主要内容

安全与生产是相辅相成的，没有安全管理保障，生产就无法进行；反之，没有生产活动，也就不存在安全问题。通常所说的安全管理，是针对生产活动中的安全问题，围绕企业安全生产所进行的一系列管理活动。安全管理是控制人、物、环境的不安全因素，所以安全管理工作主要内容大致如下：

第一，安全生产方针与安全生产责任制的贯彻实施。

第二，安全生产法规、制度的建立与执行。

第三，事故与职业病的预防与管理。

第四，安全预测、决策及规划。

第五，安全教育与安全检查。

第六，安全技术措施计划的编制与实施。

第七，安全目标管理、安全监督与监察。

第八，事故应急救援。

第九，职业安全健康管理体系的建立。

第十，企业安全文化建设。

随着生产的发展，新技术、新工艺的应用，以及生产规模的扩大，产品品种的不断增多与更新，职工队伍的不断壮大与更替，加之生产过程中环境因素的随时变化，企业生产会出现许多新的安全问题。当前，随着改革的不断深入，安全管理的对象、形式及方法也随着市场经济的要求而发生变化。因此，安全管理的工作内容要不断适应生产发展的要求，随时调整和加强工作重点。

4. 安全管理的原理与原则

安全管理作为管理的重要组成部分，既应遵循管理的普遍规律，服从管理的基本原理与原则，又有其特殊的原理与原则。

原理是对客观事物实质内容及其基本运动规律的表述。原理与原则之间存在内在的、逻辑对应的关系。安全管理原理是从生产管理的共性出发，对生产管理工作的实质内容进行科学分析、综合、抽象与概括所得出的生产管理规律。

原则是根据对客观事物基本规律的认识引发产生的，是需要人们共同遵循的行为规范和准则。安全生产原则是指在生产管理原则的基础上，指导生产管理活动的通用规则。

原理和原则的本质与内涵是一致的。一般来说，原理更基本，更具有普遍意义；原则更具体，对行动更有指导性。

（1）系统原理

①系统原理的含义

系统原理是指运用系统论的观点、理论和方法来认识和处理管理中出现的问题，对管理活动进行系统分析，以达到管理的优化目标。

系统是由相互作用和相互依赖的若干部分组成，具有特定功能的有机整体。任何管理对象都可以作为一个系统。系统可以分为若干子系统，子系统又可以分为若干要素，即系统是由要素组成的。按照系统的观点，管理系统具有六个特征，即集合性、相关性、目的性、整体性、层次性和适应性。

安全管理系统是生产管理的一个子系统，包括各级安全管理人员、安全防护设备与设施、安全管理规章制度、安全生产操作规范和规程、安全生产管理信息等。安全贯穿整个生产活动过程中，安全生产管理是全面、全过程和全员的管理。

②运用系统原理的原则

a. 动态相关性原则

动态相关性原则表明：构成管理系统的各要素是运动和发展的，它们相互联系又相互制约。如果管理系统的各要素都处于静止状态，就不会发生事故。

b. 整分合原则

高效的现代化安全生产管理必须在整体规划下明确分工，在分工基础上有效综合，这就是整分合原则。运用该原则，要求企业管理者在制定整体目标和进行宏观策划时，必须将安全生产纳入其中，在考虑资金、人员和体系时，必须将安全生产作为一个重要内容考虑。

c. 反馈原则

反馈原则是控制过程中对控制机构的反作用。成功、高效的管理，离不开灵活、准确、快速的反馈。企业生产的内部条件和外部环境是不断变化的，必须及时捕获、反馈各种安全生产信息，以便及时采取行动。

d. 封闭原则

在任何一个管理系统内部，管理手段、管理过程都必须构成一个连续封闭的回路，才能形成有效的管理活动，这就是封闭原则。封闭原则告诉我们，在企业安全生产中，各管理机构之间、各种管理制度和方法之间，必须具有紧密的联系，形成相互制约的回路，才能有效。

（2）人本原理

①人本原理的含义

在安全管理中把人的因素放在首位，体现以人为本，这就是人本原理。以人为本有两层含义：一是一切管理活动是以人为本展开的，人既是管理的主体，又是管理的客体，每个人都处在一定的管理层面上，离开人就无所谓管理；二是在管理活动中，作为管理对象的要素和管理系统各环节，都需要人掌管、运作、推动和实施。

②运用人本原理的原则

a. 动力原则

推动管理活动的基本力量是人，管理必须有能够激发人的工作能力的动力，这就是动力原则。对于管理系统有三种动力，即物质动力、精神动力和信息动力。

b. 能级原则

现代管理认为，单位和个人都具有一定的能量，并且可按照能量的大小顺序排列，形成管理的能级，就像原子中电子的能级一样。在管理系统中，建立一套合理能级，根据单位和个人能量的大小安排其工作，发挥不同能级的能量，保证结构的稳定性和管理的有效性，这就是能级原则。

c. 激励原则

管理中的激励就是利用某种外部诱因的刺激，调动人的积极性和创造性。以科学的手段，激发人的内在潜力，使其充分发挥积极性、主动性和创造性，这就是激励原则。人的工作动力来源于内在动力、外部压力和工作吸引力。

（3）预防原理

①预防原理的含义

安全生产管理工作应做到以预防为主，通过有效的管理和技术手段，减少和防止人的不安全行为和物的不安全状态，达到预防事故的目的。在可能发生人身伤害、设备或设施损坏和环境破坏的场合，事先采取措施，防止事故发生。

②运用预防原理的原则

a. 事故可以预防

生产活动过程都是由人来进行规划、设计、施工、生产运行的，人们可以改变设计、改变施工方法和运行管理方式，避免事故发生。同时可以寻找引起事故的本质因素，采取措施，予以控制，达到预防事故的目的。

b. 因果关系原则

事故的发生是许多因素互为因果、连锁发生的最终结果，只要诱发事故的因素存在，发生事故亦是必然的，只是时间或迟或早而已，这就是因果关系原则。

c. 3E 原则

造成事故的原因可归纳为四个方面，即人的不安全行为、设备的不安全状态、环境的不安全条件，以及管理缺陷。针对这四方面的原因，可采取三种防止对策，即工程技术（Engineering）对策、教育（Education）对策和法制（Enforcement）对策，这就是 3E 原则。

d. 本质安全化原则

本质安全化原则是指从一开始和从本质上实现安全化，从根本上消除事故发生的可能性，从而达到预防事故发生的目的。

（4）强制原理

①强制原理的含义

采取强制管理的手段控制人的意愿和行为，使人的活动、行为等受到安全生产管理要求的约束，从而实现有效的安全生产管理。所谓强制，就是绝对服从，不必经过被管理者的同意便可采取的控制行动。

②运用强制原理的原则

a. 安全第一原则

安全第一就是要求在进行生产和其他工作时把安全放在一切工作的首要位置。当生产和其他工作与安全发生矛盾时，要以安全为主，生产和其他工作必须服从于安全。

b. 监督原则

监督原则是指在安全活动中，为了使安全生产法律法规得到落实，必须设立安全生产监督管理部门，对企业生产中的守法和执法情况进行监督，监督主要包括国家监督、行业管理、群众监督等。

（二）建筑工程项目安全管理内涵

1. 建筑工程安全管理的概念

建筑工程安全管理是指为保护产品生产者和使用者的健康与安全，控制影响工作场所内员工、临时工作人员、合同方人员、访问者，以及其他有关部门人员健康和安全的条件和因素，考虑和避免因使用不当对使用者造成健康和安全的危害而进行的一系列管理活动。

2. 建筑工程安全管理的内容

建筑生产企业为达到建筑工程职业健康安全管理的目的，所进行的指挥、控制、组织、协调活动，包括制定、实施、实现、评审和保持职业健康安全所需的组织机构、计划活动、职责、惯例、程序、过程和资源。

不同的组织（企业）根据自身的实际情况制定方针，并为实施、实现、评审和保持（持续改进）建立组织机构、策划活动、明确职责、遵守有关法律法规和惯例、编制程序控制文件、实行过程控制并提供人员、设备、资金和信息资源，保证职业健康安全管理任务的完成。

3. 建筑工程安全管理的特点

（1）复杂性

建筑产品的固定性和生产的流动性及受外部环境影响多，决定了建筑工程安全管理的复杂性。

①建筑产品生产过程中生产人员、工具与设备的流动性，主要表现如下：

a. 同一工地不同建筑之间的流动。

b. 同一建筑不同建筑部位间的流动。

c. 一个建筑工程项目完成后，又要向另一新项目动迁的流动。

②建筑产品受不同外部环境影响较多，主要表现如下：

a. 露天作业的影响。

b. 气候条件变化的影响。

c. 工程地质和水文条件变化的影响。

d. 地理条件和地域资源的影响。

由于生产人员、工具和设备的交叉和流动作业，受不同外部环境的影响因素多，使健康安全管理很复杂，若考虑不周就会出现问题。

（2）多样性

产品的多样性和生产的单件性决定了职业健康安全管理的多样性。建筑产品的多样性决定了生产的单件性。每一个建筑产品都要根据其特定要求进行施工，主要表现如下：

①不能按同一图样、同一施工工艺、同一生产设备进行批量重复生产。

②施工生产组织及结构的变动频繁，生产经营的"一次性"特征特别突出。

③生产过程中实验性研究课题多，所碰到的新技术、新工艺、新设备、新材料给职业

健康安全管理带来不少难题。

因此，对于每个建筑工程项目都要根据其实际情况，制订健康安全管理计划，不可相互套用。

（3）协调性

产品生产过程的连续性和分工性决定了职业健康安全管理的协调性。建筑产品不能像其他工业产品一样，可以分解为若干部分同时生产，而建筑产品必须在同一固定场地，按严格程序连续生产，上一道程序不完成，下一道程序不能进行，上一道工序生产的结果往往会被下一道工序所掩盖，而且每一道程序由不同人员和单位完成。因此，在建筑施工安全管理中，要求各单位和专业人员横向配合和协调，共同注意产品生产过程接口部分安全管理的协调性。

（4）持续性

产品生产的阶段性决定了职业健康安全管理的持续性。一个建筑项目从立项到投产要经过设计前的准备阶段、设计阶段、施工阶段、使用前的准备阶段（包括竣工验收和试运行）、保修阶段。这五个阶段十分重视项目的安全问题，持续不断地对项目各个阶段可能出现的安全问题实施管理。否则，一旦在某个阶段出现安全问题，就会造成投资的巨大浪费，甚至造成工程项目建设的夭折。

二、建筑工程项目安全管理优化

（一）施工安全控制

1. 施工安全控制的特点

（1）控制面广

由于建筑工程规模较大，生产工艺比较复杂、工序多，在建造过程中流动作业多、高处作业多、作业位置多变、遇到的不确定因素多，安全控制工作涉及范围大、控制面广。

（2）控制的动态性

第一，由于建筑工程项目的单件性，使得每项工程所处的条件都会有所不同，所面临的危险因素和防范措施也会有所改变，员工在转移工地以后，熟悉一个新的工作环境需要一定的时间，有些工作制度和安全技术措施也会有所调整，员工同样有一个熟悉的过程。

第二，建筑工程项目施工具有分散性。因为现场施工是分散于施工现场的各个部位，尽管有各种规章制度和安全技术交底的环节，但是面对具体的生产环境时，仍然需要自己的判断来处理，有经验的人员也必须适应不断变化的情况。

（3）控制系统交叉性

建筑工程项目是一个开放系统，受自然环境和社会环境影响很大，同时会对社会和环境造成影响，安全控制需要把工程系统、环境系统及社会系统结合起来。

（4）控制的严谨性

因为建筑工程施工的危害因素较为复杂、风险程度高、伤亡事故多，所以预防控制措施必须严谨，如有疏漏就可能发展到失控，而酿成事故，造成损失和伤害。

2. 施工安全控制程序

确定每项具体建筑工程项目的安全目标，编制建筑工程项目安全技术措施计划，安全技术措施计划的落实和实施，安全技术措施计划的验证、持续改进等。

3. 施工安全技术措施一般要求

（1）施工安全技术措施必须在工程开工前制定

施工安全技术措施是施工组织设计的重要组成部分，应当在工程开工以前与施工组织设计一同进行编制。为了保证各项安全设施的落实，在工程图样会审时，就应该特别注意考虑安全施工的问题，并在开工前制定好安全技术措施，使其有较充分的时间对用于该工程的各种安全设施进行采购、制作和维护等准备工作。

（2）施工安全技术措施要有全面性

根据有关法律法规的要求，在编制工程施工组织设计时，应当根据工程特点制定相应的施工安全技术措施。对于大中型工程项目、结构复杂的重点工程，除必须在施工组织设计中编制施工安全技术措施以外，还应编制专项工程施工安全技术措施，详细说明有关安全方面的防护要求和措施，确保单位工程或分部分项工程的施工安全。对爆破、拆除、起重吊装、水下、基坑支护和降水、土方开挖、脚手架、模板等危险性较大的作业，必须编制专项安全施工技术方案。

（3）施工安全技术措施要有针对性

施工安全技术措施是针对每项工程的特点制定的，编制安全技术措施的技术人员必须掌握工程概况、施工方法、施工环境、条件等一手资料，并熟悉安全法规、标准等，才能制定有针对性的安全技术措施。

（4）施工安全技术措施应力求全面、具体、可靠

施工安全技术措施应该把可能出现的各种不安全因素考虑周全，制订的对策措施方案应力求全面、具体、可靠，这样才能真正做到预防事故的发生。但是，全面具体并不等于罗列一般通常的操作工艺、施工方法以及日常安全工作制度、安全纪律等。这些制度性规定，安全技术措施中不需要再作抄录，但必须严格执行。

（5）施工安全技术措施必须包括应急预案

由于施工安全技术措施是在相应的工程施工实施之前制定的，所涉及的施工条件和危险情况是建立在可预测的基础之上，而建筑工程施工过程是开放的过程，在施工期间的变化是经常发生的，还可能出现预测不到的突发事件或灾害（如地震、火灾、台风、洪水等）。因此，施工技术措施计划必须包括面对突发事件或紧急状态的各种应急设施、人员逃生和救援预案，以便在紧急情况下，能及时启动应急预案，减少损失，保护人员安全。

（6）施工安全技术措施要有可行性和可操作性

施工安全技术措施应能够在每个施工工序之中得到贯彻实施，既要考虑保证安全要求，

又要考虑现场环境条件和施工技术条件做得到。

（二）施工安全检查

1. 安全检查内容

第一，查思想。检查企业领导和员工对安全生产方针的认识程度，建立健全安全生产管理和安全生产规章制度。

第二，查管理。主要检查安全生产管理是否有效，安全生产管理和规章制度是否真正得到落实。

第三，查隐患。主要检查生产作业现场是否符合安全生产要求，检查人员应深入作业现场，检查工人的劳动条件、卫生设施、安全通道、零部件的存放、防护设施状况、电气设备、压力容器、化学用品的储存，粉尘及有毒有害作业部位点的达标情况，车间内的通风照明设施，个人劳动防护用品的使用是否符合规定等。要特别注意对一些要害部位和设备加强检查，如锅炉房、变电所，以及各种剧毒、易燃、易爆等场所。

第四，查整改。主要检查对过去提出的安全问题和发生生产事故及安全隐患是否采取了安全技术措施和安全管理措施，进行整改的效果如何。

第五，查事故处理。检查对伤亡事故是否及时报告，对责任人是否已经做出严肃处理。在安全检查中，必须成立一个适应安全检查工作需要的检查组，配备适当的人力、物力；检查结束后，应编写安全检查报告，并说明已达标项目、未达标项目、存在问题、原因分析，做出纠正和预防措施的建议。

2. 施工安全生产规章制度的检查

为了实施安全生产管理制度，工程承包企业应当结合本身的实际情况，建立健全一整套本企业的安全生产规章制度，并且落实到具体的工程项目施工任务中。在安全检查过程中，应对企业的施工安全生产规章制度进行检查。施工安全生产规章制度一般应包括：安全生产奖励制度；安全值班制度；各种安全技术操作规程；危险作业管理审批制度；易燃、易爆、剧毒、放射性、腐蚀性等危险物品生产、储运使用的安全管理制度；防护物品的发放和使用制度；安全用电制度；加班加点审批制度；危险场所动火作业审批制度；防火、防爆、防雷、防静电制度；危险岗位巡回检查制度；安全标志管理制度等。

（三）建筑工程项目安全管理评价

1. 安全管理评价的意义

（1）开展安全管理评价有助于提高企业的安全生产效率

对于安全生产问题的新认识、新观念，表现在对事故的本质揭示和规律认识上，对于安全本质的再认识和剖析上，因此，应该将安全生产基于危险分析和预测评价的基础上。安全管理评价是安全设计的主要依据，其能够找出生产过程中固有的或潜在的危险、有害因素及其产生危险、危害的主要条件与后果，并及时提出消除危险和有害因素的最佳技术、措施与方案。

开展安全管理评价，能够有效督促、引导建筑施工企业改进安全生产条件，建立健全安全生产保障体系，为建设单位安全生产管理的系统化、标准化以及科学化提供依据和条件。同时，安全管理评价也可以为安全生产综合管理部门实施监察、管理提供依据。开展安全管理评价能够变纵向单因素管理为横向综合管理，变静态管理为动态管理，变事故处理为事件分析与隐患管理，将事故扼杀于萌芽，总体上有助于提高建筑企业的安全生产效率。

（2）开展安全管理评价能预防、减少事故发生

安全管理评价是以实现项目安全为主要目的，应用安全系统工程的原理和方法，对工程系统中存在的危险、有害因素进行识别和分析，判断工程系统发生事故和急性职业危害的可能性及其严重程度，提出安全对策建议，进而为整个项目制定安全防范措施和管理决策提供科学依据。

安全评价与日常安全管理及安全监督监察工作有所不同，传统安全管理方法的特点是凭经验进行管理，大多为事故发生以后再进行处理。安全评价是从技术可能带来的负效益出发，分析、论证和评估由此产生的损失和伤害的可能性、影响范围、严重程度以及应采取的对策措施等。安全评价从本质上讲是一种事前控制，是积极有效的控制方式。安全评价的意义在于，通过安全评价，可以预先识别系统的危险性，分析生产经营单位的安全状况，全面的评价系统及各部分的危险程度和安全管理状况，可以有效地预防、减少事故发生，减少财产损失和人员伤亡或伤害。

2. 工程项目安全管理评价体系

（1）管理评价指标构建原则

①系统性原则

指标体系的建立，首先应该遵循的是系统性原则，从整体出发全面考虑各种因素对安全管理的影响，以及导致安全事故发生的各种因素之间的相关性和目标性选取指标。同时，需要注意指标的数量及体系结构尽可能系统全面地反映评价目标。

②相关性原则

指标在进行选取的时候，应该以建筑安全事故类型及成因分析为基础，忽略对安全影响较小的因素，从事故高发的类型当中选取高度相关的指标。这一原则可以从两个方面进行判断：一是指标是否对现场人员的安全有影响；二是选择的指标如果出现问题，是否影响项目的正常进行及影响的程度。因此，评价以前要有层次、有重点地选取指标，使指标体系既能反映安全管理的整体效果，又能体现安全管理的内在联系。

③科学性原则

评价指标的选取应该科学规范化。这是指评价指标要有准确的内涵和外延，指标体系尽可能全面合理地反映评价对象的本质特征。此外，评分标准要科学规范化，应参照现有的相关规范进行合理的选择，使评价结果真实客观地反映安全管理状态。

④客观真实性原则

评价指标的选取应该尽量客观，首先应当参考相关规范，这样保证指标有先进的科学理论做支撑。同时，结合经验丰富的专家意见进行修正，这样保证指标对施工现场安全管理的实用性。

⑤相对独立性原则

为了避免不同的指标之间内容重叠，从而降低评价结果的准确性，相对独立性原则要求各评价指标间应保持相互独立，指标间不能有隶属关系。

（2）工程项目安全管理评价体系内容

①安全管理制度

建筑工程是一项复杂的系统工程，涉及业主、承包商、分包商、监理单位等关系主体，建筑工程项目安全管理工作需要从安全技术和管理上采取措施，才能确保安全生产的规章制度、操作章程的落实，降低事故的发生频率。

安全管理制度指标包括五个子指标：安全生产责任制度、安全生产保障制度、安全教育培训制度、安全检查制度和事故报告制度。

②资质、机构与人员管理

在建筑工程建设过程中，建筑企业的资质、分包商的资质、主要设备及原材料供应商的资质、从业人员资格等方面的管理不严，不但会影响工程质量、进度，而且会容易引发建筑工程项目安全事故。

资质、机构与人员管理指标包括四个子指标：企业资质和从业人员资格、安全生产管理机构、分包单位资质和人员管理及供应单位管理。

③设备、设施管理

建筑工程项目施工现场涉及诸多大型复杂的机械设备和施工作业配备设施，由于施工现场场地和环境限制，对于设备、设施的堆放位置、布局规划、验收与日常维护不当容易导致建筑工程项目发生事故。

设备、设施管理指标包括五个子指标：设备安全管理、大型设备拆装安全管理、安全设施和防护管理、特种设备管理和安全检查测试工具管理。

④安全技术管理

通常来说，建筑工程项目主要事故有高处坠落、触电、物体打击、机械伤害、坍塌等。造成事故的安全技术原因主要有安全技术知识的缺乏、设备设施的操作不当、施工组织设计方案失误、安全技术交底不彻底等。

安全技术管理指标包括六个子指标：危险源控制、施工组织设计方案、专项安全技术方案、安全技术交底、安全技术标准、规范和操作规程及安全设备和工艺的选用。

第四章　建筑工程施工成本管理

第一节　建筑工程施工成本管理概述

一、建筑工程施工成本的概念及构成

建筑工程施工成本是指在建设工程项目的施工过程中所发生的全部生产费用的总和。建筑工程施工成本包括直接成本和间接成本。直接成本是指施工过程中耗费的构成工程实体或有助于工程实体形成的各项费用支出，包括人工费、材料费、施工机具使用费和措施项目费；间接成本是指准备施工、组织和管理施工生产的全部费用支出，是非直接用于也无法直接计入工程对象，但为施工过程中必须发生的费用或企业必须缴纳的费用。

（一）人工费

人工费是指按工资总额构成规定，支付给从事建筑安装工程施工的生产工人和附属生产单位工人的各项费用。人工费包括以下几项：

1. 计时工资或计件工资

计时工资或计件工资是指按计时工资标准和工作时间或对已做工作按计件单价支付给个人的劳动报酬。

2. 奖金

奖金是指对超额劳动和增收节支支付给个人的劳动报酬，如节约奖、劳动竞赛奖等。

3. 津贴补贴

津贴补贴是指为了补偿职工特殊或额外的劳动消耗和因其他特殊原因支付给个人的津贴，以及为了保证职工工资水平不受物价影响支付给个人的物价补贴，如流动施工津贴、特殊地区施工津贴、高温（寒）作业临时津贴、高空津贴等。

4. 加班加点工资

加班加点工资是指按规定支付的在法定节假日工作的加班工资和在法定日工作时间外

延时工作的加点工资。

5. 特殊情况下支付的工资

特殊情况下支付的工资是指根据国家法律、法规和政策规定，因疾病、工伤、产假、婚丧假、事假、探亲假、定期休假、停工学习、执行国家或社会义务等原因按计时工资标准或计时工资标准的一定比例支付的工资。

（二）材料费

材料费是指施工过程中耗费的原材料、辅助材料、构配件、零件、半成品或成品、工程设备的费用。其中，工程设备是指构成或计划构成永久工程一部分的机电设备、金属结构设备、仪器装置及其他类似的设备和装置。材料费包括以下几项：

1. 材料原价

材料原价是指材料、工程设备的出厂价格或商家供应价格。

2. 运杂费

运杂费是指材料、工程设备自来源地运至工地仓库或指定堆放地点所发生的全部费用。

3. 运输损耗费

运输损耗费是指材料在运输装卸过程中不可避免的损耗。

4. 采购及保管费

采购及保管费是指为组织采购、供应和保管材料、工程设备的过程中所需要的各项费用。包括采购费、仓储费、工地保管费、仓储损耗。

（三）施工机具使用费

施工机具使用费是指施工作业所发生的施工机械、仪器仪表使用费或其租赁费。

1. 施工机械使用费

施工机械使用费是指施工机械作业发生的使用费或租赁费。施工机械台班单价应由下列六项费用组成：

（1）折旧费

折旧费是指施工机械在规定的使用年限内，陆续收回其原值的费用。

（2）大修理费

大修理费是指施工机械按规定在大修理间隔台班进行必要的大修理，以恢复其正常功能所需的费用。

（3）经常修理费

经常修理费是指施工机械除大修理外的各级保养和临时故障排除所需的费用。其包括为保障机械正常运转所需替换设备与随机配备工具附具的摊销和维护费用，机械运转中日常保养所需润滑与擦拭的材料费用及机械停滞期间的维护和保养费用，等等。

（4）安拆费、场外运费

安拆费是指施工机械（大型机械除外）在现场进行安装与拆卸所需要的人工、材料、机械和试运转费用及机械辅助设施的折旧、搭设、拆除等费用；场外运费是指施工机械整体或分体自停放地点运至施工现场或由一施工地点运至另一施工地点的运输、装卸、辅助材料及架线等费用。

（5）燃料动力费

燃料动力费是指施工机械在运转作业中所消耗的各种燃料及水、电等。

（6）税费

税费是指施工机械按照国家规定应缴纳的车船使用税、保险费及年检费等。

2. 仪器仪表使用费

仪器仪表使用费是指工程施工所需使用的仪器仪表的摊销及维修费用。

（四）企业管理费

企业管理费是指建筑安装企业组织施工生产和经营管理所需的费用。企业管理费包括以下几项：

1. 管理人员工资

管理人员工资是指按规定支付给管理人员的计时工资、奖金、津贴补贴、加班加点工资及特殊情况下支付的工资等。

2. 办公费

办公费是指企业管理办公需使用的文具、纸张、账表、印刷、邮电、书报、办公软件、现场监控、会议、水电、烧水和集体取暖降温（包括现场临时宿舍取暖降温）等费用。

3. 差旅交通费

差旅交通费是指职工因公出差、调动工作的差旅费、住勤补助费，市内交通费和误餐补助费，职工探亲路费，劳动力招募费，职工退休、退职一次性路费，工伤人员就医路费，工地转移费，以及管理部门使用的交通工具的油料、燃料等费用。

4. 固定资产使用费

固定资产使用费是指企业及其附属单位使用的属于固定资产的房屋、设备、仪器等的折旧、大修、维修或租赁费。

5. 工具用具使用费

工具用具使用费是指企业施工生产和管理使用的不属于固定资产的工具、器具、家具、交通工具和检验、试验、测绘、消防用具等的购置、维修和摊销费。

6. 劳动保险和职工福利费

劳动保险和职工福利费是指由企业支付的职工退职金、按规定支付给离休干部的经费，以及集体福利费、夏季防暑降温、冬季取暖补贴、上下班交通补贴等。

7. 劳动保护费

劳动保护费是指企业按规定发放的劳动保护用品的支出，如工作服、手套、防暑降温饮料，以及在有碍身体健康的环境中施工的保健费用等。

8. 检验试验费

检验试验费是指施工企业按照有关标准规定，对建筑及材料、构件和建筑安装物进行一般鉴定、检查所发生的费用，包括自设试验室进行试验所耗用的材料等。不包括新结构、新材料的试验费，对构件做破坏性试验及其他特殊要求检验试验的费用、建设单位委托检测机构进行检测的费用，对此类检测发生的费用，由建设单位在工程建设其他费用中列支。但对施工企业提供的具有合格证明的材料进行检测不合格的，该检测费用由施工企业支付。

9. 工会经费

工会经费是指企业按《中华人民共和国工会法》规定的全部职工工资总额比例计提的工会经费。

10. 职工教育经费

职工教育经费是指按职工工资总额的规定比例计提，企业为职工进行专业技术和职业技能培训，专业技术人员继续教育、职工职业技能鉴定、职业资格认定，以及根据需要对职工进行各类文化教育所发生的费用。

11. 财产保险费

财产保险费是指企业管理用财产、车辆等的保险费用。

12. 财务费

财务费是指企业为施工生产筹集资金或提供预付款担保、履约担保、职工工资支付担保等所发生的各种费用。

13. 税金

税金是指企业按规定缴纳的房产税、车船使用税、土地使用税、印花税等。

14. 城市维护建设税

城市维护建设税是指为了加强城市的维护建设，扩大和稳定城市维护建设资金的来源，规定凡缴纳消费税、增值税的单位和个人，都应当依照规定缴纳城市维护建设税。城市维护建设税税率采用差别税率：纳税人所在地在市区的，税率为7%；纳税人所在地在县城、镇的，税率为5%；纳税人所在地不在市区、县城或镇的，税率为1%。

15. 教育费附加费

教育费附加费是对指缴纳增值税、消费税的单位和个人征收的附加费。其目的是发展地方性教育事业，扩大地方教育经费的资金来源。以纳税人实际缴纳的增值税、消费税的税额乘以征收率3%。

16. 地方教育附加

各地应统一征收地方教育附加，征收标准为纳税人实际缴纳的增值税、消费税税额的2%。

17. 其他

其他包括技术转让费、技术开发费、投标费、业务招待费、绿化费、广告费、公证费、法律顾问费、审计费、咨询费、保险费等。

在进行施工成本管理时，企业管理费可分为施工现场发生的管理费用和企业对施工项目进行管理所发生的费用。

（五）措施项目费

措施项目费是指为完成建设工程施工，发生于该工程施工前和施工过程中的技术、生活、安全、环境保护等方面的费用。措施项目费包括以下几项。

1. 安全文明施工费

安全文明施工费是指在合同履行过程中，承包人按照国家法律、法规、标准等规定，为保证安全施工、文明施工，保护现场内外环境和搭拆临时设施等所采用的措施而发生的费用。其包括以下几项：

（1）环境保护费

环境保护费是指施工现场为达到环保部门要求所需要的各项费用。

（2）文明施工费

文明施工费是指施工现场文明施工所需要的各项费用。

（3）安全施工费

安全施工费是指施工现场安全施工所需要的各项费用。

（4）临时设施费

临时设施费是指施工企业为进行建设工程施工所必须搭设的生活和生产使用的临时建筑物、构筑物及其他临时设施等费用。临时设施费包括临时设施的搭设、维修、拆除、清理费或摊销费等费用。

（5）扬尘污染防治增加费

扬尘污染防治增加费是指用于采取移动式降尘喷头、喷淋降尘系统、雾炮机、围墙绿植、环境监测智能化系统等环境保护措施所发生的费用。

2. 夜间施工增加费

夜间施工增加费是指因夜间施工所发生的夜班补助费、夜间施工降效、夜间施工照明设备摊销及照明用电等费用。

3. 二次搬运费

二次搬运费是指因施工场地条件限制而发生的材料、构配件、半成品等经一次运输不能到达堆放地点，必须进行二次或多次搬运所发生的费用。

4. 冬、雨季施工增加费

冬、雨期施工增加费是指在冬季或雨季施工需要增加的临时设施、防滑、排除雨雪，人工及施工机械效率降低等费用。

5. 已完工程及设备保护费

已完工程及设备保护费是指项目竣工验收前，对已完工程及设备采取的必要保护措施所发生的费用。

6. 工程定位复测费

工程定位复测费是指工程施工过程中进行全部施工测量放线和复测工作的费用。

7. 特殊地区施工增加费

特殊地区施工增加费是指工程在沙漠或其边缘地区、高海拔、高寒、原始森林等特殊地区施工增加的费用。

8. 大型机械设备进出场及安拆费

大型机械设备进出场及安拆费是指机械整体或分体自停放场地运至施工现场或由一个施工地点运至另一个施工地点，所发生的机械进出场运输、转移费用及现场安装、拆卸所需的人工费、材料费、机械费、试运转费和安装所需要的辅助设施的费用。

9. 脚手架工程费

脚手架工程费是指施工需要的各种脚手架搭、拆、运输费用，以及脚手架购置费的摊销（或租赁）费用。

（六）规费

规费是指按国家法律、法规规定，由省级政府和省级有关权力部门规定必须缴纳或计取的费用。规费包括以下几项：

1. 社会保险费

社会保险费包括养老保险费、失业保险费、医疗保险费、生育保险费和工伤保险费。养老保险费是指企业按照规定标准为职工缴纳的基本养老保险费；失业保险费是指企业按照规定标准为职工缴纳的失业保险费；医疗保险费是指企业按照规定标准为职工缴纳的基本医疗保险费；生育保险费是指企业按照规定标准为职工缴纳的生育保险费；工伤保险费是指企业按照规定标准为职工缴纳的工伤保险费。

2. 住房公积金

住房公积金是指企业按规定标准为职工缴纳的住房公积金。

3. 环境保护税

环境保护税是指按规费计列的现场环境保护所需费用，其征收方法和征收标准由各设区市建设行政主管部门根据本行政区域内环保和税务部门的规定执行。

建筑工程项目的施工成本实质是指除去利润和税金后的建筑安装工程费。

（七）建筑安装工程费

按照费用构成要素划分，建筑安装工程费可以分为人工费、材料费、施工机具使用费、企业管理费、利润、规费和税金。

按照工程造价形成划分，建筑安装工程费可以分为分部分项工程费、措施项目费、其他项目费、规费和税金。

建筑安装工程费无论是按费用构成要素划分还是按工程造价形成划分，两者包含的内容实质上大体是一致的。按工程造价形成划分是建筑安装工程在工程交易和工程实施阶段工程造价的组价要求。

（八）合同价款

合同价款是指在工程发承包阶段，通过投标竞争确定中标单位，签订承包合同所约定的工程造价。实行招标的工程合同价款应在中标通知书发出之日起 30 日内，由发承包双方依据招标文件和中标人的投标文件在书面合同中约定。合同约定不得违背招标、投标文件中关于工期、造价、质量等方面的实质性内容。招标文件与中标人投标文件出现不一致的地方，以投标文件为准。

一般情况下，合同价即中标人的投标价。投标价是指投标人投标时响应招标文件要求并依据计价规范的规定所报出的对已标价工程量清单标明的总价，是承包人控制工程施工成本及进行工程结算的重要依据。

工程项目施工企业成本还可分解为施工成本（又称为制造成本、现场成本、项目的直接成本）和施工企业总部管理费。工程项目施工成本 = 施工成本 + 企业管理费（总部管理费）= 直接成本（人工费 + 材料费 + 施工机械使用费 + 措施费）+ 间接成本（现场管理费 + 规费）+ 间接成本（总部管理费）。

二、建筑工程施工成本管理的内容与措施

建筑工程施工成本管理就是在保证工期和质量满足合同要求的情况下，采取相应的管理措施，包括组织措施、经济措施、技术措施、合同措施。将成本控制在计划范围内，并进一步寻求最大限度地成本节约。

（一）建筑工程施工成本管理的内容

建筑工程施工成本管理主要包括成本计划、成本控制、成本核算、成本分析和成本考核。

1. 成本计划

成本计划是指以货币形式编制施工项目在计划期内的生产费用、成本水平、成本降低率，以及为降低成本所采取的主要措施和规划的书面方案。它是建立施工项目成本管理责任制、开展成本控制和核算的基础，也是该施工项目降低成本的指导文件，是设立目标成本的依据。可以说，成本计划是目标成本的一种形式。

2. 成本控制

成本控制是指在施工过程中，对影响施工项目成本的各种因素加强管理，并采用各种

有效措施，将施工中实际发生的各种消耗和支出严格控制在成本计划范围内，通过动态监控并及时反馈，计算实际成本和计划成本（目标成本）之间的差异并进行分析，进而采取多种措施，减少或消除施工中的损失消耗。

项目施工成本控制应贯穿项目从投标阶段开始直到保证金返还的全过程，是企业全面成本管理的重要环节。

3. 成本核算

成本核算包括两个基本环节：一是按照规定的成本开支范围对施工成本进行归集和分配，计算出施工成本的实际发生额；二是根据成本核算对象，采用适当的方法，计算出该施工项目的总成本和单位成本。施工成本管理需要正确、及时地核算施工过程中发生的各项费用，计算施工项目的实际成本。

成本核算一般以单位工程为对象，但也可以按照承包工程项目的规模、工期、结构类型、施工组织和施工现场等情况，结合成本管理要求，灵活划分成本核算对象。

项目管理机构应按规定的会计周期进行项目成本核算。应坚持形象进度、产值统计、成本归集同步原则，即三者的取值范围是一致的。形象进度表达的工程量、统计施工产值的工程量和实际成本归集所依据的工程量，均应是相同的数值。项目管理机构应编制项目成本报告。对竣工工程的成本核算，应区分为竣工工程现场成本和竣工工程完全成本，并分别由项目管理机构和企业财务部门进行核算分析，其目的是分别考核项目管理绩效和企业经营绩效。

4. 成本分析

成本分析是指在成本核算的基础上，对成本的形成过程和影响成本升降的因素进行分析，以寻求进一步降低成本的途径，包括有利偏差的挖掘和不利偏差的纠正。成本分析贯穿施工成本管理的全过程，在成本的形成过程中，主要利用施工项目的成本核算资料，与目标成本、预算成本及类似项目的实际成本等进行比较，了解成本的变动情况的同时，也要分析主要技术经济指标对成本的影响，系统地研究成本变动因素，检查成本计划的合理性，并通过成本分析深入揭示成本变动的规律，寻找降低项目施工成本的途径，以便有效地控制成本。

5. 成本考核

成本考核是指施工项目完成后，对施工项目成本形成中的各责任者，按施工项目成本目标责任制的有关规定，将成本的实际指标与计划、定额、预算进行对比和考核，评定施工项目成本计划完成情况和各责任者的业绩，并以此给予相应的奖励和处罚。通过成本考核，做到有奖有惩、赏罚分明，才能有效地调动企业的每一位职工在各自的岗位上努力完成目标成本的积极性，从而降低施工项目成本，提高企业管理效益。

以施工成本降低额和施工成本降低率作为成本考核的主要指标。施工成本考核是衡量成本降低的实际成果，也是对成本指标完成情况的总结和评价。成本考核可以分别考核组织管理层和项目经理部。

建筑工程施工成本管理的每一个环节都是相互联系和相互作用的。成本计划是成本决策所确定目标的具体化。成本计划控制则是对成本计划的实施进行控制和监督，保证决策的成本目标的实现，而成本核算又是对成本计划是否实现的最后检验，它所提供的成本信息又为下一个施工项目成本预测和决策提供了基础参考资料。成本考核是实现成本目标责任制的保证和实现决策目标的重要手段。

（二）建筑工程施工成本管理的措施

为了取得施工成本管理的理想成效，应当从多个方面采取措施实施管理，通常可以将这些措施归纳为以下几种。

1. 组织措施

组织措施是指从施工成本管理的组织方面采取的措施，如实行项目经理责任制，落实施工成本管理的组织机构和人员，明确各级施工成本管理人员的任务和职能分工、权力与责任，编制施工成本控制工作计划，确定合理、详细的工作流程图等，通过生产要素的优化配置、合理使用、动态管理，有效控制施工成本。同时，加强施工调度，避免因施工计划不周和盲目调度造成窝工损失、机械利用率降低、物料积压等使施工成本增加。组织措施是其他各类措施的前提和保障。

2. 技术措施

施工过程中降低成本的技术措施包括：进行技术经济分析，确定最佳的施工方案；结合施工方法，进行材料比选，降低材料消耗的费用；确定最合适的施工机械、设备使用方案；结合项目的施工组织设计及自然地理条件，降低材料的库存成本和运输成本；先进的施工技术的应用，新材料的运用，新开发机械设备的使用等。在实践中，也要避免仅从技术角度选定方案而忽视对其经济效果的分析论证。

技术措施不仅对解决施工成本管理过程中的技术问题是不可缺少的，而且对纠正施工成本管理目标偏差有相当重要的作用。运用技术纠偏措施的关键：一是能提出多个不同的技术方案；二是对多个不同的技术方案进行技术经济分析，比选出最佳方案。

3. 经济措施

经济措施是最易为人们所接受和采用的措施。通过编制资金使用计划，确定、分解施工成本管理目标。对施工成本管理目标进行风险分析，并制定防范性对策。在施工中严格控制各项开支，及时准确地记录、收集、整理、核算实际发生的成本。对各种变更，应及时做好增减账，落实业主签证并结算工程款。通过偏差分析和未完工程施工成本预测，发现潜在的将引起未完工程施工成本增加的问题，主动、及时采取预防措施。

4. 合同措施

采用合同措施控制施工成本，应贯穿整个合同周期，包括从开始合同谈判到合同终结的全过程。在合同谈判时，对各种合同结构模式进行分析、比较，选用适合工程规模、性质和特点的合同结构模式。在合同的条款中，应仔细考虑一切影响成本和效益的因素，特别是潜在的风险因素。通过对引起成本变动的风险因素的识别和分析，采取必要的风险对策。在合同执行期间，合同管理的措施既要密切注视对方合同执行的情况，以寻求合同索赔的机会，又要密切关注自己履行合同的情况，以防止被对方提出索赔。

第二节　建筑工程施工成本计划与控制

一、建筑工程施工成本计划

（一）建筑工程施工成本计划的编制要求和编制依据

1. 建筑工程施工成本计划的编制要求

（1）合同规定的项目质量和工期要求。

（2）组织对施工成本管理目标的要求。

（3）以经济、合理的项目实施方案为基础的要求。

（4）有关定额及市场价格的要求。

2. 建筑工程施工成本计划的编制依据

（1）合同文件。

（2）项目管理实施规划，包括施工组织设计或施工方案。

（3）相关设计文件。

（4）人工、材料、机械市场价格信息。

（5）相关定额、计量计价规范。

（6）类似项目的施工成本资料。

（二）建筑工程施工成本计划的内容

1. 编制说明

编制说明是指对工程的范围、投标竞争过程及合同条件、承包人对项目经理提出的责任成本目标、施工成本计划编制的指导思想和依据等的具体说明。

2. 施工成本计划的指标

施工成本计划一般包含以下三类指标。

（1）成本计划的数量指标

例如，按子项目汇总的工程项目计划总成本指标，按分部汇总的各单位工程（或子项目）计划成本指标，按人工、材料、机械等各主要生产要素计划成本指标等。

（2）成本计划的质量指标

例如，施工项目总成本降低率可采用：

设计预算成本计划降低率 = 设计预算总成本计划降低额 / 设计预算总成本

责任目标成本计划降低率 = 责任目标总成本计划降低额 / 责任目标总成本

（3）成本计划的效益指标

例如，工程项目成本降低额可采用：

设计预算成本计划降低额 = 设计预算总成本 – 计划总成本

责任目标成本计划降低额 = 责任目标总成本 – 计划总成本

3. 按成本性质划分的单位工程成本汇总表

根据清单项目的造价分析，分别对人工费、材料费、机械费、措施费、企业管理费等进行汇总，形成单位工程成本计划表。

成本计划的编制是施工成本预控的重要手段，应在工程开工前编制完成。而不同的实施方案将导致人工费、材料费、施工机具使用费、措施费和企业管理费的差异，项目计划成本还应在项目实施方案确定和不断优化的前提下进行编制，并将计划成本目标分解落实，为各项成本的执行提供明确的目标、控制手段和管理措施。

（三）建筑工程施工成本计划的类型

施工项目成本计划的编制是一个不断深化的过程。在这一过程的不同阶段形成深度和作用不同的成本计划，按成本计划的作用可分为以下三种类型。

1. 竞争性成本计划

竞争性成本计划是指工程项目施工投标及签订合同阶段估算的成本计划。这类成本计划是以招标文件中的合同条件、投标者须知、技术规范、设计图纸和工程量清单等资料为依据，以招标文件中有关价格条件说明为基础，结合调研和答疑获得的信息，根据企业的工料消耗标准、水平、价格资料和费用指标，对企业拟完成招标工程所需要支出的全部费用的估算，是对投标报价中成本的预算，虽然也着力考虑降低成本的途径和措施，但总体上还不够细化和深入。

2. 指导性成本计划

指导性成本计划是指施工准备阶段的预算成本计划，是项目部、项目经理的责任成本目标。指导性成本计划是以投标文件、施工承包合同为依据，按照企业的预算定额标准制定的设计预算成本计划，一般情况下只确定责任总成本指标。

3. 实施性成本计划

实施性成本计划是指以项目施工组织设计、施工方案为依据，以实施落实项目经理责任目标为出发点，采用企业的施工定额通过施工预算的编制而形成的实施性施工成本计划。

以上三类成本计划互相衔接、不断深化，构成了整个工程施工成本的计划过程。其中，竞争性成本计划带有成本战略的性质，是施工项目投标阶段商务标书（投标报价）的基础；指导性成本计划和实施性成本计划，是战略性成本计划的进一步展开和深化，是对战略性成本计划的战术安排。

（四）建筑工程施工成本计划的编制方法

在施工总成本目标确定后，需要通过编制详细的实施性成本计划将目标成本层层分解，落实到施工过程的每一个环节，有效地控制成本。施工成本计划的编制方法通常包括以下三个方面。

1. 按施工成本组成编制施工成本计划

施工成本可以按成本组成划分为人工费、材料费、施工机械使用费、措施费、企业管理费等。

2. 按项目组成编制施工成本计划

大、中型工程项目通常是由若干个单项工程构成的，而每个单项工程包括多个单位工程，每个单位工程又是由若干个分部分项工程所构成。因此，在编制施工成本计划时，先将项目总施工成本分解到单项工程和单位工程中，再进一步分解到分部工程和分项工程中。

在编制成本计划时，既要考虑总的预备费，又要在主要的分部分项工程中安排适当的不可预见费，避免在具体编制成本计划时，如发现个别单位工程某项内容的工程量计算有较大出入、偏离成本计划，能够尽可能地采取一些措施。

3. 按工程进度编制施工成本计划

通常可利用控制项目施工进度的网络图进一步扩充得到，即在建立网络图时，一方面确定完成各项工作所需花费的时间；另一方面确定完成这一工作合适的施工成本支出计划。在实践中，将工程项目分解为既能方便地表示时间，又能方便地表示施工成本支出计划的工作是不容易的。通常，如果项目分解程度对时间控制合适，则对施工成本支出计划可能分解过细，以至于不可能对每项工作确定其施工成本支出计划；反之，亦然。因此，在编制网络计划时，应在充分考虑进度控制对项目划分要求的同时，还要考虑确定施工成本支出计划对项目划分的要求，做到两者兼顾。

二、建筑工程施工成本控制

施工成本控制是指在项目施工成本形成过程中，对生产经营所消耗的人力资源、物质资源和费用开支进行指导、监督、检查和调整，及时纠正偏差，将各项生产费用控制在成本计划范围内，确保成本管理目标的实现。

（一）建筑工程施工成本控制的依据和程序

1. 建筑工程施工成本控制的依据

项目管理机构应依据以下内容进行施工成本控制。

（1）工程承包合同

工程承包合同是施工成本控制的主要依据。项目管理机构应以施工承包合同为抓手，围绕施工成本管理目标，从预算收入和实际成本两条线，研究分析节约成本、增加收益的最佳途径，提高项目的经济效益。

（2）施工成本计划

施工成本计划是根据施工项目的具体情况制订的施工成本控制方案，既包括预定的具体成本控制目标，又包括实现控制目标的措施和规划，是施工成本控制的指导文件。

（3）进度报告

进度报告提供了对应时间节点的工程实际完成量、工程施工成本实际支付情况及实际收到工程款情况等重要信息。施工成本控制工作正是通过实际情况与施工成本计划相比较，找出两者之间的差别，分析偏差产生的原因，从而采取措施改进以后的工作。另外，进度报告还有助于管理者及时发现工程实施中存在的隐患，及时采取有效措施，防患于未然。

（4）工程变更

项目的施工实施过程中会由各种原因而引起工程变更。工程变更一般包括设计变更、进度计划变更、施工条件变更、技术规范与标准变更、施工工艺和施工方法变更、工程量变更等。工程变更往往又会使工程量、工期、成本随之发生相应的变化，从而增加施工成本控制工作的难度。因此，施工成本管理人员应当及时掌握变更信息及其对施工成本产生的影响，计算、分析和判断变更及变更可能带来的索赔额度等。

另外，施工组织设计、分包合同文本等也是施工成本控制的依据。

2. 建筑工程施工成本控制的程序

建筑工程施工成本控制的程序体现了动态跟踪控制的原理。在确定了施工成本计划之后，必须定期地进行施工成本计划值与实际值的比较，当实际值偏离计划值时，分析产生偏差的原因，采取适当的纠偏措施，以确保施工成本控制目标的实现。建筑工程施工成本控制按以下程序进行。

（1）确定成本控制分层次目标

在施工准备阶段，项目部应根据施工合同、与企业签订的项目管理目标，结合施工组织设计和施工方案，确定项目的施工成本管理目标，并依据进度计划层层分解，确定各层次成本管理目标，如月度、旬成本计划目标。

（2）采集成本数据，检测成本形成过程

在施工过程中，定期收集实际发生的成本数据，按照施工进度将施工成本实际值与计划值逐项进行比较，了解、检测和控制成本的形成过程。

（3）发现偏差，分析原因

对施工成本实际值与计划值逐项比较的结果进行分析，以确定偏差的严重性及偏差产生的原因。这一步是施工成本控制工作的核心，其主要目的是找出产生偏差的原因，从而采取有针对性的措施，减少或避免相同原因的再次发生或减少由此造成的损失。

（4）采取措施，纠正偏差

根据工程的具体情况、偏差及其原因分析的结果，采取适当的措施，减小或消除偏差。纠偏是施工成本控制中最具实质性的一步措施，只有通过纠偏，才能最终达到有效控制施工成本的目的。

（5）调整改进成本控制方法

如有必要（原定的项目施工成本目标不合理，或原定的项目施工承包目标无法实现，或采取的方法和措施不能有效地控制成本），进行项目施工成本目标的调整或改进成本控制方法。

（二）赢得值法控制施工成本

赢得值法（EVM）是目前国际上较先进的工程公司普遍应用于工程项目的费用、进度综合分析和控制的方法。

1. 赢得值法的三个基本参数

（1）已完工作预算费用

已完工作预算费用（BCWP），是指在某一时间段已经完成的工作（或部分工作），经工程师批准认可的预算资金总额，也是业主支付承包人已完工作量相应费用的依据，即承包人按预算应获得（挣得）的金额，故称为赢得值或挣值。

（2）计划工作预算费用

计划工作预算费用（BCWS），是指根据进度计划，在某一时刻计划应当完成的工作（或部分工作），以预算为标准所需要的资金总额。

（3）已完工作实际费用

已完工作实际费用（ACWP），是指在某一时间段已经完成的工作（或部分工作）所实际花费的总金额。

2. 赢得值法的四个评价指标

在计算赢得值三个基本参数的基础上，可以确定赢得值法的四个评价指标。

（1）费用偏差（CV）

费用偏差的计算公式为：

费用偏差（CV）=已完工作预算费用−已完工作实际费用=已完成工作量×预算单价−已完成工作量×实际单价

费用偏差反映的是价差。当费用偏差为负值时，表示项目运行超出预算费用；当费用偏差为正值时，表示项目实际费用没有超出预算费用，运行节支。

（2）进度偏差（SV）

进度偏差的计算公式为：

进度偏差（SV）= 已完工作预算费用 – 计划工作预算费用 = 已完成工作量 × 预算单价 – 计划工作量 × 预算单价

进度偏差反映的是量差。当进度偏差为负值时，表示进度延误，即实际进度落后于计划进度；当进度偏差为正值时，表示进度提前，即实际进度快于计划进度。

（3）费用绩效指数（CPI）

费用绩效指数的计算公式为：

费用绩效指数（CPI）= 已完工作预算费用 / 已完工作实际费用 =（已完成工作量 × 预算单价）/（已完成工作量 × 实际单价）

费用绩效指数反映的是价格绩效。当 CPI < 1 时，表示超支，即实际费用高于预算费用；当 CPI > 1 时，表示节支，即实际费用低于预算费用。

（4）进度绩效指数（SPI）

进度绩效指数的计算公式为：

进度绩效指数（SPI）= 已完工作预算费用 / 计划工作预算费用 =（已完成工作量 × 预算单价）/（计划工作量 × 预算单价）

进度绩效指数反映的是进度绩效。当 SPI < 1 时，表示进度延误，即实际进度比计划进度拖后；当 SPI > 1 时，表示进度提前，即实际进度比计划进度快。

以上四个评价指标中，费用偏差和进度偏差反映的是绝对偏差，直观、明了，有助于费用管理人员了解项目费用出现偏差的绝对数额，并采取一定的纠偏措施，制订或调整费用支出计划和资金筹措计划。而用"费用"表示进度偏差在实际应用时，还需将用施工成本差额表示的进度偏差转换为所需要的时间，以便合理地调整工期。费用绩效指数和进度绩效指数反映的是相对偏差，其既不受项目层次的限制，又不受项目实施时间的限制，因此，在同一项目和不同项目比较中均可采用。

（三）偏差分析法控制施工成本

常用的偏差分析方法有横道图法和曲线法。

1. 横道图法

采用横道图法进行施工成本偏差分析，是用不同的横道标识已完工程计划施工成本、拟完工程计划施工成本和已完工程实际施工成本，横道的长度与其金额的大小成正比例。

横道图法具有形象、直观、一目了然等优点，它能够准确表达出费用的绝对偏差，并据此判断偏差的严重性。但横道图法反映的信息量较少，一般只在项目的较高管理层应用。

2. 曲线法

曲线法是用施工成本累计曲线（S形曲线）来进行施工成本偏差分析的一种方法。在项目实施过程中，已完工程实际施工成本曲线、已完工程计划施工成本、拟完工程计划施工成本可以形成三条施工成本参数曲线。

曲线法是赢得值法的进一步延伸，实际施工成本曲线与计划施工成本曲线之间的竖向距离表示施工成本偏差，已完计划施工成本曲线与拟完计划施工成本曲线的水平距离表示进度偏差。用曲线法进行偏差分析同样具有形象、直观等特点，但这种方法很难直接用于定量分析，只能对定量分析起到一定的辅助作用。

（四）偏差原因分析与纠偏措施

1. 偏差原因分析

偏差原因分析的一个重要目的是找出引起偏差的原因，从而采取有针对性的措施，减少或避免相同原因的再次发生。

一般来说，产生费用偏差的原因有设计原因、业主原因、施工原因，还有物价上涨、自然环境、政策变化等原因。

2. 纠偏措施

在分析偏差原因的基础上，针对项目施工的实际情况，可采取不同的纠偏措施，如寻找新的效率更高的设计方案、改变实施过程、变更工程范围、加强索赔管理等进行纠偏。

第三节　建筑工程施工成本分析

一、建筑工程施工成本分析的依据

一个单位的经济核算工作由业务核算、统计核算、会计核算三个方面组成。施工成本分析，就是根据业务核算、统计核算、会计核算提供的资料，对施工成本的形成过程和影响成本升降的因素进行分析，以寻求进一步降低成本的途径。另外，通过成本分析，可从账簿、报表反映的成本现象看清楚成本的实质，从而增强项目成本的透明度和可控性，为加强成本控制，实现项目成本目标创造条件。施工成本分析的主要依据有业务核算、会计核算和统计核算。

（一）业务核算

业务核算是指单位在开展自身业务活动时应当履行的各种核算手续，以及由此产生的各种原始记录，包括产品验收记录、生产调度表、任务分派单、班组考勤记录表等。业务核算是反映监督单位内部经济活动的一种方法。

业务核算的范围比会计核算、统计核算要广泛些，会计核算和统计核算一般是对已经发生的经济活动进行核算,而业务核算不但可以对已经发生的经济活动进行核算,而且可以对尚未发生或正在发生的经济活动进行核算,看是否可以做,是否有经济效果。其特点是对个别的经济业务进行单项核算。例如,各种技术措施、新工艺等项目,可以核算已经完成的项目是否达到原定的目标,取得预期的效果,也可以对准备采取措施的项目进行核算和审查,看是否有效果,值不值得采纳,随时都可以进行。业务核算的目的是迅速取得资料,在经济活动中及时采取措施进行调整。

业务核算既是会计核算和统计核算的基础,又是两者的必要补充。

(二)会计核算

会计核算又称为会计反映,以货币为主要计量尺度,对会计主体的资金运动进行的反映。其主要是指对会计主体已经发生或已经完成的经济活动进行的事后核算,即会计工作中记账、算账、报账的总称。会计核算主要是价值核算。资产、负债、所有者权益、营业收入、成本、利润会计六要素指标主要是通过会计来核算。由于会计记录具有连续性、系统性、综合性等特点,因此它是施工成本分析的重要依据。

(三)统计核算

统计核算是指对事物的数量进行计量来研究监督大量的或者个别典型经济现象的一种方法。单位中的统计工作,就是对单位在开展各种业务活动时所产生的大量数据进行收集、整理和分析,按统计方法加以系统整理,表明其规律性,形成各种有用的统计资料。例如,产品产量、耗用总工时、单位职工工资水平、员工的年龄构成等。它的计量尺度比会计核算宽,可以用货币计算,也可以用实物或劳动量计量。通过全面调查和抽样调查等特有的方法,不仅能提供绝对数指标,还能提供相对数和平均数指标;既可以计算当前的实际水平,确定变动速度,也可以预测发展的趋势。

二、建筑工程施工成本分析的内容和步骤

(一)建筑工程施工成本分析的内容

建筑工程施工成本分析的内容包括时间节点成本分析、工作任务分解单元成本分析、组织单元成本分析、单项指标成本分析和综合项目成本分析。

(二)建筑工程施工成本分析的步骤

(1)选择成本分析方法。

(2)收集成本信息。

(3)进行成本数据处理。

(4)分析成本形成原因。

(5)确定成本结果。

三、建筑工程施工成本分析的基本方法

（一）比较法

比较法又称为指标对比分析法，就是通过技术经济指标的对比，检查目标的完成情况，分析产生差异的原因，进而挖掘内部潜力的方法。这种方法通俗易懂、简单易行、便于掌握，因而得到广泛应用。在应用比较法分析施工成本时，必须注意各技术经济指标的可比性。

1. 实际指标与目标指标对比

通过实际指标与目标指标对比，可以检查目标完成情况，分析影响目标完成的积极因素和消极因素，以便及时采取措施，保证成本目标的实现。在进行实际指标与目标指标对比时，还应注意目标本身有无问题。如果目标本身确实出现问题，则应调整目标。

2. 本期实际指标与上期实际指标对比

通过本期实际指标与上期实际指标对比，可以观察各项技术经济指标的变动情况，反映施工管理水平的提高程度。

3. 实际指标与本行业平均水平、先进水平对比

通过实际指标与本行业平均水平、先进水平对比，可以反映出本项目的技术管理和经济管理与行业的平均水平和先进水平的差距，进而采取措施赶超先进水平。

（二）因素分析法

因素分析法又称为连环置换法，可用这种方法来分析各种因素对成本的影响程度。在进行分析时，首先要假定众多因素中的一个因素发生了变化，而其他因素不变，然后逐个替换，分别比较其计算结果，以确定各个因素的变化对成本的影响程度。因素分析法的计算步骤如下：

（1）确定分析对象，并计算出实际与目标数的差异。

（2）确定该指标的组成因素，并按其相互关系进行排序（排序规则是先实物量，后价值量；先绝对值，后相对值）。

（3）以目标数为基础，将各因素的目标数相乘，作为分析替代的基数。

（4）将各个因素的实际数按照上面的排列顺序进行替换计算，并将替换后的实际数保留下来。

（5）将每次替换计算所得的结果与前一次的计算结果相比较，两者的差异即为该因素对成本的影响程度。

（6）各个因素的影响程度之和，应与分析对象的总差异相等。

（三）差额计算法

差额计算法是因素分析法的一种简化形式，利用各个因素的目标值与实际值的差额来计算其对成本的影响程度。

（四）比率法

比率法是指用两个以上的指标的比例进行对比分析的方法。先将对比分析的数值变成相对数，再观察其相互之间的关系。常用的比率法有相关比率法、构成比率法和动态比率法等。

1. 相关比率法

相关比率法是将两个性质不同而又相关的指标的比率加以对比、求出比率的方法。例如，产值和工资是两个不同的概念，但它们的关系又是投入与支出的关系。一般情况下，都希望以最少的工资支出完成最大的产值。因此，用产值工资率指标来考核和分析人工费的支出成本水平。

2. 构成比率法

构成比率法又称为比重分析法或结构对比分析法，通过计算某项指标的各个组成部分占总体的比重，即部分与总体的比率，进行数量分析的一种方法。同时，也可以看出量、本、利的比例关系（预算成本、实际成本和降低成本的比例关系），从而寻求降低成本的途径。

3. 动态比率法

动态比率法就是将同类指标不同时期的数值进行对比，求出比率，进而分析该项指标的发展方向和发展速度。

四、综合成本的分析方法

综合成本是指涉及多种生产要素，并受多种因素影响的成本费用，如分部分项工程成本、月（季）度成本、年度成本、竣工成本等。

（一）分部分项工程成本分析

分部分项工程成本分析是施工项目成本分析的基础。分部分项工程成本分析的对象为已完成分部分项工程。分部分项工程成本分析的方法是进行预算成本、目标成本和实际成本的"三算"对比，分别计算实际偏差和目标偏差，分析偏差产生的原因，进一步寻求分部分项工程成本节约途径。

预算成本、目标成本和实际成本的"三算"来源（依据）：预算成本来自投标报价成本，目标成本来自施工预算，实际成本来自施工任务单的实际工程量、实耗人工和限额领料单的实耗材料。

施工预算是施工企业为了加强企业内部经济核算，在施工图预算的控制下，依据企业的内部施工定额，以建筑安装单位工程为对象，根据施工图纸、施工定额、施工及验收规范、标准图集、施工组织设计（施工方案）编制的单位工程施工所需要的人工、材料和施工机械台班用量的技术经济文件。施工预算属于施工企业的内部文件，也是施工企业进行劳动调配、物资计划供应、控制成本开支、进行成本分析和班组经济核算的依据。

由于施工项目包括多项分部分项工程，不可能也没有必要对每一项分部分项工程进行成本分析，特别是一些工程量小、成本费用低的零星工程。而对于主要分部分项工程则必须进行成本分析，且应从开工到竣工进行系统的成本分析。通过主要分部分项工程成本的系统分析，了解项目成本形成的全过程，为竣工成本分析和类似项目成本管理提供参考资料。

（二）月（季）度成本分析

月（季）度成本分析是指施工项目定期的、经常性的中间成本分析。对于具有一次性特点的施工项目来说，有着特别重要的意义。通过月（季）度成本分析，及时发现问题，以便按照成本目标指定的方向进行监督和控制成本，保证项目成本目标的实现。

月（季）度成本分析的依据是当月（季）的成本报表，通常从以下几个方面分析：

（1）将实际成本与计划成本对比，分析当月（季）的成本降低水平；通过累计实际成本与累计预算成本的对比，分析累计的成本降低水平，预测实现项目成本目标的前景。

（2）将实际成本与目标成本对比，分析目标成本的落实情况，发现目标管理中的问题和不足，进而采取措施，加强成本管理，确保成本目标的实现。

（3）对各成本项目的成本分析，了解成本总量的构成比例和成本管理的薄弱环节。

（4）将实际的主要技术经济指标与目标值对比，分析产量、工期、质量、"三材"节约率、机械利用率等对成本的影响。

（5）分析技术组织措施的执行效果，寻求更加有效地节约途径。

（6）分析其他有利条件和不利条件对成本的影响。

（三）年度成本分析

企业成本要求一年结算一次，不得将本年度成本转入下一年度。而项目成本则以项目的寿命周期为结算期，要求从开工、竣工到保修期结束连续计算，最后结算出成本总量及其盈亏。由于项目的施工周期一般较长，除进行月（季）度成本核算和分析外，还要进行年度成本的核算和分析。这不仅是企业汇编年度成本报表的需要，而且是项目成本管理的需要。通过年度成本的综合分析，总结一年来成本管理的成绩和不足，为今后的成本管理提供经验和教训，从而更有效地进行项目成本的管理。

年度成本分析的依据是年度成本报表。年度成本分析的内容，除月（季）度成本分析的六个方面外，重点是针对下一年度的施工进展情况，提出切实可行的成本管理措施，以保证施工项目成本目标的实现。

（四）竣工成本的综合分析

凡是有几个单位工程且单独进行成本核算（即成本核算对象）的施工项目，其竣工成本分析应以各单位工程竣工成本分析资料为基础，再加上项目经理部的经营效益（如资金调度、对外分包等所产生的效益）进行综合分析。如果施工项目只有一个成本核算对象（单位工程），就以该成本核算对象的竣工成本资料作为成本分析的依据。

单位工程竣工成本分析包括竣工成本分析、主要资源节超对比分析、主要技术节约措施及经济效果分析。通过分析，了解单位工程的成本构成和降低成本的来源，对同类工程的成本管理提供参考。

第五章 建筑工程施工质量管理

第一节 施工阶段质量管理概述

一、施工阶段质量管理的含义

（一）施工阶段质量管理的概念、目标和依据

1. 概念

建筑工程施工阶段的质量管理，就是按合同赋予的权利，围绕影响工程质量的各种因素，对工程项目的施工质量进行有效的监督及管理。

2. 目标

（1）建设单位的质量控制目标

通过施工全过程的全面质量监督管理、协调和决策，保证竣工项目达到投资决策所确定的质量标准。

（2）施工单位的质量控制目标

通过对施工全过程全面质量自控，保证交付满足施工合同及设计文件所规定的质量标准的建设工程产品。

（3）设计单位的质量控制目标

通过对关键部位和重要施工项目施工质量的验收签证、设计变更控制及纠正施工中所发现的设计问题，采纳变更设计的合理化建议等，保证竣工项目的各项施工结果和设计文件所规定的标准相一致。

（4）监理单位的质量控制目标

通过审核施工质量文件、报告、报表及现场旁站检查、平行检测、施工指令和结算支付控制等手段的作用，保证工程质量达到施工合同和设计文件所规定的质量标准。

3. 依据

施工阶段质量管理的依据主要是适用于工程项目施工阶段，且与质量管理有关的、具有普遍指导意义和必须遵守的基本文件。

（1）工程承包合同文件

工程施工承包合同文件中，分别规定了参建各方在质量控制方面的权利和义务的条款，及有关各方必须履行承诺。因此施工单位要依据合同的约定进行质量管理与控制。

（2）设计文件

经过批准的设计图纸和技术说明书等设计文件，是质量控制的重要依据——施工单位应当认真做好对设计交底及图纸会审工作，达到完全了解设计意图和质量要求，发现图纸差错和施工过程难以控制质量的问题，以期确保工程质量，减少质量隐患。

（3）有关质量管理方面的法律、法规性文件

为了维护建筑市场秩序，加强建筑活动的监督管理，保证工程质量和安全，国家和政府颁布了有关工程质量管理和控制的法规性文件。各省、自治区、直辖市根据当地的不同情况，颁布的有关建筑市场管理、工程质量管理的地方法规、地方规定，适用于各地区的工程质量管理和控制。

（4）有关质量检验与控制的专门技术法规性文件

质量检验与控制的技术法规是指针对不同专业、不同性质质量控制对象制定的各类技术法规性的文件，包括各种有关的标准、规范、规程或者规定。

①工程项目质量检验评定标准；

②有关工程材料、半成品和构配件质量控制方面的专门技术法规性依据；

③控制施工工序质量等方面的技术法规性依据；

④凡采用新工艺、新技术、新方法的工程，事先必须进行试验，并应有权威性技术部门的技术鉴定及有关的质量数据、指标，在此基础上制定有关的质量标准和施工工艺规程，以此作为判断与控制质量的依据。

（二）施工质量管理的阶段

1. 按工程实体质量形成过程的时间阶段划分

根据施工阶段工程实体质量形成过程的时间阶段划分，可分为三个阶段。

（1）事前控制

事前控制是指在施工前的准备阶段进行的质量控制。它是指在各工程对象正式施工活动开始前，对各项准备工作及影响质量的各因素和有关方面进行的质量控制。

①设计交底前，熟悉施工图纸，并对图纸中存在的问题通过建设单位向设计单位提出书面意见和建议；

②参加设计交底及图纸会审，签认设计技术交底纪要；

③开工前审查施工承包单位提交的施工组织设计或施工方案，签发《施工组织设计（方案）报审表》，并报建设单位批准后实施；

④审查专业分包单位的资质，符合要求后专业分包单位可以进场施工；

⑤开工前，审查施工承包单位（含分包单位）的质量管理、技术管理和质量保证体系，符合有关规定并满足工程需要时予以批准；

⑥审查施工承包单位报送的测量方案，并进行基准测量复核；

⑦建设单位宣布对总监理工程师的授权，施工承包单位介绍施工准备情况，总监理工程师作监理交底并审查现场开工条件，经建设单位同意后由项目总监理工程师签署施工单位报送的《工程开工报审表》；

⑧对符合有关规定的用于工程的原材料、构配件和设备，使用前施工承包单位通知监理工程师见证取样及送检；

⑨负责对施工承包单位报送本企业试验室的资质进行审查，合格后予以签字确认；

⑩负责审查施工承包单位报送的其他报表。

（2）事中控制

事中控制是指在施工过程中进行的所有与施工过程有关各方面的质量控制，也包含对施工过程中的中间产品的质量控制。

应在施工组织设计中或施工方案中明确质量保证措施，设置质量控制点；应选派与工程技术要求相适应等级的施工人员；施工前应向施工人员进行施工技术交底，保存交底记录。

专业监理工程师负责审查关键工序控制要求的落实。施工承包单位应注意遵守质量控制点的有关规定和施工工艺要求，特别是指停止点的规定。于质量控制点到来前通知专业监理工程师验收。

（3）事后控制

事后控制是指对于通过施工过程所完成的具有独立的功能和使用价值的最终产品等的质量进行控制。

①专业监理工程师组织施工承包单位项目专业质量（技术）负责人等进行分项工程验收。

②总监组织相关单位的相关人员进行相关分部工程验收。

③单位工程完工后，施工承包单位应自行组织相关人员进行检查评定并向建设单位提交工程验收报告；总监理工程师组织由建设单位、设计单位及施工承包单位参加的单位工程或整个工程项目进行初验，施工承包单位给予配合，及时提交初验所需的资料。

④总监理工程师对验收项目初验合格后签发《工程竣工报验单》，并上报建设单位，由建设单位组织有监理、施工承包单位、设计单位和政府质量监督部门等参加质量验收。

2. 按工程实体形成过程中物质形态转化的阶段划分

由于工程施工是一项物质生产活动，因此施工阶段的质量控制系统过程也是一个经由以下三个阶段的系统控制过程。

第一，对投入的物质资源质量的控制。

第二，施工过程质量控制。

第三，对完成的工程产出品质量的控制与验收。

在上述三个阶段的系统过程中，前两个阶段对于最终产品质量的形成具有决定性的作用，而所投入的物质资源的质量控制对最终产品质量又具有举足轻重的影响。因此，在质量控制的系统过程中，无论是对投入物质资源的控制，还是对施工及安装生产过程的控制，都应当对影响工程实体质量的五个重要因素方面[对施工有关人员因素、材料（包括半成品、构配件）因素、机械设备因素（生产设备及施工设备）、施工方法（施工方案、方法及工艺）因素以及环境因素]进行全面的控制。

3. 按工程项目施工层次划分

通常任何一个大中型工程建设项目都可以划分为若干层次。对于建筑工程项目按照国家标准可以划分为单项工程、单位工程、分部工程、分项工程及检验批等层次。各组成部分之间的关系具有一定的施工先后顺序的逻辑关系。工程项目施工质量分为检验批、分项、分部、单位、单项工程质量控制过程。施工作业过程的质量控制是最基本的质量控制，它决定了有关检验批的质量，而检验批的质量又决定了分项工程的质量，分项工程的质量又决定了分部工程的质量，以此类推。

二、施工阶段质量管理因素

施工阶段的质量控制是一个由投入物质量控制到施工过程质量控制再到产出物质量控制的全过程、全系统的控制过程。由于工程施工也是一类物质生产活动，因此在全过程系统控制过程中，应对影响工程项目实体质量的五大因素实施全面控制。这五大因素是指人（Man）、材料（Material）、机械（Machine）、方法（Method）、环境（Environment），简称 4MLE 质量因素。因此，对这五方面的因素进行严格控制是保证建设项目工程质量的关键。

（一）人的管理

在施工过程中，人的管理是指对直接参与施工的组织者、指挥者和操作者的管理。在施工阶段，人的管理可以指导施工参与者避免产生失误，充分调动积极性，发挥人的主导作用，也可以加强政治思想教育、劳动纪律教育、职业道德教育及专业技术培训。

人的管理既需要健全岗位责任制，改善劳动条件，也需要根据工程特点，从确保质量出发，从人的技术水平、人的生理缺陷、人的心理行为、人的错误行为等方面来管理人。

施工阶段对人的管理，主要内容：

（1）以项目经理的管理目标和职责为中心，合理组建项目管理机构，贯彻因事设岗并配备合适的管理人员。

（2）严格实行分包单位的资质审查，控制分包单位的整体素质，包括技术素质、管理素质、服务态度和社会信誉等；严禁分包工程或作业的转包，以防资质失控。

（3）坚持作业人员持证上岗，特别是重要技术工种、特殊工种、高空作业等，必须做到有资质者上岗。

（4）加强对现场管理和作业人员的质量意识教育及技术培训，开展作业质量保证的研讨交流活动等。

（5）严格现场管理制度和生产纪律，规范人的作业技术和管理活动的行为。

（6）加强激励和沟通活动，调动人积极性。

（二）施工材料的管理

施工材料的管理包括原材料、成品、半成品、构配件等的管理，主要是严格检查验收，正确合理地使用，建立管理台账，进行收、发、储、运等各环节的技术管理，避免混料和将不合格的原材料使用到工程上。实施施工材料质量管理的主要内容包括：

1. 材料采购的质量管理

承包商采购的材料应根据工程特点、施工合同、材料的适用范围和施工合同要求、材料的性能价格等因素综合考虑。

采购材料应根据施工进度提前安排，项目经理部或企业应建立常用材料的供应商信息库并及时追踪市场。必要时，应让材料供应商呈送材料样品或者进行实地考察，应注意材料采购合同中质量条款的严格说明。

2. 材料的质量标准

材料的质量标准是衡量材料质量的标尺，是验收材料、检验材料质量的依据。对于各种材料均有质量标准。掌握了材料的质量标准，就便于可靠地控制材料和工程的质量。

3. 材料质量的检验

材料质量检验的目的，就是要判断材料的可靠性。通过一系列各种检测手段，将取得的数据与材料的质量标准相比较，看其是否达到使用标准，同时这样也便于掌握材料的性质信息。

4. 材料的选择和使用要求

一般针对工程的特点，按照材料的性能、适用范围及施工要求等方面进行综合考虑，必须慎重地选择和使用材料。

（三）施工机械的管理

施工机械设备是实行机械化施工的基本物质条件，施工机械设备的选用会对工程项目的施工进度和质量有直接的影响。为此，在工程施工阶段，要综合考虑施工现场的条件、建筑结构的形式、机械设备的性能、施工的工艺和方法、施工的组织和管理，以及建筑技术经济。监督单位机械化施工方案的制订和评审的过程，使方案合理，充分发挥建筑机械的效能，以便得到较好的综合经济效益。

实施施工机械质量管理的主要内容：

（1）承包商应按照技术先进、经济合理、生产适用、性能可靠、使用安全的原则选择施工机械设备，使其具有特定工程的适用性和可靠性。

（2）应从施工需要和保证质量的要求出发，正确确定相应类型的性能参数。

（3）在施工过程中，应定期对施工机械设备进行校正，以免误导操作，选择机械设备必须有与之相配套的操作工人相适应。

（四）施工方法的管理

施工方法管理主要包括对施工方案、施工工艺、施工组织设计及施工技术措施等。特别是施工方案，它直接影响工程项目的质量，直接影响工程项目的进度控制、质量控制、投资控制，它是能否顺利实现三大控制目标的关键。

对施工方法的管理应结合工程实际，解决施工难题。施工方法的管理主要包括：

（1）施工方案应随工程进展而不断细化和深化。

（2）选择施工方案时，对主要项目要拟订几个可行方案，突出主要矛盾，摆出其主要优劣点，以便反复讨论与比较，选出最佳方案。

（3）对主要项目、关键部位和难度较大的项目，如新结构、新材料、新工艺、大跨度、大悬臂及高大的结构部位等，制订方案时要充分估计到可能发生的施工质量问题和处理方法。

（五）施工环境的管理

创造良好的施工环境，对于保证工程质量和施工安全、实现文明施工、树立施工企业的社会形象有很重要的作用。施工环境的管理，既包括对自然环境特点和规律的了解、限制、改造及利用问题，也包括对管理环境及劳动作业环境的创设活动。

影响工程质量的环境因素较多，有现场自然条件、质量管理环境、施工作业环境等。根据工程特点和具体条件，应对影响质量的环境因素，采取有效的措施严加控制。

1. 对现场自然环境条件的控制

施工现场的工程地质、水质、气象等条件都可能出现对施工作业不利的影响，对这些情况应有充分的认识和充足的准备，并且要采取有效的措施和对策。

2. 对质量管理环境的控制

质量管理环境是指承包单位的质量管理制度、质量保证体系、质量控制自检系统等，对质量管理环境控制，就是使管理制度、体系、系统均处于良好的状态。

3. 对施工作业环境控制

施工作业环境包括：水、电或动力供应，施工照明，施工现场场地、空间条件，道路、通道、交通运输状况、安全、防护设备等。

三、施工准备阶段的质量管理

施工准备阶段是整个工程施工过程的开始，施工准备工作的质量管理，便于加速施工进度，缩短建设工期，降低工程成本，是为了顺利地组织施工，保证和提高工程质量，提供可靠的条件。

（一）施工准备工作

1. 建设单位的施工准备工作内容

（1）征地拆迁；

（2）组织规划设计；

（3）完成"三通一平"及大型临时建设工程；

（4）组织设备、材料订货；

（5）工程建设项目报建；

（6）委托工程建设监理；

（7）组织施工招标投标；

（8）签订工程施工承包合同。

2. 施工单位的施工准备工作内容

（1）调查研究；

（2）技术准备；

（3）物资准备；

（4）劳动组织准备；

（5）施工现场准备；

（6）施工的场外准备；

（7）资金准备。

3. 监理单位的施工准备工作内容

（1）组建项目监理机构，进驻现场；

（2）完善组织体系，明确岗位职责；

（3）编制监理规划性文件；

（4）拟定监理工作流程；

（5）监理设备仪器准备；

（6）熟悉监理依据，准备监理资料。

（二）施工技术准备的质量管理

施工技术准备质量管理是指各项施工准备工作在正式开展作业技术活动前，是否按预先计划的安排落实到位的状况，包含配置的人员、材料、机具、场所环境、通风、照明及安全设施等。

1. 技术准备的内容

（1）设计交底和图纸会审；

（2）施工组织设计；

（3）施工质量计划；

（4）施工预算。

2. 设计交底和图纸会审

严格进行图纸会审和设计交底，是施工准备阶段进行质量控制的一项有效方法。

3. 施工组织设计的审核

施工组织设计是指导施工项目管理全过程的规划性的、全局性的技术、经济及组织的综合性文件。

（1）施工组织设计的分类

①按设计阶段的不同划分：施工组织总设计、单位工程施工组织设计；

②按编制对象范围的不同划分：施工组织总设计、单位工程施工组织设计、分部分项工程施工组织设计；

③按编制内容的繁简程度的不同划分：完整的施工组织设计、简单的施工组织设计；

④按使用时间和编制用途的不同划分：投标前的施工组织，即施工项目管理规划大纲，投标后的施工组织设计，就是项目管理实施规划。

（2）施工组织设计的主要内容

①施工方案；

②施工现场平面布置图；

③施工进度计划及保证措施；

④劳动力及材料供应计划；

⑤施工机械设备的选用；

⑥质量保证体系及措施；

⑦安全生产、文明施工措施；

⑧环境保护、成本控制措施；

⑨合同当事人约定的其他内容。

（3）施工组织设计的审核原则

①施工组织设计的编制、审查和批准应符合规定的程序；

②施工组织设计应符合国家的技术政策，充分考虑承包合同规定的条件、施工现场条件及法规条件的要求；

③施工组织设计的针对性：承包单位是否了解并掌握本工程的特点及难点，施工条件是否分析充分；

④施工组织设计的可操作性：承包单位是否有能力执行并保证工期和质量目标，该施工组织设计是否切实可行；

⑤技术方案的先进性：施工组织设计采用的技术方案和措施是否先进适用，技术是否成熟；

⑥质量管理和技术管理体系，质量保证措施是否健全且切实可行；

⑦安全、环保、消防和文明施工措施是否切实可行并符合有关规定；

⑧在满足合同和法规要求的前提下，对于施工组织设计的审查，应尊重承包单位的自主技术决策和管理决策。

（4）施工组织设计应达到的基本要求

①保证重点，统筹安排，遵守承包合同的承诺；

②合理安排施工顺序；

③用流水作业法和网络计划编制施工进度计划；

④充分利用机械设备提高机械化程度，减轻劳动强度，提高劳动生产率；

⑤采用先进的施工技术，合理选择施工方案，应用科学的组织方法，确保施工安全降低工程成本，提高工程质量；

⑥恰当地安排冬雨季施工项目，增加了全年的施工日数，提高施工的连续性和均衡性；

⑦减少暂设工程和临时性设施，减少全年物资运输量，合理布置施工平面图，节约施工场地。

（5）施工组织设计的审核内容

施工组织设计审查前的准备工作：熟悉施工图纸，领会设计意图，明确工程内容，分析工程特点。了解工程条件和有关工程资料，如施工现场"三通一平"条件，劳动力和主要建筑材料、构件、加工品的供应条件；施工机械及辅材的供应条件；施工现场水文地质勘察资料；现行施工技术规范和标准等。

施工组织设计审核的主要内容：

①编制审核的相应人员及相应部门签字盖章是否齐全，且编制时间是否符合要求。

施工组织总设计由总包单位技术负责人审批，单位工程施工组织设计由施工单位技术负责人审批，施工方案由项目技术负责人审批。

②施工组织设计的内容审核。

a.编制依据审核。施工方案的编制依据：施工图纸，施工组织设计，施工现场勘查调查得来的资料和信息，施工验收规范，质量检查验收统一标准，安全操作规程，施工及机械性能手册，新技术、新设备、新工艺，施工企业的生产能力及技术水平，等等。

b.项目管理目标和项目管理机构审核。项目管理目标主要审查：工程质量目标、安全文明施工目标、工期进度目标、环境保护目标等。工程质量目标主要审查：是否与设计要求一致，是否满足相关规范和标准的要求，是否满足施工合同相应条款的要求。安全文明施工目标主要审查：是否符合相关规范以及国家和地方管理的规定。工期进度目标主要审查：工程进度节点是否满足施工合同要求，是否与建设单位的总体规划步调一致。环境保护目标主要审查：是否满足当地行政部门的规定和要求。

项目管理机构主要包括项目管理构架和项目管理人员的配置，通过审查，能知晓施工单位的管理模式和基本组织框架，并且对其各岗位配置的项目管理人员的资质和能力做初步的了解和判断。

c.工程进度计划审核。工程进度计划分为总进度计划、阶段性计划（或月计划、或季度计划）等。总进度计划的开始和结束时间必须与合同要求和建设单位的意见步调一致，中间过程必须合理可行。阶段性计划审查时必须掌握大量的信息和第一手资料，特别是在各专业间的配合上，必须进行恰当的预判和充分的沟通。

d.资源计划审核。资源计划主要有劳动力计划、材料及周转料具计划和施工机械设备计划，这些计划应与工程进度计划统一，根据各阶段的施工计划来配置相应的计划内容。

e.现场平面布置审核。审查现场平面布置，首先要审查符合性，施工现场的布置和建设单位的总体规划有无冲突，与场区内现有的和将要实施的水电管网有无冲突。

f.主要施工方法审核。主要施工方法是指常规施工工序或施工工艺的施工方案，如基础工程施工方案、混凝土工程施工方案、模板工程施工方案、钢筋工程施工方案、砌体工程施工方案、门窗工程施工方案、屋面工程施工方案等。审查重点应为施工方案的选择：施工顺序、主要分部工程的施工方法、施工机械的选择、工程施工的流水组织。

g.安全保证措施审核。安全保证措施主要质量保证措施，安全保证措施、安全文明保证措施、环境保护措施等。这些保证措施必须有专门的组织机构进行针对性的管理。

（6）施工组织设计的审核程序

①在工程项目开工前约定的时间内，承包单位必须完成施工组织设计的编制及内部自审批准工作，填写《施工组织设计（方案）报审表》报送项目监理机构。

②总监理工程师在约定的时间内，组织专业监理工程师审查，提出意见后，由总监理工程师审核签认。需要承包单位修改时，由总监理工程师签发书面意见，退回承包单位修改后再报审，总监理工程师重新审查。

③已审定的施工组织设计由项目监理机构报送建设单位。

④承包单位应按审定的施工组织设计文件组织施工。如需对其内容做较大的变更，应

在实施前将变更内容书面报送项目监理机构审核。

⑤规模大、结构复杂或属新结构、特种结构的工程，项目监理机构对施工组织设计审查后，还应报送监理单位技术负责人审查，提出审查意见后由总监理工程师签发，必要时与建设单位协商，组织有关专业部门和有关专家会审。

⑥规模大，工艺复杂的工程、群体工程或者分期出图的工程，经建设单位批准可分阶段报审施工组织设计；技术复杂或采用新技术的分项、分部工程，承包单位还应编制该分项、分部工程的施工方案，报项目监理机构审查。

4. 施工质量计划

施工质量计划是质量策划结果的一项管理文件。对于工程建设而言，施工质量计划主要是针对特定的工程项目，为完成预定的质量控制目标，编制专门规定的质量措施、资源和活动顺序的文件。施工质量计划是具有对外作为针对特定工程项目的质量保证，对内作为针对特定工程项目质量管理的依据的作用。

施工质量计划应由自控主体（施工承包企业）进行编制。在平行承包方式下，各承包单位应分别编制施工质量计划；在总分包模式下，施工总承包单位应编制总承包工程范围的施工质量计划，各分包单位编制相应的分包范围的施工质量计划，作为施工总承包方质量计划的深化和组成。施工质量计划的内容应包含：

（1）工程特点及施工条件分析；

（2）履行施工承包合同所必须达到的工程质量总目标及其分解目标；

（3）质量管理组织机构、人员和资源配置计划；

（4）确定施工工艺与操作方法的技术方案和施工任务的流程组织方案；

（5）施工材料、设备等的质量管理及控制措施；

（6）施工质量检验、检测试验工作的计划安排及其实施方法与接收准则；

（7）施工质量控制点及其跟踪控制的方式和要求；

（8）记录的要求等基本内容。

（三）施工现场准备的质量管理

施工现场准备工作如下：

1. 施工现场工程测量控制

施工承包单位对建设单位给定的原始基准点、基准线和标高等测量控制点进行复核。测量放线是工程施工的第一步。施工测量质量的好坏，直接影响工程质量，若测量控制基准点或标高有误，则会导致建筑物或结构的位置或高程出现误差，从而影响整体质量；若设备的基础预埋件定位测量失准，则会造成设备难以正确安装的质量问题等。因此，工程测量控制可以说是施工质量控制的一项最基础的工作，也是施工准备阶段的一项重要内容。

2. 施工平面布置

施工平面布置的依据：

（1）施工总平面图

施工总平面图是指整个工程建设项目的施工场地总平面布置图，是全工地施工部署在空间上的反映和时间上的安排。

（2）单位工程施工平面图

单位工程施工平面图是针对单位工程施工而进行的施工场地平面布置。

建设单位按照合同约定并结合承包单位施工的需要，事先划定并提供给承包单位占有和使用现场有关部分的范围。如果在现场的某一区域内需要不同的施工承包单位同时或先后施工、使用时，就应根据施工总进度计划的安排，规定其各自占用的时间和先后顺序，并在施工总平面图中详细注明各工作区的位置及占用顺序，监理工程师要检查施工现场总体布置是否合理，是否有利保证施工的正常、顺利进行，是否有利于保证其施工质量。

3. 施工准备阶段材料的质量控制

施工材料的质量控制对整个工程的质量起着举足轻重的作用。在施工准备阶段，从材料的采购、抽样送检和检查验收等方面进行质量控制。

（1）材料质量控制的要求

①合理组织材料采购，确保施工正常进行；

②加强材料检查验收，减少施工材料损失；

③严格把关材料检验，保证施工材料质量。

（2）材料质量控制的依据

①有关建筑材料质量管理的各项法规、规章；

②建筑材料的特性、质量标准及主要质量指标；

③建筑材料的质量检测方法和抽样要求；

④建筑材料常见的质量问题和处理办法。

（3）材料采购的质量控制

目前在工程建设中，材料采购有两种方式：

①由工程施工承包单位负责，工程施工承包单位一般是由招标方式确定，如果，一个工程由几家施工单位分标段承包施工，材料的采购质量控制的难度加大。

②主要材料由业主单位采购，既可以控制材料质量和工程质量，又可以规范采购行为、统一采购渠道，这种采购方式是目前很多工程项目采取的方式。

材料采购时应先考核其产品质量、企业信誉，再比较价格。材料供货单位宜相对稳定，同一品种材料的供货单位不宜过多，特别是水泥、钢筋两大原材料，供货单位应尽量稳定。在材料的采购过程中，要重视材料的使用认证，防止错用或使用不合格的材料。由于建筑材料市场的供求变化，钢材、水泥两大材料常常呈现供不应求的情况。因此，凡是对计划进场的材料，建设单位都要会同施工单位对其生产厂家的资质及质量保证措施予以审核，并对订购的产品样品要求其提供质保书，根据质保书所列项目对其样品的质量进行再检验，样品不符合规范标准的不能订购其产品。

（4）材料验收的质量控制

对构成工程实体的物资进入施工现场，由物资管理人员及施工队材料员共同验收，验收内容包括物资名称、规格型号、数量、批次、炉（批）号、外观质量、产品标识、出厂合格证、质量证明书和检测报告等。

①材料到场验收应确认实物与货单相符。应包装完整，标识清晰。袋装水泥无散包、受潮、结块；钢筋无散捆、混装、严重变形或锈蚀等情况。到场材料的品种、规格、数量正确无误。

②对用于工程的主要材料，进场时必须具备正式的出厂合格证的材质化验单。材料出厂合格证的内容必须齐全并且符合要求。材料的品种、规格、数量、生产厂名、生产日期、生产炉（批）号、出厂日期、规范规定的主要技术指标等主要内容无遗漏。

（5）材料检验的质量控制

材料质量检验的目的是通过一系列检测手段，将所取得的材料数据与材料的质量标准相比较，借以判断材料质量的可靠性，能否使用于工程；同时，还有利于掌握材料信息。材料质量抽样和检验的方法应该符合《建筑材料质量标准与管理规程》，要能反映该批材料的质量性能。

根据材料信息和保证资料的具体情况，材料质量检验程度分为三种：

①免检

免去质量检验过程。对有足够质量保证的通常材料，以及经实践证明质量长期稳定且质量保证资料齐全的材料，可予免检。

②抽检

按随机抽样的方法对材料进行抽样检验。当对材料的性能不清楚、对质量保证资料有怀疑时，连同成批生产的构配件，均应按一定比例进行抽样检验。

③全检验

凡对进口的材料、设备和重要工程部位的材料，以及贵重的材料，均应进行全部检验，以确保材料和工程质量。

对施工材料进行抽样检测时，要保证抽样复检频次，这是因为如果对材料抽样复检频次不足，抽检不符合规范要求，容易使不合格材料混入进场，产生严重的工程质量问题，并且会对以后的原材料的追溯造成影响。

4. 施工准备阶段机械设备的质量控制

在施工准备阶段对机械设备的质量控制，应该着重从以下两个方面予以控制：

（1）机械设备的选择

应本着因地制宜、因工程制宜，按照技术上先进、经济上合理、生产上适用、性能上可靠、使用上安全、操作及维修方便的原则，贯彻执行机械化、半机械化与改良工具相结合的方针，突出施工与机械相结合的特色，使其具有工程的适用性，具有保证工程质量的可靠性，具有使用操作的方便性和安全性。

（2）机械设备的主要性能参数

选择机械设备的依据，可以满足施工需要和保证质量的要求。

5.做好"三通一平"工作

确保施工现场水通、电通、道路通和场地平整，是建筑工程开工前一项十分重要的工作。虽然此项工作应由建设单位承担，但施工单位应密切配合促使工作顺利进行。建设单位也可以把场区内的"三通一平"工作委托施工单位承担，此项费用不包括在投标报价之内。施工单位可以采用测定方格网计算平整场地的土方量，计算"三通一平"工作所产生的费用，并且与建设单位签订"三通一平"的协议。

（1）施工现场场地平整

规划施工场地的平整工作，应根据设计总平面图、勘测地形图、场地平整施工方案等技术文件进行，应尽量做到填挖方量趋于平衡，总运输量最小，便于机械化施工和充分利用建筑物挖方填土。应防止利用地表土、软弱土层、草皮、建筑垃圾等作填方。

（2）修建现场道路

尽量利用原有道路设施或拟建永久性道路解决现场道路问题，以节约临时工程费用，缩短施工准备工作时间。当不具备上述条件时，应使临时道路的布置确保运输和消防用车行车畅通。临时道路的等级，可根据交通流量及所用车种决定。

（3）施工临时用水、用电

应本着尽量利用正式永久性设施的原则，做到技术上先进、安全上可靠、经济上合理、条件上可行。

第二节　施工过程的质量管理

一、施工现场质量管理

因为建筑工程质量的形成过程是一个系统的过程，所以施工阶段的现场质量管理也是一个由对投入原材料的质量控制开始，直到工程完成、竣工验收为止的全过程的系统控制过程。

施工现场质量管理主要包括：对参与施工的人员的管理，对工程使用的原材料、构配件的质量管理，对施工机械设备的质量管理。

（一）人员管理

1.项目经理的职责

（1）负责贯彻执行各种规章制度，负责所属工地的技术、质量、进度、安全，以及施工组织、人员安排等各项工作。

（2）负责图纸、技术资料、施工方案、技术要求、质量安全措施等项目工作的交底工作，负责进行技术复核，隐蔽工程验收，参加分项分部和单位工程质量的评定工作。

（3）组织所属施工现场的质量安全检查，严格监督检查施工人员按照施工规范，安全操作规程。

（4）负责工地资金、设备，周转材料的筹、管、养、用、修，以及材料、加工件的购进，保管耗用，发现问题及时解决问题。

（5）遵守协议，讲求信用，保质保量保证按时交工，不甩项目，不留尾巴，做到工完场清，文明施工。

（6）经常对职工进行安全教育，工程开工前，结合实际，按照工种，分部位向班组进行安全技术交底，发现隐患，及时采取措施工进行处理。

2.施工员的职责

（1）承担施工任务，负责各分项技术交底，技术指导及工地管理。

（2）参与图纸绘审，编制施工方案，办理工程变更手续。

（3）严守施工操作规程，严抓质量，确保施工安全，负责对新工人进行上岗前的技术培训。

（4）组织各施工班组完成任务，对施工中的有关问题及时解决，保证工程施工进展。

（5）认真做好隐蔽工程记录，负责工程竣工后的决算上报。

（6）努力钻研施工技术，提高施工组织能力和管理水平。

3.质检员的职责

（1）在项目负责人领导下，负责检查监督施工组织设计的质量保证措施的实施，组织建立各级质量体系。

（2）严格监督进场材料的质量、型号和规格，监督班组操作是否符合规定。

（3）按照规范规定的分部、分项工程的验收标准，对不符合要求的分项、分部工程提出返工意见。

（4）提出工程质量通病的防治措施，提出了制定新工艺、新技术的质量保证措施。

（5）对工程的质量事故进行分析，提出处理意见。

4. 安全员的职责

（1）在项目经理的领导下，督促本部职工认真贯彻执行国家颁布的安全法规及企业规章制度，发现问题及时制止，纠正并向领导及时汇报。

（2）参加本单位承担工程的安全技术措施制定及向班组逐条进行的安全技术交底验收，并且履行签字手续。

（3）深入现场每道工序，掌握安全重点部位的情况，检查各种防护设施，纠正违章指挥，冒险蛮干，处罚要以理服人，坚持原则，秉公办事。

（4）参加项目经理组织的定期安全检查，查出的问题要督促在限期内整改完毕，发现危及职工生命的重大隐患，有权制止作业，组织职工撤离危险区域。

（5）发生工伤事故，要协助保护好现场，及时填表上报，认真负责参与工伤事故的调查，不隐瞒事故情节，真实地向有关领导汇报情况。

5. 材料员的职责

（1）掌握单位工程的材料计划，按时、按计划完成购料任务，保证材料供应。

（2）建筑材料、构配件产生的产品、半成品应签订购料合同，并按标准进行验收，不合格产品不准进场。

（3）认真核对材料计划，按材料数量、规格质量进行检验，凡进（入）场的材料均应有出厂合格证，否则，不予进场。

（4）材料员应具有一定的专业知识，并要求持证上岗。

（5）遵守职业道德，加强责任心，实事求是，不弄虚作假，负责将购置材料入库。

（二）工程材料的质量管理

施工现场对工程材料的使用是实行跟踪管理，做到全过程质量控制的重要环节，也是做好跟踪管理的难点所在。要在原材料质量合格的前提下，保证使用过程正确、规范、可追溯，做到控制使用，进行材料的跟踪管理。

工程材料的质量管理的具体内容包括：

1. 材料进场管理

这是现场材料管理的重要环节，通过进场管理，让材料能够分期分批有秩序地入场，保障施工生产需要。

2. 制定材料管理制度

具体包括建立材料目标管理制度、材料供应及使用制度。规定验收、保管、发放、回收和核算管理程序；制定施工现场材料安全管理措施，制定建筑垃圾回收、分拣处理办法等。

3. 材料的堆放

材料按平面布置图堆放，并且尽量做到按图就位，符合堆放制度。材料堆放实行标准化、定制化管理。库存材料堆放按保管要求明确分区，不同品种、规格的材料有明显标识。

不合格材料必须单独堆放，并标明不合格品：标明"退货"或"降级使用"等字样。材料仓库或现场堆放的材料有必要的防火、防雨、防潮、防风、防损坏等措施。当不能堆放到指定地点时，临时存放在不影响生产、生活的地点，并在 24 小时内处理。

（三）施工机械设备的质量管理

施工中的机械设备主要分成三类：第一类为小型设备，包括卷扬机、切断机、弯曲机、木工机、切割机、对焊机、电焊机等；第二类为中型设备，包括混凝土搅拌机、混凝土配料机、混凝土搅拌站、井字吊篮等；第三类为租赁设备。

在施工阶段中进行施工机械设备的质量管理，就是对机械设备进行科学合理的使用、保养和维修，保证机械设备处于完好和最佳的技术状态，提高机械设备的劳动生产率，从而提高工程质量。

工程机械设备质量管理的主要内容包括：

1.建立机械设备管理机构

施工企业应建立健全施工机械设备管理机构，配备专业的技术管理人员，进行专业的机械设备管理工作。

2.建立机械设备管理制度

这是机械设备管理的一个根本制度，是对机械设备的使用制定的统一规定和管理办法。

（1）技术操作规程

它是正确的机械设备操作运转的技术规定。

（2）保养维修制度

它是保证机械设备在适时进行保养及修理，保持机械设备的状态，延长机械设备的使用寿命的规定。包括机械设备的检查、保修及保养办法等。

（3）岗位责任制度

机械设备由专人负责，保证落实机械设备的岗位责任。有多班作业时，按照规定的交接班制度进行交接班作业，明确责任。

（4）操作人员持证上岗制度

施工机械设备的操作人员要持证上岗，并严格遵守安全操作规程，做到"四懂三会"，既懂原理、懂构造、懂性能、懂用途，会操作、会维修、会检查排除故障。

（5）机械安全管理制度

这是对机械设备保证安全使用所作的规定，以及机械设备发生事故后的处理要求和管理办法。

二、施工工序的质量管理

建筑工程项目的施工过程是由一系列相互关联、相互制约的施工工序所构成的。建筑工程中每一个分部、单位工程的基本组成单位都是工序。例如，模板工程的施工工序包括：拼拆及安装（立模和支撑）、修理、涂脱模剂等工序；钢筋工程包括除锈、制作、电焊、绑扎等工序；混凝土工程包括混凝土的拌制、运输、浇筑、捣实及养护等工序。以上都是不同专业的施工工序。

施工工序质量是工程项目的基础，直接影响工程项目的整体质量。要保证工程项目的质量，就必须进行施工工序的质量管理。

（一）施工工序质量管理的内容

建筑工程施工工序质量管理主要包括建筑工程施工工序活动条件的管理、施工工序活动效果的管理两个方面。

1. 施工工序活动条件的管理

主要是指对影响建筑工程施工工序质量的各因素进行管理，即根据工程设计质量标准、材料质量标准、机械设备技术性能标准、操作规程等，通过检查、测试、试验、跟踪监督等方法对各种生产要素及环境条件进行管理的过程。

2. 施工工序活动效果的管理

主要是指对建筑工程每道工序完成的工程产品是否达到有关质量标准进行管理，即通过实测、统计、分析、判断、认可或纠偏等方法，使施工工序产品的质量特征和特性指标达到设计要求和施工验收标准的管理过程。

从质量管理的角度来看，这两者是互为关联的。一方面要管理工序活动条件的质量，即每道工序投入品的质量（即人、材料、机械、和环境的质量）是否符合要求；另一方面要管理工序活动效果的质量，就是每道工序施工完成的工程产品是否达到有关质量标准。

（二）施工工序质量管理的措施

1. 安全技术交底

认真地熟悉图纸和参加图审，掌握设计要求并结合操作过程和验收规范、安全规程和质量标准、工艺要求。通过技术交底，要让每个操作者都知道，分部工程、分项工程的施工程序、方法、操作要点、主要指标，完成的数量和时间等具体内容以及安全规程和质量标准、安全措施、施工组织、平面管理、文明施工、节约降耗等方面的要求。

2. 严格遵守施工工艺规程

施工工艺和操作规程，是进行施工操作的依据和法规，是确保工序质量的前提。

3. 施工工序现场管理

在工序施工过程中，应对施工操作人员、材料、施工机械及机具、施工方法及施工工艺、施工环境等因素进行跟踪监督和检查，检查上述因素是否处于良好的受控状态，是否能保证质量要求，如发现问题应及时采取措施加以纠正。

4. 工序质量交接检查

工序质量交接检查是指前一道工序完工后，经过检查合格后才能进行下一道工序的作业。在上一道工序作业完成后，在施工班组进行质量自检、互检合格的基础上，进行工序质量的交接检查。

（1）认真执行"三检"制度，即"自检""互检""验检"。并在自检的基础上进行报验建设、监理单位验收检查。

（2）各工序按标准进行质量控制，每道工序完成后进行检查。各工种、各专业间相互进行交接检，并形成记录，未经建设、监理单位检查认可不得进行下道工序施工。

（3）当每道工序完成后，施工单位按规范要求进行自检，合格后填写报验单报送监理。对待检验的工序进行现场检查或实验室检测。把结果填写到检验批表，作为该工序的质量认证。合格后进行下道工序，反之进行整改至合格。

（4）分部工程所含的分项工程质量均合格，技术资料完整，观感质量符合要求，自检完成后报送监理，由监理单位组织有关部门对分部工程的检查验收。

三、施工成品保护管理

施工现场随着施工进行，成品保护工作显得尤为重要，做好成品保护工作，是在施工过程中要对已完工分项进行保护。一旦成品造成损坏，就会增加修复工作，带来工、料浪费，工期拖延及经济损失。因此，成品保护工作是施工质量管理的重要组成部分，是保证工期、避免工料浪费、保证生产顺利进行的主要环节。

（一）施工成品保护工作的内容

（1）建立成品保护工作的专门组织机构，进行成品保护责任划分，并落实到岗，责任到人。

（2）制订成品保护的重点内容和成品保护的实施计划。

（3）分阶段制定成品保护措施方案和实施细则。

（4）制定成品保护的检查制度、交叉施工管理制度、交接制度、考核制度及奖罚责任制度等。

（二）施工成品保护管理的措施

切实加强成品保护管理，特别是加强施工阶段的成品保护管理，落实岗位责任制，合理安排施工工序，杜绝或减少人为的丢失或损坏。

1. 加强现场管理

（1）编制成品保护细则，合理安排施工顺序，避免工序间相互干扰，凡下道工序对上道工序会产生污染的，在上道工序工作完成后，及时采取环保措施；一旦发生成品损伤或污染，及时处理或清除。

（2）凡在成品或半成品区域施工或装卸、运输，设专人管理，防止被撞或被刮。

（3）有效采用成品保护的护、包、盖、封措施，对已完工程进行保护。

（4）浇筑混凝土时，操作人员不准直接站在钢筋上振捣，未达到设计强度80%以上的混凝土面不准堆放材料、机具。

2. 主要分部分项工程成品保护措施

（1）测量定位

定位桩采取桩周围浇筑混凝土固定；搭设了保护架，悬挂明显标志以提示，水准引测点尽量引测到周围永久建筑物上或围墙上，标识明显，不准堆放材料遮挡。

（2）土方工程

对临建建筑物、构筑物及各种管线要事先勘察清楚，进行观测并制定保护措施。

（3）砌筑工程

在砌筑过程中，水电专业及时配合预埋管线，避免后期剔凿对结构质量造成隐患，墙面要随砌随清理，防止砂浆污染，雨季施工时要用塑料布及时覆盖已施工完的墙体。在构造柱、梁、模板支设时，严禁在砌体上硬撑、硬拉。

（4）整体楼地面

在整体楼地面工程施工时，要加强对水电的各类管线、木门框的成品保护。整体楼地面面层压光后，要加强养护和封闭保护，养护期间严禁上人施工，严禁在已完成的面层上拌制砂浆。在操作墙面涂料时，为了防止其对地面的污染，必须在上层覆盖一层木屑进行成品保护。

（5）混凝土工程

混凝土浇筑完毕后未达到设计标准前，严禁上人踩踏或进行下道工序施工。在没有达到设计强度之前，严禁在楼板处集中堆放模板、木方、门架等集中荷载。

（6）防水工程

底板垫层、屋面防水施工时，严禁穿硬底带钉的鞋在上面行走，防水层施工完毕后，办理交接手续；及时做防水保护层。对地下室外墙砼工程砼浇筑完毕后，拆模时注意不得碰坏施工企口缝，并且对该部分成品采取有针对性的保护措施。

（三）施工成品保护管理的方法

施工成品保护管理的方法主要概括为：

1. 覆盖

对成品进行覆盖。对于楼地面成品主要采取覆盖措施，以防止成品损伤。例如，采取铺沙、木板、加气板等覆盖，以防操作人员踩踏和物体磕碰；高级地面用苫布或棉毡覆盖。其他需要防晒、保温养护的项目，也要采取适当的措施覆盖。

2. 遮护

采取搭棚等措施对施工成品进行遮护。

3. 封闭

在施工成品四周采取围护措施，限制人流、车辆等进入。对于楼梯地面工程，施工后可在楼梯口暂时封闭，待达到上人强度并采取保护措施后再开放；房间内墙面、天棚、地面等房间内的装饰工程完成后，应立即锁门以进行保护。

4. 封堵

将有关排水、电气等管道事先进行封堵，防止杂物和泥土等堵塞孔道。

5. 包裹

对成品进行包裹等工作，可以采用泡沫板、布条及包装箱等对成品进行包裹保护。

6. 巡逻看护

对已完产品实行全天候的巡逻看护。

第三节　建筑工程质量检验与控制

一、质量检验与抽样

（一）质量检验的定义与任务

质量是指产品满足用户要求的程度。用户对产品质量的要求可以定量表示的性质称为质量特性，不能定量表示而只能定性表示的性质称作质量特征。质量特征可以在图纸和有关技术文件上用文字说明。

质量特性通常用质量指标来表示。一个产品常常需要用多个质量指标来反映它的质量。测量质量指标所得到的数值称为质量特征值（或数据）。质量检验就是对于产品的一项或多项质量特性进行观察、测量及试验，并将结果与规定的质量标准进行比较，判断每项质量特性合格与否的一种活动。

质量检验的基本任务是按程序和相关文件规定对产品形成的全过程包括原材料进货、作业过程、产品实现的各阶段、各过程的产品质量，依据技术标准、图样、作业文件的技术要求进行质量符合性检验，以确认是否符合规定的质量要求；对检验确认符合规定质量要求的产品给予接受、放行、交付，并出具检验合格凭证；对检验确认不符合规定质量要求的产品按程序实施不合格品控制、剔除、标志、登记并且有效隔离不合格品。

（二）质量检验的作用和条件

1. 把关作用

把关是质量检验最基本的作用，又称为质量保证职能。工程施工是一个复杂的过程，人、机械、材料、施工方法、环境等要素均可能对其产生影响，各个工序不可能处于绝对的稳定状态，质量特性的波动客观存在。只有通过质量检验并实行严格把关，做到不合格的原材料不投产，不合格的设备不安装，不合格的半成品不进入下道工序，不合格的工程不投入使用，才能真正保证工程质量。尽管随着生产技术和管理工作的完善，减少检验工作量，但质量检验工作是不可取代的。

2. 预防作用

质量检验不仅起着把关作用，而且起着预防作用。具体表现为：对原材料、半成品、前道工序的把关检验，对后续的生产过程起到预防的作用；通过检验收集到的数据，可进行工序能力测定，绘制控制图，如发现工序能力不足或生产过程出现异常，及时采取技术、组织措施提高工序能力，消除异常状态，预防不合格产品的产出。

3. 报告作用

报告作用又称为信息反馈作用。为了使各级管理者及时掌握生产过程中的质量状态，评价和分析质量体系的有效性，质量检验部门必须把检验结果（特别是计算所得的指标）以报告的形式反馈给有关管理部门，以便其做出正确的评价和决策。

4. 改进作用

通过对检验收集的数据进行分析，找出质量问题发生的主要原因，提出改进措施，使质量不断提高。

质量检验是质量管理中不可缺少的一项工作，它要求企业必须具备三个方面的条件：足够数量的、符合要求的检验人员，可靠、完善的检测手段，明确且清晰的检验标准。

（三）质量检验的步骤

（1）根据产品技术标准明确检验项目和各个项目质量要求。

（2）采用适当的方法和手段，借助一般测量工具或使用机械、电子仪器设备等测定产品。

（3）把测试得到的数据同标准和规定的质量要求相比较。

（4）根据比较的结果，判断单个产品或批量产品是否合格。

（5）记录所得到的数据，并且把判定结果反馈给有关部门。

（四）质量检验的主要管理制度

我国在长期质量管理实践中，已经形成了一套行之有效的质量检验的管理原则和制度，如三检制、重点工序双岗制、留名制、质量复查制、追溯制、质量统计和分析制、不合格品管理制、质量检验考核制等。下面重点介绍三检制。

三检制是指操作者的自检、工人之间的互检和专职检验人员的专检三种方式相结合的一种检验制度。

1. 自检

自检是指生产者对自己所生产的产品，按图纸、工艺和合同中规定的技术标准自行检验，并就产品质量是否合格做出判断。这种检验充分体现了生产工人必须对自己生产的产品质量负责的原则。通过自我检验，生产者也能充分了解自己生产的产品在质量上存在的问题，寻找出现问题的原因，进而采取改进措施，这也是工人参与质量管理的重要形式。

2. 互检

互检是指生产工人之间相互进行检验，主要有下道工序对上道工序的半成品进行抽检，同一施工工序交接班时进行相互检验，小组质量员或班组长对本小组工人的产品进行抽检等。

3. 专检

专检是指由专职检验人员进行的检验。专职检验人员对产品的技术要求、工艺知识和检验技能都比生产工人更为熟练，所用检测仪器也更为精密，检验结果相对可靠，检验效率也较高。

（五）全数检验和抽样检验

质量检验可以按不同的标准进行分类：按检验后检验对象的完整性分为破坏性检验、非破坏性检验；按生产过程分为进场检验、工序检验、完工检验；按供需关系分为第一方检验、第二方检验、第三方检验；按检验目的分为生产检验、验收检验、监督检验、验证检验、仲裁检验；按检验的数量划分为全数检验、抽样检验。

全数检验是指全面逐个检查产品批的每个单位产品质量，将所有产品一一分成合格品或不合格品。全数检验适用于检查费用低、检查项目少、非破坏性检验及绝对不允许存在不合格品的情况。

全数检验在批量生产中不但浪费人力、物力，而且难免发生错检、漏检现象；另外有些产品需进行破坏性检验，如钢筋的强度、灯泡的寿命等，无法进行全数检验。这时，从产品批中抽取部分或少数的单位产品做质量检验，然后根据统计理论对产品的质量进行分析估计，判断产品批的质量，称为抽样检验。从产品批中抽取部分或少数样品作为检验样品称为抽样。抽样检验适用于产品数量多、连续生产、破坏性检验、允许有某种程度的不合格品存在、检验时间长、费用高的情况。

抽样检验时的"一批产品"称为总体（母体），组成总体（母体）的单位产品的数量称为批量，习惯用符号 N 表示；抽出来检查的部分称为样本，样本中包含的单位产品数量叫作样本容量，习惯用 n 表示。

单位产品数量根据实施抽样检查的需要而划分。单位产品不符合产品技术标准、工艺文件、图纸所规定的技术要求即构成缺陷，有一个或一个以上缺陷的单位产品称为不合格品。

二、工程质量统计分析

（一）质量数据的统计推断原理

数据是质量控制的基础，质量管理的一个重要原则是"一切用数据说话"。质量数据的统计分析就是将收集的工程质量数据进行整理对比，发现存在的质量问题，经过统计分析找出规律，进一步分析影响质量的原因，采取相应的对策与措施，使工程质量处于受控状态。

在生产稳定、正常的条件下，质量数据的特征值具有二重性，即波动性与统计规律性。质量数据在平均值附近波动，一般呈现正态分布。

质量数据的统计推断就是运用质量统计方法在生产过程中（工序活动中）或一批产品中，通过对样本的检测，获得样本质量数据信息，以概率论和数理统计原理为基础，对总体的质量状况做出分析和判断。

（二）质量数据的分类和收集

1. 质量数据的分类

质量数据根据其特点，可以分为计量值数据和计数值数据。

（1）计量值数据

计量值数据是可以连续取值的数据，属于连续型变量，其特点是在任意两个数值之间可以取精度较高一级的数值。它通常由测量而得，如强度、几何尺寸、标高、位移等。此外，一些质量特性指标，也可由专家主观评分、划分等级而使之数量化，得到计量值数据。

（2）计数值数据

计数值数据是只能按0，1，2…数列取值计数的数据，属于离散型变量，一般由计数而得。计数值数据又可分为计件值数据和计点值数据。

①计件值数据，表示达到某一质量标准的产品个数，如总体中合格品数、一级品数。

②计点值数据，表示个体（单件产品、单位长度、单位面积、单位体积等）上的缺陷数、质量问题点数等，例如检验钢结构构件涂料涂装质量时，构件表面的焊渣、焊疤、油污、毛刺的数量等。

2. 质量数据的收集

（1）全数检验

全数检验是对总体中的全部个体逐一观察、测量、计数及登记，从而获得对总体质量水平评价结论的方法。

全数检验一般比较可靠，能提供大量的质量信息，但要消耗大量的人力、物力，特别是不能用于破坏性检验和过程质量控制，应用上具有局限性。在有限总体中，对重要的检测项目，当可采用简易快速的不破损检验方法时选用全数检验方案。

（2）随机抽样检验

随机抽样检验是按照随机抽样的原则，从总体中抽取部分个体组成样本，根据对样品检测的结果，推断总体质量水平的方法，随机抽样检验的常用方法如下：

①简单随机抽样

简单随机抽样又称为纯随机抽样或完全随机抽样，是对总体不进行任何加工，直接进行随机抽样，获取样本的方法。

一般的做法是对全部个体进行编号，然后采用抽签、摇号、随机数字表等方法确定中选号码，其对应的个体即为样品。这种方法常用于总体差异不大，或对总体了解甚少的情况。

②分层抽样

分层抽样又称为分类抽样或分组抽样，是将总体按与研究目的有关的某一特性分为若干组，然后在每组内随机抽取样品组成样本的方法。

由于对每组都有抽取，样品在总体中分布更具代表性，特别适用于总体比较复杂的情况，如研究混凝土浇筑质量时，可以按生产班组分组、按浇筑时间（白天、黑夜或季节）分组或按原材料供应商分组后，再在每组内随机抽取个体组成样本。

③系统抽样

这种方法是采取每隔一定的时间或空间抽取一个样本的方法，因其第一个样本是随机的，又称为机械随机抽样。这种方法主要用于工序间的检验。

④二次抽样

二次抽样又称为二次随机抽样，当总体量很大时，先将总体分为若干批，从这些批中随机地抽几批，再随机地从抽中的几批中抽取所需的样品，例如对批量很大的砖的抽样就可按二次抽样进行。

（三）质量数据波动的特征

1. 质量数据波动的必然性

即使在生产过程稳定、正常的条件下，同一样本内的个体（或产品）的质量数据也不相同。个体（或产品）的差异性表现为质量数据的波动性、随机性。究其原因，产品质量不可避免地受到人员、机械设备、材料、环境及工艺方法等因素的影响，同时这些因素自身也在不断变化。

2. 质量数据波动的原因

在数理统计上，引起质量数据波动的原因根据对质量的影响程度，可分为偶然性原因和系统性原因。

（1）偶然性原因

偶然性原因又称为随机性原因。在生产过程中有大量不可避免的、难以测量及控制的或者在经济上不值得消除的因素，这些影响因素变化微小且随机发生，使工程质量产生微小的波动，但这种波动在允许偏差范围内，属于正常的波动，一般不会因此造成废品。例如，原材料的规格、型号都符合要求，只是材质不均匀；自然条件如温度、湿度的正常微小变化等则属于偶然性原因。

（2）系统性原因

系统性原因是指一些具有规律性，且对工程质量影响较大的因素，它们会导致质量数据离散性过大，出现产品质量异常波动，产生次品或废品等。系统性原因对质量产生负面影响，在生产过程中应及时监控、识别和处理。例如，工人未遵守操作规程、机械设备发生故障或过度磨损、原材料规格或型号有显著差异等，属于系统性原因。

3. 质量数据波动的规律性

在对大量统计数据的研究中，人们归纳、总结出许多分布类型，如一般计量值数据服从正态分布、计件值数据服从二项分布、计点值数据服从泊松分布等。

当生产处于正常的、稳定的情况下，质量数据具有波动性和统计规律性，一般符合正态分布规律。

三、工程项目施工质量控制

（一）工程项目施工质量控制原理

工程项目施工质量的控制就是工程施工形成的工程实体满足建设工程项目决策、设计文件和施工合同所确定的预期使用功能和质量标准。工程施工是工程设计意图形成工程实体的阶段，是最终形成工程产品质量和工程使用价值的重要时期，因此施工阶段的质量控制是工程项目质量控制的重点。

1. 控制

控制就是控制者对控制对象施加主动影响（或作用），其目的是保持事物状态的稳定性或者促使事物由一种状态向另一种状态转换。控制这个概念具有丰富的内涵。首先，控制是一种有目的的主动行为，没有明确的目的，就谈不上控制；其次，控制行为中必须有控制主体和控制对象，控制主体决定控制的目的并向控制对象提供条件、发出指令，而控制对象直接实现控制目的，其运行效果反映出控制的效果；最后，控制对象的行为必须有可描述和可量测的状态变化。

2. 反馈

反馈是把施控系统的信息作用（输入）到被控系统后产生的结果再返送回来，并且对信息地再输出发生影响的过程。

3. 前馈

与反馈相对应的是前馈，前馈是指施控系统根据已有的可靠信息分析预测得出被控系统将要产生偏离目标的输出时，预先向被控系统输入纠偏信息。

4. 控制过程和主要的控制环节

控制始于计划,在工作开始前应先制订计划,然后按计划投入人力、材料、机具、信息等,工作开展后不断输出实际的状况和实际的质量、进度、投资、安全等指标。由于受到系统内外各种因素的影响，这些输出的指标可能与相应的计划指标发生偏离。控制人员应广泛收集与控制指标相关的信息，并将这些信息进行整理、分类和综合，提出工作状况报告；控制部门根据这些报告将工作实际完成的质量、进度、投资、安全等指标与计划指标进行对比，以确定是否产生了偏差。如果计划运行正常，就按原计划继续运行；如果有偏差或预计将要产生偏差，就采取纠正措施例如，改变投入或修改计划，使计划呈现一种新的状态，工程按新的计划进行，开始一个新的循环过程。这样的循环一直持续到工作的完成。

控制循环过程的主要环节有投入、转换、反馈、对比及纠正。

（1）投入

投入是指根据计划要求投入人力、财力、物力。

（2）转换

转换主要是指工程项目由投入产出的过程，也就是工程施工的过程。

（3）反馈

反馈是指反馈工程施工中的各种信息，如质量、进度、投资及安全实际施工情况，还包括对工程未来的预测信息。

（4）对比

对比是指将实际目标值与计划目标值进行比较，以确定是否产生偏差以及偏差的大小；同时要分析偏差产生的原因，以便找到消除偏差的措施。

（5）纠正

纠正即纠正偏差，是指根据偏差的大小和产生偏差的原因，有针对性地采取措施进行纠正。

5. 工程项目施工质量控制方式

工程项目施工经过施工准备→开工→施工、安装→竣工验收→交付全过程，质量控制应贯彻全方位、全过程的质量管理思想。根据不同的施工阶段，质量控制分为施工准备控制（事前控制）、施工过程控制（事中控制）、竣工验收控制（事后控制）。

（1）施工准备控制（事前控制）

施工准备控制是指在各工程对象正式施工活动开始前，对各项准备工作及影响质量的各种因素进行主动控制，这是确保施工质量的先决条件。在工程开工前，编制施工质量计划，明确质量目标，制定施工方案，设置质量管理点，落实质量责任，分析可能导致质量目标偏离的各种影响因素，针对这些因素制定有效的预防措施，防患于未然；还应将长期形成的先进技术、管理方法和经验智慧创造性地应用于工程项目。

（2）施工过程控制（事中控制）

施工过程控制是指在施工过程中对实际投入的生产要素质量及作业技术活动的实施状态和结果进行的控制，包括作业者发挥技术能力过程的自控行为和来自有关管理者的监控行为。事中控制又称为过程质量控制，目标是确保工序质量合格，杜绝质量事故发生。事中控制的关键是坚持质量标准，重点是工序质量、工作质量和质量控制点的控制。

（3）竣工验收控制（事后控制）

竣工验收控制是指对于通过施工过程所完成的具有独立功能和使用价值的最终产品（单位工程或整个工程项目）及有关方面（如工程资料）的质量进行控制。

（二）施工过程的质量控制

施工过程的质量控制是指施工过程中间产品及最终产品的控制。只有施工过程中间产品的质量均符合要求，才能保证最终单位工程产品的质量。

1. 施工过程质量控制的程序

工程项目施工一般经过施工准备阶段、基础施工阶段、主体施工阶段、装饰和设备安装施工阶段、附属设施及工程收尾施工阶段。每一个施工阶段又由许多相互关联、相互制约的施工工序组成，如某砖混结构墙下混凝土条形基础施工阶段可由测量放线→场地平整→井点降水→土方开挖→基槽验收→基础垫层施工→基础模板架立→基础钢筋绑扎→基础混凝土浇筑→基础墙体砌筑→基础构造柱、圈梁施工（钢筋绑扎、模板架立、混凝土浇筑）→基础隐蔽验收→土方回填等施工工序组成。建筑施工企业必须按照工程设计、施工技术标准和合同的约定，按选定的施工方法组织每一道工序的施工。施工工序的质量控制是施工过程质量控制的基础和核心。

施工企业作为建筑产品的生产者和经营者，应全面履行企业的质量责任，向建设单位提供合格的工程产品。在生产过程中，前道工序的作业者应向后道工序的作业者提供合格的作业成果（中间产品），只有上一道工序被确认质量合格后，才能准许下一道工序施工；供应商应根据供货合同约定的质量标准和要求提供合格的产品，供应商是工程质量的自控主体，不能因为监控主体——监理工程师的存在和监控责任的实施而减轻或免除其质量责任。

2. 施工过程质量控制的原则

（1）坚持质量第一

工程项目使用周期长，直接关系人民生命财产的安全和社会经济建设的成果，而施工阶段是直接形成工程质量的关键阶段，更应坚持质量第一的原则，不合格工序产品未经整改或返工处理后重新验收，不允许下道工序开工。

（2）坚持以人为核心

人是质量的创造者，要充分发挥人的主动性及创造性，增强责任感和质量意识，以人的工作质量保证工序质量和工程质量。

（3）坚持预防为主

坚持预防为主就是重点做好质量的事前控制，通过对影响工程质量的因素（如工作质量、工序质量的事前预控）来保证工程质量。

（4）坚持质量标准

坚持质量标准就是以合同规定的质量验收标准为依据，一切用数据说话，严格检查，做好质量监控。

3. 施工工序质量控制的内容

（1）施工工序条件控制

施工工序条件是指从事工序活动的各生产要素质量及生产环境条件。工序施工条件控制就是控制工序活动的各种投入要素质量和环境条件质量，控制手段主要有检查、测试、试验、跟踪监督等。工序条件控制主要依据包括设计质量标准、材料质量标准、机械设备技术性能标准、施工工艺标准和操作规程等。

（2）施工工序效果控制

施工工序效果主要反映工序产品的质量特征和特性指标。对施工工序效果的控制就是控制产品的质量特征和特性指标，使之达到设计质量标准以及施工质量验收标准的要求。施工工序效果控制属于事后控制，其控制的主要手段有实测获取数据、统计分析、认定质量等级和纠正质量偏差。

4. 施工工序质量控制的步骤

（1）进行工序作业技术交底。其内容包括作业技术要领、质量标准、施工依据、与前后工序的关系等。

（2）检查施工工序、程序的合理性、科学性，防止因工序流程错误，而导致工序质量失控。检查内容包括施工总体流程和具体施工工序的先后顺序。在正常情况下，要坚持先准备后施工、先深后浅、先土建后安装、先验收后交工等原则。

（3）检查工序施工条件，即每道工序投入的材料，使用的工具、设备及操作方法及环境条件等是否符合技术交底的要求。

（4）检查工序施工中人员操作程序、操作质量是否符合质量规程要求。

（5）检查工序施工中间产品的质量，即工序质量、分项工程质量。

（6）对工序质量符合要求的中间产品（分项工程）及时进行工序验收或隐蔽工程验收。

（7）质量合格的工序经验收后可进入下一道工序施工，未经验收合格的工序，不得进入下一道工序施工。

5. 施工过程质量控制的关键工作

从对人、材料、机械、方法、环境的控制，到施工过程中对施工工序质量的控制，再到最后的工程验收，施工质量控制是一个复杂的系统工程。在这个系统工程中，关键性的控制工作如下。

（1）把开工关

为保证工程质量，工程开工时应做好以下工作：

①建立符合要求的项目质量管理体系、技术管理体系和质量保证体系，做到组织机构完整，制度齐全，专职管理人员和特种作业人员资格证、上岗证完备。

②编制施工组织设计（施工组织设计中包括施工方案、质量计划、资源需要量计划）。

③施工现场准备。场地障碍物清理、平整，水通、路通、电通及电信通。按施工组织设计要求搭设临时设施，现场工程定位放样等。

④组织施工人员、材料、机械进场。

⑤进行设计交底和图纸会审。

⑥熟悉工程施工环境。工程施工环境包括现场环境，场地自然条件、气象、水文地质、工程地质、周边环境保护要求（场地周边道路、管线、相邻建筑物的保护要求）；工程所在地的技术经济环境，主要材料、成品、半成品、机械设备的供应情况，模板、防水等专业分包情况；工程所在地的社会环境、文化及习俗等；工程质量管理环境，建设单位、监理、质量监督管理部门的要求。

⑦办理各种施工证件。

⑧向监理工程师报验，监理工程师审核批准后工程开工。

（2）做好质量控制点的预控

质量控制点预控就是为了保证施工质量，将对施工质量影响大的特殊工序、操作、施工顺序、技术、材料、机械、自然条件、施工环境等，作为质量控制的重点来预控。

施工单位应在工程施工前列出质量控制点的名称或控制内容、检验标准及方法等，提交项目监理机构审查批准后，对其实施质量预控。

（3）做好工序交接验收

工序交接是指施工作业活动中的一种必要的技术停顿、作业方式的转换及作业活动效果的中间确认。每道工序完成后，施工承包单位应该按下列程序进行自检：

①作业活动者在其作业结束之后进行自检。

②不同工序交接、转换时由相关人员进行交接检查。

③施工承包单位专职质量检查员进行检查。

施工承包单位自检确认合格后，再由监理工程师进行复核确认。施工承包单位专职质量检查员没有检查或检查不合格的工序，监理工程师有权拒绝检查。

（4）做好隐蔽工程验收

隐蔽工程验收是指在检查对象被覆盖之前对其质量进行的最后一道检查验收，是工程质量控制的一个关键环节。建筑工程施工中常见的隐蔽工程验收项目有基础施工之前对地基质量尤其是地基承载力的检查；基坑回填土之前对基础施工质量的检查；混凝土浇筑之前对钢筋的检查（包括模板的检查）；混凝土墙体施工之前对敷设在墙内的电线、管道质量的检查；防水层施工之前对基层质量的检查；建筑幕墙施工挂板之前对龙骨系统的检查；屋面板与屋架（梁）埋件的焊接检查；避雷引下线及接地引下线的连接；覆盖之前对直埋于楼地面的电缆、封闭之前对敷设于暗井道、吊顶及楼板垫层内的设备管道的检查等。

（5）做好施工质量档案跟踪工作

施工质量跟踪档案是施工期间实施质量控制活动的全过程记录，包括各自的有关文件、图纸、试验报告、质量合格证、质量自检单、质量验收单、各工序的质量记录、不符合项报告和处理情况等，还包括监理工程师对质量控制活动的意见和承包单位对这些意见的答复与处理结果。施工质量跟踪档案不仅对工程施工期间的质量控制有重要作用，而且可以为追溯工程质量情况以及工程维修管理提供大量有用的资料信息。

（6）做好施工成品质量保护

已完工建设工程的成品保护，是为了避免已完工成品受到来自后续施工以及其他方面的污染和损坏。在施工顺序安排时，要防止施工顺序安排不当或交叉作业造成相互干扰、污染和损坏；成品形成之后，可采取防护、覆盖、封闭、包裹等措施进行保护。

四、工程质量问题分析和处理

（一）工程质量问题分类和处理方法

工程项目建设与工业生产相比有很大的差别，一般经过可行性研究、决策、设计、施工及竣工验收等阶段，且工程项目具有单件性、勘察的复杂性、规划设计的预设性、建筑材料与设备的多样性、工程施工的流动性、科学技术的发展性、组织项目建设内外协作关系的多元性、智力指挥与手工操作的交叉性等，其中任何一个环节、任何一个管理单位出现问题，都有可能引起质量问题。

1. 建筑工程质量问题分类

（1）工程质量缺陷

根据我国质量管理体系标准的规定，凡是工程产品没有满足某个规定要求的，均称为质量不合格；而未满足某个与预期或规定用途有关的要求，称为质量缺陷。质量缺陷按其程度可分为严重缺陷和一般缺陷。严重缺陷是指对结构构件的受力性能或安装使用性能有决定性影响的缺陷；一般缺陷是指对结构构件的受力性能或安装使用性能无决定性影响的缺陷。

（2）工程质量通病

工程质量通病是指各类影响工程质量结构、使用功能和外形观感的常见质量损伤。

（3）工程质量事故

工程质量事故是指由于建设、勘察、设计、施工、监理等单位违反工程质量有关法律、法规和工程建设标准，造成工程产生结构安全、重要使用功能等方面的质量缺陷，导致人身伤亡或者重大经济损失的事故。

根据工程事故造成的人员伤亡或直接经济损失，可以把工程质量事故分为四个等级：

①特别重大事故，是指造成 30 人以上死亡，或 100 人以上重伤，或者 1 亿元以上直接经济损失的事故。

②重大事故，是指造成 10 人以上 30 人以下死亡，或者 50 人以上 100 人以下重伤，或者 5000 万元以上 1 亿元以下直接经济损失的事故。

③较大事故，是指造成 3 人以上 10 人以下死亡，或者 10 人以上 50 人以下重伤，或者 1000 万元以上 5000 万元以下直接经济损失的事故。

④一般事故，是指造成 3 人以下死亡，或者 10 人以下重伤，或者 100 万元以上 1000 万元以下直接经济损失的事故。

2. 常见的工程质量问题

工程质量问题表现的形式多种多样，根据危害程度、工程质量问题分为质量缺陷、质量通病、质量事故等。

常见的质量缺陷，如混凝土结构质量缺陷分为尺寸偏差缺陷和外观缺陷，混凝土外观质量缺陷分为露筋、蜂窝、空洞、夹渣、疏松、裂缝、连接部位缺陷、外形缺陷、外表缺陷等。

常见的质量通病：地基基础工程中地基沉降变形及桩身质量（地基处理强度）不符合要求；地下防水工程中防水混凝土结构裂缝、渗水，柔性防水层空鼓、裂缝、渗漏水；砌体工程中砌体裂缝、砌筑砂浆饱满度不符合规范要求，砌体标高、轴线等几何尺寸偏差；混凝土结构工程中混凝土结构裂缝，混凝土保护层偏差，混凝土构件的轴线、标高等几何尺寸偏差；楼地面工程中楼地面起砂、空鼓、裂缝，楼梯踏步阳角开裂或脱落、尺寸不一致，厨、卫间楼地面渗漏水，底层地面沉陷；装饰装修工程中外墙空鼓、开裂、渗漏，顶棚裂缝、脱落，门窗变形、渗漏及脱落，栏杆高度不够、间距过大、连接固定不牢、耐久性差，玻璃安全度不够；屋面工程中找平层起砂、起皮，屋面防水层渗漏；给水排水及采暖工程中管道系统渗漏，管道及支吊架锈蚀，卫生器具不牢固和渗漏，排水系统水封破坏，排水不畅，保温（绝热）不严密，管道结露滴水，采暖效果差，存在消防隐患；电气工程中防雷、等电位联结不可靠，接地故障保护不安全，电导管引起墙面、楼地面裂缝，电导管线槽及导线损坏，电气产品无安全保证，电气线路连接不可靠，照明系统未进行全负荷试验；通风排烟工程中风管系统泄漏、系统风量和风口风量偏差大；电梯工程中电梯导轨码架和地坎焊接不饱满，电控操作和功能安全保护不可靠；智能建筑工程中系统功能可靠性差、故障多，调试和检验结果偏差大，接地保护不可靠；建筑节能工程中外墙外保温裂缝、保温效果差，外窗隔热性能达不到要求等。

常见的质量事故：倾倒事故、开裂事故、错位事故、边坡支护事故、沉降事故、功能事故、安装事故及管理事故等。

3. 工程质量问题产生的原因

导致工程质量问题的原因多种多样。

（1）违背基本建设程序

基本建设程序是工程项目建设客观规律的反映，违背基本建设程序，不按建设程序办事，就会出现质量问题。例如，未进行可行性研究就进行项目的设计施工，竣工后发现和预期设想差距巨大，项目全部或部分的功能不能发挥作用，造成巨大的经济损失；边设计、边施工；无图施工；不经竣工验收就交付使用等。

（2）地质勘察原因

未认真进行地质勘察或勘探时钻孔深度、间距、范围不符合规定要求，造成对基岩起伏、土层分布、水文地质或周边地下环境的误判，从而采用不合理的基础方案、基坑支护方案、周边环境保护方案，造成地基不均匀沉降、失稳、上部结构开裂、倾斜、倒塌、支护结构失效、周边环境破坏等质量问题。

（3）设计计算问题

采用不合理的结构方案，计算简图与实际受力情况不符，荷载计算组合漏项，内力计算不准确，构造措施不到位，都可以产生质量问题。

（4）施工与管理问题

许多工程质量事故，往往由施工和管理原因所造成。

①不按图施工

未认真读图理解、掌握设计意图，施工中生搬硬套、盲目施工。例如，建筑中设置的后浇带，有单独解决收缩变形问题的后浇带，也有单独解决地基沉降问题的后浇带，还有起复合作用的后浇带（即一条后浇带既解决收缩变形问题又解决沉降变形问题），在施工时应准确把握设计意图，选择合理的后浇带封闭时间。如果是单独解决收缩变形问题的后浇带，应在收缩变形基本稳定后就封闭后浇带；如果是单独解决地基沉降问题的后浇带，应在地基沉降基本稳定后就封闭后浇带；如果是起复合作用的后浇带，应待收缩变形、沉降变形基本稳定后就封闭后浇带。

②不按有关施工验收标准、规范、规程施工

例如，土方回填时，不分层回填、分层压实；现浇结构不按规定位置和方法留设施工缝，不达规定的强度即拆除模板；砌体不按选定的组砌方式砌筑；搭设脚手架时，不按规定设置剪刀撑、扫地杆等。

③现场施工操作质量差

例如，用插入式振捣器捣实混凝土时，不按"插点均布、快插慢拔、上下抽动、层层扣搭"的操作方法，致使混凝土振捣不实、整体性差；搭设扣件式脚手架时，扣件螺栓未扭紧；模板接缝不严等。

④施工管理混乱

施工单位质量管理体系不完善，检验制度不严密，质量控制不严格，质量管理措施落实不力，检测仪器、设备管理不善而失准以及材料检验不严等。

（5）使用不合格的建筑材料和建筑设备

例如，钢筋直径缩水，有害物含量高，冷加工性能差，都会影响构件性能；水泥安定性不良，造成混凝土开裂等。

（6）自然环境因素

空气温度、湿度、暴雨、大风、洪水、雷电、日晒及浪潮等，均可能成为质量问题的诱因。

（7）使用不当

对建筑物或设施使用不当也易造成质量问题。例如，擅自改变建筑物的使用功能，把办公房改为库房，未经校核验算进行建筑加层，装饰时随意拆除承重构件等。

4. 工程质量问题的处理方法

工程出现质量问题之后，根据处理方法不同，分为质量缺陷处理、质量事故处理。

（1）质量问题原因分析

产生质量问题的原因多种多样，可能是一种，也可能是多种。出现质量问题以后，应根据质量问题的特征表现、工程现场的实际情况条件进行具体分析，找出原因，制定专项处理方案进行处理。工程质量问题原因分析的步骤如下：

①进行细致的现场调查研究，观察记录全部实况，充分了解与掌握质量问题的现象和特征。

②收集调查与质量问题有关的全部设计和施工资料，分析工程在施工或者使用过程中所处的环境及面临的各种条件。

③找出可能产生质量问题的所有因素。

④分析、比较和判断，找出最有可能造成质量问题的原因。

⑤进行必要的计算分析或模拟试验予以论证、确认。

（2）工程质量缺陷的处理

①一般缺陷处理

根据现场缺陷情况确定缺陷的类别，例如为一般缺陷，则由施工单位按规范的施工方法进行修整。

②严重缺陷处理

当质量问题确定为严重缺陷时，应认真分析缺陷产生的原因，施工单位应制订专项修整方案，报监理单位和设计单位论证及批准后方可实施，不得擅自处理。缺陷信息、缺陷修整方案等相关资料应及时归档，做到可追溯。

（3）工程质量事故的处理

①事故处理的依据

a. 质量事故的实况资料

资料包括质量事故发生的时间、地点，质量事故状况的描述，质量事故发展变化的情况，有关质量事故的观测记录、事故现场状态的照片或录像，事故调查组调查研究获得的第一手资料。

b.有关合同及合同文件

这部分包括工程承包合同、设计委托合同、设备与器材购销合同、监理合同和分包合同等。

c.有关技术文件和档案

这部分主要是有关的设计文件（如施工图纸和技术说明），与施工有关技术文件、档案和资料（如施工方案、施工计划、施工记录、施工日志、有关建筑材料的质量证明资料、现场制备材料的质量证明资料、质量事故发生之后对事故状况的观测记录、试验记录或试验报告等）。

d.相关的建设法律、法规

这部分主要包括《建筑法》和与工程质量及事故处理有关的法规，以及勘察、设计、施工、监理等单位资质管理方面的法规，从业者资格管理方面的法规，建筑市场方面的法规，建筑施工方面的法规，标准化管理方面的法规。

②事故报告

工程质量事故发生以后，施工项目负责人应按法定的时间和程序，及时向建设单位负责人、施工企业报告事故的状况，同时根据事故的具体状况，组织在场人员果断采取应急措施保护现场；及时通知救护人员到达现场，防止伤亡扩大；做好现场记录、标志、拍照等，为后续的事故调查保留客观且真实的场景。

质量事故报告应包括下列内容：

a.事故发生的时间、地点、工程项目名称、工程各参建单位名称。

b.事故发生的简要经过、伤亡人数（包括下落不明的人数）和初步估计的直接经济损失。

c.事故的初步原因。

d.事故发生后采取的措施及事故控制情况。

e.事故报告单位、联系人及联系方式。

f.其他应当报告的情况。

事故报告后出现新情况，以及事故发生之日起30日内伤亡人数发生变化时，应该及时更新补报。

没有造成人员伤亡、直接经济损失没有达到100万元，但是社会影响恶劣的工程质量问题，参照相关规定执行。

③事故调查

事故调查是搞清质量事故原因、有效进行技术处理、分清质量事故责任的重要手段。事故调查包括现场施工管理组织的自查和来自企业的技术、质量管理部门的调查。此外，根据事故的性质需要接受政府建设行政主管部门、工程质量监督部门以及检察部门、劳动部门等的调查，现场施工管理组织应积极配合，如实提供情况和资料。

住房和城乡建设主管部门应当按照有关人民政府的授权和委托，组织或参与事故调查组对事故进行调查，并履行相关职责。

事故调查应力求及时、客观、全面，以便为事故的分析与处理提供正确的依据，调查结果应整理成事故调查报告。事故调查报告通常包括以下内容：

a. 事故项目及各参建单位概况；

b. 事故发生经过和事故救援情况；

c. 事故造成的人员伤亡和直接经济损失；

d. 事故项目有关质量检测报告和技术分析报告；

e. 事故发生的原因和事故性质；

f. 事故责任的认定和事故责任者的处理建议；

g. 事故防范和整改措施。

事故调查报告应附有关证据材料，事故调查组成员应当在事故调查报告上签名。

事故调查组应在事故情况调查的基础上进行事故原因分析，避免情况不明以主观推断事故的原因。特别是对涉及勘察、设计、事故、材料和管理等方面的质量事故，事故原因错综复杂，应进行仔细分析、去伪存真，找出事故的主要原因，必要时组织对事故项目进行检测鉴定和专家技术论证。

④事故处理

事故处理包括两大方面：事故的技术处理，解决施工质量缺陷问题；事故的责任处罚，根据事故性质、损失大小、情节轻重对责任单位和责任人做出相应行政处分直至追究刑事责任等。

事故的技术处理应建立在原因分析的基础上，广泛听取专家及有关方面的意见，经过科学论证，制定事故处理方案。事故处理应做到安全可靠、不留隐患、满足生产和使用要求、施工方便、经济合理；重视消除造成事故原因，注意综合治理；正确确定事故处理的范围，选择合理的处理方法和时间；加强事故处理的检查验收工作，认真复查事故处理的实际情况；确保工程项目在事故处理期间的安全。

⑤施工质量事故处理的基本方法

a. 加固处理

通过对危及承载力的质量缺陷的加固处理，让建筑结构恢复或提高承载力，重新满足结构安全和可靠性的要求，使建筑产品能继续使用或改为其他用途。

b. 返工处理

当工程质量缺陷不具备补救可能性时，则必须采取返工处理方案。

c. 限制使用

当工程质量缺陷无法修补、加固、返工时，不得已时可作出结构卸荷或减荷以及限制使用的决定。

d. 报废处理

出现质量事故的工程，通过分析、实践，采取各种处理方法仍不能满足规定的质量要求或标准时，则必须予以报废处理。

⑥事故处理的鉴定验收

工程质量事故按施工处理方案处理以后，是否达到预期的目的，是否依然存在隐患，应通过检查鉴定和验收作出确认。事故处理的质量检查鉴定，应严格按施工验收规范和相关的质量标准规定进行，必要时还应通过实际量测、试验和仪器检测等方法获取必要的数据，以便准确地对事故处理的结果作出鉴定。事故处理后，必须尽快提交完整的事故处理报告，其内容包括事故调查的原始资料、测试的数据；事故原因分析、论证；事故处理的依据；事故处理的方案及技术措施；实施质量处理中有关的数据、记录、资料；检查验收记录；事故处理结论等。

（二）建筑工程常见质量问题分析及处理

工程质量问题产生是一个系统性的过程，从项目前期调研、可行性研究、设计、施工，到竣工验收并投入使用，可能由一种因素或多种因素作用，应根据工程的实际情况具体问题具体分析。下面是常见的质量问题分析处理。

1. 基坑边坡塌方

（1）现象

在土方开挖过程中，局部或大面积土方塌方，基坑内无法继续施工，对施工人员生命构成威胁，危害基坑周边环境安全。

（2）原因

原因在于土质及外界因素的影响，造成土体内抗剪强度降低或土体剪应力的增加，让土体剪应力超过了土体抗剪强度。

引起土体抗剪强度降低的原因：

①因风化、气候等影响使土质松软。

②黏土中的夹层因浸水而产生润滑作用。

③饱和的细砂、粉砂土等因受震动而液化。

引起土体内剪应力增加的原因：

①基坑上边缘附近存在荷载（堆土、材料、机具等），尤其是动荷载。

②雨水、施工用水渗入边坡，增加土的含水量，从而增加土体自重。

③有地下水时，地下水在土中渗流产生一定的动水压力。

④水浸入土体裂缝内产生静水压力。

（3）防治措施

①保证边坡坡度按设计要求施工。

②控制边坡荷载，尤其是动荷载满足设计要求。

③降低地下水水位。

④排除地面水。

⑤做好基坑边坡的巡视检查工作，尤其是在雨季。

⑥必要时可适当放缓边坡或设置支护。

2. 混凝土强度等级偏低，不符合设计要求

（1）现象

混凝土标准养护试块或现场检测强度。按规范标准评定达不到设计要求的强度等级。

（2）原因

①配置混凝土所用原材料的材质不符合国家标准的规定。

②混凝土配合比试验报告不合理。

③拌制混凝土时原材料计量偏差大。

④拌制混凝土原料与试验室级配试验材料不一致。

⑤混凝土搅拌、运输、浇筑及养护施工工艺不符合规范要求。

（3）防治措施

①拌制混凝土所用水泥、砂、石和外加剂等均应合格。

②混凝土配合比应由有资质的检测单位进行试配。

③配制混凝土时应按质量比进行计量投料，根据现场砂石含水量进行施工配合比换算，且计量准确。

④拌制混凝土的原料应与配合比试验材料一致。

⑤根据混凝土的种类选择合理的混凝土搅拌机械。

⑥控制混凝土的拌制质量。

⑦混凝土的运输和浇筑应在混凝土初凝前完成。

⑧控制混凝土的浇筑和振捣质量。混凝土浇筑应分层浇筑，分层振捣，正确留置施工缝；振捣器应均匀分布，不得漏振，但是也不得过振，使混凝土出现分层离析现象。

⑨控制混凝土的养护质量。

3. 混凝土表面缺陷

（1）现象

拆模后混凝土表面出现麻面、露筋、蜂窝及孔洞等。

（2）原因

①模板表面不光滑、安装质量差，接缝不严、漏浆，模板表面污染未清除。

②木模板在混凝土入模之前没有充分湿润，钢模板脱模剂喷涂刷不均匀。

③钢筋保护层垫块厚度或放置间距、位置等不当。

④局部配筋、铁件过密，阻碍混凝土下料或者无法正常振捣。

⑤混凝土坍落度和易性不好。

⑥混凝土搅拌时间过短，水泥浆包裹集料不充分。

⑦混凝土浇筑方法不当，不分层或分层过厚，布置材料顺序不合理等。

⑧混凝土浇筑高度超过规定要求，且未采取措施并导致混凝土离析。

⑨混凝土漏振或振捣不实。

⑩混凝土拆模过早。

（3）防治措施

①模板使用前应进行表面清理，保持表面清洁光滑；钢模还应保证边框平直。

②模板架立时接缝应严密，防止漏浆，必要时可用胶带加强。

③模板支撑构造合理，在模板接缝处有足够的刚度，保证混凝土浇筑后接缝处模板变形小、不漏浆。

④在混凝土浇筑前充分湿润模板，钢模板在浇筑前均匀涂刷脱模剂。

⑤按混凝土搅拌制度制备混凝土，保证混凝土的搅拌时间。

⑥混凝土分层布料、分层振捣、防止漏振。

⑦对局部配筋或铁件处，应事先制定处理措施，保证混凝土能顺利通过，浇筑密实。

第六章 建筑工程施工风险管理

第一节 建筑工程施工项目风险管理概述

风险是现实社会中客观存在的一种现象,在建筑工程施工项目中同样存在一定的风险,只有开展相应的风险管理,才能够对建筑工程项目中潜在的风险进行控制,保证建筑工程施工项目顺利完成。因此,需要对风险及风险管理的相关理论进行研究,了解建筑工程施工项目风险管理的重要性,完善工程施工项目风险关联的理论基础。

一、风险管理的理论概述

(一)风险的相关理论概述

1. 风险的定义

一般而言,在人们的认识中,风险总是与不幸、损失联系在一起的。尽管如此,有些人在采取行动时,即使已经知道可能会有不好的结果,但仍要选择这一行动,主要是因为其中还存在着他们所认为值得去冒险的、自认为好的结果。

风险与不确定性有着密切的关系。严格来说,风险和不确定性是有区别的。风险是可测定的不确定性,是指事前可以知道所有可能的后果以及每种后果的概率。而不可测定的不确定性才是真正意义上的不确定性,是事前不知道所有可能后果,或者虽然知道可能后果但不知道它们出现的概率。但是,在面对实际问题时,两者很难区分,并且区分不确定性和风险几乎没有实际的意义,因为实际中对事件发生的概率是不可能真正确定的。而且,由于萨维奇"主观概率"的引入,那些不易通过频率统计进行概率估计的不确定事件,也可采用服从某个主观概率方法表述,即利用分析者经验及直感等主观判定方法,给出不确定事件的概率分布。因此,在实务领域对风险和不确定性不作区分,都视为"风险",而且概率分析方法,成为最重要的手段。

2. 风险的特征

风险的本质及其发生规律的表现，根据风险定义可以得出如下风险特征：

（1）客观性与主观性

一方面风险是由事物本身客观性质具有的不确定性引起的，具有客观性；另一方面风险必须被面对它的主体所感知，具有一定的主观性。因为，客观上由事物性质决定而存在着不确定性引起的风险，只要面对它的主体没有感知到，那么也不能称其为对主体而言的风险，只能是一种作为客观实在的风险。

（2）双重性

风险损失与收益是相反相成的。也就是说，决策者之所以愿意承担风险，是因为风险有时不仅不会产生损失，如果管理有效，风险可以转化为收益。风险越大，可能的收益就会越多。从投资的角度来看，正是因为风险具有双重性，才促使投资者进行风险投资。

（3）相对性

主体的地位和拥有资源的不同，对风险的态度和能够承担的风险就会有差异，拥有的资源越多，所承担风险的能力就越大。另外，相对于不同的主体，风险的含义就会大相径庭，如汇率风险，对有国际贸易的企业和纯粹国内企业是有很大差别的。

（4）潜在性和可变性

风险的客观存在并不是说风险是实时发生的，其不确定性决定了它的发生仅是一种可能，这种可能变成实际还是有条件的，这就是风险的潜在性。并且随着项目或活动的展开，原有风险结构会改变，风险后果会变化，新的风险会出现，这是风险的可变性。

（5）不确定性和可测性

不确定性是风险的本质，形成风险的核心要素就是决策后果的不确定性。这种不确定性并不是指对事物的变化全然不知，人们可以根据统计资料或主观判断对风险发生的概率及其造成的损失程度进行分析，风险的这种可测性是风险分析的理论基础。

（6）隶属性

所谓风险的隶属性，是指所有风险都有其明确的行为主体，还必须与某一目标明确的行动有关。也就是说，所有风险都是包含在行为人所采取行动过程中的风险。

3. 风险的因素与分类

（1）风险的因素

导致风险事故发生的潜在原因，即造成损失的内在原因或者间接原因就是风险因素。它是指引起或者增加损失频率和损失程度的条件。一般情况下风险因素可以分为以下三个：

①实质风险因素

实质风险因素是指对某一标的物增加风险发生机会或者导致严重损伤和伤亡的客观自

然原因，强调的是标的物的客观存在性，不以人的意志为转移。例如，大雾天气是引起交通事故的风险因素，地面断层是导致地震的风险因素。

②心理风险因素

心理风险因素是指由于心理的原因引发行为上的疏忽和过失，从而成为引起风险的发生原因，此风险因素强调的是一种疏忽和大意，还有过失。例如，某些工厂随意倾倒污水导致水污染。

③道德风险因素

道德风险因素是指人们的故意行为或者不作为。这里风险因素主要强调的是一种故意的行为。例如，故意不履行合约引起经济损失等。

（2）风险的分类

风险的分类有多种方法，比较常用的有以下几种：

①按照风险的性质可划分为纯粹风险和投机风险。只有损失机会而没有获利可能的风险是纯粹风险；既有损失的机会也有获利可能的风险为投机风险。

②按照产生风险的环境可划分为静态风险和动态风险。静态风险是指自然力的不规则变动或人们的过失行为导致的风险；动态风险则是指社会、经济、科技或政治变动产生的风险。

③按照风险发生的原因可划分为自然风险、社会风险和经济风险等。自然风险是指由自然因素和物理现象所造成的风险；社会风险是指个人或团体在社会上的行为导致的风险；经济风险是指经济活动过程中，因市场因素影响或者管理经营不善导致经济损失的风险。

④按照风险致损的对象可划分为财产风险、人身风险和责任风险。各种财产损毁、灭失或者贬值的风险是财产风险；个人的疾病、意外伤害等造成残疾、死亡的风险为人身风险；法律或者有关合同规定，因行为人的行为或不作为导致他人财产损失或人身伤亡，行为人所负经济赔偿责任的风险即为责任风险。

（二）风险管理的相关理论概述

1. 风险管理的定义

风险管理作为一门新的管理科学，既涉及一些数理观念，又涉及大量非数理的艺术观念，不同学者在不同的研究角度提出了很多种不同的定义。风险管理的一般定义：风险管理是一种应对纯粹风险的科学方法，它通过预测可能的损失，设计并实施一些流程去最小化这些损失发生的可能；而对确实发生的损失，最小化这些损失的经济影响。风险管理作为降低纯粹风险的一系列程序，涉及对企业风险管理目标的确定、风险的识别与评价、风险管理方法的选择、风险管理工作的实施，以及对风险管理计划持续不断地检查和修正这一过程。在科技、经济、社会需要协调发展的今天，不仅存在纯粹风险，还存在投机风险，因此，风险管理是风险发生之前的风险防范和风险发生后的风险处置，其中有四种含义：

①风险管理的对象是风险损失和收益；②风险管理是通过风险识别、衡量和分析的手段，以采取合理的风险控制和转移措施；③风险管理的目的是在获取相应最大的安全保障的基础上寻求企业的发展；④安全保障要力求以最小的成本来换取。简而言之，风险管理是指对组织运营中要面临的内部、外部可能危害组织利益的不确定性，进而采取相应的方法进行预测和分析，并制定、执行相应的控制措施，以获得组织利润最大化的过程。

风险管理的目标应该是在损失发生之前保证经济利润的实现，而在损失发生之后能有较理想的措施使之最大可能地复原。换句话说，损失是不可避免，而风险就是这种损失的不确定性。因此，应该采取一些科学的方法和手段将这种不确定的损失尽量转化为确定的、我们所能接受的损失。风险管理的特征：①风险管理是融合了各类学科的管理方法，它是整合性的管理方法和过程；②风险管理是全方位的，它的管理面向风险工程、风险财务和风险人文；③管理方法多种多样，不同的管理思维对风险的不同解读可以产生不同的管理方法；④适应范围广，风险管理适用任何的决策位阶。

2. 风险管理的特征

学术界将风险管理的特点归结为以下四点：

（1）风险发生的时间是有期限的

项目分类不同，可能遇到的风险也不同，并且风险只是发生在工程施工项目运营过程中的某一个时期，所以，项目对应的风险承担者同样是在一个特定的阶段才有风险责任。

（2）风险管理处于不断变化中

当一个项目的工作计划、开工时间、最终目标以及所用费用等各项内容都已经明确以后，此项目涉及的风险管理规划也必须一同处理完毕。在项目运营的不同环节，倘若项目的开工时间以及费用消耗等条件发生改变时，与其对应的风险同样要发生改变，因此，必须重新对其进行相关评价。

（3）风险管理要耗费一定的成本

项目风险管理主要的环节有风险分析、风险识别、风险归类、风险评价以及风险控制等，这些环节均是以一定成本为基础的，并且风险管理的主要目的是缩减或者消除未来有可能遇到的不利于或者是阻碍项目顺利发展的问题，因此，风险管理的获益只有在未来甚至是到项目完工后才能够体现。

（4）风险管理的用途就是估算与预测

风险管理的用途并不在于项目风险发生之后来抱怨或者推卸相关责任的，而是一个需要相互依托、相互信任、相互帮助的团队通过共同努力来解决项目发展过程遇到的风险问题。

3. 风险管理的目标

对项目风险进行预防、规避、处理、控制或是消除，缩减风险对项目的顺利完成造成的不利因素，通过最小化的费用消耗来获得对项目的可靠性问题的保障，确保该项目的顺利高效完成。项目风险管理的系统目标一般有两个，一个是问题发生之前设定的目标，另一个是问题发生以后设定的目标。

风险管理的基本工作是对项目的各环节涉及的相关资料进行分析、调查、探讨，甚至是进行数据搜集。其中，需要重点关注的是项目与发生风险项目的环境之间相互作用的关系应考虑在内，风险主要发生的根源就是项目和环境之间产生的摩擦，进而产生的一系列不确定性。

4. 风险管理的原则

项目风险管理的目标是控制并处理项目风险，防止和减少损失，保障项目的顺利进行。因此，项目风险管理遵循如下原则：

（1）经济性原则

风险管理人员在制订风险管理计划时应以总成本最低为总目标，即风险管理也要考虑成本。以最合理、最经济的处理方式把控制损失的费用降到最低，通过尽可能低的成本，达到项目的风险保障目标，这就要求风险管理人员对各种效益和费用进行科学的分析和严格核算。

（2）满意性原则

不管采用什么方法，投入多少资源，项目的不确定性是绝对的，而确定性是相对的。因此，在项目风险管理过程允许存在一定的不确定性，只要能达到要求、满意就行了。

（3）全面性原则

要用系统的、动态的方法进行风险控制，以减少项目过程中的不确定性，主要表现为项目全过程的风险控制、对全部风险的管理、全方位的管理、全面的组织措施等。

（4）社会性原则

项目风险管理计划和措施必须考虑周围地区及一切与项目有关并受其影响的单位、个人等对该项目风险影响的要求；同时，风险管理还应充分注意有关方面的各种法律、法规，使项目风险管理的每一步骤都具有合法性。

二、建筑工程施工项目及其风险

（一）建筑工程施工项目的特征

受到工期、成本、质量等条件的约束，建筑工程项目在一定的条件下，有以下三点特征：

1. 不可复制

工程项目本身是唯一性的，是独立且不可复制存在的、具有单件性的，这是工程项目主要特征，其是指这一项任务是找不到完全相同的，其任务本身与最终成果直接表现出其不同之处。为了实现对工程项目的顺利进行，就必须结合工程项目的特殊性进行针对性管理，而为了实现这一点，就要对工程项目的一次性有一个正确的认识。

2.目标明确

工程项目目标具有明确性。工程项目的目标包括两类，即成果性目标与约束性目标。其中工程项目的功能性要求是指成果性目标，而约束性目标则包括期限、质量、预算等限制条件。

3.整体性

作为管理对象，工程项目具有整体性。单个项目的需求应对很多生产要素进行统一配置，过程中要确保数量、质量和结构的总体优化，并随内外环境变化，对其进行动态调整。也就是要在实施过程中必须坚持以项目整体效益提高和有益为原则。

以建筑工程施工项目为对象，以合同、施工工艺、规范为依据，以项目经理为责任人，对相关所有资源进行优化配置，并进行有计划、有控制、有指导、有组织的管理，达到时间、经济、使用效益最大化的整个过程就是施工项目管理。通过施工项目管理，可以对项目的质量目标、进度目标、安全目标、费用目标进行合理的界定，并通过对资源的优化配置、对合约和费用的组织与协调，最终达到施工项目设定的各项目标。

（二）建筑工程施工项目存在的风险

1.内部风险

（1）业主风险

如果是业主方合伙制，则可能因为各个合伙方对项目目标、义务的承担、所有权利等的认识不够深刻而导致工程实施缓慢。就算是在实施工程的企业内部，项目管理团队也可能会因为各个管理团队之间缺乏协作导致无法对工程进行高效的管理。

①建筑工程施工项目可行性研究不准确

部分业主对市场和资源缺乏详细的调查研究，甚至缺乏科学的技术领域研究，在建筑工程施工项目分析报告里毫无根据地减少投入资金的数量，过于乐观地评估建筑工程施工项目的效益，导致在建筑工程施工项目实施过程中，由于后期资金投入的匮乏而导致建筑工程施工项目不得不暂时停工或延期，或在工程停止投入后，由于效益不理想，成本无法随时撤回，降低了建筑工程施工项目质量以及收益，进而一定程度上导致国家和政府的亏损。

②建筑工程施工项目业主方主体的做法不到位

建筑工程施工项目的业主方主体做法不到位反映在如下方面：权利使用不当，任意外包或招标造假；无根据压价；不科学地拆分工程；固定材料来源；施工过程不合理；拖延项目；工期制定不科学等。上述业主不当行为，不仅使业主承担了相当大的建设质量、人员安全和效益低微的风险，而且一旦被发现，会受到政府的处罚。

③合同风险

所谓的合同风险，是指合同作为关系双方或多方的具有法律效力的文件，因为建筑工程施工项目业主方主体的能力素质的缺乏，造成了部分合同内容不科学，施工中经常会出现超出预算的现象，导致业主要付出更多的资金作为违约金。在建筑工程施工项目承包过热的背景下，承包商主体单独凭借报价获得效益的途径早已不存在，因而向业主索要违约金就变成其大部分的盈利来源。现实中经常存在条款含糊其词的情况，为承包商向业主索要赔款提供了便利。

④自身组织管理原因引起的风险

建筑工程施工项目自身组织管理风险主要反映业主方主体缺少专业的板块负责人，无法切实掌控建筑工程施工项目质量和工期，由于相关遗漏而付出的索赔款等。

（2）承包商风险

承包商风险就是在建筑工程施工项目里明确指出刨除必须由业主方主体承担的风险，其余的全部风险就是建筑工程施工项目承包商风险。在建筑工程施工项目发展的不同时期，承包商主体的风险也是不尽相同的。

①投标计划阶段

建筑工程施工项目投标计划阶段的主要内容有进入市场的必要性，对项目投标的必要性；当确认要进入市场或确定投标之后则要定义投标的性质；对投标的性质进行确定之后还要制定方案设法可以中标。对于以上的活动中存在着相当多的风险：渠道的风险，保标与买标风险和报价不合理风险。承包商风险主要体现在报价的失误，报价风险则主要体现在业主特殊的限定条件风险、建设材料风险、生产风险等方面。

②完工验收与交接阶段

对于学识与技术缺乏的建筑工程施工项目承包商主体来说，该时期存在着大量的风险。其中，完工验收是施工单位在工程建设过程中非常重要的环节，之前阶段潜藏的问题会在这个阶段全部暴露出来。因此，承包商应详细检验项目实施的所有环节，确保在完工验收环节不会出现纰漏。

（3）设计方风险

在建筑工程施工项目的设计方主体工作时，相关负责人一般比较重视对消防路线疏散设计、建筑结构体系设计、施工装备保护设计等类型的风险管理，可是面对具体的建筑工程施工项目设计行为实施过程中的风险管理则略有不同。在现实建筑工程施工项目实施过程中，设计方主体风险一般包括设计过程中的变更较多、设计方案过于保守，以及设计理念或方案失误等。

（4）监理方风险

①监理组织风险

因为项目组织具有对外性、短期性和协作性等特点，导致其相关的管理工作要比其他运营企业的管理工作更有难度，因此，项目企业的所存在的风险往往要高于日常运营企业中的风险，这就有必要对项目组织风险进行科学的管理。

②监理范围风险

监理范围风险体现在监理方对监理范围认识的错误。有关监理范围的划分，在所签署合同的条款中已明确指出，但在现实的监理工作中，监理方以及总监理往往没有对监理范围进行认真界定就向现场监理者进行交流，导致现场监理人员对监理范围认识错误。

③监理质量风险

监理质量不同于工程质量，监理质量是指整个工程监理工作的好坏。监理的质量往往决定了监理方履行合约的效果和监理方对所监理项目的"三控、两管、一协调"等工作的最终成果。因此，应根据监理方 ISO 的质量指标体系，来确保施工现场监理人员监理的工作质量。

④监理工程师失职

监理工程师失职是指因监理工程师自身能力有限、缺乏责任心给工程造成的损失；个别监理工程师滥用职权，拿权力做交易，致使业主的利益受损。

在项目实施阶段存在一定的风险，其后果对施工的质量、施工进度和成本造成了一定的影响，从而降低了监理方的工作质量和利益。识别实施阶段的风险的方法主要是面谈，面谈的对象是监理人员和相关工作的专业职员，特别是施工现场的总监和监理工程师，因为他们是工程监理工作前线线的工作者，从施工的角度讲，他们和其他部门有着诸多关联，对可能产生的风险最为了解。此外，面谈人员中也包括与监理单位有关的工作者，如组织管理部门的管理者、ISO 质量体系的审核者。

2. 外部风险

（1）政治风险

传统意义上的建筑工程施工项目政治风险一般是说，因为一个国家的政治权力或者政治局势的变更，导致这个国家的社会不安定，进而对建筑工程施工项目的发展或实施产生重大影响的一种项目外风险。也有因为国家政府或者政策方面的因素，强制建筑工程施工项目加速完工或是缩减某些施工环节而引发的建筑工程施工项目风险。一般情形是，某地区政府需要在指定的地点举办活动或领导要巡查工作占用场地等需要某建筑工程施工项目提早完工或缩短工期，如此一来，建筑工程施工项目就要购买更多的装备、延长工作人员的上班时间或加班等，如此种种便加大了建筑工程施工项目的资金支出。针对此类的建筑工程施工项目风险事件，根本无法预见，并且也不能测算，因此，在建筑工程施工项目做预算时应将此类风险纳入其中。

如今，政治风险特指政治方面的各种事件和原因而导致建筑工程施工项目蒙受意外损失。一般来讲，建筑工程施工项目政治风险是一种完全主观的不确定性事件，包括宏观和微观两个方面。宏观的建筑工程施工项目政治风险是指在一个国家内对所有经营者都存在的风险。一旦发生这种风险，所有的人都可能受到影响，如战争、政局更迭等。而微观的建筑工程施工项目风险则仅是局部受影响，部分人受害而另一部分人则可能受益，或仅仅是某一行业受到不利影响。

（2）自然风险

建筑工程施工项目的实施长期处于户外露天环境，必须将气候和天气的影响纳入风险管理的范围内，外界温度太热或者长期处于低温状态，常年阴雨、干旱或是积雪等天气都会对建筑工程施工项目的运营产生影响。因此，建筑工程施工项目自然风险是指由于自然环境，比如地理分布、天气变化等因素阻碍建筑工程施工项目的顺利实施。它是建筑工程施工项目发生的地域人力无法改变的不利的自然环境、项目实施过程大概遇到的恶劣气候，建筑工程施工项目身处的外界环境，破旧不堪的杂乱的施工现场等要素给建筑工程施工项目造成的风险。

自然风险包括：恶劣的气象条件，如严寒无法施工，台风、暴雨都会给施工带来困难或损失；恶劣的现场条件，如施工用水用电供应的不稳定性，工程不利的地质条件，又如洪水、泥石流等；不利的地理位置，如工程地点十分偏僻，交通十分不利等；不可抗力的自然灾害，如地震，洪灾等。

（3）经济风险

建筑工程施工项目经济风险其实就是建筑工程施工项目实施过程中，资源分配不妥当、较严重的通货膨胀、市场评估不正确以及人力与资源供需不稳定等原因引发的导致建筑工程施工项目在经济上也许存在的问题。部分经济风险是广泛性的，对所有产业都会产生一定的危害，比如汇率忽高忽低、物价不稳定、波及全球的经济危机等；而另一部分建筑工程施工项目经济风险的波及程度只是在建设产业范围的组织，比如政府对投资建设产业上资金的变动、现（期）房的出售情况、原材料和劳动力价格的变动；还有一部分经济风险是在工程外包过程中引起的，这种经济风险只涉及某一个建筑工程施工项目施工方主体，比如建筑工程施工项目的业主方执行合约的资格等。在建筑工程施工项目发展过程中，业主方主体存在由于建筑工程施工项目的成本投入扩大和偿债能力的波动而造成的经济评估的潜在风险。

经济风险包括：宏观经济形势不利，如整个国家的经济发展不景气；投资环境差；工程投资环境包括硬环境（如交通、电力供应、通信等条件）和软环境（如地方政府对工程开发建设的态度等）；原材料价格不正常上涨，如建筑钢材价格不断攀升；通货膨胀幅度过大，税收提高过多；投资回报期长，长线工程预期投资回报难以实现；资金筹措困难等。

三、建筑工程施工项目的风险管理

（一）建筑工程施工项目风险管理的定义

建筑工程项目的立项、分析、研究、设计以及计划等实施都是建立在对未来各个工作预测的基础上的，建筑工程项目建设的正常进行，必须以技术、管理和组织等方面科学并合理的实现作为前提。然而，通常在建筑工程项目建设的过程中，不可避免会出现一些影响因素对项目建设造成影响，导致部分不确定目标的实现存在较大的难度。对于这部分建筑工程项目中难以进行预测与评估的干扰因素，被称为建筑工程项目风险。

（二）建筑工程施工项目风险的影响因素

建筑工程项目施工风险是由多方面因素形成的，主要包括人的因素、技术因素、环境因素等。

1. 人的因素

这里说的人的因素不单指施工方造成的风险，还包括业主方的影响。首先，施工方的因素。施工方承担整个工程的施工，无论是参与施工的管理人员，还是操作人员，都可能是造成工程损失的风险源。例如，安全意识不到位、安全措施实施不到位等可能造成工程安全事故的发生。另外，施工人员的心理素质、应变能力、工作心态等方面可能决定施工风险的发生概率及造成损失的后果。其次，业主方的因素。业主方虽然不直接参与施工过程，但是却最大限度掌握了项目的最大资源。例如，业主方决定了工程完成的工期、资金的拨付情况等。

2. 技术因素

施工人员的专业度、熟练度也是造成建筑工程项目施工风险的重要因素。施工人员的技术越专业、越娴熟，在施工过程中所面临的风险越小。如地基施工，要结合实际的地质条件来确定地基施工工艺。这就需要施工人员对水位、地质、天气等因素进行详细勘察后拟定，如果施工人员技术专业能力差，经验欠缺，就会造成施工工艺选择不当，增大施工难度，增加施工成本。

3. 环境因素

自然环境、施工环境均会影响建筑工程项目施工。除了地震、风暴、水灾、火灾等不可抗力的自然现象会严重影响建筑工程项目施工。除此之外，一些自然天气变化也会影响施工，如施工地区的风力高于5级就不适合再施工，不同时间段工地温度差异过大也会造成施工困难。施工环境如果不好，会增大建筑工程项目施工风险。如夜间施工照明不足，极其容易造成安全事故，场地通风设备不良，一些挥发毒气的材料会造成施工环境污染等。施工单位应当重视施工环境的管理和改善，对施工当地道路交通、城市管线、周边设施等可能对施工造成损失的因素进行分析，列出当地的环境状况影响因素，并对可能在施工中产生的后果进行预测。

（三）建筑工程施工项目风险管理的意义

风险管理要融入建筑工程施工项目管理流程化中的一部分，真正做到项目管理全面化，因为风险管理是实现项目总目标的坚实保障，也是校正工程项目向着预期目标顺利进展的有力工具。现阶段，中国大规模、高投资的工程项目越来越多，工期也越来越长，这种情况下，风险隐患无处不在，又纷繁复杂，相互关联。因此，在项目全生命周期中，应时时关注风险，切不可掉以轻心，特别是在施工阶段，严格执行风险防范措施具有重大意义。同时，形成良好的风险管控氛围，社会普及相关知识，提高管理人员风险分析水平，具有深远影响。主要表现在以下五个方面：

（1）明确风险对项目的影响，通过风险分析的各个环节比较各因素影响大小，找出适合的管控方式。

（2）经过风险分析后总体上降低项目的不确定性，保证项目目标的实现。

（3）通过建筑工程施工项目风险管理，管理者不再被动应付突发风险、手忙脚乱了，能够更加从容主动地防范风险的发生，而且各种防范方法重组后灵活应对各种新产生的风险，做到事半功倍。

（4）通过建筑工程施工项目风险管理，加强了项目各方沟通的能力，改善了不规范行为，提高了项目执行可靠度，使团队更具有安全感，加强凝聚力。

（5）企业可以通过风险管理，建立自己的风险因素的集合，通过对该项目的不间断监测的数据及时输入，运用风险管理软件的分析，再结合实际施工的进行情况做出较为准确的决策，这样可以提高效率，节约资源，实现建筑工程施工项目的动态管理。

第二节 建筑工程施工的风险规划与识别

一、建筑工程施工的风险规划

（一）风险规划的内涵

规划是一项重要的管理职能，组织中的各项活动几乎都离不开规划，规划工作的质量也集中体现了一个组织管理水平的高低。掌握必要的规划工作方法与技能，是建设项目风险管理人员的必备技能，也是提高建筑工程施工项目风险管理效能的基本保证。

建筑工程施工项目风险规划，是在工程项目正式启动前或启动初期，对项目、项目风险的一个统筹考虑、系统规划和顶层设计的过程，开展建筑工程施工项目风险规划是进行建筑工程施工项目风险管理为基本要求，也是进行建筑工程施工项目风险管理的首要职能。

建筑工程施工项目风险规划是规划和设计如何进行项目风险管理的动态创造性过程，该过程主要包括定义项目组织及成员风险管理的行动方案与方式、选择适合的风险管理方法、确定风险判断的依据等，用于对风险管理活动的计划和实践形式进行决策，它的结果将是整个项目风险管理的战略性和寿命期的指导性纲领。在进行风险规划时，主要应考虑的因素有项目图表、风险管理策略、预定义的角色和职责、雇主的风险容忍度、风险管理模板和工作分解结构 WBS 等。

（二）风险规划的目的与任务

1.风险规划的目的

风险规划是一个迭代过程，包括评估、控制，监控和记录项目风险的各种活动，其结果就是风险管理规划。通过制定风险规划，实现下列目的：

（1）尽可能消除风险。

（2）隔离风险并使之尽量降低。

（3）制订若干备选行动方案。

（4）建立时间和经费储备方案以应付不可避免的风险。

风险管理规划的目的，简单地说，就是强化有组织、有目的的风险管理思路和途径，以预防、减轻、遏制或消除不良事件的发生及产生的影响。

2.风险规划的任务

风险规划是指确定一套系统全面、有机配合、协调一致的策略和方法，并将其形成文件的过程。这套策略和方法用于辨识和跟踪风险区，拟订风险缓解方案，进行持续的风险评估，从而确定风险变化情况并配置充足的资源。风险规划阶段主要考虑的问题如下：

（1）风险管理策略是否正确、可行。

（2）实施的管理策略和手段是否符合总目标。

（三）风险规划的内容

风险规划的主要内容：确定风险管理使用的方法、工具和数据资源；明确风险管理活动中领导者、支持者及参与者的角色定位、任务分工及其各自的责任、能力要求；界定项目生命周期中风险管理过程的各运行阶段及过程评价、控制和变更的周期或频率；定义并说明风险评估和风险量化的类型级别；明确定义由谁以何种方式采取风险应对行动；规定风险管理各过程中应汇报或沟通的内容、范围、渠道及方式；规定如何以文档的方式记录项目实施过程中风险及风险管理的过程，风险管理文档可有效用于对当前项目的管理、监控、经验教训的总结及日后项目的指导等。

（四）风险规划的主要方法

1.会议分析法

风险规划的主要工具是召开风险规划会议，参加人包括项目经理和负责项目风险管理的团队成员，通过风险管理规划会议，确定实施风险管理活动的总体计划，确定风险管理的方法、工具、报告、跟踪形式以及具体的时间计划等，会议的结果是制订一套项目风险管理计划。有效的风险管理规划有助于建立科学的风险管理机制。

2.WBS法

工作分解结构图（WBS）是将项目按照其内在结构或实施过程的顺序进行逐层分解而

形成的结构示意图，它可以将项目分解到相对独立的、内容单一的、易于成本核算与检查的工作单元，并把各工作单元在项目中的地位与构成直观地表示出来。

（1）WBS 单元级别概述

WBS 单元是指构成分解结构的每一独立组成部分。WBS 单元应按所处的层次划分级别，从顶层开始，依次往下为 1 级、2 级、3 级……一般可分为 6 级或更多级别。工作分解既可按项目的内在结构，又可按项目的实施顺序。同时，由于项目本身复杂程度、规模大小也各不相同，从而形成了 WBS 的不同层次。

（2）建筑工程施工项目中的 WBS 技术应用

WBS 是实施项目、创造最终产品或服务所必须进行的全部活动的一张清单，是进度计划、人员分配、预算计划的基础，是对项目风险实施系统工程管理的有效工具。WBS 在建设项目风险规划中的应用主要体现在以下两个方面：

①将风险规划工作看成一个项目，用 WBS 把风险规划工作细化到工作单元；

②针对风险规划工作的各项工作单元分配人员、预算、资源等。

运用 WBS 对风险规划工作进行分解时，一般应遵循以下步骤

①根据建设项目的规模及其复杂程度以及决策者对于风险规划的要求确定工作分解的详细程度。如果，分解过粗，可能难于体现规划内容；分解过细，会增加规划制定的工作量。因此，在工作分解时要考虑下列因素：

a.分解对象。若分解的是大而复杂的建设项目风险规划工作，则可分层次分解，对于最高层次的分解可粗略，再逐级往下，层次越低，可越详细；若需分解的是相对小而简单的建设项目风险规划工作，则可简略一些。

b.使用者。对于项目经理分解不必过细，只需要让他们从总体上掌握和控制规划即可；对于规划的执行者，则应分解得较细。

c.编制者。编制者对建设项目风险管理的专业知识、信息、经验掌握得越多，则越可能使规划的编制粗细程度符合实际的要求；反之则有可能失当。

②根据工作分解的详细程度，将风险规划工作进行分解，直至确定的、相对独立的工作单元。

③根据收集的信息，对于每一个工作单元，尽可能详细地说明其性质，特点、工作内容、资源输出（人、财、物等），进行成本和时间估算，并确定负责人及相应的组织机构。

④责任者对该工作单元的预算、时间进度、资源需求、人员分配等进行复核，并形成初步文件上报上级机关或管理人员。

⑤逐级汇总以上信息并明确各工作单元实施的先后次序，即逻辑关系。

⑥形成风险规划的工作分解结构图，用以指导风险规划的制定。

二、建筑工程施工的风险识别

（一）风险识别的内涵

建筑工程施工项目风险识别是对存在于项目中的各类风险源或不确定性因素，按其产生的背景、表现特征和预期后果进行界定和识别，对工程项目风险因素进行科学分类。简而言之，建筑工程施工项目风险识别就是确定何种风险事件可能影响项目，并将这些风险的特性整理成文档，进行合理分类。

建筑工程施工项目风险识别是风险管理的首要工作，也是风险管理工作中最重要的阶段。由于项目的全寿命周期中均存在风险，因此项目风险识别是一项贯穿项目实施全过程的项目风险管理工作。它不是一次性的工作，而应是有规律的贯穿整个项目中，并基于项目全局考虑，避免静态化、局部化和短视化。

建设风险识别是项目管理者识别风险来源、确定风险发生条件、描述风险特征并评价风险影响的过程。

建筑工程施工项目风险识别是一个系统的且持续的过程，不是一个暂时的管理活动，因为项目发展会出现不同的阶段，不同阶段所遇到的外部情况和内部情况都不一样，所以风险因素也不会一成不变。开始进行的项目全面风险识别，过一阵时间后，识别出的风险会越来越小，直至消失，但是新的建筑工程施工项目风险也许又会产生，因此，建筑工程施工项目风险识别过程必须连续且全程跟踪。

由此可见，建筑工程施工项目风险识别的内涵可以总结为：

①建筑工程施工项目风险识别的基本内容是分析确认项目中存在的风险，即感知风险。通过对建筑工程施工项目风险发生过程的全程监控得以掌握其发生规律，有效地识别出建筑工程施工项目中大概能够发生的风险，进一步知晓建筑工程施工项目实施过程中不同类型的风险问题出现的内在动因、外在条件和产生影响途径。

②建筑工程施工项目风险识别过程除了要探讨和挖掘出存在的风险以外，还必须实时监控、识别出各种潜在的风险。

③因为建筑工程施工项目进展环境是不断变化的，并且不同阶段的风险也是逐渐发生改变的，建筑工程施工项目风险识别就是一种综合性的、全面性的，最重要的是持续性的工作。

④建筑工程施工项目风险识别位于项目风险管理全过程中的第一步，也是最基本、最重要的一步，它的工作结果会直接影响后续的风险管理工作，并最终影响整个风险管理工作。

（二）风险识别的目的

建筑工程施工项目风险识别作为建筑工程施工项目风险管理的铺垫性环节。建筑工程施工项目风险管理工作者在搜集建筑工程施工项目资料并实施建筑工程施工项目现场调查分析以后，采用一系列的技术方法，全面地、系统地、有针对性地对建筑工程施工项目中可能存在的各种风险进行识别和归类，并理解和熟悉各种建筑工程施工项目风险的产生原因，以及能够导致的损失程度。因此，建筑工程施工项目风险识别的目的包括三个方面：

（1）识别出建筑工程施工项目进展中可能存在的风险因素，明确风险产生的原因和条件，并据此衡量该风险对建筑工程施工项目的影响程度以及可能导致损失程度的大小。

（2）根据风险不同特点对所有建筑工程施工项目风险进行分类，并记录具体建筑工程施工项目风险的各方面特征，据此制定出最适当的风险应对措施。

（3）根据建筑工程施工项目风险可能引起的后果确定各风险的重要性程度，并制定出建筑工程施工项目风险级别来区别管理。

建筑工程施工项目风险存在是多种多样的，根据内部和外部环境不一样会有多种多样的风险：动态的和静态的；有些真实存在，有些还在潜伏期。为此建筑工程施工项目风险识别必须有效地将建筑工程施工项目内部存在的以及外部存在的所有风险进行分类。建筑工程施工项目内部存在的风险主要是建筑工程施工项目风险管理者可以人为地去左右的风险，比如项目管理过程中的人员选择与配备，项目消耗的成本费用一系列资金的估算等。外部存在的风险主要是不在建筑工程施工项目管理者能力范围之内的风险，比如建筑工程施工项目参与市场竞争产生的风险、项目施工时所处的自然环境不断变化造成的风险。

（三）风险识别的依据

1. 风险管理计划

建筑工程施工项目风险管理计划是规划和设计如何进行建筑工程施工项目风险管理的过程，它定义了工程项目组织及成员风险管理的行动方案及方式，指导工程项目组织如何选择风险管理方法。建筑工程施工项目风险管理计划针对整个项目生命周期制定如何组织和进行风险识别、风险估计、风险评价、风险应对及风险监控的规划。从建筑工程施工项目风险管理计划中可以确定以下内容：

（1）风险识别的范围；

（2）信息获取的渠道和方式；

（3）项目组成员在项目风险识别中的分工和责任分配；

（4）重点调查的项目相关方；

（5）项目组在识别风险过程中可以应用的方法及其规范；

（6）在风险管理过程中应该何时、由谁进行哪些风险重新识别；

（7）风险识别结果的形式、信息通报和处理程序。

因此，建筑工程施工项目风险管理计划是项目组进行风险识别的首要依据。

2. 项目规划

建筑工程施工项目规划中的项目目标、任务、范围、进度计划、费用计划、资源计划、采购计划及项目承包商、业主方和其他利益相关方对项目的期望值等都是项目风险识别的依据。

3. 历史资料

建筑工程施工项目风险识别的重要依据之一就是历史资料，即从本项目或其他相关项目的档案文件中、从公共信息渠道中获取对本项目有借鉴作用的风险信息。以前做过的、同本项目类似的项目及其经验教训对于识别本项目的风险非常有用。项目管理人员可以翻阅过去项目的档案，向曾经参与该项目的有关各方征集有关资料，在这些人手头保存的档案中常常有详细的记录，记载了一些事故的来龙去脉，这对本项目的风险识别极有帮助。

4. 风险种类

风险种类是指那些可能对建筑工程施工项目产生正面影响或负面影响的风险源。一般的风险类型有技术风险、质量风险、过程风险、管理风险、组织风险、市场风险及法律法规变更引发的风险等。项目的风险种类应能反映出建筑工程施工项目应用领域的特征，掌握了各风险种类的特征规律，也就掌握了风险辨识的钥匙。

5. 制约因素与假设条件

项目建议书、可行性研究报告、设计等，项目计划和规划性文件一般是在若干假设、前提条件下估计或预测出来的。这些前提和假设在项目实施期间可能成立，也可能不成立。因此，建筑工程施工项目的前提和假设之中也会隐藏着风险。建筑工程施工项目必然处于一定的环境之中，受到内外许多因素的制约，其中国家的法律、法规和规章等因素是工程项目活动主体无法控制的，这些构成了工程项目的制约因素，都是工程项目管理人员所不能控制的，这些制约因素中隐藏着风险。为了明确项目计划和规划的前提、假设和限制，应当对工程项目的所有管理计划进行审查。

（四）风险识别的特点

建筑工程施工项目风险识别具有以下特点：

1. 全员性

建筑工程施工项目风险的识别不只是项目经理或项目组个别人的工作，而是项目组全体成员参与并共同完成的任务。因为每个项目组成员的工作都会有风险，每个项目组成员都有各自的项目经历和项目风险管理经验。

2. 系统性

建筑工程施工项目风险无处不在，无时不有，决定了风险识别的系统性，即工程项目寿命期的风险都属于风险识别的范围。

3. 动态性

风险识别并不是一次性的，在建筑工程施工项目计划、实施甚至收尾阶段都要进行风险识别。根据工程项目内部条件、外部环境以及项目范围的变化情况适时、定期进行工程项目风险识别是非常必要和重要的。因此，风险识别在工程项目开始、每个项目阶段中间、主要范围变更批准之前进行。它必须贯穿工程项目全过程。

4. 信息性

风险识别需要做许多基础性工作，其中重要的一项工作是收集相关的项目信息。信息的全面性、及时性、准确性和动态性决定了建筑工程施工项目风险识别工作的质量和结果的可靠性和精确性，建筑工程施工项目风险识别具有信息依赖性。

5. 综合性

风险识别是一项综合性较强的工作，除在人员参与、信息收集和范围上具有综合性特点外，风险识别的工具和技术也具有综合性，即风险识别过程中要综合应用各种风险识别的技术和工具。

（五）风险识别的过程

建筑工程施工项目风险识别过程通常包括以下五个步骤。

1. 确定目标

不同建筑工程施工项目，偏重的目标可能各不相同。有的项目可能偏重于工期保障目标，有的则偏重于成本控制目标，有的偏重于安全目标，有的偏重于质量目标，不同项目管理目标对风险的识别自然也不完全相同。

2. 确定最重要的参与者

建筑项目管理涉及多个参与方，涉及众多类别管理者和作业者。风险识别是否全面、准确，需要来自不同岗位的人员参与。

3. 收集资料

除了对建筑工程施工项目的招投标文件等直接相关文件认真分析，还要对相关法律法规、地区人文民俗、社会及经济金融等相关信息进行收集和分析。

4. 估计项目风险形势

风险形势估计是要明确项目的目标、战略、战术以及实现项目目标的手段和资源，以确定项目及其环境的变数。通过项目风险形势估计，确定和判断项目目标是否明确、是否具有可测性、是否具有现实性、存在多大不确定性；分析保证项目目标实现的战略方针、战略步骤和战略方法；根据项目资源状况分析实现战略目标的战术方案存在多大的不确定性，彻底弄清楚项目有多少可用资源。通过项目风险形势估计，可对项目风险进行初步识别。

（六）风险分析的方法

1. 德尔菲法

这是一种起源很早的方法，德尔菲法是公司通过与专家建立的函询关系，进行多次征求意见，再多次反馈整合结果，最终将所有专家的意见趋于一致的方法。这样最终得到的结果便可作为最后风险识别的结果。这是美国兰德公司首创和最先使用的一种有助于归总零散问题、减少偏倚摆动的一种专家能最终达成一致的有效方法。在操作德尔菲法时要注意以下三点：

（1）专家的征询函需要匿名，这是为了最大限度地保护专家的意见，减少公开发表带来的不必要麻烦。

（2）在整合统计时，要扬长避短。

（3）在意见进行交换时，要充分进行相互启发、集众所长，提高准确度。

2. 头脑风暴法

头脑风暴法是一种通过讨论、思想碰撞，产生新思想的方法，由美国人奥斯本于1939年首创，开始是广告设计人员互相讨论、启发的工作模式。头脑风暴法的特点是通过召集相关人员开会，鼓励参会人员充分展开想象，畅所欲言，杜绝一言堂，真正做到言者无罪，让参会者的思路充分拓展。会议时间不能太长，组织者要创造条件，不能给发表意见者施加压力，要使会议环境宽松，从而有利于新思想、新观点的产生。会议应遵循以下原则：

（1）禁止对与会人员的发言进行指责、非难。

（2）努力促进与会人员发言，随着发言的增加，获得的信息量就会增加，出现有价值的思想的概率就会增大。

（3）特别重视那些离经叛道、不着边际、不被普通人接受的思想。

（4）将所收集到的思想观点进行汇总，把汇总后的意见及初步分析结果交予与会专家，从而激发新的思想。

（5）对专家意见要进行详细的分析、解读，要重视，但也要有组织自身的判断，不能盲从。

头脑风暴法强调瞬间思维带来的风险数量，而非要求质量。通过刺激思维活跃，使之不断产生新思想的技术。在头脑风暴法进行中无须讨论也不要批判，只需罗列所能想到的一切可能性。专家之间可以相互启发，吸纳新的信息，迸发新的想法，使大家形成共鸣，取长补短的效果。这样通过反复列举，使风险识别更全面，使结果更趋于科学化准确化。

3. 核对表法

要指定核对表，首先要收集历史相关资料，根据以往经验教训，制定涵盖较广泛的可做借鉴依据的表格。此表格包括的内容可以从项目的资金、成本、质量、工期、招标、合同等方面进行说明项目成败原因。还可以从项目技术手段，项目处于的环境、资源等方面进行分析。将当前有待风险管理的项目参考此表，再结合自身特点对其环境、资源、管理等方面进行对比，查缺补漏，找出风险因素。这种方法的优点是识别迅速，要求技术含量低，方便，但其缺点是风险识别因素不全面，有局限性。

4. 现场考察法

风险管理人员能够识别大部分的潜在风险，但不是全部。只有深入施工阶段内部进行实地考察，收集相关的信息，才能准确而全面地发现风险。例如，到施工阶段考察，可以了解有关工程材料的保管情况；项目的实际进度如何，是否存在安全隐患以及项目的质量情况。

5. 财务报表分析法

通过对财务的资产负债表、损益表等相关财务报表分析得出现阶段企业财务情况，识别出工程项目存在的财务风险，判断出责任归属方及损失程度。此方法适用于确定特殊工程项目预计产生的损失，以及可以帮助分析出是什么因素导致损失的。此方法经常被使用，其优点突出，针对前期投资分析和施工阶段财务分析中极为适用。

6. 流程图法

流程图表示一个项目的工作流程，通常有各种流程图表示，不同种类流程图表达相互信息间关系不同，有的表示项目整体工作流程的，称为系统流程图；有的表示项目施工阶段相互关联的流程图，称为项目实施流程图；有的表示部门间作业先后关系的流程图，称为项目作业流程图。使用这种方法分析风险、识别风险简洁明了，结构清晰，并能捕捉动态风险因素。其优点在于此方法可以有效辨识风险所处的环节，以及多环节间的相互关系，连带影响其他环节。运用此方法，管理者能够高效地辨明风险潜在威胁。

7. 故障树分析法

1961年，美国贝尔电话实验室提出故障树分析法（FTA）。故障树分析法是定性分析项目可能发生的风险的过程，其主要工作原理是，由项目管理者确定将项目实施过程中最应杜绝发生的风险事故为故障树分析的目标，这个目标可以是一个也可以是多个，称为顶端事件；再通过分析讨论导致这些顶端事件发生的原因，这些原因事件被称为中间事件；再进一步寻找导致这些中间事件发生的原因，仍称为中间事件，直至进一步寻找变得不再可行或者成本效益值太低为止，此时得到的最低水平事件称为原始事件。

故障树分析法遵循由结果找原因的原则，将项目风险可能结果来果及因，按树状逐级细化至原发事件，通过分析在前期预测和识别各种潜在风险因素的基础上，找到项目风险的因果关系，沿着风险产生的树状结构，运用逻辑推理的方法，求出发生风险的概率，提供风险因素的应对方案。

由于故障树分析法由上而下，由果及因，一果多因地构建项目风险管理的体系，在实践中通常采用符号及指向线段来构图表示，构成的图形与树一样，由高而低越分越多，故称故障树。

三、建筑工程施工的风险分析与评估

（一）风险分析与评估的内涵

1.风险分析的内涵

风险分析是以单个的风险因素为主要对象，具体阐述如下：

第一，基于对项目活动的时间、空间、地点等存在风险的确定，采用量化的方法进行风险因素识别，对风险实际发生的概率进行估算；第二，对风险后果进行估计之后，对各风险因素的大小及影响程度与顺序进行确定；第三，确认风险出现的时间与影响范围。

风险分析是指通过各种量化指标形成风险清单，并帮助风险控制解决路线与解决方案得以明确的整个过程。主要是采用量化分析，并对可能增加或减少的潜在风险进行充分考虑的方法确定个别风险因素及其影响，并实现对于尺度和方法进行选定，以确定风险的后果。风险因素的发生概率估计分为主观估计与客观估计。一般主要是参考历史数据资料，而主观风险估计则主要以人的经验与判断力为依托。通常情况下，风险分析必须同步进行主观与客观风险估计。这是我们并不能完全了解建设项目的进展情况，同时由于不断引入的新技术与新材料，加强建设项目进程的客观影响因素的复杂性，原有数据的更新不断加快，导致参考价值丧失。由此可见，针对一些特殊的情况，主观的风险估计的作用相对会更重要。

2.风险评估的内涵

对各种风险事件的后果进行评估，并基于此对不同风险严重程度的顺序进行确定，这就是风险评估。在风险评估中，对各种风险因素对项目总体目标的影响的考虑与分析具有十分重要的意义，以此才能够使风险的应对措施得以确定，当然风险评估必然产生一定的费用，因此需要对风险成本效益进行综合考虑。在进行分析与评估时，管理人员应对决策者的决策可能带来的所有影响进行细致的研究与分析，并自行对风险结果进行预测，然后与决策者的决策进行比较，对决策者是否接受这些预测进行合理判断。由于风险的不同其可接受程度与危害性必然也存在一定的差异，因此，一旦产生了风险，就必须对其性质进行详细分析，并采取的应对措施。风险评估的方法主要分为两种，即定量评估与定性评估，在风险评估的过程中，还应针对风险损失的防止、减少、转移以及消除制定初步方案，并在风险管理阶段对这些方案进行深入的分析，选择最合理的方法。在实践中，风险识别、风险分析与风险评估具有十分密切的联系，通常情况下三者具有重叠性，其实施过程中需要交替反复。

3.风险分析与评估之间的关系

风险分析主要用于对单一风险因素的衡量，并且是以风险评估为分析的基础。例如，对风险发生的概率、影响的范围以及损失的大小进行评估；而多种风险因素对项目指标影响的分析则是属于风险评估。在风险管理的过程中，风险分析与评估既有密切的联系又有一定的区别。从某种意义上来讲是难以严格区分风险评估与风险分析的界限，因此在对某些方法的应用方面还是具有一定的互通性。

（二）风险分析与评估的目的

风险分析与评估的目的是对单一风险因素发生的概率加以确定。为实现风险因素量化的目的，会对主观或者客观的方法加以应用；对各种可能的因素风险结果分析，对这些风险使项目目标受影响的程度进行研究；针对单一的风险因素进行量化分析，对多种风险因素对项目目标的综合影响进行分析与考虑，对风险程度进行评估，然后提出相应的措施以支持管理决策。

（三）风险分析与评估的方法

1. 风险量化法

风险分析活动是基于风险事件所发生概率与概率分布而进行的。因此，风险分析首先就要确定风险事件概率与概率分布的情况。

风险量是指不确定的损失程度和损失本身所发生的概率。对于某个可能发生的风险，其所遭受的损失程度、概率与风险量成正比关系。

最简单的风险量化方法就是风险结果乘以其相应的概率值，从而能够得到项目风险损失的期望值，这在数理统计学中被称为均值。然而在风险大小的度量中采用均值仍然存在一定的缺陷，该方法对风险结果之间的差异或离散缺乏考虑，因此，应对风险结果之间的离散程度问题进行充分考虑，这种风险度量方法才具有合理性。根据统计学理论可得知，可以由方差解决风险结果之间离散程度量化的问题。

2. LEC 法

在实际建筑工程施工项目风险管理的过程中，LEC 方法的应用具有十分重要的意义，其本质就是风险量公式的变形，是应用概率论的重要方法。该方法用风险事件发生的概率、人员处于危险环境中的频繁程度和事故的后果三个自变量相乘，得出的结果被用来衡量安全风险事件的大小。其中 L 表示事故发生的概率，E 表示人员暴露于危险环境中的频繁程度，C 表示事故后果，则风险大小 S 可用下式描述：

$$S = L \times E \times C \tag{6-1}$$

LEC 的方法对 L、E、C 三个变量加以利用，因此称为 LEC 方法。根据此方法来对危险源打分并分级，如此就实现了对建筑工程施工项目安全风险的详细分级，并且与实际情况相符合，也更容易进行安全风险排序，使大部分建筑工程施工项目安全风险管理的精细化管理要求得到满足。

3. CPM 法

在施工项目中，对进度风险属于管理风险，也是主要的控制风险之一。目前，施工项目进度风险管理中，建筑施工企业以编制 CPM 网络进度计划的方法为主。主要有三种表示方法，即双代号网络、单代号网络以及双代号时标网络。这三种表示方法的相同点：项目中各项活动的持续时间具有单一性与确定性，主要依靠专家判断、类比估算以及参数估算来确定活动持续的时间；该技术主要沿着项目进度路线采用两种分析方法，即正向分析与反向分析，进而使理论上所有计划活动的最早开始时间与结束时间、最迟开始时间与结束时间得以计算。并制定相应的项目进度表，针对其中存在的风险采取相应的措施。

第三节　建筑工程施工的风险应对与监控

一、建筑工程施工风险的应对

（一）风险应对的含义

风险应对就是对项目风险提出处置意见和办法。通过对项目风险识别、估计和评价，把项目风险发生的概率、损失严重程度以及其他因素综合起来考虑，就可得出项目发生各种风险的可能性及其危害度，再与公认的安全指标相比较，就可确定项目的危险等级，从而决定应采取什么样的措施，以及控制措施应采取到什么程度。

（二）风险应对的过程

作为建筑工程施工项目风险管理的一个有机组成部分，风险应对也是一种系统过程活动。

1. 风险应对过程目标

当风险应对过程满足下列目标时，就说明它是充分的。①进一步提炼工程项目风险背景；②为预见到的风险做好准备；③确定风险管理的成本效益；④制定风险应对的有效策略；⑤系统地管理工程项目风险。

2. 风险应对过程活动

风险应对过程活动是指执行风险行动计划，以求将风险降至可接受程度所需完成的任务。一般有以下几项内容：①进一步确认风险影响；②制定风险应对策略措施；③研究风险应对技巧和工具；④执行风险行动计划；⑤提出风险防范和监控建议。

（三）风险应对计划的编制

1. 计划编制依据

风险应对计划的编制必须充分考虑风险的严重性、应对风险所花费用的有效性、采取措施的适时性和建设项目环境的适应性等。一般来讲，针对某一风险通常先制定几个备选的应对策略，然后从中选择一个最优的方案，或者进行组合使用。建设项目风险应对计划编制的依据主要有以下几个方面：

（1）风险管理计划

风险管理计划是规划和设计如何进行建筑工程施工项目风险管理的文件。该文件详细地说明风险识别、风险估计、风险评价和风险控制过程的所有方面以及风险管理方法、岗位划分和职责分工、风险管理费用预算等。

（2）风险清单及其排序

风险清单及其排序是风险识别和风险估计的结果，记录了建筑工程施工项目大部分风险因素及其成因、风险事件发生的可能性、风险事件发生后对建筑工程施工项目的影响、风险重要性排序等。风险应对计划的制订不可能面面俱到，应该着重考虑重要的风险，而对于不重要的风险可以忽略。

（3）项目特性

建筑工程施工项目各方面特性决定风险应对计划的内容及其详细程度。如果该工程项目比较复杂，应用比较新的技术或面临非常严峻的外部环境，则需要制订详细的风险应对计划；如果工程项目不复杂，有相似的工程项目数据可供借鉴，则风险应对计划可以相对简略一些。

（4）主体抗风险能力

主体抗风险能力可概括为两个方面：一是决策者对风险的态度及其承受风险的心理能力；二是建筑工程施工项目参与方承受风险的客观能力，如建设单位的财力、施工单位的管理水平等。主体抗风险能力直接影响工程项目风险应对措施的选择，相同的风险环境、不同的项目主体或不同的决策者有时会选择截然不同的风险应对措施。

（5）可供选择的风险应对措施

对于具体风险，有哪些应对措施可供选择以及如何根据风险特性、建筑工程施工项目特点及相关外部环境特征选择最有效的风险应对措施，是制订风险应对计划要做的非常重要的工作。

2. 计划编制内容

建筑工程施工项目风险应对计划是在风险分析工作完成之后制订的详细计划。不同的项目，风险应对计划内容不同，但是，至少应当包含以下内容：

（1）所有风险来源的识别以及每一项来源中的风险因素。

（2）关键风险的识别以及关于这些风险对于实现项目目标所产生的影响说明。

（3）对于已识别出的关键风险因素的评估，包括从风险估计中摘录出来的发生概率潜在的破坏力。

（4）已经考虑过的风险应对方案及其代价。

（5）建议的风险应对策略，包括解决每一个风险的实施计划。

（6）各单独应对计划的总体综合，以及分析过风险耦合作用可能性之后制订出的其他风险应对计划。

（7）项目风险形势估计、风险管理计划和风险应对计划三者进行综合之后的总策略。

（8）实施应对策略所需资源的分配，包括关于费用、时间进度及技术考虑的说明。

（9）风险管理的组织及其责任，是指在建筑工程施工项目中确定的风险管理组织，以及负责实施风险应对策略的人员和职责。

（10）开始实施风险管理的日期、时间安排和关键的里程碑。

（11）成功的标准，即何时可以认为风险已被规避，以及待使用的监控办法。

（12）跟踪、决策以及反馈的时间，包括不断修改、更新需优先考虑的风险一览表计划和各自的结果。

（13）应急计划。应急计划是预先计划好的，一旦风险事件发生，就付诸实施的行动步骤和应急措施。

（14）对应急行动和应急措施提出的要求。

（15）建筑工程施工项目执行组织高层领导对风险规避计划的认同和签字。

风险应对计划是整个建筑工程施工项目管理计划的一部分，其实施并无特殊之处。按照计划取得所需的资源，实施时要满足计划中确定的目标，事先把工程项目不同部门之间在取得所需资源时可能发生的冲突寻找出来，任何与原计划不同的决策都要记录在案。落实风险应对计划，行动要坚决，如果在执行过程中发现工程项目风险水平上升或未像预期的那样降下来，则必须重新制订计划。

（四）风险应对的方法

1. 风险减轻

（1）风险减轻的内涵

风险减轻，又称风险缓解或风险缓和，是指将建筑工程施工项目风险的发生概率或后果降低到某一可以接受的程度。风险减轻的具体方法和有效性在很大程度上依赖于风险是已知风险、可预测风险还是不可预测风险。

对于已知风险，风险管理者可以采取相应措施加以控制，可以动用项目现有资源降低风险的严重后果和风险发生的频率。例如，通过调整施工活动的逻辑关系，压缩关键路线上的工序持续时间或加班加点等来减轻建筑工程施工项目的进度风险。

可预测风险和不可预测风险是项目管理者很少或根本不能控制的风险，有必要采取迂回的策略，包括将可预测和不可预测风险变成已知风险，把将来风险"移"到现在来。例如，将地震区待建的高层建筑模型放到震台上进行强震模拟试验就可增加地震风险发生的概率；为减少引进设备在运营时的风险，可以通过详细的考察论证、选派人员参加培训、精心安装、科学调试等来降低不确定性。

在实施风险减轻策略时，最好将建筑工程施工项目每一个具体"风险"都减轻到可接受水平。各个具体风险水平降低了，建设项目整体风险水平在一定程度上也就降低了，项目成功的概率就会增加。

（2）风险减轻的方法

在制定风险减轻措施时必须依据风险特性，尽可能将建设项目风险降低到可接受水平，常见的途径有以下几种：

①减少风险发生的概率

通过各种措施降低风险发生的可能性，是风险减轻策略的重要途径，通常表现为一种事前行为。例如，施工管理人员通过加强安全教育和强化安全措施，减少事故发生的概率；承包商通过加强质量控制，降低工程质量不合格或由质量事故引起的工程返工的可能性。

②减少风险造成的损失

在风险损失不可避免要发生的情况下，通过各种措施以遏制损失继续扩大或限制其扩展的范围。例如，当工程延期时，可以调整施工组织工序或增加工程所需资源进行赶工；当工程质量事故发生时，采取结构加固、局部补强等技术措施进行补救。

③分散风险

通过增加风险承担者来达到减轻总体风险压力为目的的措施，例如，联合体投标就是一种典型的分散风险的措施。该投标方式是针对大型工程，由多家实力雄厚的公司组成一个投标联合体，发挥各承包商的优势，增强整体的竞争力。如果投标失败，则造成的损失由联合体各成员共同承担；如有中标了，则在建设过程中的各项政治风险、经济风险、技术风险同样由联合体共同承担，并且由于各承包商的优势不同，很可能有些风险会被某承包商利用并转化为发展的机会。

④分离风险

将各风险单位分离间隔，避免发生连锁反应或相互牵连。例如，在施工过程中，将易燃材料分开存放，避免出现火灾时其他材料遭受损失的可能。

2. 风险预防

（1）风险预防的内涵

风险预防是指采取技术措施预防风险事件的发生，是一种主动的风险管理策略，常分为有形和无形两种手段。

（2）风险预防的方法

①有形手段

工程法是一种有形手段，是指在工程建设过程中，结合具体的工程特性采取一定的工程技术手段，避免潜在风险事件发生。例如，为了防止山区区段山体滑坡危及高速公路过往车辆和公路自身，可采用岩锚技术锚固松动的山体，增加因开挖而破坏了的山体稳定性。

②无形手段

a. 教育法

教育法是指通过对建筑工程施工项目人员广泛开展教育，提高参与者的风险意识，使其认识到工作中可能面临的风险，了解并掌握处置风险的方法和技术，从而避免未来潜在工程风险的发生。建筑工程施工项目风险管理的实践表明，项目管理人员和操作人员的行为不当是引起风险的重要因素之一，因此，要防止与不当行为有关的风险，就必须对有关人员进行风险教育和风险管理教育。教育内容应该包含有关安全、投资、城市规划、土地管理及其他方面的法规、规范、标准和操作规程、风险知识、安全技能等。

b. 程序法

程序法是指通过具体的规章制度制定标准化的工作程序，对建筑工程施工项目活动进行规范化管理，尽可能避免风险发生和造成的损失。例如，我国长期坚持的基本建设程序，反映了固定资产投资活动的基本规律。实践表明，不按此程序办事，就会犯错误，就要造成浪费和损失。所以若从战略上减轻建筑工程施工项目的风险，就必须遵循基本建设程序。再如，塔吊操作人员需持证上岗并严格按照操作规程进行工作。

预防策略还可以在建筑工程施工项目的组成结构上下功夫，例如，增加可供选用的行动方案数目，为不能停顿的施工作业准备备用的施工设备等。此外，合理地设计项目组织形式也能有效预防风险，例如，项目发起单位在财力、经验、技术、管理、人力或其他资源方面无力完成项目时，可以同其他单位组成合营体，预防自身不能克服的风险。

使用预防策略时需要注意的是，在建筑工程施工项目的组成结构或组织中加入多余的部分，同时增加了项目或项目组织的复杂性，提高了项目成本，进而增加了风险。

3. 风险转移

（1）风险转移的内涵

风险转移，又称为合伙分担风险，是指在不降低风险水平的情况下，将风险转移至参与该项目的其他人或其他组织。风险转移是建设项目管理中广泛应用的风险应对方法，其目的不是降低风险发生的概率和减轻不利后果，而是通过合同或协议，在风险事故一旦发生时将损失的一部分转移到有能力承受或控制项目风险的个人或组织。

（2）风险转移的方法

风险转移的方法分为两种，第一种是保险转移，即借助第三方——保险公司来转移风险。该途径需要花费一定的费用将风险转移给保险公司，当风险发生时获得保险公司的补偿。同其他风险规避策略相比，工程保险转移风险效率是最高的。

第二种是非保险转移，是通过转移方和被转移方签订协议进行风险转移的。建设项目风险常见的非保险转移包括出售、合同条款、担保和分包等方法。

①出售

该方法是指通过买卖契约将风险转移给其他单位，因此，卖方在出售项目所有权的同时就把与之有关的风险转移给了买方。例如，项目可以通过发行股票或债券筹集资金。股票或债券的认购者在取得项目的一部分所有权时，时也承担了一部分项目风险。

②合同条款

合同条款是建设项目风险管理实践中采用较多的风险转移方式之一。这种转移风险的实质是利用合同条件来开脱责任，在合同中列入开脱责任条款，要求对方在风险事故发生时，不要求自身承担责任。

③担保

担保是指为他人的债务、违约或失误负间接责任的一种承诺。在建设项目管理上是指银行、保险公司或其他非银行金融机构为项目风险负间接责任的一种承诺。当然，为了取得这种承诺，承包商要付出一定的代价，但这种代价最终要由项目业主承担。在得到这种承诺后，当项目出现风险时就可以直接向提供担保的银行、保险公司或其他非金融机构获得。

目前，我国工程建设领域实施的担保内容主要包括承包商需要提供的投标担保、履约担保、预付款担保和保修担保，业主需要提供的支付担保以及承包商和业主都应进一步向担保人提供的反担保。其中，支付担保是我国特有的一种担保形式，是针对当前业主拖欠工程款现象而设置的，当业主不履行支付义务时，则由保证人承担支付责任。

④分包

分包是指在工程建设过程中，从事工程总承包的单位将所承包的建设工程的一部分依法发包给具有相应资质的承包单位的行为，该总承包人并不退出承包关系，与分包商就其所完成的工作成果向发包人承担连带责任。

建设工程分包是社会化大生产条件下专业化分工的必然结果，例如，我国三峡水利项目，投资规模巨大，包括土建工程、建筑安装工程、大型机电设备工程、大坝安全检测工程等许多专业工程。任何一家建筑公司都不可能独自承揽这么大的项目，因此有必要选择分包单位进行分包。

4.风险回避

（1）风险回避的内涵

风险回避是指当建筑工程施工项目风险潜在威胁发生可能性太大，不利后果也太严重，又无其他策略可用时，主动放弃项目或改变工程项目目标与行动方案，从而规避风险的一种策略。

如果通过风险评价发现工程项目的实施将面临巨大的威胁，项目管理班子没有其他办法控制风险，甚至保险公司也认为风险太大，拒绝承保，这时就应该考虑放弃建筑工程施工项目的实施，避免巨大的人员伤亡和财产损失。

（2）风险回避的方法

回避风险是一种最彻底地消除风险影响的策略。风险回避采用终止法，是指通过放弃、中止或转让项目来回避潜在风险的发生。

①放弃项目

在建筑工程施工项目开始实施前，如果发现存在较大的潜在风险，且不能采用其他策略规避该风险时，则决策者就需要考虑放弃项目。例如，某大型建筑施工企业拟投标某国际工程，经调查研究发现，该工程所在国家政治风险过大，因此主动拒绝了该建设项目业主的招标邀请。

②中止项目

在建筑工程施工项目实施过程中，如果预见自身无法承担的风险事件即将发生，决策者就应立即停止该项目的实施。例如，在国际工程施工过程中，若发现该国出现频繁的罢工、动乱，社会治安越来越差的情况下，应立即停止在该国的施工项目，从而避免由此引起的人员伤亡和财产的损失。

③转让项目

当企业战略有重大调整或出现其他重大事件影响建筑工程施工项目实施时，单纯地放弃或中止项目会造成巨大损失，因此，需要考虑采取转让项目的方式规避损失。另外，不同的企业有不同的优势，对于自身是重大的风险可能对其他企业来说却不是，因此，在面临可能带来巨大损失的风险事件时，应考虑转让工程项目的策略。

5. 风险自留

（1）风险自留的内涵

风险自留是指建筑工程施工项目主体有意识地选择自己承担风险后果的一种风险应对策略。风险自留是一种风险财务技术，项目主体明知可能会发生风险，但在权衡了其他风险应对策略后，处于经济性和可行性考虑，仍将风险自留，若风险损失真的出现，则依靠项目主体自己的财力去弥补。

风险自留分为主动风险自留和被动风险自留两种。主动风险自留是指在风险管理规划阶段已经对风险有了清楚的认识和准备，主动决定自己承担风险损失的行为。被动风险自留是指项目主体在没有充分识别风险及其损失，且没有考虑其他风险应对策略的条件下，不得不自己承担损失后果的风险应对方式。

（2）风险自留的方法

当项目主体决定采取风险自留后，需要对风险事件提前做一些准备，这些准备称为风险后备措施，主要包括费用、进度和技术方面的措施。

①费用后备措施

费用后备措施主要是指预算应急费，是事先准备好用于补偿差错、疏漏及其他不确定性对建筑工程施工项目费用估计产生不精确影响的一笔资金。

预算应急费在建筑工程施工项目预算中要单独列出，不能分散到具体费用项目下，否则，建设项目管理班子就会失去对这笔费用的控制。另外，预算人员也不能由于心中无数而在各个具体费用项目下盲目地进行资金的预留，否则会导致预算估价过高而失去中标的机会或使不合理的预留以合法的名义白白花出去。

预算应急费一般分为实施应急费和经济应急费两种。实施应急费用于补偿估价和实施主程中的不确定性，可进一步分为估价质量应急费和调整应急费。估价质量应急费主要用于弥补建设项目目标不明确、工作分解结构不完全和不确切、估算人员缺乏经验和知识、估算和计算有误差等造成的影响；调整应急费主要用于支付调整期间的各项开支，如系统调试、更换零部件、零部件的组装和返工等所产生的费用。经济应急费用于对付通货膨胀和价格波动，分为价格保护应急费和涨价应急费。价格保护应急费用于补偿估算项目费用期间询价中隐量的通货膨胀因素；涨价应急费是在通货膨胀严重或价格波动厉害时期，供应单位无法或不愿意为未来的订货报固定价时所预留的资金。价格保护应急费和涨价应急费需要一项一项地分别计算，不能作为一笔总金额加在建设项目估算上，因为各种不同货物的价格变化规律不同，不是所有的货物都会涨价。

②进度后备措施

对于建筑工程施工项目进度方面的不确定因素，项目各方一般不希望以延长时间的方式来解决。因此，项目管理班子就要设法制订一个较紧凑的进度计划，争取在项目各方要求完成的日期之前完成项目。从网络计划的观点来看，进度后备措施就是通过压缩关键路线各工序时间，以便设置一段时差或者浮动时间，即后备时差。

压缩关键路线各工序时间有两大类办法：减少工序（活动）时间或改变工序间的逻辑关系。一般来说，这两种方法都要增加资源的投入，甚至带来新的风险，因此，在应用时需要仔细斟酌。

③技术后备措施

专门用于应付项目的技术风险，是一段预先准备好了的时间或资金。一般来说，技术后备措施用上的可能性很小，只有当不太可能发生的事件真正发生时，需要采取补救行动时，才动用技术后备措施。

6. 风险利用

（1）风险利用的内涵

应对风险不仅只是回避、转移、预防、减轻风险，更高一个层次的应对措施是风险利用。

根据风险定义可知，风险是一种消极的、潜在的不利后果，同时是一种获利的机会。

也就是说，并不是所有类型的风险都带来损失，而是其中有些风险正确处置是可被利用并产生额外收益的，这就是所谓的风险利用。

风险利用仅就投机风险而言，原则上投机风险大部分有被利用的可能，但并不是轻易就能取得成功，因为投机风险具有两面性，有时利大于弊，有时相反。风险利用就是促进风险向有利的方向发展。

当考虑是否利用某投机风险时，首先应分析该风险利用的可能性和利用的价值；其次，必须对利用该风险所需付出的代价进行分析，在此基础上客观地检查和评估自身承受风险的能力。如果得失相当或得不偿失，则没有承担的意义。或者效益虽然很大，但风险损失超过自己的承受能力，也不宜硬性承担。

（2）风险利用的策略

当决定采取风险利用策略后，风险管理人员应制订相应的具体措施和行动方案。既要充分利用、扩大战果的方案，又要考虑退却的部署，毕竟投机风险具有两面性。在实施期间，不可掉以轻心，应密切监控风险的变化，若出现问题，要及时采取转移或缓解等措施；若出现机遇，要当机立断，扩大战果。

另外，在风险利用过程中，需要量力而行。承担风险不仅要有实力，而利用风险则对实力有更高的要求，还要有驾驭风险的能力，即要具有将风险转化为机会或利用风险创造机会的能力，这是由风险利用的目的所决定的。

二、建筑工程施工的风险监控

（一）风险监控的含义

风险监控是通过对风险规划、识别、估计、评价、应对等全过程的监视和控制，从而保证风险管理能达到预期的目标，它是建筑工程施工项目实施过程中的一项重要工作。监控风险实际上是监视工程项目的进展和项目环境，即工程项目情况的变化，其目的是核对风险管理策略和措施的实际效果是否与预见的相同；寻找机会改善和细化风险规避计划，获取反馈信息，以便将来的决策更符合实际。

建筑工程施工项目风险监控是建立在工程项目风险的阶段性、渐进性和可控性基础之上的一种项目管理工作。在风险监控过程中，及时发现那些新出现的以及预先制定的策略或措施不见效或性质随着时间的推延而发生变化的风险，然后及时反馈，并根据对项目的影响程度，重新进行风险规划、识别、估计、评价和应对，同时应对每一风险事件制定成败标准和判断依据。

（二）风险监控的方法

通过项目风险监视，不但可以把握建筑工程施工项目风险的现状，而且可以了解建筑工程施工项目风险应对措施的实施效果、有效性，以及出现了哪些新的风险事件。在风险监视的基础上，则应针对发现的问题，及时采取措施。这些措施包括权变措施、纠正措施以及提出项目变更申请或建议等。并对工程项目风险重新进行评估，对风险应对计划做重新调整。

1. 权变措施

风险控制的权变措施（Workaround），即未事先计划或考虑到的应对风险的措施工程项目是一开放性系统，建设环境较为复杂，有许多风险因素在风险计划时是考虑不到的，或者对其没有充分的认识。因此，对其的应对措施可能会考虑不足，或者事先根本就没有考虑。而在风险监控时才发现了某些风险的严重性甚至是一些新的风险。若在风险监控中面对这种情况，就要求能随机应变，提出应急应对措施。对这些措施必须有效地做记录，并纳入项目和风险应对计划之中。

2. 纠正措施

纠正措施就是使建筑工程施工项目未来预计绩效与原定计划一致所作的变更。借助风险监视的方法，或发现被监视建筑工程施工项目风险的发展变化，或是否出现了新的风险。若监视结果显示，工程项目风险的变化在按预期发展，风险应对计划也在正常执行，这表明风险计划和应对措施均在有效地发挥作用。若一旦发现工程项目列入控制的风险在进一步发展或出现了新的风险，则应对项目风险做深入分析的评估，并在找出引发风险事件影响因素的基础上，及时采取纠正措施（包括实施应急计划和附加应急计划）。

3. 项目变更申请

项目变更申请，如提出改变建筑工程施工工程项目的范围、改变工程设计、改变实施方案、改变项目环境、改变工程费用和进度安排的申请。一般而言，如果频繁执行应急计划或权变措施，则需要对工程项目计划进行变更以应对项目风险。

在建筑工程项目施工阶段，在合同约定的环境下，项目变更，又称工程变更。无论是业主、监理单位、设计单位，还是承包商，认为原设计图纸、技术规范、施工条件、施工方案等方面不适应项目目标的实现，或可能会出现风险，均可向监理工程师提出变更要求或建议，但该申请或建议一般要求是书面的。工程变更申请书或建议书包括：①变更的原因及依据；②变更的内容及范围；③变更引起的合同价的增加或减少；④变更引起的合同期的提前或延长；⑤为审查所必须提交的附图及其计算资料等。

对工程变更申请一般由监理工程师组织审查。监理工程师负责对工程变更申请书或建议书进行审查时，应与业主、设计单位、承包商充分协商，对变更项目的单价和总价进行估算，分析因变更引起的该项工程费用增加或减少的数额，以及分析工程变更实施后对控制项目的纯风险所产生的效果。工程变更一般应遵循的原则：

（1）工程变更的必要性与合理性；

（2）变更后不降低工程的质量标准，不影响工程竣工验收后的运行与管理；

（3）工程变更在技术上必须具有可行性、可靠性；

（4）工程变更的费用及工期是经济合理的；

（5）工程变更尽可能不对后续施工在工期和施工条件上产生不良影响。

4. 风险应对计划更新

风险是一随机事件，可能发生，也可能不发生；风险发生后的损失可能不太严重，比预期的要小，也可能损失较严重，比预期的要大。通过风险监视和采取应对措施，可能会减少一些已识别风险的出现概率和后果。因此，在风险监控的基础上，有必要对项目的各种风险重新进行评估，将项目风险的次序重新进行排列，对风险的应对计划也进行相应更新完善，以使新的和重要风险能得到有效的控制。

（三）风险监控的过程

作为项目风险管理的一个有机组成部分，项目风险监控也是一种系统过程活动。项目风险监督与控制中各具体步骤的内容与做法分别说明如下：

1. 建立项目风险事件监督与控制体制

这是指在建筑工程施工项目开始之前根据项目风险识别和度量报告所给出的项目风险信息，制定出整个项目风险监督与控制的大政方针、项目风险监督与控制的程序以及项目风险监督与控制的管理体制，包括项目风险责任制、项目风险信息报告制、项目风险控制决策制、项目风险控制的沟通程序等。

2. 确定要控制的具体项目风险

这一步是根据建筑工程施工项目风险识别与度量报告所列出的各种具体项目风险确定出对哪些项目风险进行监督和控制，对哪些项目风险采取容忍措施并放弃对它们的监督与控制。通常这需要按照具体项目风险和项目风险后果的严重程度，以及项目风险发生概率和项目组织的风险控制资源等情况确定。

3. 确定项目风险的监督与控制责任

这是分配和落实项目具体风险监督与控制责任的工作。所有需要监督与控制的项目风险必须落实有具体负责监督与控制的人员，同时要规定他们所负的具体责任。对于项目风险控制工作必须由专人负责，不能多人负责，也不能由不合适的人去担负风险事件监督与控制的责任，因为这些都会造成大量的时间与资金的浪费。

4. 确定项目风险监督与控制的行动时间

这是指对建筑工程施工项目风险的监督与控制要制订相应的时间计划和安排，计划和规定出解决项目风险问题的时间表与时间限制。因为没有时间安排与限制，多数项目风险问题是不能有效地加以控制的。许多由于项目风险失控所造成的损失是因为错过了项目风险监督与控制的时机而造成的，所以必须制订严格的项目风险控制时间计划。

5. 制定各具体项目风险的监督与控制方案

这一步由负责具体项目风险控制的人员，根据建筑工程施工项目风险的特性和时间计划制定出各具体项目风险的控制方案。在这一步骤中要找出能够控制项目风险的各种备选方案，然后对方案做必要的可行性分析，以验证各项目风险控制备选方案的效果，最终选定要采用的风险控制方案或备用方案。另外，还要针对风险的不同阶段制定不同阶段使用的风险控制方案。

6. 实施具体的项目风险监督与控制方案

这一步是按照选定的具体建筑工程施工项目风险控制方案开展项目风险控制的，必须根据项目风险的发展与变化不断地修订项目风险控制方案和办法。对于某些项目风险而言，风险控制方案的制定与实施几乎是同时的。例如，设计制定一条新的关键路径并计划安排各种资源去防止和解决工程项目拖延问题的方案就是如此。

7. 跟踪具体项目风险的控制结果

这一步的目的是收集风险事件控制工作的信息并给出反馈，即利用跟踪去确认所采取的项目风险控制活动是否有效，建筑工程施工项目风险的发展是否有新的变化等。这样就可以不断地提供反馈信息，从而指导项目风险控制方案的具体实施。这一步与实施具体项目风险控制方案是同步进行的。通过跟踪给出项目风险控制工作信息，再根据这些信息去改进具体项目风险控制方案及其实施工作，直到对风险事件的控制完结为止。

8. 判断项目风险是否已经消除

如果认定某个项目风险已经解除，则该具体项目风险的控制作业就已经完成了。若判断该项目风险仍未解除，就需要重新进行项目风险识别。这需要重新使用项目风险识别的方法对项目具体活动的风险进行新一轮的识别，然后重新按本方法的全过程开展下一步的项目风险控制作业。

第七章　建筑工程结构设计

第一节　建筑结构的基本知识

一、结构的概念

建筑物是人类建造的人工空间，当自然界出现各种复杂的变化时（如遭遇风、雨、雪及地震等），稳固的人工空间能够保证人类的正常生活与生产，如住宅、办公楼、购物中心等民用建筑，以及厂房、仓库等工业建筑。建筑物是人类得以生存与发展的基础，世界上的文明古国无不留下了令人叹为观止的建筑奇迹，正如历史学家所说，建筑是凝固的历史，是历史最坚定不移的诉说者，它们承载着人类历史的变迁，见证了人类历史的发展。

除了建筑物，为了达到某种特殊的目的，人们还修建了各种各样的构筑物。构筑物是指人们一般不直接在内进行生产、生活活动的场所，如桥梁——交通方便，用来沟通自然界的各种阻隔，使天堑变通途；水坝——挡水或约束水流的方向，从而保证人类对水资源的有效利用。此外，常见的构筑物还有烟囱、围墙、蓄水池及隧道等。同建筑物一样，这些构筑物也需要面对各种自然的力量与人为的作用。

为了保证这些建筑物、构筑物在各种自然、人为的作用下保持其自身的工作状态（如跨度、高度及稳定性等），必须有相应的受力、传力体系，这个体系就是结构。在本书后文，为了便于阐述，我们将建筑物与构筑物统称为建筑物。

建筑结构是构成建筑物并为其使用功能提供空间环境的支承体。建筑结构承担着建筑物的重力、风力、撞击及振动等作用下所产生的各种荷载，是建筑物的骨架。在正确设计、施工及正常的使用条件下，建筑结构应该具有抵御可能出现的各种作用的能力。同时，建筑结构又是影响建筑构造、建筑经济和建筑整体造型的基本因素之一，是建筑物赖以存在的基础。

对于建筑物来说，常见的房屋建筑中的梁、板、柱等属于建筑结构，屋顶、墙和楼板层等是构成建筑使用空间的主要组成部件，它们既是建筑物的承重构件，又是建筑物的围护构件，其功能是抵御和防止风、雨雪、冰冻以及内部空间相互干扰等影响，为提供良好的空间环境创造条件。此外，桥梁的桥墩、桥跨，水坝、堤岸等也属于建筑结构（或称为土木结构），而人们在日常活动中看不到的基础也属于建筑结构。

结构是建筑物的骨架，是建筑物赖以存在的基础，因此结构必须是安全牢固的，即在各种自然与人为的作用下保持其基本的强度要求——不被破坏，基本的刚度要求——不发生较大的变形，基本的稳定性要求——不出现整体与局部的倾覆。

通常情况下，常规建筑结构的工程造价及用工量分别占建筑物造价及施工用工量的30%~40%，建筑结构工程的施工期占建筑物施工总工期的40%~50%。由此可见，建筑结构在很大程度上影响了整个建筑物的造价和工期。

二、结构的作用

从结构的基本原则来看，结构的作用是在其使用期限内，将作用在建筑物上的各种荷载或作用（从自然到人为的各种力和作用）承担起来，在保证建筑物的强度、刚度和耐久性的同时，将所有的作用力可靠地传递给地基。

建筑结构的作用主要包括抵抗结构的自重、承担其他外部重力、承担其他侧向力以及承担特殊作用。

（一）抵抗结构的自重作用

自重是地球上的任何物体均存在的基本物理特征，是由地球的引力产生的，组成结构的材料同样存在自重。尽管初学者在学习力学基础时，由于简化计算的需要而经常忽略结构的自重，但实际上很多结构材料的比重（单位体积的重量）非常大，从而会使自重成为结构的主要荷载，如混凝土结构、砖石砌体结构等，在结构设计中是无法忽略的。

通常情况下，自重是均匀地分布在结构上的，因此自重在计算时经常被简化为均布性的竖直荷载，如梁板的计算。但是，有时也会为了计算简化的需要，在不影响整体结构受力效果的前提下，将自重简化为集中荷载。例如，在桁架的计算中，会将杆件的自重简化为作用在节点上的集中力。

（二）承担其他外部重力作用

结构上的各种附加物，如设备、装饰物及人群等，均存在重量，需要结构来承担。上部结构对于下部结构来说，也是附加的外部重力荷载，需要下部结构来承担。因此，结构需要承担各种外部重力形成的荷载作用，这是对结构的基本要求，也是单层结构发展为多层结构的基本前提。

结构所承担的其他外部重力荷载是多种多样的，会随着建筑物的差异而不同。北方地区冬季降雪量大，因此雪荷载是北方地区结构设计所要考虑的重要内容，这也是北欧、俄罗斯等地的古典建筑大部分采用尖顶的原因所在（尖顶的倾斜屋面难以留存大量的积雪，从而可避免建筑物由于沉重的雪荷载作用而倒塌）。而生产中有大量排灰的厂房（如冶金、水泥生产等）及其邻近建筑物，在进行结构设计时，需要考虑屋顶的积灰产生的重力荷载。这是由于这类建筑物的屋顶容易积存大量的灰尘，如果这类建筑物的体型较大，日常的清理工作会很难进行，在使用几十年后，积灰的重力作用对建筑物的影响是不容忽视的。

（三）承担其他侧向力作用

结构除需要考虑垂直力的作用外，抵抗侧向力对于建筑物来说也是十分重要的。对于较低的建筑物，侧向力并不构成主要的破坏作用，但是随着建筑物的增高，侧向力逐步取代垂直的重力作用，成为影响建筑物的主要作用。

常见的侧向力作用有风和地震作用。风是空气的流动所形成的，由于建筑物会对风的流动形成阻力，因此风也会对建筑物形成推力。地震时，地面会产生往复的侧向位移，而由于惯性，建筑物会保持原有的静止状态。因此，地震时地面与建筑物之间会形成运动状态的差异，从而形成侧向力的作用。与风的作用不同，地震不是直接产生的力作用在建筑物上，而是由建筑物自身惯性产生的，因此建筑物所受到的地震作用除了与地震的强弱有关，也与建筑物自身质量等关系密切。

对于特定的构筑物，由于要满足特殊的功能要求，因此除风与地震作用外，还需要承担特定的侧向力。例如，桥梁需要承担车辆的水平刹车力；水坝与堤岸需要承担波浪的侧压力与冲击力；挡土墙需要承担土的侧压力等。在结构设计中，侧向力与作用是不能够忽视的，且大多数侧向力与作用属于动荷载，作用更加复杂。

（四）承担特殊作用

除常规的力与作用外，建筑物可能由于特殊的功能或原因，承担特殊的作用。例如，我国北方冬季寒冷、夏季酷热，温度变化范围可达60℃以上，冬季室内外温差达到50℃以上，温度的变化导致的结构变形不协调是产生结构内力的主要原因。结构外表面温度较低而结构内部温度较高，形成较大的温度差导致结构发生变形，若变形遭到约束，则在结构内部产生应力，容易产生温度裂缝。有时候，建筑物的地基会在建筑物的荷载、地下水及地震等多种因素的影响下产生沉陷，而当地基的沉陷不均匀时，会导致建筑物被破坏，常见的破坏形式包括建筑物倾斜、不均匀沉降、墙体开裂、基础断裂等。结构设计者也需要考虑这些特殊原因产生的影响，才能保证所设计的结构是安全、可靠的。

三、结构的组成

结构是由构件经过稳固的连接而形成的。构件是结构直接承担荷载的部分，连接可以将构件所承担的荷载传递到其他构件上，进而传递到结构基础上直至地基。

从一般的建筑结构来理解，结构有几个特定的组成部分。

（一）形成跨度的构件与结构

建筑物内部要形成必要的使用空间，跨度是必不可少的尺度要求。跨度是建筑物中梁、板及拱券等两端承重结构之间的距离，没有跨度就不可能形成内部的空间。没有跨度构件，各种跨度以上的垂直重力荷载就不可能传至结构的基础。

在形成跨度的构件和结构中，应用最广泛的跨度构件是梁。若想跨越一段距离时，最简单的方法是将粗棒状的物体横向置于两个支点之间。这种方法，我们的祖先恐怕在几万年前就已经知道了。在他们的原始生活中，被风刮倒的树木偶然横跨在小河上，被当作圆木桥使用。于是，这就成为人们渡河和横跨山谷的手段之一。横架（水平放置）于支点之间的棒状物称为梁。梁是现代建筑、桥梁结构中的应用最广泛的构件之一。

结构中有了梁的作用，才能保证梁的下部空间，同时可以在梁的上部形成平面，进而形成建筑中第二层的人工空间。此外，梁是轴线尺度远远大于截面尺度的线形构件，在结构设计计算时可以将其简化为截面尺度为零的杆件。受弯是梁的基本受力特征，弯曲是梁的基本变形特征。

板是覆盖一个面并且具有相对较小厚度的平面形结构构件，其原理、作用与梁基本相同。但当板的尺度与约束共同作用，体现出明显的空间特征时，其计算原理会稍有变化。

桁架、拱券以及悬索等是形成跨度的构件与结构中的特殊形式，这些结构与构件与梁、板构件的不同之处是，它们不是以受弯为基本受力特征的，且通常应用在大跨度结构中。在大跨度结构中，梁的弯曲效应巨大，这对于结构来说是非常不利的，因此采用桁架、拱以及悬索等结构形式，可以达到抵消或减小结构的弯曲效应的目的。

（二）垂直传力的构件与结构

当跨度构件（如梁、板等）形成空间并承担相应的重力荷载时，跨度构件的两端必然会形成对于其他构件的向下的压力作用，这种压力作用需要有其他的构件承担并向下传递至基础。同时，建筑物的空间需要高度方向的尺度，应有相应的构件形成建筑物的空间高度要求。满足上述需要的构件与结构即为垂直传力构件与结构。

常见的垂直传力构件或结构是柱。通常情况下，柱的顶端是梁。为了把梁架设在一定高度上，就需要借助柱子。柱子是将棒状物竖直放置用来支撑荷载的一种构件。柱子与梁一样，都具有悠久的历史，也是现代建筑结构中使用最为普遍的一种构件。梁将其承担的垂直作用传给柱；柱的下部是基础，将作用传递至地基。当然，柱的下部也可以是柱，从而形成多层建筑。在特殊情况下，柱的下部也可以是梁，一般称为托梁，托梁将其上柱的垂直力向梁的两端分解传递。

柱与梁类似，柱的轴线尺度也远远大于截面尺度，在结构设计计算时也可以将其简化为截面尺度为零的杆件。轴向力是柱的基本受力特征，即柱主要承受平行于柱轴线的竖向荷载。同时，由于结构中竖向荷载可能存在偏心作用，导致作用在柱上的轴向力对柱产生偏心影响，因此使柱受压的同时受弯。

墙也是垂直传力的构件之一，其原理、作用与柱基本相同。但是墙与柱相比，由于墙的轴线方向具有较大侧向尺度，因此该尺度方向的刚度较大，从而具有良好的抵抗侧向变形的能力，这是柱并不具备的。墙除作为承重构件之外，还有分隔空间、保温、隔声及隔热等功能。

（三）抵抗侧向力的构件与结构

建筑物内部需要有相应的构件与结构来抵抗侧向力或者作用。常见的抵抗侧向力的构件是墙。由于墙的侧向尺度较大，因此其侧向刚度大、抗侧移能力强，可以有效抵御侧向变形与荷载。此外，更重要的是墙可以直接与地面相连接，从而使建筑物形成整体的刚度空间。

楼板也是抵抗侧向力的构件之一。楼板的侧向刚度也较大，但板并不直接与地面相连，它只能够将建筑物在板所在的平面内形成刚性连接体，而不能如墙一般使建筑物在不同层间形成刚度。

除墙以外，柱与柱之间可以利用支撑来形成抵抗侧向变形的结构，在许多钢结构的建筑中，这种支撑是必不可少的，其作用与墙是相同的。

（四）基础

基础是结构的底部，是埋入土层一定深度的建筑物下部承重结构。基础是将建筑物上部的各种荷载与作用传递至地基的重要部分，没有基础，建筑物就是空中楼阁。由于建筑物承受各种荷载与作用，因此基础也要承担垂直力、水平侧向力及弯曲作用等复杂的作用。通常情况下，基础应向地面以下埋置一定的深度，以确保建筑物的整体稳定性。

地基与基础不同，它并不属于结构。地基是基础以下的持力土层或岩层，是上部荷载最终的承接者。因此，地基必须有足够的强度、刚度与稳定性。强度是地基不能受压破坏；刚度是地基的岩层与土层的压缩性不能超过相应的要求，尤其是不均匀的变形，这会导致建筑物的倾斜和裂缝，如著名的比萨斜塔就是由于地基的不均匀沉降而形成的；稳定性是地基不能够发生滑移与倾覆等整体性的破坏。

四、建筑物对于结构的基本要求

由于结构对于建筑物具有特殊的作用与意义，因此结构必须满足特定的要求才能够保证其功能的实现，从而保证建筑物的功能。

对于结构的特殊功能要求包括安全性、适用性、耐久性和稳定性。

（一）结构的安全性功能要求

安全是对结构的基本要求，如果没有安全性，建筑物也就失去了基本的意义。结构的安全性是指结构在各种外部与内部的不良作用下，能够保持其稳固的形体，使内部空间得以存在，让人们的生产、生活得以保证，即结构能够承受正常施工、正常使用可能出现的各种荷载、变形等作用。

　　此外，建筑物对于结构安全性的考量与普通的安全性不同。施加于结构的外力作用是十分复杂的，有时建筑物可能会遭遇罕见的巨大外力作用，如超出设计范围的地震、海啸等，而在超过人们预料的巨大作用面前，建筑物也要保证安全。此时安全性的意义并不是建筑物不被破坏，而是以人们所预料的方式被破坏，并在被破坏前有明确的预警，这才是真正意义上的结构安全性。

（二）结构的适用性功能要求

　　结构的适用性是指结构在正常使用条件下，能够保证自身发挥其作用的同时，还能满足预定的使用功能要求。例如，如果建筑物是仅仅为了满足安全要求，而导致结构尺度过大影响到建筑物功能的发挥，这样的结构是不可取的。事实上，结构尺度过大是建筑空间设计与结构的基本矛盾，优秀的结构工程师的主要任务之一是寻找适度的结构尺度。

　　另外，结构在保证受力安全及正常使用过程中应具有良好的工作性能，不能产生较大的变形、挠曲、裂缝及震颤等不良反应，否则会影响建筑物功能的正常发挥，甚至造成使用者强烈的不安全感和心理冲击。

（三）结构的耐久性功能要求

　　持续性地、长期地发挥功效也是对结构的基本要求之一。结构的耐久性是指结构必须保证在正常使用和维护的前提下，在建筑物存在的期限内发挥其应有的功能，结构不能先于建筑物的寿命破坏。因此，结构在正常使用和正常维护条件下，在规定的设计基准期内应具有足够的耐久性。结构的耐久性要求建筑物应该能够抵御自然界的腐蚀作用、气候冷热变化所产生的冻融循环作用等，如不发生裂缝开展过大、材料风化、腐蚀、老化而影响结构的使用寿命，不发生影响结构耐久性的局部破坏。

　　此外，建筑一次性投资费用较大的特点也要求建筑物能够长期存在，以产生效益、回收成本，因此从经济角度考虑，也必然要求结构具有耐久性。

（四）结构的稳定性功能要求

　　稳定性是结构抗倾覆的能力，失稳破坏的后果是极其严重的，失稳破坏经常表现为没有先兆性的破坏，在结构的使用中不能进行有效地预防，因此必须在结构设计时加以构造处理，防止失稳。

　　结构的稳定性功能要求结构在偶然作用（强震、强风、爆炸）的影响下，仍能保持结构的整体稳定。

五、建筑结构设计的主要内容

（一）建筑设计的主要内容

　　通常情况下，建筑设计是由建筑师完成的。建筑设计的基本要求包括满足建筑功能的要求、采用合理的技术措施、具有良好的经济效果、考虑建筑美观的要求，以及符合总体规划的要求等。

建筑师的主要任务之一是确定建筑的复杂功能。为了完成建筑的预定功能，应该保证建筑系统做到与自然界不同的人工空间、与自然界不同的人工物理环境两个方面。因此，建筑的功能设计集中体现在以下几个方面。

首先，确定建筑物的特定功能。例如，确定拟建的建筑物需要具有居住或办公、商用或生产等功能。对于特定的功能领域，建筑师还需要将其具体化、定量化，从而形成特定的平面与空间的组合；形成空间之间的有效联系——交通组织与通信体系；形成人工物理环境的特定参数——适当的温度、湿度与照明；形成人工环境与自然环境的交流——能源的供应和物质的流动等。同时，为了确保建筑物与自然界、城市环境相协调，建筑师还需要在建筑物的整体造型上加以调整，使之更加美观和完善。

其次，建筑师应与结构师进行沟通，由结构工程师选择并设计能够承担该空间及其设施，并适应于该建筑物所在自然环境的结构体系，使之形成安全稳定的建筑空间，使结构具有足够的强度、刚度及稳定性来保证建筑物的作用与功能。

最后，为了保证建筑物的特定功能的实现，建筑师还应该与设备工程师进行详细的沟通与协调，设计出保证人们在该人工环境内正常生活、工作的设备系统——给排水、暖通、空调、电梯、能源供应等复杂的设备系统。

（二）结构设计的主要内容

通常情况下，结构设计是由结构工程师完成的。所谓结构设计，从根本意义上来讲，就是选择与设计适当的结构，使建筑物能够在各种自身与外界的作用下正常工作。概括来说，结构设计包括以下几个主要的过程。

1. 选择结构体系并确定力学计算简化模型

针对建筑物的基本功能要求，选择可以保证建筑空间与功能要求的结构体系，是结构设计的基础工作。恰当的结构体系可以使结构设计简单化，保证结构的安全性和可靠性。

此外，在现实中结构是具有各种空间尺度与约束的体系，单纯的力学计算难以完整考量和解决这些实际结构中出现的各种问题。因此，必须根据实际结构的受力与变形特征，将结构进行相应的合理简化，使结构成为可以运用力学原理进行合理计算的力学模型。在进行结构简化的过程中，简化原则与特定的结构构造方法是十分重要的，在实际结构的施工中，必须保证采用相应的构造措施，使结构的实际受力方式与计算简化相一致，这是非常重要的环节。

2. 结构受力与作用的确定

在确定结构体系以后，要根据建筑物的功能、建筑物所处的地理环境与自然环境，以及建筑物的特定功能等要素，确定建筑物承受的各种自然的与人为的力学及变形作用，确定结构体系和构件在不同状态下的受力，从而确定将结构最不利的受力状态作为其设计状态。按此状态进行的结构设计，能够保证在大多数情况下结构体系的安全。

3. 结构破坏模式的确定

即使结构设计师对结构做了最不利的分析，结构也不可能绝对坚固而不被破坏。在特殊情况下，结构可能会面临结构设计中没有预计的强烈作用。因此，在特殊状态下结构采取何种破坏模式，对保障建筑使用者的生命安全是尤为重要的。

结构在强大的外力作用下可能会被破坏，在确定的外力作用下，采用确定材料的结构会形成确定性的破坏模式，从而形成特定的对应关系。这些对应的关系是研究结构被破坏情况的前提，也是结构设计的前提。设计者应将结构设计为在特殊不良作用导致的结构被破坏时，应以预先确定的破坏模式来进行破坏，包括破坏的位置、裂缝走向和发展趋势，以及结构坍塌的延迟时间等多个方面。

常规的结构破坏模式有脆性破坏、延性破坏两种类型。脆性破坏在破坏时没有先兆，包括变形与裂缝等。此类破坏比较突然，发展迅速，开始出现破坏的力学指标与极限破坏时的力学指标相接近，难以预料，是结构设计中应尽量避免的破坏模式。延性破坏在破坏前有先兆，尤其是有较大的先期塑性变形，裂缝发展缓慢。初始破坏的力学指标与极限指标相差较大，因此在结构最终被破坏之前呈现非常明显的先兆。这种先兆常常能够起到预警作用，使人们有相对充裕的时间撤离事故现场，这是结构设计时应考虑的特征性的破坏模式。

此外，失稳是一种极为特殊的破坏模式，它既不属于脆性破坏，也不属于延性破坏。失稳是由构件或结构整体性的受力模式的突然转化而导致的。例如，从长细杆件的受压转化为杆件受弯，薄腹梁平面内受弯转化为平面外受弯等现象。失稳是属于非常规的破坏模式，多发生在细长的受压构件（如钢结构）或较薄的受压区域，在设计中应尽量避免该类构件的出现。

4. 结构受力分析计算及图纸绘制

完成上述几个方面的考量之后，结构设计者需要依据具体的结构特征，通过力学计算，进一步确定和完善结构构件（如梁、板、柱等）的使用材料、尺度、截面形式和构件之间的联结方式等，并绘制结构设计图纸，以确保结构在各种设计的荷载作用下保持强度、刚度与稳定性，以及在意外的、超过限定范围的荷载作用下，按照设计的方式被破坏，从而在整体上体现结构的安全性能。

除此之外，结构设计还应在一定程度上满足施工的方便性要求，以确保建筑设计与结构设计的宗旨可以通过施工来体现。

六、建筑结构的分类及应用

建筑结构的分类方法是多种多样的，常见的建筑结构分类包括按照主要承重结构材料分类、按照结构受力和构造特点分类等。

（一）按照主要承重结构材料分类

1. 混凝土结构

混凝土结构包括素混凝土结构、钢筋混凝土结构和预应力混凝土结构，其中钢筋混凝土结构应用最为广泛，除一般工业与民用建筑外，许多特种结构（如水塔、水池、烟囱等）也可以采用钢筋混凝土建造。此外，混凝土结构还可以与钢结构组成混合结构。混凝土结构的主要受力优点是强度高、整体性好、耐久性与耐火性好、易于就地取材、具有良好的可模性等；主要缺点是自重大、抗裂性差、施工环节多、工期长等。

2. 钢结构

钢结构是由钢板、型钢等钢材通过有效的连接方式所形成的结构，广泛应用于工业建筑及高层建筑结构中，尤其适用于大跨度结构、重型厂房结构、受动力荷载影响的结构及高耸、高层结构。型钢也可以与混凝土组成劲性混凝土结构（又称型钢混凝土、劲钢混凝土）。随着中国经济的迅速发展、钢产量的大幅度增加，钢结构的应用领域有了较大的扩展。钢结构与其他结构相比，其主要优点是材料强度高、结构自重轻、材质均匀，可靠性好、施工简单且施工周期短，具有良好的抗震性能；其主要缺点是易腐蚀、耐火性差、工程造价和维护费用相对较高。

3. 砌体结构

砌体结构是由块材和砂浆等胶结材料砌筑而成的结构，包括砖砌体结构、石砌体结构和砌块砌体结构，广泛应用于一般性的多层民用建筑。其主要优点是易于就地取材、耐久性与耐火性好、施工简单、隔热隔音好、造价较低；其主要缺点是强度（尤其是抗拉强度）低、整体性差、结构自重大、工人劳动强度高且砌筑施工慢等。

4. 木结构

木结构是指全部或大部分用木材料构件组成的结构。由于木材生长受自然条件的限制，砍伐木材对环境的不利影响，以及木结构易燃易腐、结构变形大等因素，目前已较少采用。

（二）按照受力和构造特点分类

1. 承重墙结构

承重墙结构是以承重墙作为房屋竖向主要承重构件的结构体系，通常由砌体和钢筋混凝土材料制成。其中，房屋的承重墙由砖砌筑成砖砌体，承重墙主要承受竖向荷载，并兼作建筑物的维护和房间的分隔；房屋的楼（屋）盖由钢筋混凝土的梁、板组成，因此常被称为砖混结构。承重墙结构主要用于低层及层数不多的住宅、宿舍、办公楼和旅馆等民用建筑。

2. 框架结构

框架结构是指由梁和柱为主要构件组成的承受竖向和水平作用的结构。目前我国框架结构大部分采用钢筋混凝土建造。框架结构具有建筑平面布置灵活，与砖混结构（承重墙结构）相比，具有较高的承载力、较好的延性和整体性、抗震性能较好等优点，因此在工业与民用建筑中应用广泛。现浇钢筋混凝土框架结构通常应用于 6~15 层的多层和高层房屋，如教学楼、办公楼、商业大楼及高层住宅等。但框架结构仍属柔性结构，侧向刚度较小，其合理建造高度一般为 30m 左右，即房屋的经济层数约为 10 层。

3. 剪力墙结构

钢筋混凝土剪力墙（在抗震设计中又被称为抗震墙）结构是指房屋的内、外墙设置成实体的成片钢筋混凝土墙体，利用墙体承受竖向和水平作用的结构。剪力墙高度往往从基础到屋顶，宽度可以是房屋的全宽，而厚度最薄可达到 140mm，剪力墙与钢筋混凝土的楼盖、屋盖整体连接，形成剪力墙结构。这种结构体系的墙体较多，侧向刚度大，适宜建造平面布置单一、高度比较高的建筑物。目前广泛应用于住宅、旅馆等小开间的高层建筑中。

4. 框架—剪力墙结构

框架—剪力墙结构是指在框架结构内纵横方向适当位置的柱与柱之间，布置钢筋混凝土墙体，由框架和剪力墙共同承受竖向和水平作用的结构。这种结构体系结合框架和剪力墙各自的优点，既可以在房屋的平面布置上保持一定的灵活性，又可以增加房屋结构的抗侧刚度，目前广泛应用于办公楼、旅馆、公寓及住宅等 20 层左右的高层民用建筑中。

5. 筒体结构

筒体结构是指由单个或多个筒体组成的空间结构体系，其受力特点与一个固定于基础上的筒形悬臂构件相似。一般可将剪力墙或密柱深梁式的框架集中到房屋的内部或外围形成空间封闭的筒体，使整个结构具有相当大的抗侧刚度和承载能力。根据筒体不同的组成方式，筒体结构可分为框架—筒体、筒中筒、组合筒三种结构形式。筒体结构适宜建造的建筑物高度较高，是高层建筑常采用的结构形式。

6. 排架结构

排架结构是指由屋架（或屋面梁）、柱和基础组成，且柱与屋架铰接，与基础刚接的结构。排架结构多采用装配式体系，可以用钢筋混凝土或钢结构建造，广泛应用于单层工业厂房建筑。

（三）其他分类方法

建筑结构还可以按照其他方式进行分类，主要如下：

1. 按结构的使用功能分类

可以将结构分为建筑结构（如住宅、公共建筑、工业建筑等）；特种结构（如烟囱、水塔、水池、筒仓、挡土墙等）；地下结构（隧道、涵洞、人防工事、地下建筑等）等。

2. 按结构的外形特点分类

可以将结构分为单层结构、多层结构、大跨度结构、高耸结构等。

3. 按结构的施工方法分类

可以将结构分为现浇结构、装配式结构、装配整体式结构、预应力混凝土结构等。

七、建筑结构的基本构件

组成建筑结构的基本单元被称为建筑的构件。组成建筑结构的构件有各种不同的类型和形式。按构件的形状和功能来区分，有板、梁、柱、墙以及基础等类型。

在建筑结构的学习和结构计算中，一般将这些构件按照受力特点的不同，归结为几类不同的受力构件，叫作建筑结构基本构件，简称"基本构件"。例如，砖混结构的主要基本构件包括楼板、梁、承重墙及基础等；单层厂房结构的主要基本构件包括屋面板、屋架、吊车梁、柱及基础等；多层与高层建筑结构的主要基本构件包括楼板、框架梁、框架柱、剪力墙、基础等；大跨度建筑结构的主要基本构件包括屋架（或桁架、网架）、弦杆和腹杆等。

上述基本构件按照其主要受力特点可以分为受弯构件（如梁、板等）、受压构件（如柱等）、受扭构件、受拉构件及受剪构件等。

第二节　常用的结构材料

一、结构材料的基本要求

结构的重要作用以及结构所承担荷载的复杂性对于结构所采用的材料有着较高的要求，不仅是强度——抵抗破坏的能力（这是最为基本的），同时对于材料的刚度——抵抗变形的能力要求也很高。另外，建筑物的体量巨大，耗用材料数量相应惊人，造价额度对于普通人来讲更可能是天文数字，因此要求结构材料的价格尽可能相对低廉，从而降低工程成本。除此之外，建筑物与构筑物不仅要在单一的环境中存在，还要面临气候的变化，甚至面临特殊的灾祸——如火灾的作用。结构材料应该对于各种环境具有相对的环境适应性，其强度与刚度对于自然界的温度变化要有较大的适应度；对于特定的环境，如火灾，要有一定的适应时间——在一定的时间内保持其基本性能。

（一）强度要求

足够的强度是对于结构材料的基本要求，没有强度或强度不足就根本不能承担建筑物荷载所形成巨大的应力作用，甚至会导致建筑物坍塌。结构材料还要面对季节变化所导致的温度、湿度、冻融循环等，其强度也不能有明显的变化，也要同样具有承担荷载的能力；同时，结构材料还应该能够抵御空气与环境的腐蚀影响；在特殊情况下，如火灾等，结构材料必须能够保证其强度性能在一定的时间范围内不会明显失效，使人们逃离险境。

从微观来看，以现有的科技水平与工艺水平，任何天然材料与人工生产的任何材料，均存在各种缺陷，如材质不均匀、不稳定等。有些材料表现十分明显，如混凝土；有些材料表现不明显，如钢材。但从严格的数学与力学的角度来讲，所有材料的破坏临界值——强度指标，对于统一的试验标准、不同的试验个体来讲，均体现出一定的离散性。因此，这就需要以统计的手段来确定特定材料的强度特征性指标——在以该指标进行设计时，尽管实际材料的强度指标会有离散性，但该指标对于大多数所设计采用的材料是有效的、安全的。

（二）刚度要求

除了强度指标，刚度——抵抗变形的能力也同样重要。没有足够的强度，构件受力后虽然不会被破坏，但可能由于变形过大，导致构件与构件之间的宏观几何关系发生改变，进而会使结构整体的受力性能复杂化和不确定性增加，使设计复杂性提高，实际使用的模糊性加大，安全性降低。

另外，由于建筑结构设计的是以力学为基础的应用性科学，尤其是材料力学、弹塑性力学、结构力学等基础学科，因此这些基础学科的基本原理与力学假设在结构设计时应尽可能地遵守。如果由于实际材料的特殊性能不能完全满足力学基础与假设的要求，则应采取实验修正的方式来满足。材料刚度过小，就会使实际结构不符合材料力学与结构力学的基本假设——小变形原则，因此利用材料力学与结构力学所计算的各种实际结构的内力、变形等参数，均不能够适用于这种材料。

除了力学问题，变形也会导致使用中出现的问题，梁的挠曲过大，会使室内的人感到紧张和恐慌；墙面变形会使其表面的装饰材料发生裂缝，严重时会脱落。当变形不均匀、不一致时，会产生整体结构的倾斜，导致各种精密度要求较高的设备失效。

如果材料在静态力学作用下会产生较大的变形，则该结构与材料在动态力学作用下会产生较大的振幅，这种大幅度的振动会导致对结构的破坏程度加剧。

结构的刚度指标是强度指标之外的次重要指标，在结构设计中，刚度指标一般不属于设计内容，而是属于验算内容——根据强度计算指标的结果，在已经满足强度要求的前提下，验算结构或构件的刚度是否满足要求。在验算中，导致最大变形的不利荷载取值一般低于强度设计时所选用的指标，采用荷载标准值；同样，与刚度相关的指标也采用标准值。

（三）重量要求

材料的重量是结构保持自身稳定性的重要手段，尽管现代建筑的要求是材料应该轻质高强，然而过轻的自重会使结构的自身惯性——保持自身固有的力学状态的能力也很小。庞大的体积与自重可以有效地抵御荷载所形成的运动趋势，使结构的稳固性大大提高。因此，在外部荷载作用下，自身较轻的结构会产生明显的、较大的自身反应。尤其是在动荷载作用下，轻薄的构件会产生不良的颤动，不仅影响工作效果，而且颤动所产生的往复应力的作用会使材料发生低应力脆断——疲劳破坏。

建筑物自身的自重是其保持整体稳定、抵抗倾覆的重要因素，现代建筑物中有许多结构是利用结构的自重来达到其功能的。例如，重力式水坝、挡土墙——利用自重保持结构在水、土侧向作用下的稳定，达到挡水、土的目的；重型屋面——利用自重抵抗风的作用；重力式桥墩利用自重抵抗水流、风、车辆的动力作用，稳定桥面。

当然，并不是材料越重越好，自重荷载是设计荷载的重要组成部分，自重过大会使结构的效率——总荷载中外荷载的比例降低；同时，自重大的结构，地震反应也剧烈（惯性大的原因）。因此，材料要有一定的自重指标，但前提是强度要满足相应的要求。

（四）价格要求

结构材料要有相对低廉的价格。结构材料使用量大，成本是必须被有效控制的。根据现有的资料测算表明，较现代化的建筑物，如写字楼、商业中心等，结构施工部分所消耗的资金约占建筑物建设总成本的 1/3；一般民用建筑，如住宅，结构施工部分所消耗的资金约占建筑物建设总成本的 2/3；一般工业建筑，如厂房，结构施工部分所消耗的资金约占建设总成本的 4/5，甚至更多；而构筑物，如桥梁、水坝其结构成本几乎就是建设总成本。

因此，在选择结构材料时，价格低廉是非常重要的前提条件，以保证总成本的控制。当然，材料的价格并非施工成本的全部，施工的难易程度也是总成本的重要影响因素。施工复杂不仅会使施工投入量增加，而且会使施工期限延长，导致资金占用时间增加，机会成本与风险也随之加大。

设计者应从结构的性能要求、材料的基础价格、施工的难易程度等多方面综合考虑材料的成本，使其性能价格比达到较优的程度。

（五）环保性能要求

结构材料要有良好的环保性能。环境保护与可持续发展的思路与概念在近十几年，特别是进入 21 世纪后，被社会各阶层迅速接受，环保已经成为面向未来的一种潮流。建筑材料、结构材料作为材料中用量较大的一类，更应体现环保原则。

结构材料良好的环保性能要从以下几个方面体现出来：

首先，指材料在使用中不会对环境与健康产生不良的危害，对人体不产生不良作用，无毒，无放射性，没有不良气体的释放，不与空气发生不良反应，等等。这是对结构材料环保性能的基本要求，然而，由于现代化施工工艺的要求，结构材料在施工过程中会大量使用外加剂，以保证其抗渗、抗冻等特殊的性能。许多环保事故表明，外加剂的滥用会导致严重的环境问题。

其次，在材料的生产过程中不对自然界产生相对的破坏，不大范围地破坏自然界、影响自然环境，不破坏生态平衡。从这个意义上来讲，木材并不属于环保材料，尤其是像我国这样森林覆盖率远远低于世界平均水平的国家，将大量的木材作为结构材料是十分不合适的。黏土砖在生产过程中要占用大量的农田，烧砖需要采用大量的黏土，对于耕地紧缺的中国，显然也是违背环境保护与可持续发展原则的。

最后，材料是可回收、可重复利用的，从而减少对新材料的利用，间接保护自然。由于建筑物的寿命一般较长，多数设计期限都超过百年，因此对于建筑结构材料的重复利用方面的性能要求并不十分严格，而装饰装修材料在此方面的原则正在逐步显现出来。现在有些科研院所与高校正在研发一种依靠破碎混凝土搅拌的再生混凝土。这种混凝土的应用，无疑会使大量废弃房屋所形成的建筑垃圾有了最好的去处，也会大大减少人们由于生产水泥砂石而对自然界的过度开发。

（六）施工性能要求

结构材料要有良好的方便施工的性能。材料终究是材料，必须经过适当的工艺过程才能成为构件、结构，才能承担各种力学作用。因此，材料在施工中的方便性是十分重要的。

材料良好的施工性能表现在两个方面：其一，使用该材料的施工过程简便易行，劳动强度低，易于工业化生产，因此也就可以大幅度地降低生产成本，降低工程造价。其二，材料施工中的质量稳定性高，不会由于现场的施工过程与不利的作业环境，导致严重的质量问题甚至事故，即材料的施工环境适应度较高。这是因为，土木工程的施工环境与工厂中的精密仪器加工车间有所不同，没有环境适应度的材料在现场的施工质量难以得到保证。

二、混凝土

（一）混凝土概述

混凝土是常见的建筑材料，我们日常生活中所见到的建筑物是全部或部分使用混凝土作为主体结构材料的。混凝土是一种脆性材料，现代混凝土用水泥、水、砂子和碎石制成，需要与钢材联合工作才能保证其功效的发挥。作为一种优异的建筑材料，其价格相对低廉，可以就地取材，也可以被塑造成各种形状，这样便可以满足建筑师在设计时对于建筑形体、曲线等的特殊需求，因此混凝土被许多建筑师作为城市雕塑作品的理想材料。另外，混凝土耐火性能、耐腐蚀性能好，可以在许多恶劣的条件下使用。但是混凝土的缺点也是显而易见的，与其强度相比，其自重也不小，因此很多采用混凝土的结构所承担的荷载实际上就是结构的自重，在大跨度结构中尤甚。从效率的观点来看，混凝土的承载效率较低。

与此同时，混凝土在强度上存在先天的缺陷。

首先，相对于混凝土的较好承压能力来讲，其抗拉能力很弱，这在结构使用中可以说是致命的缺陷——荷载的不确定性，必然导致结构在微观状态下的受力也随之存在不确定性，不仅是受压，还要受拉。因此，必须在设计中考虑荷载与应力的复杂变化与规律，在可能受拉的部位配置能够抗拉的补充材料——多数情况下采用钢筋，但实际工程的复杂性有时会使优秀的工程师在设计时也不能预见到所有状况。

其次，混凝土的强度具有极大的离散性与不稳定性，这与混凝土的成分与制作过程有关。混凝土是由骨料（石子与砂）、水泥凝胶（水与水泥的水化物）组成的混合物，由于施工与材料的原因，混凝土内部除以上两种主要材料外，还有少量的未水化的水泥颗粒，以及游离的或结合在水泥凝胶表面的水分、气泡、杂质等。混凝土是组成不均匀的材料，不同构件的施工作业条件也存在巨大的差异，其力学性能必然体现出较大的离散性。因此，设计中所采用的强度标准在实践中不一定全部满足。

通过多年的研究与实践，现代的工程技术已经可以有效地控制混凝土的质量，并采用钢筋、钢纤维等材料改善混凝土的性能，弥补其缺陷。从现在的建筑工程材料发展来看，可以大范围取代混凝土的材料还未出现。

（二）混凝土的变形

混凝土的变形分为两大类：一类是由外荷载作用而产生的受力变形，包括一次短期荷载变形、荷载长期作用下的变形；另一类是非荷载引起的体积变形，包括混凝土收缩变形、温度变形等。

1. 一次短期荷载下的变形

混凝土在外荷载的短期作用下会发生变形，其变形的组成包括：材料的弹性变形，该变形在外力去除后可以恢复；水泥胶体（水泥与水的水化物）的塑性变形，该变形在外力去除后不可以恢复，但不会形成混凝土的破坏；微裂缝的开展所体现的宏观变形，虽没有形成宏观破坏，但不可以恢复，是混凝土最终被破坏的基本原因。短期外荷载与变形呈相关关系，荷载越大，变形越大，塑性体现得越发明显。

混凝土在一次加载下的应力应变关系是混凝土最基本的力学性能之一，可以全面地反映混凝土的强度和变形特点，反映混凝土在各个受力阶段与状态下的变形过程，是确定各种受力状态下各种构件截面上混凝土受压区应力分布图形的基本与主要依据。

2. 长期荷载作用下的变形

混凝土在长期的高荷载作用下会发生徐变——指混凝土在长期的、不变的、较高的荷载作用下，其变形随时间的增长而增加的现象。徐变会使混凝土梁挠度增加，柱偏心增大，预应力结构的预应力损失，结构受力状况改变，以及内力重分布。

徐变在受力的早期发展迅速，随着时间的推移，发展速度逐渐减小，最终徐变量趋于稳定。当外力撤除后，构件会形成瞬时回缩。

混凝土产生徐变的原因：①混凝土内部水泥与水的水化物（水泥胶体）在高应力状态下的塑性流动（水泥胶体在高应力状态下其形状会在一定范围内逐渐发生改变）。这种微观状态下的形体改变会随着时间的推移逐步累积形成宏观上的变形表现。②混凝土受力后，其内部同时也产生了大量的不可恢复的细小裂缝，但是由于荷载并没有达到混凝土的临界破坏荷载，因此细小裂缝形成后，逐渐稳定并不再继续开展成为破坏性裂缝，细小的微观状态的裂缝也会在宏观上形成变形。

徐变会给结构带来一些十分不利的影响，如增大混凝土构件的变形，引起预应力构件的预应力损失，因此，应该控制徐变的产生。从混凝土徐变的原因分析可以知道，控制水泥胶体的流动、控制微观裂缝的开展是控制徐变的主要方法。在保证施工和易性与混凝土强度的基础上，增强混凝土的密实度，减少水泥胶体在混凝土中的含量，可以有效减小徐变。控制徐变宜从以下几个方面进行：

（1）控制并减小水泥胶体在混凝土内部的总体积。采用减水剂可以在混凝土强度与坍落度不变的前提下有效减少水泥用量，进而减少水泥胶体的含量，也可以降低水灰比，减少水的用量，从而减少混凝土形成强度后其内部游离水的含量，减少裂缝发生的可能性。

（2）良好的砂石骨料及配备可以有效地形成混凝土内部较高的骨料密实度与骨架结构，不仅可以减少水泥胶体的体积，而且可以抵抗水泥胶体的塑性流动。

（3）施工中的振捣可以提高混凝土的密实度而减少水泥胶体的体积，从而不仅可以减少发生徐变的物质基础，而且可以由于骨料的密实度提高而减少水泥胶体的塑性流动，进而抵抗徐变的发生。

（4）控制并减小混凝土内部微观裂缝的数量也是减小徐变所必需的手段，采用的方法：采用减水剂可以有效减少水的用量，减少多余水分蒸发所产生的毛细孔隙以及混凝土内部游离水分所形成的空洞，这些都是混凝土受力后产生应力集中的环节，因而也是裂缝开展的基础；配置相应的钢筋可以有效地改善，混凝土内部微观的受力状况，约束混凝土裂缝的开展；良好的养护可以使混凝土内部形成良好均匀的强度状态，对于减少徐变也有极大的作用。

3.混凝土的收缩

混凝土的非应力变形主要发生在混凝土的凝结硬化过程中，混凝土会发生体积的自然变化，一般表现为收缩。混凝土的收缩主要源于两个方面——一种是干缩，是由于混凝土内部水分大量并短时间内的迅速蒸发失水所导致的体积减小，其表现犹如干涸的泥塘；另一种是凝缩，是水泥与水在凝结成胶体的过程中发生收缩，凝结硬化后的水泥胶体的体积要小于原混凝土的体积。这两种收缩均是混凝土在空气中凝结硬化所发生的，如果混凝土在水中凝结硬化，体积就会略有膨胀。

混凝土的收缩对混凝土和预应力混凝土也会产生不利的影响，所以应该减少收缩的产生。减小徐变的方法对于减少收缩也是十分有效的，特别是加强混凝土的养护。另外，在混凝土的配料中加入膨胀剂，可以使其在凝结硬化过程中产生膨胀来抵偿收缩。

4. 混凝土的温度变形

当温度变化时，混凝土的体积同样有热胀冷缩的性质。混凝土的温度线膨胀系数一般为（1.0~1.5）×10^5℃，用这个值去度量混凝土的收缩，则最终收缩为温度降低 15~30℃时的体积变化。当温度变形受到外界的约束而不能自由发生时，将在构件内产生温度应力。在大体积混凝土中，由于混凝土表面较内部的收缩量大，再加上水泥水化热导致混凝土的内部温度比表面温度高，如果把内部混凝土视为相对不变形体，它将对试图缩小体积的表面混凝土形成约束，在表面混凝土形成拉应力；如果内外变形较大，将会造成表层混凝土外裂。

（三）混凝土的模量

1. 弹性模量

从混凝土的应力—应变图形可以看出，从整个受力过程来看，除混凝土受力的初始阶段外，混凝土不具备单一的、稳定的应力与应变的相关关系，即混凝土没有单一的弹性模量。

但是根据混凝土受力的初始状态所表现出来的应力与应变的比例关系——弹性关系，混凝土的弹性模量可以定义为以标准试验方法所确定的混凝土的应力应变曲线的起始点的切线的斜率。

2. 变形模量

由于混凝土的弹性模量仅仅说明、描述了混凝土受力变形初始状态的应力与应变的关系，因此，对于混凝土的各个受力过程的应力与应变关系还需要其他参数来进行描述。通常情况下，以混凝土的变形模量来表示混凝土应力应变曲线上任意一点的状态。

三、钢筋

（一）钢筋概述

钢是以铁为基础，以碳为主要添加元素的合金，同时其他改善钢材性质的元素以及不良杂质。随着钢材成分的不同，钢材的性能有很大差异。

钢材是优秀的建筑材料，与混凝土、木材相比，虽然质量密度较大（钢筋混凝土为25kN/m3，木材为6kN/m3，钢材为78kN/m3），但其强度设计值较混凝土和木材要高得多（可以达到10倍以上），而且钢材质地均匀，各向同性，弹性模量大，有良好的塑性和韧性，为理想的弹塑性体，并具有较好的延性，因而抗震及抗动力荷载性能好。钢材基本符合目前所采用的计算方法和基本理论，便于做各种力学计算与推导。

钢材的质量密度与屈服点的比值相对较低，因此在承载力相同的条件下，钢结构与钢筋混凝土结构、木结构相比，构件横截面较小，重量较轻，更加便于运输和安装；钢结构生产具备成批大件生产和高度准确性的特点，可以采用工厂制作、工地安装的施工方法，所以其生产作业面多，可缩短施工周期，进而为降低造价、提高效益创造条件，更节约资金占用时间，对于商业建筑更有利于提前进入市场，效率较高。坐落于美国芝加哥的希尔斯大厦建筑高度曾经一度排名第一，其地上钢结构主体建筑仅用了 15 个月就宣告封顶，这对于混凝土结构是不可想象的。

钢材的强度高、承载力大而自重相对轻，因此钢结构有效空间较大，不仅平面空间的有效率（可利用面积／建筑总面积）较高，而且可以在建筑有效使用高度不降低的情况下降低层高，进而在建筑物总高度不降低、建筑物使用空间满足的情况下，增加建筑物的层数，提供更多的使用面积。

另外，钢结构的构件截面是空腹的，可以为各种管道提供大量的空间，减少对于建筑空间的占用，并可以保证维修的方便。

钢结构不仅施工方便，对于拆卸也方便，拆卸后的钢材可以有效地回收利用，因此钢结构是很好的环保型结构体系，钢材是很好的环保型材料。

钢材可以经过焊接施工进行连接，由于焊接结构可以做到完全密封，一些要求气密性和水密性好的高压容器、大型油库、气柜、管道等板壳结构都采用钢结构。

将钢材制作成钢筋，置于混凝土的受拉区，形成钢筋混凝土，可以有效地改善混凝土受拉不足的特点，发挥混凝土受压强度相对较高的优势，形成对材料的合理利用。

钢材的缺点在于不耐火，当温度在 250℃以内时，钢的物理力学性质变化很小，但当温度达到 300℃以上时，强度逐渐下降，达到 450~650℃时，强度降为零。因此，钢结构可用于温度不高于 250℃以下的场合。在自身有特殊防火要求的建筑中，钢结构必须用耐火材料予以维护。当防火设计不当或者当防火层处于破坏的状况下，有可能会发生灾难性的后果。

钢结构抗腐蚀性较差，新建造的钢结构一般都需仔细除锈、镀锌或刷涂料，以后隔一定时间又要重新刷涂料，维护费用较高。目前国内外正在发展不易锈蚀的耐候钢，可大量节省维护费用，但还未能广泛采用。

无论是结构性能、使用功能，还是经济效益，钢结构都有一定的优越性。

（二）钢筋的种类

1. 按照用途分类

用于钢筋混凝土结构和预应力混凝土结构中的普通钢筋可采用热轧钢筋；用于预应力混凝土结构中的预应力筋可采用预应力钢丝、钢绞线和预应力螺纹钢筋。

（1）普通钢筋

普通钢筋是用于各种钢筋混凝土构件中的非预应力筋，是热轧钢筋，是由低碳钢或普通合金钢在高温下轧制而成的热轧钢筋。其强度由低到高分为 HPB300、HRB335、HRBF335、HRB400、HRBF400、RRB400、HRB500、HRBF500 级。其中，HPB300 级为低碳钢，外形为光面圆形，称为光圆钢筋；HRB335级、HRB400级和HRB500级为普通低合金钢，HRBF335级、HRBF400级和HRBF500级为细晶粒钢筋，均在表面轧有月牙肋，称为变形钢筋。RRB400级钢筋为余热处理月牙纹变形钢筋，是在生产过程中钢筋热轧后经淬火提高强度，再利用芯部余热回火处理而保留一定延性的钢筋。

（2）预应力钢筋

预应力钢筋是用于混凝土结构构件中施加预应力的消除应力钢筋、钢绞线、预应力螺纹钢筋和中强度预应力钢筋。

中强度预应力钢丝的抗拉强度为800~1270MPa，外形有光面和螺旋肋两种。消除预应力钢筋的抗拉强度为1470~1860MPa，外形也有光面和螺旋肋两种。钢绞线是由多根高强钢丝扭结而成的，常用的有1×3（3股）和1×7（7股），抗拉强度为1570~1960MPa。顶应力螺纹钢筋又称精轧螺纹粗钢筋，是用于预应力混凝土结构的大直径高强钢筋，抗拉强度为980~1230MPa，这种钢筋在轧制时沿钢筋纵向全部轧有规律性的螺纹肋条，可用螺处套筒连接和螺帽锚圆，不需要再加工螺丝，也不需要焊接。

预应力筋宜采用预应力钢丝、钢绞线和预应力螺纹钢筋。

2. 按照化学成分分类

如果按照钢材的化学成分将钢材分类，可以将钢材简单地分为碳素钢与合金钢两类。

（1）碳素钢

低碳钢，含碳量小于0.25%；中碳钢，含碳量为0.25%~0.60%；高碳钢，含碳量高于0.60%。

（2）合金钢

低合金钢，合金元素总含量小于5.0%；中合金钢，合金元素总含量为5.0%~10%；高合金钢，合金元素总含量大于10%。

建筑工程中，钢结构用钢和钢筋混凝土结构用钢主要使用非合金钢中的低碳钢，以及低合金钢加工成的产品，合金钢亦有少量应用。

3. 按照脱氧程度分类

如果按脱氧程度划分钢材的类别，可以分为沸腾钢、镇静钢和半镇静钢。

（1）沸腾钢

沸腾钢是脱氧不完全的钢，浇铸后在钢液冷却时有大量一氧化碳气体外逸，引起钢液剧烈沸腾。沸腾钢内部杂质、夹杂物较多，化学成分和力学性能不够均匀、强度低、冲击韧性和可焊性差，但生产成本低，可用于一般的建筑结构。

（2）镇静钢

镇静钢是指在浇铸时钢液平静地冷却凝固，基本无一氧化碳气泡产生，是脱氧较完全的钢。镇静钢钢质均匀密实，品质好，但成本高。镇静钢可用于承受冲击荷载的重要结构。

（3）半镇静钢

脱氧程度与质量介于镇静钢和沸腾钢之间的钢称为半镇静钢，其质量较好。此外，还有比镇静钢脱氧程度更充分彻底的钢，其质量最好，称为特殊镇静钢，通常用于特别重要的结构工程。

4. 按照使用方法分类

如果按照钢材在结构中的使用方式，还可以将钢材分为钢结构用钢与混凝土结构用钢。

（1）钢结构用钢

钢结构用钢多为型材——热轧成形的钢板和型钢等；薄壁轻型钢结构中主要采用薄壁型钢、圆钢和小角钢；钢材所用的母材主要是普通碳素结构钢及低合金高强度结构钢。钢结构用钢有热轧型钢、冷弯薄壁型钢、棒材、钢管和板材。

（2）混凝土结构用钢

钢筋混凝土结构用钢多为线材（钢筋）。混凝土具有较高的抗压强度，但抗拉强度很低。用钢筋增强混凝土，可大大扩展混凝土的应用范围，而混凝土又对钢筋起保护作用。钢筋混凝土结构中的钢筋主要由碳素结构钢和优质碳素钢制成，包括热轧钢筋、冷拔钢丝和冷轧带肋钢筋、预应力混凝土用热处理钢筋、预应力混凝土用钢丝和钢绞线。

（三）钢筋的应力应变分析

在做此项分析前，通常将钢材做成标准受拉试件，对其进行张拉，并对横截面的应力与应变状况进行对比分析，作出应力应变曲线。

钢材受拉力被破坏的过程可以分为以下五个阶段：

Ⅰ：当拉力处于相对较小的阶段时，钢材的应力与应变呈固定的比例关系——弹性模量，而且不同的钢材拥有相同的弹性模量。弹性模量反映了材料受力时抵抗弹性变形的能力，即材料的刚度，它是钢材在静荷载作用下计算结构变形的一个重要指标。

Ⅱ：当拉力达到并超过一定限值后，钢材的应力应变曲线不再继续保持直线状态，而是逐步呈现出弯曲状态，表明钢材开始进入塑性。强度不同、种类不同的钢材开始进入塑性状态的时间不同，钢材弹性阶段与塑性阶段的区分点被称为比例极限 f_p——应力与应变成比例的最高应力极限。

Ⅲ：继续增加拉力，曲线开始进入颤动阶段，材料表现出在所承担的应力基本不变的前提下，应变持续性地增加，其宏观表现就是在承担的荷载不变的情况下，发生持续性的变形增加。该现象被称为屈服，该阶段被称为钢材的屈服阶段，或"屈服台阶"，该阶段的特征强度指标被称为屈服强度。

Ⅳ：钢材在经过屈服阶段的内部金属结构调整后，应力与应变之间的相关关系重新恢复，虽然不成固定的比例关系，但应力与应变增加同时存在，因此该阶段被称为钢材的强化阶段，强化阶段的应力顶峰被称为极限强度。

Ⅴ：经过强化阶段后的钢材，强度已经完全表现出来，再增加荷载，钢材就进入了破坏阶段。

从受力至破坏的几个阶段来看，钢材天然是用于建筑的结构材料。除钢材具有较高的强度外，钢材存在的屈服特征是极其重要的。正是有了屈服，才使钢材这种材料在保证承担较高应力与荷载的条件下，表现出较大的变形——破坏前的预警，可以向使用者提供破坏预警，使其及时逃离或进行处理。另外，钢材屈服后不是立即被破坏，在钢材屈服后的强化阶段，钢材拥有一定的强度储备——屈服后强度，可以保证钢材的破坏后期强度，这也是安全的重要保证。

因此，在结构设计中，将屈服强度确定为钢材的强度指标，并规定钢材的屈服强度的实测值不应大于设计值的1.3倍。同时考虑极限强度与屈服强度的比值关系——强屈比，在承担较大动荷载的结构与抗震性能要求较高的结构、钢筋混凝土结构的受力主筋，对于该比例关系要求不得低于1.25。

需要明确的是，并非所有的钢材都具有明显的屈服强度，体现出良好的塑性。很多钢材，如钢绞线、冷拔低碳钢丝等，其应力应变曲线并不存在屈服与塑流过程。因此，其设计采用的屈服强度并非试验中可以真实测量的指标，而是一个折算指标——以抗拉强度的85%为屈服强度，称为条件屈服强度。

（四）钢筋的基本工程指标

为了保证结构中钢材的力学与变形性能，确定了以下几个指标，作为选择钢材必须进行检查的项目。

1. 强度指标

除屈服强度之外，还有极限强度，即钢材所能承担的最大受拉应力特征指标，当应力达到该指标时，被检测的钢材试件将被拉断。

2. 塑性指标

塑性指标是指伸长率和断面收缩率。当结构或构件在受力时（尤其承受动力荷载时）材料塑性好坏往往决定了结构是否安全可靠，因此钢材塑性指标比强度指标更为重要。

当钢材较厚时，或承受沿厚度方向的拉力时，要求钢材具有板厚方向的收缩率要求，以防厚度方向的分层、撕裂。

3. 钢材的韧性

钢材的韧性是指钢材在塑性变形和断裂的过程中吸收能量的能力，也是表示钢材抵抗冲击荷载的能力，它是强度与塑性的综合表现。选用钢材时，要根据结构的使用情况和要求提出相应温度的冲击韧性指标要求。

4. 冷弯性能

冷弯性能是指钢材在冷加工（常温下加工）产生塑性变形时，对产生裂缝的抵抗能力。

通常采用试验方法来检验钢材承受规定弯曲程度的弯曲变形性能，检查试件弯曲部分的外面、里面和侧面是否有裂纹、裂断和分层。

5. 抗疲劳性能

疲劳现象是指钢材受交变荷载反复作用（微观产生往复应力），钢材在应力低于其屈服强度的情况下突然发生脆性断裂破坏的现象，称为疲劳破坏。

钢材的疲劳破坏一般是由拉应力引起的，先在局部开始形成细小断裂，随后由于微裂纹尖端的应力集中而使其逐渐扩大，直至突然发生瞬时疲劳断裂。疲劳破坏是在低应力状态下突然发生的，所以危害极大，往往造成灾难性的事故。

6. 钢材的可焊性

钢材的可焊性是指在一定工艺和结构条件下，钢材经过焊接能够获得良好的焊接接头的性能。可焊性分为：施工上的可焊性，材料是否容易进行焊接施工，在施工过程中，焊接是否会产生相关问题；使用性能上的可焊性，焊接后对钢材各种力学性能的影响，是否满足钢材的使用要求，焊接构件在焊接后的力学性能不能低于母材。

钢筋混凝土、劲性混凝土以及钢管混凝土属于钢与混凝土两种材料的复合材料，当然，混凝土本身就是一种复合材料。复合材料中，不同的材料成分往往承担不同的微观力学作用，其工作性能往往是单一材料所难以达到的。下文会对这几种材料分别进行介绍。

四、钢筋混凝土

（一）钢筋与混凝土协调工作的前提

并不是所有的或任意的两种材料均可以形成复合材料，尽管两种材料理论上可能存在优势互补，但共同工作必须存在可能性与前提。

混凝土与钢筋共同工作的前提是两种材料具有有效的互补性：钢材有效地改善了混凝土力学性能的离散性，降低了混凝土破坏的脆性；混凝土对于钢材的连续性的侧向约束，大大降低了钢材发生失稳的概率，同时混凝土对钢材表面的保护也减少了钢材的锈蚀，减缓了钢材在火中的损坏时间。

1. 钢筋的作用

钢筋在混凝土中的主要作用是配置在混凝土的受拉区，承担相应的拉力，并约束混凝土内裂缝的开展；钢筋要配置在混凝土内部的相对外侧，在其内部形成混凝土的核心区，并使该核心区混凝土处于多维应力状态，提高其强度；钢筋在混凝土内部形成钢筋骨架，使混凝土形成整体的结构。

劲性混凝土是在钢筋混凝土中加入型钢所形成的特殊复合材料，由于型钢芯的存在，可以有效改善混凝土的延性，大大提高混凝土的抗震性能；混凝土对钢材的侧向约束保证了钢材力学性能的发挥，不会因失稳提前退出工作。

钢管混凝土是在钢管中填入混凝土后形成的建筑构件，多数为圆形或多边形钢管混凝土。它利用钢管和混凝土两种材料在受力过程中相互之间的组合作用混凝土受压膨胀促使钢管膨胀受拉，钢管的反力促使混凝土处于多维受压状态，使混凝土的塑性和韧性大为改善，且可以避免或延缓钢管发生局部屈曲，使钢管混凝土整体具有承载力高、塑性和韧性好、经济效益优良和施工方便等优点。

2. 混凝土的作用

混凝土在钢筋混凝土结构中主要承受压力；混凝土为钢筋提供有效的侧向支撑，避免受压钢筋失去稳定性；混凝土可以为钢筋提供有效的锚固，并为钢筋形成外部保护层，防止其锈蚀；混凝土包裹在钢材的表面，在火灾发生时可以延长钢材温度升高的时间，提高钢材的耐火极限。

因此，混凝土对钢材的保护是十分重要的，必须达到一定的厚度才能有效地保护钢材。混凝土保护层厚度是指结构中钢筋外边缘至构件表面范围用于保护钢筋的混凝土，简称"保护层"。混凝土保护层至少有三个作用：保护钢材不被锈蚀；在火灾等情况下使钢材的温度上升缓慢；对于钢筋混凝土结构，可以使纵向钢筋与混凝土有较好的黏合连结。

构件的混凝土保护层厚度与环境类别和混凝土强度等级有关。一般来讲，在阴湿的环境中、室外、地下以及腐蚀性环境中的保护层厚度要大些；随着混凝土强度等级的提高，混凝土的致密性也会加大，相对的保护层厚度也可以降低。

3. 两种材料温度线膨胀系数的影响

除共同工作的互补效应之外，混凝土与钢材的温度线膨胀系数在微观上基本相同，在同一数量级。其意义是采用钢—混凝土所形成的复合型材料的建筑结构，可以保证在较大温度变化范围下钢材与混凝土共同工作的效果，保证复合材料的环境适应度。

（二）钢筋与混凝土的黏结

钢筋与混凝土间具有足够的黏结是保证钢筋与混凝土共同受力、变形的基本前提。黏结应力通常是指钢筋与混凝土界面间的剪应力。

1. 黏结力的来源

一般来说，钢筋在混凝土中的黏结力来源于以下几个方面。

（1）摩擦力

所谓摩擦力，是指钢筋与混凝土接触表面在钢筋受力后所存在的摩擦作用，统计试验表明，这种摩擦力的大小与钢筋和混凝土接触的表面积成正比；对于表面粗糙的钢筋来讲，摩擦力是其锚固力的主要来源。

（2）化学胶着力

混凝土在凝结硬化过程中，水泥胶体与钢筋间产生的相互吸附的作用，即化学胶着力。混凝土强度等级越高，胶着力也越高。

（3）机械咬合力

钢筋表面的凸凹不平，在钢筋与混凝土之间由于力学作用出现相对错动时，所形成的机械挤压作用，表面变形钢筋——月牙纹、螺纹——会显著加强这种机械咬合作用。

（4）锚固力

可在钢筋端部加弯钩、弯折或在锚固区焊短钢筋、焊角钢等来提供锚固能力。钢筋混凝土是最常见的钢与混凝土共同工作的复合型材料，如果要保证钢筋受拉作用的实现，就必须保证钢筋在混凝土中形成有效的锚固——提供受拉所产生的反力，才能发挥钢筋的作用。

2. 黏结力的数学表达式

$$N = \pi d \int_0^1 \tau_f dx = \overline{\tau_f} \cdot \pi d l \qquad (7-1)$$

式中：N ——钢筋的黏结力。

x ——钢筋的锚固长度。

τ_f ——锚固力沿钢筋纵向长度的分布函数，即锚固长度范围内某点的黏结强度。

$\overline{\tau_f}$ ——平均黏结强度。

d ——钢筋直径。

可以看出，锚固力的大小与钢筋的锚固长度（x）、钢筋直径（d）、钢筋与混凝土连接表面状态 τ_f 有关。

影响钢筋与混凝土黏结强度的因素很多，主要有混凝土强度、保护层厚度及钢筋净间距、横向配筋及侧向压应力，以及浇筑混凝土时钢筋的位置等。

（1）混凝土强度：光面钢筋和变形钢筋的黏结强度均随混凝土强度的提高而增加，但并不与立方体强度 f_{cu} 成正比，而与抗拉强度 f_t 成正比。

（2）保护层厚度 c 和钢筋净间距 s：对于变形钢筋，黏结强度主要取决于劈裂破坏，因此相对保护层厚度 c/d 越大，混凝土抵抗劈裂破坏的能力也越强，黏结强度越高。当 c/d 很大时，若锚固长度不够，则产生剪切"刮梨式"破坏。同理，钢筋净距 s 与钢筋直径 d 的比值 s/d 越大，黏结强度也越高。

（3）横向配筋：横向钢筋的存在限制了径向裂缝的发展，使黏结强度得到提高。由于劈裂裂缝是顺钢筋方向产生的，其对钢筋锈蚀的影响比受弯垂直裂缝更大，将严重降低构件的耐久性，因此应保证不使径向裂缝到达构件表面形成劈裂裂缝。保护层应具有一定的厚度，钢筋净距也应得到保证。配置横向钢筋可以阻止径向裂缝的发展，因此对于直径较大钢筋的锚固区和搭接长度范围，均应增加横向钢筋。当一排并列钢筋的数量较多时，也应考虑增加横向钢筋来控制劈裂裂缝的产生。

（4）受力情况：在锚固范围内存在侧压力可提高黏结强度；剪力产生的斜裂缝会使锚固钢筋受到销栓作用而降低黏结强度；受压钢筋由于直径增大会增加对混凝土的挤压，

从而使摩擦作用增加受反复荷载作用的钢筋，肋前后的混凝土均会被挤碎，导致咬合作用降低。

（5）钢筋位置：钢筋底面的混凝土出现沉淀收缩和离析泌水，气泡溢出，使两者间产生酥松空隙层，削弱黏结作用。

（6）钢筋表面和外形特征：光面钢筋表面凹凸较小，机械咬合作用小，黏结强度低。变形钢筋螺纹肋优于月牙肋。由于变形钢筋的外形参数不随直径成比例变化，对于直径较大的变形钢筋，肋的相对受力面积减小，黏结强度也有所降低。此外，当钢筋表面为防止锈蚀涂环氧树脂时，钢筋表面较为光滑，黏结强度也将有所降低。

五、劲性混凝土

（一）劲性混凝土及其优点

劲性混凝（SRC）结构是钢与混凝土组合结构的一种主要形式，由于其承载能力强、刚度大、耐火性好及抗震性能好等优点，已越来越多地应用于大跨结构和地震区的高层建筑和超高层建筑。

以劲性混凝土为主体结构的结构与构件，有时称为组合结构。组合结构的力学实质在于钢与混凝土间的相互作用和协同互补，这种组合作用使此类结构具有一系列优越的力学性能。

SRC 结构可比钢结构节省大量钢材，增大截面刚度，克服了钢结构耐火性、耐久性差及易屈曲失稳等缺点，使钢材的性能得以充分发挥。采用 SRC 结构，一般可比纯钢结构节约钢材 50% 以上。与普通钢筋混凝土（RC）结构相比，劲性混凝土结构中的配钢率比钢筋混凝土结构中的配钢率要高很多，因此可以在有限的截面面积中配置较多的钢材，所以劲性混凝土构件的承载能力可以高于同样外形的钢筋混凝土构件的承载能力 1 倍以上，从而可以减小构件的截面积，避免钢筋混凝土结构中的肥梁胖柱现象，增加建筑结构的使用面积和空间，减少建筑的造价，产生较好的经济效益。

劲性混凝土结构在施工上，钢骨架可作为施工的自承重体系，具有很好的经济和社会效益；由于 SRC 结构整体性强、延展性能好等优点，能大大改善钢筋混凝土受剪破坏的脆性性质，使结构抗震性能得到明显的改善。即使在高层钢结构中，底部几层也往往为 SRC 结构形式，如上海的金茂大厦和深圳的地王大厦。

（二）劲性混凝土结构的特殊问题

首先，钢骨的含钢率。关于劲性混凝土构件的最小和最大含钢率，目前没有统一的认识，但当钢骨含钢率小于 2% 时，可以采用钢筋混凝土构件，而没有必要采用劲性混凝土构件。当钢骨含钢率太高时，钢骨与混凝土不能有效地共同工作，混凝土的作用不能完全发挥，且混凝土浇筑施工有困难。一般来说，较为合理的含钢率为 5%~8%。

其次，钢骨的宽厚比。钢板的厚度不宜小于 6mm，一般为翼缘板 20mm 以上，腹板 16mm 以上，但不宜过厚，因为厚度较大的钢板在轧制过程中存在各向异性，在焊缝附近常形成约束，焊接时容易引起层状撕裂，焊接质量不易保证。钢骨的宽厚比应满足规范的要求。

再次，钢骨的混凝土保护层厚度。根据规范规定，对钢骨柱，混凝土最小保护层厚度不宜小于 120mm，对钢骨梁则不宜小于 100mm。

最后，要重视劲性混凝土柱与钢筋混凝土梁在构造连接上的配合协调问题。

（三）钢骨的制作与相关构造措施

钢骨的制作必须采用机械加工，并宜由钢结构制作厂家承担加工。施工中应确保施工现场型钢柱拼接和梁柱节点连接的焊接质量。型钢钢板的制孔应采用工厂车床制孔，严禁现场用氧气切割开孔。在钢骨制作完成后，建设单位不可随意变更，以免引起孔位改变造成施工困难。

劲性混凝土与钢筋混凝土结构的显著区别之一是型钢与混凝土的黏结力远远小于钢筋与混凝土的黏结力。根据国内外的试验，大约只相当于光面钢筋黏结力的 45%。因此，在钢筋混凝土结构中，通常认为钢筋与混凝土是共同工作的，直至构件被破坏。而在劲性混凝土中，由于黏结滑移的存在，将影响构件的破坏形态、计算假定、构件承载能力及刚度、裂缝。通常可用两种方法解决：

一种方法是在构件上另设剪切连接件（栓钉），并通过计算确定其数量，即滑移面上的剪力全由剪切连接件承担。这被称为完全剪力连接。这样可以认为型钢与混凝土完全共同工作。

另一种方法是在计算中考虑黏结滑移对承载力的影响，同时在型钢的一定部位，如柱脚及柱脚向上一层范围内、与框架梁连接的牛腿的上下翼缘处、结构过渡层范围内的钢骨翼缘处，加设抗剪栓钉作为构造要求。

钢骨柱的长度应根据钢材的生产和运输长度限制及建筑物层高综合考虑，一般每三层为一根，其工地拼接接头宜设于框架梁顶面以上 1~3m 处。钢骨柱的工地拼接一般有三种形式：全焊接连接，全螺栓连接，栓、焊混合连接。设计施工中多采用第三种形式，即钢骨柱翼缘采用全溶透的剖口对接焊缝连接，腹板采用摩擦型高强度螺栓连接。

框架梁、柱节点核心区是结构受力的关键部位，设计时应保证传力明确，安全可靠，施工方便，节点核心区不允许有过大的变形。

六、钢管混凝土

钢管混凝土虽然由两种材料组合而成，但对构件业而言，被视为一种新材料，即所谓的"组合材料"（不再区分钢管和混凝土）。

外包钢管对核心混凝土的约束作用使混凝土处于三向受压应力状态，延缓了混凝土的纵向开裂，而混凝土的存在避免或延缓了薄壁钢管的过早局部屈曲，所以这种组合作用使组合结构具有较高的承载能力。同时，该组合材料具有良好的塑性和韧性，因而抗震性能好。

在火灾作用下，由于钢管和核心混凝土之间相互作用、协同互补，使钢管混凝土具有良好的耐火性能。首先，由于核心混凝土的存在，使钢管升温滞后。在火灾情况下，外包钢皮的热量充分被核心混凝土吸收，使其温度升高的幅度大大低于纯钢结构，可有效地提高钢管混凝土构件的耐火极限和防火水平。其次，当温度升高时，由于钢管和核心混凝土之间的变形不一致，两者之间亦会存在相互作用问题，从而使它们处于复杂应力状态，且随着温度连续变化，这种相互作用的变化也是连续的，因而使钢管混凝土构件的耐火性能大大优于钢材和混凝土二者的叠加。在火灾后外界温度降低后，钢管混凝土结构已屈服截面处钢管的强度可以不同程度地恢复，截面的力学性能比高温下有所改善，结构的整体性比火灾中也有提高，这可以为结构加固补强提供方便。这和火灾后钢筋混凝土结构与钢结构都有所不同，对于钢筋混凝土其截面力学性能和整体性不会因温度的降低而恢复，而钢结构其失稳和扭曲的构件在常温下也不会有更多的安全性。

另外，高强混凝土的弱点——脆性大，延性差，可以依靠钢管混凝土来得到较好的克服。将高强度混凝土灌入钢管高强度混凝土，高强度混凝土受到钢管的有效约束，其延性将大为增强。此外，在复杂受力状态下，钢管具有很大的抗剪和抗扭能力。这样，通过二者的组合，可以有效地克服高强混凝土脆性大、延性大的弱点，使高强混凝土的工程应用得以实现，经济效益得以充分发挥。

采用在钢管内填充高强度混凝土而形成的钢管混凝土，除具备钢管普通强度混凝土的其他优点外，至少可节约混凝土60%以上，减轻结构自重60%以上。

除钢材与混凝土之外，常用的结构材料还有木材、砌体材料与结构铝合金材料。木材在我国有较大范围的应用，但我国是一个森林资源极度匮乏的国家，使用木材作为结构材料是不经济的，也不利于环境的保护。砌体材料主要是砖、砌块、石材等，砌体材料属于脆性材料，形成的砌体结构也属于脆性结构，同时砌体结构施工劳动量大、强度高，因此已经逐步淘汰。结构铝合金材料的使用方兴未艾，铝合金以其自重轻、比强度高等特点，随着科学技术的发展正逐步应用于大跨度结构上。

七、木材

木材是最古老的天然结构材料，可在林区就地取材，制作简单，但受自然条件所限，木材生长缓慢。我国木材产量太少，远不能满足建设需要，供应稀缺，所以应特别注意节约，不宜作为结构材料大量采用。

木材质轻，其强度虽不及钢材，但抗拉、抗压强度都相当高，比混凝土完备；其比强度比砖、石、混凝土等脆性材料高很多。然而，一些天然缺陷却成其致命弱点：节疤、裂缝、翘曲及斜纹等天然疵病不可避免，且直接影响木材强度，影响程度取决于缺陷的大小、数量及所在部位。根据木材缺陷多少的实际情况，国家有关技术规范将承重结构木材分成三个等级。近年来，国外采用的胶合叠层木料已将木材缺陷减少到极低限度。该种木料的制作方法是把经过严格选择并加工成厚度≤5cm的整齐薄板，分层叠合成所需截面形状，用合成树脂胶可靠黏合成整体。该种木料可用作梁、拱等构件。

木材的纤维状组织使其成为典型的各向异性材料，其强度与变形随受力方向而变。除受剪强度外，顺纹强度远大于横纹强度。例如，顺纹受压强度约为横纹受压强度的10倍，而顺纹抗剪比横纹抗剪值小得多。因此木材宜顺纹抗拉压，而不宜顺纹抗剪。胶合板是把各层木纹方向正交的薄木片靠塑胶加压黏合起来，以补救各向异性的缺点，从而获得具有各向相当均匀的强度。

木材力学性能的另一大缺点，其弹性模量与其强度不相适应，强度高而抗变形能力低；而且其变形大，但比铝合金好。因此木梁多受挠度控制，在破坏前有显著变形。要发挥其抗拉强度潜力，最好用作轻载的长跨梁，且将其截面做成竖立薄板状。

木材的强度与弹性模量和时间有关，在持久荷载下它们都会降低，同时与木材含水量增大有关，因此，一般老木结构房屋的木屋盖，其屋面常呈现出肉眼能看出来的波浪起伏状态。有的底层木地板梁的挠度也相当严重。由此可见，木结构的防潮、通风极其重要。

木材受含水量的影响极大，不仅影响强度与正值，也是造成裂缝与翘曲的主要原因，更是给危害木材的木腐菌与白蚁提供了生存与繁殖的温床，因此，在制材前要自然晾干或人工烘干，使木材脱水干燥。干燥后的木材还会从空气中吸收水分，因此木结构还必须辅以可靠的防潮措施，使其处于良好的通风、干燥环境中。

木材强度的影响因素主要有含水率、环境温度、负荷时间、表观密度、疵病等。木材作为土木工程材料，缺点还有易腐朽、虫蛀和燃烧，这些缺点大大地缩短了木材的使用寿命，并限制了它的应用范围。采取措施来提高木材的耐久性，对木材的合理使用具有十分重要的意义。

木材的木料可分为针叶木和阔叶木两大类。大部分针叶木理直、木质较软、易加工、变形小，建筑上广泛用作承重构件和装修材料，如杉木、松树木等。大部分阔叶木质密、木质较硬、加工较难、易翘裂、纹理美观，适用于室内装修，如水曲柳木、核桃木等。

八、砌体

（一）砌体材料及其基本特征

砌体材料主要是砖、砌块、石材等。

砖是指砌筑用的人造小型块材，外形多为直角六面体，其长度不超过365mm，宽度不超过240mm，高度不超过115mm。此外，也有各种异形。

常用砖有烧结普通砖、蒸压灰砂砖、烧结空心砖等。

凡通过焙烧而得的普通砖，称为烧结普通砖，又称为黏土砖。黏土砖的烧制需耗用大量农田，且生产中会释放氟、硫等有害气体，能耗高，需限制生产并将之逐步淘汰，不少城市已经禁止使用。

蒸压灰砂砖是以石灰和砂为主要原料，允许掺入颜料和添加剂，经坯料制备、压机成型、蒸压养护而成的实心灰砂砖。灰砂砖不得用于长期受热20℃以上、受急冷急热和有酸性介质侵蚀的建筑部位。

烧结空心砖是以黏土、页岩或煤矸石为主要原料经焙烧而成的顶面有孔洞的砖（孔的尺寸大而数量少，其孔洞率一般可达15%以上），用于非承重部位。

石材是最古老的土木工程材料之一，藏量丰富，分布很广，便于就地取材，坚固耐用，广泛用于砌墙和造桥。世界上许多古建筑是由石材砌筑而成的，不少古石建筑至今仍保存完好。例如，属全国重点保护文物的赵州桥、广州圣心教堂等都是以石材砌筑而成。但天然石材加工困难，自重大，开采和运输不够方便。

砌体材料依靠黏结材料的作用形成整体受力体系，黏结材料主要是砂浆，水泥砂浆或水泥石灰混合砂浆。因此，砌块质量、砂浆质量与砌筑的工艺质量是影响砌体强度的主要因素。与混凝土相比，砌体结构的离散性更大，整体性更差。

（二）砌体构件的破坏过程

对砌体构件进行压力试验，可以发现该构件的破坏过程：

当压力处于较小的阶段时，砌体结构整体没有变化，只是在局部的砖出现竖向裂缝，但不会形成多皮砖的贯通，整体来看，仍处于安全状态。此时荷载为破坏荷载的50%~70%，同时试验证明，裂缝的出现与砂浆强度的关联度很大。

继续增加荷载，裂缝会扩展，逐渐形成小区域的多皮砖的贯通性裂缝，此时为破坏荷载的80%~90%，停止加荷，裂缝有缓慢地继续开展的迹象，说明构件已经处于危险状态，在长期荷载作用下将被破坏。

此时，荷载再略有增加，裂缝会迅速扩展，并上下全部贯穿，将砌体分为若干个独立受压柱，进而失稳而彻底被破坏。

（三）砌体材料的选用

第一，结构采用砌体材料，应因地制宜、就地取材，尽量选用当地性能良好的块体和砂浆材料。材料应具有较好的耐久性，即长期使用过程中仍具有足够的承载力和正常使用的性能，一般经质量检验的块体具有良好的耐久性。

第二，结构采用砌体材料，应区别对待，便于施工。例如，多层砌体房屋的上部几层受力较小，可选用强度等级较低的材料，下部几层则应采用强度较高的材料。一般以分别采用不同强度等级的砂浆较为可行，但变化也不应过多，以免施工时疏忽造成差错。

第三，应考虑建筑物的使用性质和所处的环境因素。例如，地面以上和地面以下墙体的周围环境截然不同。地表以下地基土含水量大，含有各种化学成分，基础墙体一旦损坏则难以修复，从长期使用的要求出发，应该采用耐久性较好和化学稳定性较强的材料，同时要采取措施隔断地下潮湿环境对上部墙体的影响（如设置防潮层）。

另外，砌体的有关规范规定，五层或五层以上房屋的墙以及受震动或层高大于6m的墙、柱所用材料的最低强度等级要求为砖MU10、砌块MU7.5、石材MU30、砂浆MU5。

（四）砌体材料的应用

砌体材料多数仅用来作为墙体材料，以发挥其承压能力较强的特点。其与木结构或钢筋混凝土等结构形成的水平跨度体系共同形成房屋结构，但也有直接使用砌体材料形成跨度结构的建筑物与构筑物，所利用的是拱的原理，如我国古代的赵州桥、西方古时候的教堂建筑。

第三节　建筑结构设计原理

基于对荷载与材料的认识，在结构设计方面我们可以确定以下基本概念与原则：结构设计，就是根据建筑物的功能，选择适当的结构形式与使用材料，并以此来确定结构的荷载、内力，进而确定结构中最大内力发生的截面及其应力，在此基础上调整该应力与材料强度的关系，在使之相对应的基础上绘制工程图纸的过程。

其具体过程可以描述为：

（1）确定建筑物的功能与建筑区域，这是由投资者与建筑师所确定的。

（2）根据建筑物的位置与形式以及各种功能，确定该建筑物所使用的结构形式、结构材料、力学简化模型与所面临的荷载。

后续的工作是枯燥的，然而计算力学的进步与计算机的使用使该工作变得相对简单许多，可以使我们迅速地得出使用特定材料的结构在荷载作用下的反应——弯矩、剪力、轴力、扭矩等。进而，在理论上，可以根据所确定的截面形式，计算出所有截面上、所有点的应力状况。但这不是十分必要的，我们只要找到最大的应力所在的位置并求出来就可以了。

随后的工作变得更加简单，仅仅是进行最大应力与材料强度的比较，最为经济的结论是最大应力与材料的强度是相等的——临界状态。偏于安全考虑的设计者会选择一个合理的比例参数，使强度适当的大于应力指标；但也经常出现不理想的情况——强度不足，这时候的措施是重新修正结构中各个杆件的截面尺度，再进行重新计算，直到符合设计者的要求。

多数设计者的工作到此结束，但有时还会验算一下结构的变形，防止出现由于变形过大致使结构计算失效（不符合力学的小变形原则）或不满足使用要求的情况。

如果均可以满足要求，即可画出图纸，完成设计工作。

可以看出，结构设计是一个循环过程，在这个过程中，并非寻求唯一具体化的解决方案，而是对于前提、假设求得合理的结果，因此，对于同一座建筑物的结构设计的最终结论可能是多种多样的，对于同一结构的最终设计结论也可能是完全不同的。另外，由于结构是极其复杂的，材料本身是十分复杂的，荷载也是极其复杂的，因此仅仅依靠力学分析是不够的，工程师的实践经验十分重要，尤其在结构的选型阶段，这个过程的结论是千差万别的，优秀的工程师的超人之处就在于选择的过程。选择一个合理、简捷而高效的结构形式是全部设计成功的基础，或者可以说是设计的主要工作，因此，"概念设计"是结构设计的基本理念与原则。

一、设计基准期

设计基准期是指为确定可变荷载代表值而选用的时间参数，也就是说，在结构设计中所采用的荷载统计参数和与时间有关的材料性能取值时所选用的时间参数。建筑结构设计所考虑的荷载统计参数是按设计基准50年确定的，如果设计时需要采用其他设计基准期，则必须另行确定在该基准期内最大荷载的概率分布及相应的统计参数。

设计基准期的意义是，该基准期是测算最大荷载重现期的基本期限。自然界的荷载如风、雪与地震等，均有相应的周期性的变化规律。设计基准期就是结构设计时所考虑的最大荷载重现期，如果设计基准期为20年，荷载即为20年一遇；设计基准期为50年，荷载为50年一遇。设计基准期选择的时间范围越长，特征荷载指标就越大，设计标准相应就越高。我国有关规范对于常规建筑物的设计基准期规定为50年，特殊建筑物的设计基准期可以根据具体情况单独确定。

当然，在设计基准期内，设计时所确定的特殊荷载并不一定出现，而且在建筑物超过设计基准期后，也并非意味着结构的失效，而是其可靠度在理论上有所降低，因此基准期不能等同于建筑物的使用寿命。

对于建筑物的投资与建设方，也可以根据需要，自行设定其投资建设的设计基准期与建筑物的重要性，但是在没有投资方特殊要求的前提下，设计施工应该执行相关国家标准。

二、结构设计的功能要求和可靠度

（一）结构设计的功能要求

对于结构设计来讲，设计师至少要使其所设计的结构满足以下两个方面的基本要求。

一是安全性，即满足特定的、与建筑物的功能相适应的承载力极限状态，这对于结构来讲是最为基础的，也是最为根本的。

二是适用性，即保证结构在日常使用中满足要求，在常规荷载作用下不会发生影响正常使用的问题——满足正常使用极限状态的要求。在结构设计中，适用性一般不需要特殊设计，正如前文所叙述的那样，是在结构满足与保证其安全性的基础之上，再进行相应的验算。

除此之外，结构设计者还必须考虑结构的耐久性——结构保证承载力的持续时间与承载力的环境适应度。

因此，对于结构工程师来讲，在进行结构设计时，所要考虑的结构的基本问题：所设计的结构安全吗？是否适用？能保证其对于环境变化与岁月流逝的适应吗？

当然，经济问题也是结构工程师必然考虑的，即结构的投资问题。这不仅包括结构杆件截面尺度的选择问题——选择较小的截面可以获得相对低廉的造价，而且涉及因不同的结构形式与材料选择而导致的施工成本、静态的材料采购价格、动态的施工复杂性与施工周期问题等。

（二）结构设计的可靠度

结构的三个方面的功能要求若能同时得到满足，则称该结构可靠，也就是结构在规定的时间内，在规定条件下能完成预定功能的能力称为可靠性。结构满足相对的功能要求（安全性、适用性、耐久性）的程度被称为结构的可靠度。可靠度是对结构可靠性的定量描述，即结构在规定的时间内、规定的条件下，完成预定功能的概率。所谓相对的功能要求，是指建筑物所在的特定位置与环境、特定的设计功能与安全等级要求。不同的建筑物各种条件不同，结构设计的要求也不一样，但是，需要特殊说明的是，没有任何结构可以达到100%的可靠度。100%意味着该建筑物是绝对不会倒塌的，绝对安全的，这显然在理论上是荒谬的，在实践中也是难以做到的，理性的投资者与设计者不会盲目提高建筑物的可靠度指标，而是根据建筑物的重要程度确定其基本设计依据。

常规建筑物的可靠度指标一般为95%——对于特定地区所建设的、在特定的时间范围内、完成特定功能的建筑物，特定荷载的可靠度为95%。这是一个相对的概念，不同建筑物之间的可靠度与安全性是不可以简单比较的，原因是不同建筑物的功能不同，荷载不同，所在位置与地质状况也有不同。

结构的可靠度是一个非常复杂的概念，整体结构的可靠度不仅包括每一杆件各个截面的可靠度、杆件之间的相互关系、结构体系的构成关系等多方面的内容，还包括对荷载的认识，尤其是对于不确定的荷载，如风、地震等的研究，更包括对于建筑物倒塌后的严重性进行评估，以确定其安全等级。可靠度指标绝不是简单的、绝对化的指标，而是非常模糊性的指标体系。在设计中，不能将单一截面的破坏视为杆件的破坏，也不能将单一杆件的破坏视为结构的破坏，要根据不同的设计原则来进行区分。当今一些结构工程与力学研究领域内的工程师们，正力求采用模糊数学的方法与理论，来解决结构中的模糊破坏与临界标准的界定问题，并取得了大量的成果。

对于处在相同地区、具有相同功能、按照相同设计标准所设计的建筑物，其可靠度指标应该是完全相同的，与所使用的材料的强度及性能是无关的。尽管从材料的延性、强度以及抵抗动力荷载的性能上来看，钢材要优于钢筋混凝土，钢筋混凝土同样优于砖石砌体，但是采用不同材料设计的结构，所使用的截面尺度不同，构造处理方式不同，结构体系也截然不同。正是由于采用了不同的处理方式，对于相同的功能与荷载，其承担能力是相同的。

三、建筑结构的设计方法

我国工程结构设计的基本方法先后经历了四个阶段，即容许应力法、破损阶段设计法、极限状态设计法和以概率理论为基础的概率极限状态设计法。在这一演变过程中，可以看到设计方法在理论上经历了从弹性理论到极限状态理论的转变，在方法上经历了定值法到概率法的转变。

容许应力法、破损阶段设计法和极限状态设计法存在的共同问题：没有把影响结构可靠性的各类参数视为随机变量，而是看成定值；在确定各系数取值时，不是用概率的方法，而是用经验或半经验、半统计的方法，因此属于"定值设计法"。

概率极限状态设计法是以概率理论为基础，视作用效应和影响结构抗力（结构或构件承受作用效应的能力，如承载能力、刚度等）的主要因素为随机变量，根据统计分析确定可取概率（或可靠指标）来度量结构可靠性的结构设计方法。其特点是有明确的、用概率尺度表达的结构可靠度的定义。通过预先规定的可靠指标 β 值，使结构各构件间以及不同材料组成的结构有较为一致的可靠度水准。

现将概率极限状态设计法进行详细介绍。

（一）结构设计的极限状态

结构设计就是寻找结构的极限状态的过程，并力求使结构受力变得经济、简捷与高效，否则结构设计是毫无意义的，任何人可以选择一个大得惊人的截面来承担荷载。

所谓结构设计的极限状态，是指结构在受力过程中存在某一特定的状态，当结构整体或其中的组成部分达到或超过该状态时，就不能够继续满足设计所确定的功能，此特定的状态就是该结构或部分的极限状态。

对于建筑结构来讲，认定什么样的状态为其极限状态，是十分重要与必要的，这不仅涉及结构设计的准则问题，更涉及结构的适用性、安全性与耐久性。在多年实践的基础上，现代建筑的结构设计，设定了两个极限状态为设计的基准。

1. 承载力极限状态

承载力极限状态是指结构所达到的最大的荷载承担状态，这是对于结构所确定的最大承载力的指标，当承载力达到或超过了该指标时，结构会发生严重的破坏断裂、坍塌、倾覆等，导致严重的损失。对于结构来讲，承载力极限状态的发生，标志着结构的破坏和结构作为承载体系的功能的丧失，损失无疑是巨大的，因此要将该状态的发生概率控制得很低。

当出现以下现象，可以判断出结构已经不能够继续承担相应的荷载或作用了，已经进入了结构的承载力极限状态：

（1）因材料强度不足或塑性变形过大而失去承载力；

（2）结构的连接失效而变成机构；

（3）结构或构件丧失稳定；

（4）整个结构或部分失去平衡。

以上四种状态，无论出现哪一种，结构均将处于坍塌状态，即彻底失去承载的能力。

2. 正常使用极限状态

正常使用极限状态是指结构在外力作用下，所发生的不能满足建筑物的基本功能的实现的状态，但建筑物在该状态下并不会发生灾难性的后果。通常所理解的正常使用极限状态，主要是指结构发生了影响使用的变形、位移、裂缝、震颤等问题。

当出现以下现象，则表明结构已经对其正常使用形成障碍，为正常使用极限状态，但不处于危险之中：

（1）出现影响外观与使用的过大的变形，但该变形的大部分属于弹性变形而非塑性变形；

（2）局部发生破坏而影响结构的使用；

（3）发生影响使用的震颤；

（4）影响使用的其他状态。

当结构出现正常使用极限状态的表现时，结构一般不会坍塌，也就是说，结构仍具有承担荷载的能力，仍然可以被认为是安全的。但是，这些问题虽然不会导致结构的破坏，却可以影响建筑物的正常使用，使其功能不能够完全发挥出来。有时候，甚至会对人的心理形成巨大的冲击与压力——任何人面对自己头上大梁的裂缝，会感到极度的不安或恐惧，即便是设计者本人也一样，尽管他深信其设计是安全的。

另外，结构设计的力学基础理论为材料力学与结构力学，这两种力学的前提假设均是以小变形假设为基础的，即材料与结构在外力的作用下所发生的变形是微小的，其变形不影响结构构件之间的宏观几何位置关系与尺度关系。因此，在实际结构设计中，必须保证结构的变形在控制范围之内，以保证结构设计的前提假设的继续有效，保证结构设计的准确性。

如果在结构设计时忽略这一点，会使结构在使用时出现不满足结构计算前提假定的变形，进而使设计计算的结果失效——结构的实际受力状态与设计预想不同。这是十分危险的，如同使用一张错误的地图指路一般。

在设计中，两种极限状态必须同时得到满足，那种重视承载力极限状态而忽视正常使用极限状态的设计思想是极其错误的。常规的做法是，对承载力极限状态进行设计和计算，当满足该状态后，再对正常使用极限状态进行校核与验算，以确保后一状态也可以得到满足。

但是，两个状态的计算与设计所采用的指标是有所差异的。通常来讲，承载力极限状态的后果是较严重的，因此荷载指标与材料的强度均采用设计值；而对于正常使用极限状态的验算，则常采用荷载指标与材料强度的标准值。

荷载的设计值一般高于荷载的标准值，其比值称为荷载的分项系数；材料强度的设计值低于其标准值，其比值称为强度的分项系数。

（二）功能函数与极限状态方程

按极限状态设计的目的是保证结构功能的可靠性，这就需要满足作用在结构上的荷载或其他作用（地震，温差，地基不均匀、沉降等）对结构产生的效应（简称荷载效应）S（如内力、变形、裂缝等）不超过结构在达到极限状态时的抗力 R（如承载力、刚度、抗裂度等），即 $S \leqslant R$。

将上式写为 $Z = g(S, R) = R - S$，当此式等于 0 时，为"极限状态方程"。其中 $Z = g(S, R)$ 成为功能函数，式中的 S、R 为基本变量。

通过结构功能函数 Z 可以判定结构所处的状态。

当 $Z > 0$（即 $R > S$）时，结构能完成预定功能，处于可靠状态；

当 $Z = 0$（即 $R = S$）时，结构处于极限状态；

当 $Z < 0$（即 $R < S$）时，结构不能完成预定功能，处于失效状态，也即不可靠状态。

（三）结构失效概率和可靠度

1. 失效概率

结构在规定的时间内和在规定的条件下，完成预定功能的概率，称为结构的可靠度。可靠度（概率度量）是对结构可靠性的一种定量描述。

结构能够完成预定功能的概率称为"可靠概率"（P_s）；相反，结构不能完成预定功能的概率称为"失效概率"（P_f）。二者互补，即：

$$P_s + P_f = 1 \tag{7-2}$$

于是，可以采用 P_s 或 P_f 来度量结构的可靠性，而一般习惯采用失效概率 P_f。

设基本变量 R、S 均为正态分布，故功能函数：

$$Z = g(S, R) = R - S \tag{7-3}$$

2. 可靠度

由概率论的原理可知，用 μ_R，μ_S 和 σ_R，σ_S 分别表示结构抗力 R、荷载效应 S 的平均值和标准差，则 Z 的平均值 μ_Z 和标准差 σ_Z 为：

$$\mu_Z = \mu_R - \mu_S \tag{7-4}$$

$$\sigma_z = \sqrt{\sigma_R^2 + \sigma_S^2} \tag{7-5}$$

结构失效概率 P_f 与 Z 的平均值 μ_z 到原点的距离有关。令 $\mu_z = \beta\sigma_z$，则 β 与 P_f 之间存在着相应的关系，即 β 大则 P_f 小，因此 β 和 P_f 一样，可以作为衡量可靠度的一个指标，β 成为结构的"可靠"指标，即：

$$\beta = \frac{\mu_z}{\sigma_z} = \frac{\mu_k - \mu_s}{\sqrt{\sigma_R^2 + \sigma_s^2}} \tag{7-6}$$

（四）建筑物的安全等级

在正常条件下，失效概率 P_f 尽管很小，但总是存在，所谓"绝对可靠"（$P_f = 0$）是不可能的。因此，要确定一个适当的可靠度指标，使结构的失效概率降低到人们可以接受的程度，做到既安全可靠又经济合理，需要满足以下条件：

$$\beta \geqslant [\beta] \tag{7-7}$$

式中：$[\beta]$——结构的目标可靠指标。

对于承载能力极限状态的目标可靠指标，根据结构安全等级和其破坏形式，按表7-1采用。表7-1是以建筑结构安全等级为二级且为延性破坏时的 $[\beta]$ 值为 3.2 作为基准，其他情况相应增加或减少 0.5 制定的。

表7-1　结构安全等级、结构重要性系数 γ_0、结构构件承载力极限状态目标可靠值 $[\beta]$

安全等级	破坏后果	建筑物类型	设计使用年限	结构重要性系数 γ_0	目标可靠指标 $[\beta]$	
					延性破坏	脆性破坏
一级	很严重	重要性房屋	≥ 100	1.1	3.7	4.2
二级	严重	一般的房屋	50	1.0	3.2	3.7
三级	不严重	次要的房屋	5	0.9	2.7	3.2

设计建筑结构时，应根据结构破坏可能产生的后果，采用不同的安全等级。建筑结构安全等级的划分应符合表7-1的要求。

对于正常使用的极限状态，$[\beta]$ 值应根据结构构件特点和工作经验确定。一般情况下低于表7-1中给定的数值。

四、建筑结构设计过程综述

（一）建筑设计的一般程序

一栋建筑物从设计到施工落成，需要建筑师、结构工程师、设备工程师、施工工程师的通力合作。无论建设项目的规模大小、复杂程度，在设计程序方面一般需要经过三个设计阶段。

初步设计阶段——主要是建筑师的工作，如建筑物的总体布置、平面组合方式、空间体型、建筑材料等，此时结构工程师要配合建筑师作出结构选型。

该阶段提出的图纸和文件：建筑总平面图，包括建筑物的位置、标高，道路绿化以及基地设施的布置和说明；建筑物各层平面图、立面图、剖面图，并应说明结构方案、尺寸、材料；设计方案的构思说明书、结构方案及构造特点、主要技术经济指标；建筑设计造价估算书，包括主要建筑材料的控制数据。

技术设计阶段——该阶段的主要任务是在初步设计的基础上，确定建筑、结构、设备等专业的技术问题、技术设计的内容，各专业间相互提供资料、技术设计图纸和设计文件。建筑设计图纸中应标明与其他技术专业有关的详细尺寸，并编制建筑专业的技术条件说明书和概算书。

结构工程师要根据建筑的平立面构成、设备分布等作出结构布置的详细方案图，并进行力学计算。设备工程师也要提供相应的设备图纸及说明书。同时，各专业须共同研究协调，为编制施工图打下基础。

施工图设计阶段——这一过程的主要任务是在技术设计的基础上，深入了解材料供应、施工技术、设备等条件，作出可以具体指导施工过程的施工图纸，包括建筑、结构、设备等专业的全部施工图纸、工程说明书、结构计算书和设计预算书。

（二）结构设计的一般过程

虽然不同材料的建筑结构各有特点，但设计的一般过程仍可归纳如下。

结构选型：在收集基本资料和数据（如地理位置、功能要求、荷载状况、地基承载力等）的基础上，选择结构方案——结构型式和结构承重体系。原则是满足建筑特点、使用功能的要求，受力合理，技术可行，并尽可能达到经济技术指标先进。对于有抗震设防要求的工程，要充分体现抗震概念设计思想。

结构布置：在选定结构方案的基础上，确定各结构构件之间的相互关系，初步定出结构的全部尺寸。确定了结构布置也就确定了结构的计算简图，确定了各种荷载的传递路径。计算简图虽是对实际结构的简化，但应反映结构的主要特点及实际受力情况，以用于内力、位移的计算。因此，结构布置是否合理，将影响结构的性能。

确定材料和构件尺寸：按规范要求选定合适等级的材料，并按各项使用要求初步确定构件尺寸。结构构件的尺寸可用估算法或凭工程经验定出，也可参考有关手册，但应满足规范要求。

荷载计算：根据使用功能要求和工程所在地区的抗震设防等级确定永久荷载，可变荷载（楼、屋面活荷载，风荷载等）以及地震作用。

内力分析及组合：计算各种荷载下结构的内力，在此基础上进行内力组合。各种荷载同时出现的可能性是多样的，而且活荷载位置是可以变化的，因此结构承受的荷载以及相应的内力情况也是多样的，这些应该用内力组合来表达。内力组合即所述荷载效应组合，在其中求出截面的最不利内力组合值作为极限状态设计计算承载能力、变形、裂缝等的依据。

结构构件设计：采用不同结构材料的建筑结构，应按相应的设计规范计算结构构件控制截面的承载力，必要时应验算位移、变形、裂缝以及振动等的限值要求。所谓控制截面，是指构件中内力最不利的截面、尺寸改变处的截面以及材料用量改变的截面等。

构造设计：各类建筑结构设计的相当一部分内容尚无法通过计算确定，可采取构造措施进行设计。大量工程实践经验表明，每项构造措施都有其作用原理和效果，因此构造设计是十分重要的设计工作。构造设计主要是根据结构布置和抗震设防要求确定结构整体及各部分的连接构造。

另外，在实际工作中，随着设计的不断细化，结构布置、材料选用、构件尺寸等都不可避免地要做调整。如果变化较大，应重新计算荷载和内力、内力组合以及承载力，验算正常使用极限状态的要求。

（三）结构设计应完成的主要文件

结构设计计算书：结构设计计算书对结构计算简图的选取、荷载、内力分析方法和结果、结构构件控制截面计算等，都应有明确的说明。如果结构计算采用商业化计算机软件，应说明软件名称，并对计算结果作必要的校核。

结构设计施工图纸：所有设计结果，以施工图纸反映，包括结构、构件施工详图、节点构造、大样等，应标明选用材料、尺寸规格、各构件之间的相互关系、施工方法的特殊要求、采用的有关标准（或通用）图集编号等，要达到不作任何附加说明即可施工的要求。施工详图须全面符合设计规范要求，并便于施工。

第八章 建筑工程地下结构设计

第一节 沉管结构

一、沉管结构概述

水底隧道的施工方法主要有明挖法、矿山法、气压沉箱法、盾构法和沉管法。其中，沉管法是 20 世纪 50 年代后应用最为普遍的施工方法。20 世纪 50 年代解决了两项关键技术——水力压接法和基础处理，沉管法已经成为水底隧道最主要的施工方法之一，尤其在荷兰，除几条公路隧道和铁路隧道外，已建的隧道均采用沉管法。

沉管法又称为沉埋法，是修筑水底隧道的主要方法。沉管施工时，先在隧址附近修建的临时干坞内（或利用船厂的船台）预制管段，预制的管段采用临时隔墙封闭，然后将此管段浮运到隧址的设计位置，在隧址处预先挖好一个水底基槽。待管段定位后，向管段内灌水、压载，使其下沉到设计位置。将此管段与相邻管段在水下连接，并经基础处理，最后回填覆土，即成为水底隧道。

（一）沉管隧道的特点

1. 对地质水文条件适应能力强

由于沉管法在隧址的基槽开挖较浅，基槽开挖和基础处理的施工技术比较简单，而且沉管受到水浮力，作用于地基的荷载较小，因此对各种地质条件适应能力较强。由于管段采用先预制再浮运后沉放的方法，避免了难度很大的水下作业，故可在深水中施工。

2. 可浅埋，与曲岸道路衔接容易

由于沉管隧道可浅埋，与埋深较大的盾构隧道相比，沉管隧道路面标高可抬高，这样与道路很容易衔接，无须做较长的引道，线形也较好。

3. 沉管隧道的防水性能好

由于每节预制管段很长，一般为 100m 左右（而盾构隧道预制管片环宽仅为 1m 左右），因此沉管隧道的管段接缝数量很少，管段漏水的机会与盾构管片相比明显减少。沉管接头采用水力压接法后，可达到滴水不漏的程度，这一特点对水底隧道的营运至关重要。

4.沉管法施工工期短

由于每节预制管段很长，一条沉管隧道只用几节预制管段即可完成，而且管段预制和基槽开挖可同时进行，管段浮运沉放也较快，这就使沉管隧道的施工工期与其他施工方法相比要短得多。特别是管段预制不在隧址，使隧址受施工干扰的时间相对较短，这对于在运输繁忙的航道上建设水底隧道十分重要。

5.沉管隧道造价低

由于沉管隧道水底挖基槽的土方数量少，比地下挖土单价低，管段预制整体制作与盾构隧道管片预制相比所需费用也低，因此沉管隧道与盾构隧道相比，每延米的单价低。由于沉管隧道可浅埋，隧道长度相对埋深大的盾构隧道要短得多，这样，工程总造价可大幅度降低，能节省大量建设资金。

6.施工条件好

在沉管隧道施工时，无论是预制管段还是浮运沉放管段等主要工序大部分在水上进行，水下作业都很少。除少数潜水操作外，工人们都在水上操作，因此施工条件好，施工较为安全。

7.沉管隧道可做成大断面多车道结构

由于采用先预制后浮运再沉放的施工方法，因此可将隧道横向尺寸做大，一个隧道横断面可同时容纳4~8个车道。

（二）沉管隧道的分类

沉管隧道的施工方式视现场条件、用途、断面大小等各异。按其管段制作方法分为两类，即船台型和干坞型。

1.船台型

施工时，先在造船厂的船台上预制钢壳，制成后沿着滑道滑行下水，再在漂浮状态下进行水上钢筋混凝土作业。这类沉管的断面内截面一般为圆形，外截面则有圆形、八角形、花篮形等。此外，还有半圆形、椭圆形及组合形沉管断面。

（1）这类沉管隧道的优点

①圆形结构断面受力合理。

②沉管的底宽较小，基础处理比较容易。

③钢壳既是浇筑混凝土的外模，又是隧道的防水层，这种防水层在浮运过程中不易碰损。

④当具备利用船厂设备条件时，可缩短工期，在工程需要的沉管量较大时更为明显。

（2）这类隧道的缺点

①圆形断面的空间利用率不高，车道上方空余一个净空限界以外的空间，使车道路面

高程压低，从而增加了隧道全长，且圆形隧道一般只容纳 2 个车道，不便于建造过多车道隧道。

②耗钢量大，沉管造价高。

③于钢壳制作时，因手工焊接不能避免，其焊接质量难以保证，可能出现渗漏，若出现此现象则难以弥补、堵截，且钢壳的抗蚀能力差。

2. 干坞型

在临时干坞中制作钢筋混凝土管段，制成后往坞内灌水使之浮起并拖运至隧址沉没。这类沉管多为矩形断面，故又称为矩形沉管。矩形沉管段可以在一个断面内同时容纳 2~8 个车道。

（1）矩形沉管的优点

①不占用造船厂设备，不妨碍造船工业生产。

②车道上方没有多余空间，断面利用率较高。

③车道最低点的高程较高，隧道全长缩短，土方工程量少，建造多车道隧道时，工程量和施工费用均较省。

④一般用钢筋混凝土结构，节约大量钢材，降低造价。

（2）矩形沉管的缺点

①必须建造临时干坞。

②由于矩形沉管干舷较小，在灌注混凝土及浮运过程中必须有一系列的严密控制措施。

二、沉管结构设计

（一）沉管的断面形状和尺寸

水底隧道设计中几何尺寸设计尤为重要，是隧道设计成功与否的关键。隧道截面尺寸首先取决于使用要求，应考虑车流量和道路相匹配，也应考虑其他的使用要求和辅助设施；其次取决于施工条件和施工要求，即管段的浮运和沉放要求。一般首先根据使用要求确定管段内的净空尺寸，而沉管结构的外轮廓尺寸应满足浮运要求，同时应满足截面的确定要求。在考虑以上综合条件的情况下，才能确定管段横断面的几何尺寸和形状，管段的长度则需要考虑经济条件、航道条件、管段断面形状、施工及技术条件等。

根据交通隧道的有关规定，对于双向行车隧道，每个方向的行车道应有各自的管道，一般车行道宽度为 3.5m，车行道边缘距侧墙的间距为 0.8~1.0m，车行道净空高度为 4.5m。车行道与侧墙的空间通常做成人行道，空间高度可低于车行道高度，可供隧道管理人员或抛锚的汽车驾驶员使用。据此可推算一条双车行道宽度大于 9m。在隧道顶部，按规定应有 0.35m 留作照明和信号设备的空间，如果使用纵向通风系统，则附加净空应增加到 0.85m。

（二）沉管的浮力设计

在沉管结构设计中，有一个与其他地下结构不同的特点，即必须处理好浮力与重力的关系，这就是所谓的浮力设计。通过浮力设计可以确定沉管结构的外廓尺寸，从而确定沉管结构横断面尺寸。浮力设计的内容包括干舷的选定和抗浮安全系数的验算。

1. 干舷

干舷是指管段在浮运时，为了保持管段稳定必须使管顶露出水面的高度部分。具有一定干舷的管段，遇到风浪而发生侧倾时，干舷便会自动产生反向力矩，使管段保持平衡。

一般矩形断面管段，干舷为 10~15cm，而圆形和八角形断面的管段则多为 40~50cm。干舷的高度应适当，过小其稳定性较差，过大则沉放困难。

有些情况下，由于管段的结构厚度较大，无法自浮，可以设置浮筒、钢或木围堰助浮。另外，管段制作时，混凝土重度和模壳尺寸常有一定幅度的变动，而河水密度也有一定的变化幅度，浮力设计时，按照最大混凝土重度、最大混凝土体积和最小河水密度进行干舷的计算。

2. 抗浮安全系数

在管段沉放施工阶段，应采用 1.05~1.1 的抗浮安全系数。管段沉放完毕回填土时，周围河水与砂、土相混，其密度大于原来河水密度，浮力也相应增加。因此，施工阶段的抗浮安全系数务必大于 1.05，防止复浮。

在覆土完毕以后的使用阶段，抗浮安全系数应采用 1.2~1.5，计算时可以考虑两侧填土所产生的负摩擦阻力。

设计时需要按照最小混凝土重度、最小混凝土体积和最大河水密度来计算抗浮安全系数。

3. 沉管结构的外廓尺寸

在沉管式水底隧道中，总体设计只能确定隧道的内净宽度和车道净空高度。沉管结构的外廓尺寸必须通过浮力设计才能确定。在浮力设计中，既要保持一定的干舷，又要保证一定的抗浮安全系数。因此，沉管结构的外廓高度往往超过车道净空高度与顶底板厚度之和。

（三）作用在沉管结构上的荷载

作用在沉管结构上的荷载有结构自重力、水压力、土压力、浮力、施工荷载、波浪压力、水流压力、沉降摩擦力、车辆活荷载、沉船荷载，以及地基反力、温度应力、不均匀沉降和地震等所产生的附加应力。

上述荷载中，作用在沉管上的水压力是主要荷载。尤其是在覆土高度较小时，水压力常是最大荷载。水压力又非定值，受高低潮位的影响，还要考虑台风时和特大洪峰时的水位压力。

作用在沉管上的垂直向土压力，一般为河床底到沉管顶面间的土体重力。在河床不稳定地区，还要考虑水位变迁的影响。作用在沉管侧面上的水平土压力并非常量，在隧道建成初期，土的侧压力较大，随着土的固结发展而减小。设计时按最不利组合分别取用。

施工荷载是指压载、端封墙、定位塔等施工设施的重力。在计算浮运阶段的纵向弯矩时，这些荷载是主要荷载，通过调整压载水箱的位置可以改变弯矩的分布。

波浪压力和水流压力对结构设计的影响很小，但对于水流压力必须进行水工模型试验予以确定，据此来设计沉放工艺及设备。

沉降摩擦力则是由于回填后，沉管沉降和沉管侧回填土沉降并不同步，沉管侧回填土沉降大于沉管沉降，因此在沉管侧壁外承受向下摩擦力。为了降低摩擦系数，常在侧壁外喷软沥青以减小摩擦力。

在水底隧道中，车辆交通荷载往往可以忽略。沉船荷载由于产生的概率太小，对此项荷载是否设计计算、计算采用荷载值的大小仍存在争议。

地基反力的分布规律有各种不同的假定：①直线分布；②反力强度和各点沉降量成正比，即温克尔假定，地基系数又可以分为单一系数和多种地基系数两种；③假定地基为半无限弹性体，按弹性理论计算反力。

沉管内外壁之间存在温差，外壁的温度与周围土体基本一致，视为恒温，而内壁的温度与外界一致，四季变化。一般冬季外高内低，夏季外低内高，温差产生温度应力。由于沉管内外壁之间的温度传递需要一个过程，一般设计需要考虑持续 5~7d 的最高温度和最低温度的温差。

混凝土的收缩影响是由施工缝两侧不同龄期的混凝土的剩余收缩所引起的，因此应按照初步的施工计划规定龄期并设定收缩差。

（四）管段结构设计

按横断面和纵断面分别进行沉管段的结构设计。首先确保在各荷载作用下管段是安全的、经济的。沉管的断面结构形式大多数是多孔箱形结构。这种多孔箱形结构和其他高次超静定结构一样，其结构内力分析必须经过"假定截面尺寸—分析内力—修正尺寸—复算内力"的几次循环，工作量较大。为了避免采用剪力钢筋，改善结构性能，减少裂缝出现，在水底隧道的沉管结构中，常采用变截面或折拱形结构。即使在同一管段内，因隧道纵坡和河底标高的变化，各处截面所受的水压力、土压力不同，特别在接近岸边时由于荷载变化急剧，不能只以一个断面的结构分析结果和河中段全长的横断面配筋计算来代替整节管段，所以目前一般使用电子计算机对结果进行分析。

1. 钢壳方式的管段设计。

（1）横断面设计

钢壳方式的管段设计的特征是钢壳同时要作为混凝土灌注时的模板，而灌注后的管段与干坞方式的管段是一样的。

钢壳要与混凝土成为一体，作为永久构件存在。在设计上因存在腐蚀、残留应力、与混凝土成为一体等问题，很难视为承载的一个有效构件。因此，目前多按临时构件来设计。

钢壳方式的管段的强度是按具有一定间隔的横向肋、形成各自独立的横向闭合框架和受到作用在肋间荷载的平面骨架进行应力计算的。

横断面方向的钢壳断面，一般决定于混凝土灌注时的应力。随着混凝土的灌注，吃水深度增加，水压增大，设计断面也应随之变化。因此，应对每一施工阶段的混凝土重力和水压力进行应力计算，而后按最危险状态决定钢壳断面。

（2）纵断面设计

把整个钢壳视为纵断方向的梁，按施工荷载研究管段的强度和变形。设计状态可分为进水时、混凝土灌注时、拖航停泊时等。

钢壳在船台上制作，纵向进水时的状态会产生较大的应力，多由此状态决定断面尺寸。

为使断面力最小，应按管段中央左右对称划分灌注区段。最初的灌注位置，最好设在管段全长的 1/4 处。

2. 钢筋混凝土管段的设计

（1）横断面设计

用于船坞制作的钢筋混凝土管段，从施工角度看，在应力方面是不会有问题的。决定横断面时，要注意考虑浮力的平衡问题。

决定横断面尺寸时，一般采用平面框架结构进行应力计算。此时，作为结构体系的支撑条件，要设定地基的反力系数，但其值的选用要考虑地层的性质、基础宽度等。

横断面构件的厚度，一般按钢筋混凝土构件计算即可。沉管隧道主要是受水压力、土压力的作用，设计荷载多为永久荷载，同时在水下维修也是存在困难的。因此，混凝土和钢筋的应力，要根据开裂宽度、混凝土的徐变等影响，加以充分研究后选定设计的目标值。

计算构件的厚度时，要考虑施工钢筋的布置。特别是大水深的沉管隧道和大断面的沉管隧道，应按大径钢筋、小间隔配置。

（2）纵断面设计

沉管隧道在纵断面上一般由敞开段、暗埋段、沉埋段、岸边竖井等部分构成。管段的纵向设计，除考虑混凝土灌注、牵引、沉放时的状态外，还要考虑完成后的地震影响、地层下沉影响、温度变化的影响等。

（3）配筋

沉管结构的混凝土强度宜采用 C30、C35、C40。由于沉管结构对贯通裂缝非常敏感，因此采用钢筋等级不宜过高，不宜采用 HRB400 级及以上的钢筋。

（4）预应力的作用

一般情况下，沉管隧道采用普通混凝土结构而不采用预应力混凝土结构。因为沉管的结构厚度并非由强度决定，而是由抗浮安全系数决定的。由抗浮安全系数决定的厚度对于强度而言常常有余而非不足。施加预应力结构虽然有提高抗渗性的长处,但若只为防水而采用预应力混凝土结构并不经济。

当隧道跨度较大,可达 3 车道以上或者水压力、土压力又较大时,沉管结构的顶板、底板受到的剪力也相对较大。

(五)管段接头设计

管段沉放完毕之后,必须与前面已沉放好的管段或竖井接合起来,这项连接工作在水下进行,亦称水下连接。

管段接头应具有的功能和要求:第一,水密性的要求,即要求在施工和运营阶段均不漏水;第二,接头应具有抵抗各种荷载作用和变形的能力;第三,接头的各构件功能明确,造价适度;第四,接头的施工性好,施工质量能够保证,并尽量做到能检修。常用的接头方式有 GINA 止水带、OMEGA 止水带以及水平剪切键、竖直剪切键、波形连接件、端钢壳及相应的连接件。水平剪切键可承受水平剪力,竖直剪切键可承受竖直剪力及抵抗不均匀沉降,波形连接件增加接头的抗剪能力,端钢壳主要是起安装端封门和接头其他部件、调整隧道纵坡的作用。

1. 接头类型

在设计接头时,要保证其具有良好的止水性能和充分的传递力。在采用可挠性接头时,要满足伸缩等必要的功能以及施工性、经济性等条件。

接头的构造有与管段具有同样强度、刚性的连续构造接头形式和管段能够相互伸缩、转动的柔性构造的可挠性接头形式。

(1)连续构造接头的设计

此种接头在美国、加拿大采用居多,日本初期的沉管隧道也多采用这种接头。连续构造接头有扩大管段端部断面的形式、在管段外周设置橡胶密封垫的止水装置、与本体形成同一断面的结构形式,也有等断面的形式。前者的刚度、强度几乎与本体相同;后者因结合处的断面小,强度要达到与本体相同则难度更大。后者刚度也比本体小,但是管段端部无须扩大,外侧是等断面的管段,制作较为方便。

使管段相互结合、传递力的方法有沉放后用内部钢筋混凝土衬砌连接接头的方式和焊接钢板传力的方式。不管哪种方式,都要能承受因地震、地层下沉及温度变化等原因造成的轴向拉力、压力、弯矩、剪力等。

(2)可挠性接头(柔性接头)的设计

可挠性接头是能使管段接头处产生伸缩、转动的结构。但不容许无限制的位移,要根据止水性及交通功能等,规定出容许的位移值,使接头的位移在容许范围值之内。

可挠性接头的设置地点与构造条件、地质条件、地震条件等有关。

2. 止水构造

在管段的接头处,不管采用哪种接头方式,都要进行止水构造的设计。一般橡胶密封垫的一次止水构造是最基本的构造。

决定橡胶密封垫的材质、形状尺寸时要满足一定条件：止水构件材质的长期稳定性和耐久性，管段接合时具有所规定的止水性，水力压接法具有合适的荷载—压缩变形特性，有永久的止水性能等。采用止水可挠性接头时，在设计的伸缩量条件下要能确保止水性；接合后，对外侧水压是安全的。

为满足这些条件，必须进行橡胶的材质试验、压缩特性试验、剪切试验、止水性能试验等，据此决定最佳形状尺寸和硬度。一般橡胶的材质多采用天然橡胶和合成橡胶。在设计橡胶密封垫时，要注意橡胶的永久变形量。对可挠性接头，还应掌握橡胶的动力特性。

目前，在初期止水时常采用 GINA 止水带，为减小初期接合时钢壳断面的施工误差，在前面和底部设有突起，其硬度较小。

止水带在水压接合时处于压缩状态，对静水压有足够的止水能力。但是在水压接合时，如果止水带没有处于充分压缩状态和发生地震等，接头会张开，使压缩荷载释放，从而降低止水性能，产生漏水。

止水带的安全性，从设置到整个使用期间，要考虑三种状态，即水压接合时的状态、正常状态和地震时的状态。止水带必须按这三种状态进行设计和安全性检验。

二次止水装置是为一次止水发生故障而设的具有止水构造的安全阀，要能承受外水压。

3. 最后接头

沉管隧道的接头，一般分为中间接头、与竖井的接头和最后接头，其结构形式有些差异。其中，最后接头是最后一节管段与前设管段的接头，与管段一般段的接头不完全相同。最后接头一般设在管段与竖井处。最后接头处的水深比较浅时，可在接头范围设围堰，用内部排水方式施工。也可采用与水力压接相同的方法做最后接头，即在最后接头周围安设橡胶密封垫的止水板，而后排出内部的水，使止水板水压压接。此法与水深关系不大，是比较合理的方法。

总之，最后接头必须考虑施工作业条件和安全性，合理确定位置、结构和施工方法等。从目前采用的最后接头的施工方法来看，有干施工、水下混凝土、接头箱体、止水板、楔形箱体等形式。

（六）基础设计

1. 地质条件与沉管基础

在一般地面建筑中，如果建筑物基底下的地质条件差，就需做合适的基础设计，否则就会发生有害的绝对和差异沉降，甚至有发生建筑物坍塌的危险。

在水底沉管隧道中，情况则完全不同。不会产生由于土固结或剪切破坏所引起的沉降。因为作用在沟槽底部的荷载在设置沉管后非但没有增加，反而减小了，所以沉管隧道很少需要构筑人工基础以解决沉降问题。此外，沉管隧道施工是在水下开挖沟槽的，没有产生流沙现象的问题，不像地面建筑或其他方法施工的水底隧道那样，遇到流沙时必须采用费用较高的疏干措施。因此，沉管隧道对各种地质条件的适应性很强，正因如此，一般水底沉管隧道施工时不必像其他水底隧道施工法那样，必须在施工前进行大量的深水钻探工作。

2. 基础处理

沉管隧道对各种地质条件的适应性很强，这是它的一个很重要的特点。然而在沉管隧道中，也仍需要进行基础处理，不过其目的不是应对地基土的沉降，而是因为在开槽作业中，不论是使用哪一类型的挖泥船，完成后的槽底表面总有不同程度的不平整，这种不平整使槽底表面与沉管底面之间存在很多不规则的空隙。这些不规则的空隙会导致地基受力不均而局部破坏，从而引起不均匀沉降，使沉管结构承受较高的局部应力，从而导致开裂。因此，在沉管隧道中必须进行基础处理——垫平，以消除这些有害的空隙。

沉管隧道的各种基础处理方法，按照时间在沉管设置前后分为先铺法和后填法两类。先铺法是在管段沉放之前，先在槽底铺上砂、石垫层，再将管段沉放在垫层上。先铺法适用于底宽较小的沉管工程。后填法是在管段沉放完毕之后，再进行垫平作业。后填法大多适用于底宽较大的沉管工程。

沉管隧道的各种基础处理方法均以消除有害空隙为目的，所以各种不同的基础处理方法之间的差别，仅是垫平途径不同而已。但其效率、效果以及费用的差别，在设计时必须详细斟酌。

刮铺法属于先铺法。在管段沉放前采用专用刮铺船上的刮板在基槽底刮平铺垫材料（粗砂、碎石或砂砾石）作为管段基础。采用刮铺法开挖基槽底应超挖 60~80cm，在槽底两侧打数排短桩安设导轨，以便在刮铺时控制高程和坡度。

喷砂法和压注法属于后填法。喷砂法是从水面上用砂泵将砂水混合料通过伸入管段底下的喷管向管段底喷注、填满空隙。砂垫层厚度为 1m 左右，可沿着轨道纵向移动的桁架外侧挂三根 L 形钢管，中间为喷管，两侧为吸管。砂的平均粒径约为 0.5mm。砂水混合料的浓度和排出速度与喷出形成的砂饼直径有直接关系。

压注法是在管段沉放后向管段底面压注水泥砂浆或砂作为管段基础。根据压注材料不同分为压浆法和压砂法两种。压浆法是在开挖基槽时应超挖 1m 左右，然后摊铺一层厚为 40~60mm 的碎石，两侧抛堆砂石封闭后，通过隧道内部的压浆设备，在管段底板上带单向阀的压浆孔，向管底空隙压注注入由水泥、膨润土、黄砂和缓凝剂配成的混合砂浆。压砂法与压浆法相似，但注浆材料为砂水混合物。

3. 软弱土层中的沉管基础

如果沉管下的地基土特别软弱，容许承载力非常小，仅做垫平处理是不够的，解决的办法有以砂置换软土层、打砂桩并加荷预压、减小沉管质量、采用桩基等。在这些办法中，以砂置换软土层会增加很多工程费用，且在地震时有液化危险，故在砂源较远时是不可取的。打砂桩并加荷预压的方法也会大量增加工程费用，且不论加荷多少，要使地基土达到固结密实所需的时间很长，对工期影响较大，所以一般不采用此办法。减小沉管质量的方法对于减少沉降有效，但沉管的抗浮安全系数本来就不大，减小沉管质量的办法并不实用。因此，比较适宜的办法为采用桩基。

沉管隧道采用桩基后，也会遇到一些通常地面建筑所遇不到的问题。首先，基桩桩顶标高在实际施工中不可能达到完全齐平。因此，在管段沉放完毕后，难以保证所有桩顶与管底接触。为使基桩受力均匀，在沉管基础设计中必须采取一些措施，主要包括以下三种。

（1）水下混凝土传力法：基桩打好后，先浇一两层水下混凝土将桩顶裹住。而后再在水下铺上一层砂石垫层，使沉管荷载经砂石垫层和水下混凝土层传到桩基上去。

（2）砂浆囊袋传力法：在管段底部与桩顶之间，用大型化纤囊袋灌注水泥砂浆加以垫实，使所有基桩均能同时受力。所有囊袋既要具有较高的强度，又要有充分的透水性，以保证灌注砂浆时，囊内河水能顺利排出囊外。砂浆的强度不需要太高，略高于地基土的抗压强度即可，但流动性要高些，故一般均在水泥砂浆中掺入膨润土泥浆。

（3）活动桩顶法：在所有的基桩顶端设一小段预制混凝土活动桩顶。在管段沉放完毕后，向活动桩顶与桩身之间的空腔中灌注水泥砂浆，将活动桩顶升到与管底密贴接触为止。

（七）竖井和引道设计

1. 竖井

竖井分别位于沉管隧道的两端，是沉管隧道和陆上隧道的接续点。对公路隧道还具有风井的功能。对于其他用途的隧道，多用于排水设施、电气设施、附属设施等的收容空间。竖井设计的主要任务是确保其稳定性。竖井的稳定，一般是由地震及施工时的稳定性要求决定的。

在公路沉管隧道中，在竖井中通常要设置通风、电力、监视控制及排水设备。而在铁路沉管隧道中，这些设备的规模要小得多。

在竖井的工程实例中，通常采用的基础形式包括直接基础、钢管桩基础、现浇混凝土基础、钢管板桩基础、沉箱基础、复合基础＋现浇混凝土基础、钢管桩＋钢沉箱。基础形式要根据地质、隧道规模、埋深、竖井的功能要求等条件选定。

2. 引道

引道构造通常是明渠式的。此时视引道深度的变化，可采用 U 形挡墙、L 形挡墙或反 T 形挡墙、重力式挡墙等多种形式的构造。采用挡墙形式的区间的开挖深度一般不要超过 15m。

陆上隧道一般采用明挖法施工。若深度很深，则可采用沉箱法。

引道设计应特别注意 U 形挡墙的上浮性，为此要选定合理经济的结构形式。

对浮力的上浮安全系数一般取 1.1~1.2。为此，可加大底板厚度或底板伸出，并对管段在基础两侧和顶部进行回填或在基础上设置抗拔桩。

第二节　顶管法施工设计

一、顶管的关键技术

（一）方向控制

管道能否按设计轴线顶进，是顶管（尤其是长距离顶管）工程成败的关键。顶进方向失去控制会导致管道偏离设计轴线，造成所需顶力的增大，严重的甚至会导致工程无法正常进行。高精度的方向控制也是保证中继环正常工作的必要条件。

（二）顶力大小及方向

如仅采用管尾顶进方式，顶管的顶推力必然随着顶进长度的增加而增大。但由于受到顶推动力和管道强度的制约，顶推力并不能无限制地增大。因此，只采用管尾推进方式，管道的顶进距离必然受到限制。一般采用中继环接力顶推技术加以解决。此外，对顶力的方向控制也十分重要，能否保证顶进中顶推合力的方向与管道轴线的方向一致是控制管道方向，同时是确保顶管工程正常实施的关键。

（三）工具管开挖面正面土体的稳定性

在开挖和顶进过程中，尽量减小对正面土体的扰动是防止坍塌、涌水和确保正面土体稳定的关键。正面土体的失稳会导致管道受力情况急剧变化，甚至会造成顶进方向的偏离。

（四）承压壁后靠结构及土体的稳定性

顶管工程中，多数情况下必须有顶管工作井。顶管工作井一般采用沉井结构或钢板桩支护结构，除需要验算结构的强度和刚度外，还应确保后靠土体的稳定性，可以采用注浆、增加后靠土体地面超载等方式限制后靠土体的滑动。若后靠土体失稳，不仅会影响顶管的正常施工，严重的还会影响周围环境。

二、顶管工程设计

顶管工程设计主要应解决好工作井的设置、顶管顶力的估算和顶管承压壁后靠土体的稳定性验算问题。

（一）工作井的设置

顶管施工常需设置两种形式的工作井：（1）供顶管机头安装用的顶进工作井（顶进井）；（2）供顶管工具管进坑和拆卸用的接收工作井（接收井）。

工作井实质上是方形或圆形的小基坑，其支护形式同普通基坑，与一般基坑不同的是，因其平面尺寸较小，支护经常采用钢筋混凝土沉井和钢板桩。在管径不小于1.8m或顶管埋深不小于5.5m时，普遍采用钢筋混凝土沉井作为顶进工作井。当采用沉井作为工作井时，为减少顶管设备的转移，一般采用双向顶进；而当采用钢板桩支护工作井时，为确保土体稳定，一般采用单向顶进。

有的工作井既是前一管段顶进的接收井，又是后一管段顶进的顶进井。

从经济、合理的角度考虑，工作井在施工结束后，一部分将改为阀门井、检查井。因此，在设计工作井时要兼顾一井多用的原则。工作井的平面布置应尽量避让地下管线，以减小施工的扰动影响，工作井与周围建筑物及地下管线的最小平面距离应根据现场地质条件及工作井的施工方法确定。采用沉井或钢板桩支护的工作井，其地面影响范围可按有关公式进行计算，在此范围内的建筑物和管线等均应采取必要的技术措施加以保护。

工作井的洞口应进行防水处理，设置挡水圈和封门板，进出井的一段距离内应进行井点降水或地基加固处理，以防止土体流失，保持土体和附近建筑物的稳定。工作井的顶标高应满足防汛要求，坑内应设置集水井，在暴雨季节施工时为防止地下水流入工作井，应事先在工作井周围设置挡水围堰。

（二）顶管顶力的估算

顶管顶力必须克服顶管管壁与土层之间的摩阻力、前刃脚切土时的阻力，从而把管道顶推入土体中。作为设计承压壁和选用顶进设备的依据，需要预先估算出顶管顶力。顶管顶力可按下式进行计算，即：

$$P = K \left[N_1 f_1 + \left(N_1 + N_2 \right) f_2 + 2E f_3 + R A_1 \right] \tag{8-1}$$

式中：P——顶管的顶力（kN）；

N_1——顶管以上的荷载（包括线路加固材料重力）（kN）；

f_1——顶管管壁与其上荷载的摩擦系数，由试验确定，无试验资料时，可视顶管上润滑处理情况，采用下列数值，涂石蜡为 0.17~0.34，涂滑石粉浆为 0.30，涂机油调制的滑石粉浆为 0.20，无润滑处理为 0.52~0.69，覆土为 0.7~0.8；

N_2——全部管道自重（kN）；

f_2——管底管壁与基底土的摩擦系数，由试验确定，无试验资料时，视基底土的性质可采用 0.7~0.8；

E——顶管两侧的土压力（kN）；

f_3——顶管管壁与管侧土的摩擦系数，由试验确定，无试验资料时，视土的性质可采用 0.7~0.8；

R——土对钢刃脚正面的单位面积阻力（kPa），由试验确定，无试验资料时，视刃脚构造、挖土方法、土的性质确定，对细粒土为 500~550kPa，对粗粒土为 1500~1700kPa；

A_1——钢刃脚正面面积（m^2）；

K——系数，一般取 1.2。

（三）顶管承压壁后靠土体的稳定性验算

顶管工作井普遍采用沉井或钢板桩支护结构，对这两种形式的工作井应首先验算支护结构本身的强度。此外，由于顶管工作井承压壁后靠土体的滑动会引起周围土体的位移，影响周围环境和顶管的正常施工，因此在工作井设置前还必须验算承压壁后靠土体的稳定性，以确保顶管工作井的安全和稳定。

1.沉井支护工作井承压壁后靠土体的稳定性验算

沉井承压壁后靠土体在顶管顶力超过其承受能力后会产生滑动，沉井承压壁后靠土体的极限平衡条件为水平方向的合力 $\sum F = 0$，即：

$$P = 2F_1 + F_2 + F_p - F_a \tag{8-2}$$

式中：P——顶管的顶力（kN）；

F_1——沉井一侧的侧面摩阻力（kN），$F_1 = \frac{1}{2} p_a H B_1 \mu$ [其中，p_a 为沉井一侧井壁底端的主动土压力强度（kPa）]；

H——沉井的高度（m）；

B_1——沉井一侧（除顶进方向和承压井壁方向外）的侧壁长度（m）；

μ——混凝土与土体的摩擦系数，视土体而定；

F_2——沉井底面摩阻力（kN），$F_2 = W_\mu$ [其中，W 为沉井底面的总竖向压力（kN）]；

F_p——沉井承压井壁的总被动土压力（kN），且

$$F_p = B\left[\frac{1}{2}\gamma H^2 \tan^2\left(45° + \frac{\varphi}{2}\right) + 2cH\tan\left(45° + \frac{\varphi}{2}\right) + \gamma h H \tan^2\left(45° + \frac{\varphi}{2}\right)\right]$$

F_a——沉井顶向井壁的总主动土压力（kN），且

$$F_a = B\left[\frac{1}{2}\gamma H^2 \tan^2\left(45° - \frac{\varphi}{2}\right) + 2cH\tan\left(45° - \frac{\varphi}{2}\right) + \gamma h H \tan^2\left(45° - \frac{\varphi}{2}\right)\right] +$$

$$\frac{2c^2}{\gamma} - \frac{2cq\sqrt{K_a}}{\gamma} + \frac{q^2 K_a}{2\gamma}$$

式中：B——沉井承压井壁宽度（m）；

h——沉井顶面距地表的距离（m）；

γ——土的重度（kN/m^3）；

φ——内摩擦角（°）；

c——土的黏聚力（kPa），取各层土的加权平均值；

K_a——主动土压力系数。

需要强调的是，在中压缩性至低压缩性黏性土层或孔隙比 $e \leqslant 1$ 的砂性土层中，若沉井侧面井壁与土体的空隙经密实填充且顶管顶力作用中心基本不变，可在承压壁后靠土体稳定性验算时考虑 F_1 及 F_2。实际工程中，在无绝对把握的前提下，式（8-2）中的 F_1 及 F_2 均不予考虑。若不考虑 F_1 及 F_2，一般采用下式进行沉井支护工作井承压壁后靠土体的稳定性验算，即：

$$P \leqslant \frac{F_p - F_a}{S} \qquad (8-3)$$

其中，S 为安全系数，一般取 1.0~1.2，土质越差，S 的取值越大。

2. 钢板桩支护工作井承压壁后靠土体的稳定性验算

顶管的顶力 P 通过承压壁传至板桩后的后靠土体，为了计算出承受壁承受顶力 P 后的平均压力 p，首先可以假设不存在板桩。

可得出：

$$p = P / A_2 \qquad (8-4)$$

式中：P——承压壁承受的顶力（kN）；

A_2——承压壁面积（m²），且

$$A_2 = bh_2 \qquad (8-5)$$

其中，b 为承压壁宽度（m）。

由于板桩的协调作用，便出现了一条类似于板桩弹性曲线的荷载曲线。因板桩自身刚度较小，承压壁后面的土压力一般假设为均匀分布，而板桩两端的土压力为 0，则总的土体抗力呈梯形分布，由板桩静力平衡条件（水平方向的合力为 0）得：

$$p_0 \left(h_2 + \frac{1}{2} h_1 + \frac{1}{2} h_3 \right) = p h_2 \qquad (8-6)$$

式中：p_0——承压壁后靠土体的单位面积反力（kPa）；

p——承压壁承受顶力 P 后的平均压力（kPa），且

$$p = P / (bh_2) \qquad (8-7)$$

当顶进管道的敷设深度较大时，顶管工作井的支护通常采用两段形式。在两段支护的情况下，只有下面的一段参与承受和传递来自承压壁的作用力，因而仍可用式（8-6）计算。

在顶管顶进时应密切观测承压壁后靠土体的隆起和水平位移，并以此确定顶进时的极限顶力，按极限顶力适当安排中继环的数量和间距。此外，还可采取降水、注浆加固地基以及在承压壁后靠土体地表施加超载等办法来提高土体承受顶力的能力。

第三节　沉井法

一、沉井的分类及其组成

（一）沉井的分类

沉井的类型较多，一般可按以下几个方面进行分类。

1.按沉井横截面形状分类

（1）单孔沉井

单孔沉井的孔形有圆形、正方形及矩形等。圆形沉井承受水平土压力及水压力的性能较好，而正方形、矩形沉井受水平压力作用时断面会产生较大的弯矩，因此圆形沉井的井壁可做得较正方形及矩形井壁薄一些。正方形及矩形沉井在制作和使用时常比圆形沉井方便，为改善正方形及矩形沉井转角处的受力条件，并减缓应力集中现象，常将其四个外角做成圆角。

（2）单排孔沉井

单排孔沉井有两个或两个以上的井孔，各孔以内隔墙分开并在平面上按同一方向排布。按使用要求，单排孔也可以做成矩形、长圆形及组合形等形状。各井孔间的隔墙可提高沉井的整体刚度，利用隔墙可使沉井能较均衡地挖土下沉。

（3）多排孔沉井

多排孔沉井即在沉井内部设置数道纵横交叉的内隔墙。这种沉井刚度较大，且在施工中易于下沉，如发生沉井偏斜，可通过在适当的孔内挖土校正。这种沉井的承载力很高，适于做平面尺寸大的建筑物的基础。

2.按沉井竖直截面形状分类

（1）柱形沉井

柱形沉井的井壁按横截面形状做成各种柱形且平面尺寸不随深度变化。柱形沉井受周围土体的约束较均衡，只沿竖向切沉，不易发生倾斜，且下沉过程中对周围土体的扰动较小。其缺点是沉井外壁面上土的侧摩阻力较大，尤其当沉井平面尺寸较小、下沉深度较大而土又较密实时，其上部可能被土体夹住，使其下部悬空，容易造成井壁拉裂。因此，柱形沉井一般在入土不深或土质较松软的情况下使用。

（2）阶梯形沉井

阶梯形沉井的井壁平面尺寸随深度呈阶梯形加大。由于沉井下部受到的土压力及水压力较上部的大，因此阶梯形结构可使沉井下部刚度相应提高。阶梯可设在井壁的内侧或外侧。

（3）锥形沉井

锥形沉井的外壁面带有斜坡，坡比一般为 1/50~1/20。锥形沉井也可减小沉井下沉时土的侧摩阻力，但下沉不稳定且制作较难，较少使用。

（二）沉井结构组成

沉井一般由井壁、刃脚、隔墙、井孔、凹槽、射水管、封底和盖板等部分组成，井孔即为井壁内由隔墙分成的空腔。

刃脚能减小下沉阻力，使沉井依靠自重切土下沉。根据土质软硬程度和沉井下沉深度来决定刃脚的高度、角度、踏面宽度和强度，在土层坚硬的情况下，刃脚或踏面常用型钢加强。

刃脚的支设方式取决于沉井重力、施工荷载和地基承载力。常用的方法有垫架法、砖砌塑座和土模。在软弱地基上浇筑较重的沉井，常用垫架法。垫架的作用是将上部沉井重力均匀地传给地基，使沉井井身浇筑过程中不会产生过大不均匀沉降，使刃脚和井身产生裂缝而破坏，使井身保持垂直，便于拆除模板和支撑。

采用垫架法施工时，应计算井身一次浇筑高度，使其不超过地基承载力，其下砂垫层厚度亦需计算确定。直径（或边长）不超过8m的较小的沉井，土质较好时可采用砖垫座，砖垫座沿周长分成6~8段，中间留20mm空隙，以便拆除，砖垫座内壁用水泥砂浆抹面。

井壁用于承受井外水压力、土压力和自重，同时起防渗作用。根据下沉系数和地质条件决定井壁厚度和阶梯宽度等。

设置内隔墙能增大沉井刚度，缩小外壁计算跨度，同时将沉井分成若干个取土井，便于掌握挖土顺序，控制下沉方向。

沉井视高度不同，可一次浇筑，也可分节浇筑，应保证在各施工阶段均能克服侧壁摩阻力顺利下沉，同时保证沉井结构强度和下沉稳定。沉井分节制作时，其高度应保证稳定性并能使其顺利下沉。采用分节制作，一次下沉时，制作高度不宜大于沉井短边或直径，当总高度超过12m时，需有可靠的计算依据和采取确保稳定的措施。

二、沉井的下沉阻力

（一）刃脚反力的计算

根据刃脚反力分析法，为保证沉井顺利下沉，作用在刃脚上的平均压力应等于或略大于刃脚下土体的极限承载力。

$$R_b = G - N_w - R_f \geqslant (1.15 \sim 1.25) R_{mp} \qquad （8-8）$$

式中：G ——沉井自重（kN）；

R_b ——作用在刃脚上的平均压力（kN）；

R_{mp} ——刃脚踏面上土的极限承载力（kN）；

N_w ——井壁排出的水重，即水的浮力（kN），当采用排水下沉时，$N_w = 0$；

R_f ——土体与井壁的总摩阻力（kN）。

（二）侧摩阻力的计算

沉井基础的关键技术是确保其平稳下沉，而下沉过程中侧摩阻力的大小往往是下沉过程中的一个重要参数。因此，侧摩阻力历来是岩土工程领域比较关注的问题之一，也是比较棘手的问题。长期以来，设计中采用的摩阻力分布图式和现行规范中给出的建议模式均是由大直径桩的下沉机理分析得出的。

在淤泥质黏土及亚黏土中，由于土壤的内聚力等因素的作用，若沉井停止下沉的时间越长，f_k 值就越大，有时甚至高达 40kN/m² 以上；当沉井在开始起步下沉时，f_k 值又下降到较小值。但由于淤泥土质的承载力很低，这时沉井就会突然下沉，其最大沉降量可达 3~5m，只需数十秒就能完成。因此，沉井在淤泥质黏土和亚黏土中下沉时，土体须进行加固处理，否则会造成严重的质量事故。

沉井下沉过程中，井壁与土的摩阻力可根据工程地质条件及施工方法和井壁外形等情况，并参照类似条件沉井的施工经验确定。当缺乏可靠的地质资料时，井壁单位面积的摩阻力可参考表 8-1 选用。

表 8-1　土体与井壁的单位面积摩阻力标准值 f_k

序号	土层类别	单位面积摩阻力 f_k/（kN·m⁻²）
1	流塑状态黏性土	10~15
2	可塑、软塑状态黏性土	10~25
3	硬塑状态黏性土	25~50
4	泥浆土	3~5
5	砂性土	12~25
6	砂砾石	15~20
7	卵石	18~30

注：井壁外侧为阶梯式且采用灌砂助沉时，灌砂段的单位摩阻力标准值可取 7~10kN/m²。

（三）稳定系数和下沉系数

沉井的下沉运动十分复杂，如假设土介质是均匀的并且没有任何外界干扰及不均匀开挖等因素的影响，它在土介质中只做下沉运动。然而，实际施工中，由于沉井规模大，施工场地存在诸多不确定因素，并受周围环境的干扰的影响，使得沉井实际下沉呈现一种复杂的空间运动。

沉井下沉所受的阻力，主要包括沉井外壁与土体的侧摩阻力、刃脚踏面和隔墙下土体的正面阻力两种。实际工程中，一般用稳定系数来保证沉井首次接高期间的稳定性，用下沉系数法来验算沉井的下沉条件。

$$K'_s = (G - N_w)/(R_f + R_b) \tag{8-9}$$

$$K' = (G + G' - F)/(R_f + R_1 + R_2) \tag{8-10}$$

式中：K'_s——下沉系数；

K'——稳定系数，又称接高系数；

G——沉井自重（kN）；

G'——施工荷载，按沉井表面 0.2t/m² 进行计算（kPa）；

N_w——井壁排出的水重，即水的浮力（kN），当采用排水下沉时，$N_w = 0$；

R_b——作用在刃脚上的平均压力（kN），当刃脚底面和斜面的土方被挖空时，$R_b = 0$；

R_f——沉井侧面的总摩阻力（kN）；

R_1——接高期间，沉井刃脚踏面及斜面下土的支承力（kN）；

R_2——接高期间，沉井隔墙下土的支承力（kN）。

小型沉井下沉时，刃脚底面和斜面的土方均被取走，因此在计算下沉系数时，一般取 $R_b = 0$。大型沉井下沉期间，常保留部分支承面积 $R_b = 0$，按照支承面积不同，分为三种情况：支承面积可能取刃脚踏面和隔墙底部面积之和，即全截面支承；可能取刃脚踏面面积，即全刃脚支承；可仅取刃脚踏面面积的一半，即半刃脚支承。

沉井接高期间，为防止地基承载力不足而发生突沉，要求稳定系数 $K' < 1$，一般取 0.8~0.9。当 $K' > 1$ 时，说明地基土的极限承载力有限，不足以支承巨大的沉井重力，需要进行地基处理，以提高地基承载力，从而保证沉井接高期间的稳定性。

工程中，下沉系数 K'_s 取值一般为 1.15~1.25，在 K'_s 取值时，尚需针对工程下沉速度的具体情况加以考虑。在刚开始下沉及下沉速度快时，K'_s 的取值稍小些；位于淤泥质土层和沉井下沉速度快时，K'_s 取小值；位于其他土层中，K'_s 取大值。

三、沉井的结构设计计算

（一）沉井底节验算

沉井底节为沉井的最下部一节，沉井底节自抽除垫木开始，刃脚的支承位置就在不断变化。

1. 在排水或无水情况下下沉的沉井，可以直接看到并控制挖土的情况，可以将沉井的支承点控制在使井体受力最为有利的位置上。对于圆端形或矩形沉井，当其长边大于短边 1.5 倍时，支承点可设在长边上，两支承点的间距等于 0.7 倍边长，以使支承处产生的顶部弯矩与长边中点处产生的底部弯矩大致相当，并按此条件验算和控制由于沉井自重而产生的井壁顶部混凝土的拉应力。

2. 不排水下沉的沉井，由于不能直接看到挖土的情况，刃脚下土的支承位置难以控制，可将底节沉井作为梁类构件并按照下列假定的不利位置进行验算：

（1）假定底节沉井仅支承于长边中点，两端下部土体被挖空，按照悬臂构件验算沉井自重在长边中点附近最小竖向截面上所产生的井壁顶部混凝土拉应力。

（2）假定底节沉井支承于短边的两端点，验算由于沉井自重在短边处引起的刃脚底面混凝土的拉应力。

桥梁上的大型沉井一般都设有纵横隔墙，为控制大型沉井的姿态，对刃脚内侧的土块保护性地保留 3~4m，沉井的下沉总是内部下沉带动刃脚的下沉，不会出现外井壁下部临空的现象。

（二）沉井井壁计算

沉井井壁应进行竖直和水平两个方向的内力计算。

1. 竖直方向

竖直方向的计算工况主要考虑"卡井"的时候，沉井被四周土体嵌固而沉井端部土体已被完全掏空，一般在下部土层比上部土层软的情况下出现，这时下部沉井呈悬挂状态，井壁会有在自重作用下被拉断的可能，因而应验算井壁的竖向拉应力。

拉应力的大小与井壁摩阻力分布图有关，在判断可能夹住沉井的土层不明显时，可近似假定沿沉井高度呈倒三角形分布。

在地面处摩阻力最大，而刃脚底面处为零。

该沉井自重为 G，h 为沉井的入土深度，U 为井壁的周长，τ 为地面处井壁上的摩阻力，τ_x 为距刃脚底 x 处的摩阻力，则：

$$G = \frac{1}{2}\tau h U \qquad (8-11)$$

$$\tau = 2G/(hU) \qquad (8-12)$$

$$\tau_x - \frac{\tau}{h}x = 2Gx/(h^2 U) \qquad (8-13)$$

离刃脚底 x 处井壁的拉力为 S_x，其值为：

$$S_x = \frac{Gx}{h} - \frac{\tau_x}{2}xU = \frac{Gx}{h} - \frac{Gx^2}{h^2} \qquad (8-14)$$

为求得最大拉应力，令：

$$\mathrm{d}S_x/\mathrm{d}x = 0 \qquad (8-15)$$

$$\mathrm{d}S_x/\mathrm{d}x = G/h - \left(2G_x/h^2\right) = 0 \qquad (8-16)$$

所以：

$$x = \frac{h}{2} \qquad\qquad (8-17)$$

$$S_{\max} = \frac{G}{h}\frac{h}{2} - \frac{G}{h^2}\left(\frac{h}{2}\right)^2 = \frac{1}{4}G \qquad\qquad (8-18)$$

最危险截面在沉井入土深度的 1/2 处，最大计算拉力为沉井全部重力标准值的 1/4，沉井处于轴心受拉的状态。假定接缝处混凝土不承受拉应力而完全由钢筋承担，计算竖向受拉纵筋所需的面积。此时钢筋的抗拉安全系数可取 1.25，且需验算钢筋的锚固长度。

2. 水平方向

（1）水平方向应验算刃脚根部以上，高度等于该处壁厚的一段井壁。

计算时除计入该段井壁范围内的水平荷载外，并应考虑由刃脚悬臂传来的水平剪力。根据排水或不排水的情况，沉井井壁在水压力和土压力等水平荷载作用下，应作为水平框架验算其水平方向的弯曲。

作用在该段井壁上的荷载为：

$$q = W + E + Q \qquad\qquad (8-19)$$

式中：q——作用在井壁 t（框架）段上的荷载（kN/m^2）；

W——作用在井壁 t 段上的水压力（kPa），其作用点距刃脚根部的水压力为 $\left[(W' + 2W'')/(W' + W'')\right](t/3)$，$W = \left[(W' + W'')/2\right]t$，其中 W'、W'' 分别为 A 点和 B 点的水压力强度；

E——作用在井壁 t 段上的土压力，$E = \left[(E' + E'')/2\right]t$，其中 E' 和 E'' 分别为作用在 A 点和 B 点的土压力强度，其作用点距刃脚根部的土压力为 $\left[(E' + 2E'')/(E' + E'')\right](t/3)$；

Q——由刃脚传来的剪力，其值等于计算刃脚竖直外力时分配于悬臂梁上的水平力（kN/m）。

（2）其余各段井壁的计算，可按井壁断面的变化，取每一段中控制设计的井壁（位于每一段最下端的单位高度）进行计算。

采用泥浆润滑套下沉的沉井，泥浆压力大于上述水平荷载，井壁压力应按泥浆压力（即泥浆重度乘以泥浆高度）计算。

采用空气幕下沉的沉井，井壁压力与普通沉井的计算相同。

第四节　盾构法隧道结构

一、概述

盾构法的设想产生于 19 世纪初的英国。目前，盾构法迅猛发展，不仅开发了适用于软土的盾构工法，而且开发了适用于卵石地层等其他多种地层的盾构施工技术。此外，盾构法在提高安全性、提高工程质量、缩短工期及降低成本等方面进行了系统的研发。盾构法在城市隧道施工中已成为一种必不可少的常用隧道施工技术。

盾构一词的含义为遮盖物、保护物。这里把外形与隧道横截面相同，但尺寸比隧道外形稍大的钢筒或框架压入地层中构成保护开挖机的外壳。该外壳及壳内各种作业机械、作业间的组合体称为盾构。盾构实际上是一种既能支承地层的压力，又能在地层中完成隧道掘进、出土、衬砌拼装的施工机具，以盾构为核心的一整套完整的建造隧道的施工方法称为盾构法。

盾构法的优点：对环境影响小、出土量少、周围地层的沉降小、对周围构筑物的影响小；不影响地表交通，对周围居民生活、出行影响小；无明显空气、噪声、振动污染问题；施工不受天气条件限制；构筑的隧道抗震性能好；适用地层范围宽泛，砂土、软土、软岩均适用。

二、盾构的基本构造

随着盾构技术的发展，盾构设备种类越来越多，按开挖面敞开程度分为全敞开式（人工开挖式、半机械式、机械式）、半敞开式（挤压网格式）及封闭式（土压平衡式、泥水平衡式）盾构。盾构机由通用机构（外壳、开挖机构、挡土机构、推进机构、管片拼装机构、附属机构等部件）和专用机构组成。专用机构因机种的不同而异，如对于土压盾构而言，专用机构即为排土机构、搅拌机构、添加材料注入装置；对于泥水盾构而言，专用机构指送排泥机构、搅拌机构。下面以封闭式盾构为重点，介绍盾构的基本构造。

（一）盾构外壳

设置盾构外壳的目的是保护开挖、排土、推进、拼装管片等所有作业设备、装置的安全，因此整个外壳用钢板制作，并用环形梁加固支承。一台盾构机的外壳沿纵向从前到后可分为前、中、后三段，通常又把这三段分别称为切口部、支承部、盾尾部。

1. 切口部

该部位装有开挖机械和挡土设备，故又称为开挖挡土部。

就全敞开式、半敞开式盾构而言，通常切口的形状有阶梯形、斜承形、垂直形三种。切口的上半部较下半部突出呈帽檐状。突出的长度因地层的不同而异，通常为300~1000mm。但是，半敞开式盾构也有无突出帽檐的设计。对自稳性较好的开挖地层而言，切口的长度可以设计得稍短一些；对自稳性较差的地层，切口的长度要设计得长一些。开挖时把开挖面分段，设置分层作业平台。有些情况下，把前檐做成靠油缸伸缩的活动前檐，切口的顶部做成刃形；对砾石层而言，应做成T形。

封闭式盾构与全敞开式盾构的主要区别：在切口部与支承部之间设有一道隔板，使切口部与支承部完全隔开，切口部得以封闭。切口部的前端装有开挖刀盘，刀盘后方至隔板的空间称为土舱（或泥水舱），刀盘背后土舱空间内设有搅拌装置，土舱底部设有进入螺旋输送机的排土口，土舱上留有添加材料注入口。此外，当考虑更换刀具、拆除障碍物、地中对接等作业需要时，应同时考虑并用压气法和可出入开挖面的形式，因此隔板上应考虑设置入孔和压气闸。

2. 支承部

支承部即盾构的中央部位，是盾构的主体构造部。因为要支承盾构的全部荷载，所以该部位的前方与后方均设有环状梁和支承柱（支柱），由环状梁和支承柱支承其全部荷载。

对于全敞开式、半敞开式盾构而言，该部位装有推动盾构机前进的盾构千斤顶，其推力经过外壳传到切口。中口径以上的盾构机的支承部还设有支承柱和平台，利用这些支承柱可以组装出多种形式（H形、井字形等）的作业平台。

对于封闭式盾构而言，支承部空间内装有刀盘驱动装置、排土装置、盾构千斤顶、中折机构、举重臂支承机构等诸多设备。

3. 盾尾部

盾尾部即盾构的后部。盾尾部为管片拼装空间，该空间内装有拼装管片的举重臂。为了防止周围地层的土砂、地下水及背后注入的填充浆液进入该部位，特设盾尾密封装置。盾尾的内径与管片外径的差称为盾尾间隙。其值的大小取决于管片的拼装裕度，曲线施工、摆动修正必须的裕度，主机外壳制作误差及管片的制作误差。

4. 盾构外壳的设计考虑

进行盾构外壳构造设计时，必须考虑土压力、水压力、自重、变向荷载、盾构千斤顶的反力、挡土千斤顶的反力等条件。覆盖土较厚时，就较好的地层（砂质土、硬黏土）而言，可把松弛土压作为竖向荷载进行设计。地下水压较大的场合下，虽然作用弯矩小，但给安全设计带来一定的难度，因此须慎重地选择辅助工法（降低地下水位法、压气工法、注浆工法）。因为盾尾部无腹板、加固肋加固，故刚性小，所以可看成尾部前端轴向固定，后端可按自由三维圆筒设计。选定尾板时还必须考虑变向荷载因素。通常切口部和盾尾部的外壳板厚度要稍厚一些，是由于这两个部位没有采用环状梁和支承柱加固所致。

一般把圆形断面盾构的外壳板的厚度定在50~100mm。

（二）开挖系统

不同盾构设备安装有不同的开挖机构，对于手掘式盾构，开挖机包括风镐和铁锹等。对于半机械式盾构，开挖机构是铲斗和切削头。对于机械式盾构和封闭式盾构，则是指切削刀盘或刀头。

1. 刀盘的功能和构成

刀盘可分为转动或摇动的盘状切削器，具有边旋转、边保持开挖面稳定和边开挖岩体的功能。刀盘由切削刀具、稳定开挖面的面板、出土槽口、转动或摇动的驱动机构和轴承机构构成。

2. 刀盘的形状

刀盘的形状主要有轮辐式和面板式两种。面板式又分为平板式、轴芯式和鼓筒式。

轮辐式的刀盘实际负荷扭矩小，容易进土，多用于土压平衡式盾构。面板式的刀盘具有开挖面挡土功能，用于土压式和泥水式盾构。鼓筒式的刀盘用于开挖面自稳性很强的地层，由于砾石和硬质地层对刀盘的强度要求高，因此应安装齿轮钻切削刀头，有利于开挖砂砾石地层。

3. 刀盘扭矩

刀盘扭矩根据围岩条件、盾构形式、盾构结构和盾构直径来确定。刀盘所需扭矩由下式计算：

$$T_N = T_1 + T_2 + T_3 + T_4 + T_5 + T_6 \qquad (8-20)$$

式中：T_N——刀盘所需总扭矩（N·m）；

T_1——切削土阻力扭矩（N·m）；

T_2——与土间摩擦力扭矩（N·m）；

T_3——土的搅拌阻力扭矩（N·m）；

T_4——轴承阻力扭矩（N·m）；

T_5——密封决定的摩擦力扭矩（N·m）；

T_6——减速装置的机械损失扭矩（N·m）。

4. 切削刀头

切削刀头的形状和材料可以根据地层条件来确定，其形状主要是确定其前角和后角，对于胶结黏性土，前角和后角要大些，而砾石则相对要小些。

常见的刀具有齿形刀具、屋顶形刀具、镶嵌形刀具及盘形刀具等。

刀头的安装高度常根据地层条件和旋转距离推算其磨损量、掘进速度和切削转速，以及根据设定位置求出的切入深度等确定。配置则需根据地层条件、盾构外径、切削转速及施工总长度确定。

5. 切削刀盘的支承方式

切削刀盘的支承方式有中心支承式、中间支承式及周边支承式三种。支承方式与盾构直径、土质对象、螺旋输送机、土体黏附状况等因素有关。

6. 轴承止水带

设置轴承止水带，其目的是保护切削轴承，防止土砂、地下水及添加剂等侵入，因此要求轴承止水带能够承受压力舱内的泥水压、地下水压、泥土压、添加剂和注入压力及气压等。

轴承止水带安装位置应根据刀盘支承方式来确定，即支承方式中切削轴承的支承部位就是轴承止水带的安装位置。

轴承止水带材料应满足耐压性、耐磨损性、耐油性和耐热性等要求，一般常使用丁腈橡胶、聚氨酯橡胶等。

轴承止水带密封件形状有单唇和多唇形两种，不管哪一种，都是多层组合配置，应供给润滑脂或润滑油，防止止水带滑动面磨损和砂土侵入。

（三）掘进系统

掘进系统是指可以使盾构设备在土层中向前掘进的机构，它是盾构设备关键性的部件，而其主要设备是设置在盾构外壳内侧环形布置的千斤顶群。该系统的总推力和切削系统中的总扭矩是设计、制造盾构设备的基本依据。因此，正确地选定总力与总扭矩是设计和制造盾构设备的关键。

1. 总推力的计算

盾构的总推力应根据各推进阻力的总和及其所需要的富余量决定，根据地层和盾构机的形状尺寸参数，按下式计算出的推力，称为设计推力。其计算表达式如下：

$$F' = F_1' + F_2' + F_3' + F_4' + F_5' + F_6' \tag{8-21}$$

式中：F_1'——盾构周围外表和土之间的摩擦阻力及黏结阻力（N）；

F_2'——掘进时切口环刃口前端产生的贯入阻力（N）；

F_3'——开挖面前方阻力（N）；

F_4'——变向阻力（N）；

F_5'——盾尾内的管片和板壳之间的摩擦阻力（N）；

F_6'——后方台车的牵引阻力（N）。

2. 盾构千斤顶的选型和配置。

（1）选择盾构千斤顶的原则

选用压力大、直径小、质量轻、耐久性好，易于保养、维修及更换的千斤顶。

（2）千斤顶的推力

每个千斤顶的推力大小与盾构的外径、要求的总推力、管片的结构、隧道轴线的形状有关。

施工经验表明，选用的每个千斤顶的推力范围：就中小口径的盾构来说，每个千斤顶的推力以600~1000kN为宜；就大口径的盾构来说，每个千斤顶的推力以2000~4000 kN为宜。

（3）千斤顶的布设方式

一般情况下，盾构千斤顶应等间隔地设置在支撑环的内侧，紧靠盾构外壳的地方。特殊情况下，如土质不均匀、存在变向荷载等客观条件时，也可考虑非等间隔设置。千斤顶的伸缩方向应与盾构隧道轴线平行。

（4）撑挡的设置

通常在千斤顶伸缩杆的顶端与管片的交界处，设置一个可使千斤顶推力均匀地作用在管环上的自由旋转的接头构件，即撑挡。另外，在混凝土管片、组合管片的场合下，撑挡的前面应装上合成橡胶或者压顶材，其目的是保护管环。盾构千斤顶伸缩杆的中心与撑挡中心的偏离允许值一般为 30~50mm。

考虑到在盾尾内部拼装管片作用、曲线施工等作业，盾构千斤顶的最大伸缩量可按管片宽度加 150mm 来确定。千斤顶的推进速度一般为 50~100mm/min。

（四）管片拼装系统

管片拼装系统设置在盾构的尾部，由举重臂和真圆保持器构成。

举重臂是在盾尾内把管片按所定形状安全、迅速拼装成管环的装置，包括搬运管片的钳夹系统和上举、旋转、拼装系统。对举重臂的功能要求是把管片上举、旋转及挟持管片向外侧移动。

当盾构向前推进时，管片拼装环（管环）就从盾尾脱出，由于管片接头缝隙、自重和作用土压的原因，管环会产生横向形变，使横断面成为椭圆形。当形变时，前面装好的管环和现拼装的管环在连接时会高低不平，给安装纵向螺栓带来困难。为了避免管环的高低不平，需使用真圆保持器，修正、保持拼装后管环的正确（真圆）位置。

真圆保持器支柱上装有可上下伸缩的千斤顶，上下两端装有圆弧形的支架，该支架可在动力车架的伸出梁上滑动。当一环管片拼装结束后，就把真圆保持器移到该管环内；当支柱上的千斤顶使支架紧贴管环后，盾构就可推进。盾构推进后由于真圆保持器的作用，管环不产生形变，且一直保持真圆状态。

（五）控制系统

盾构控制系统可使各设备可靠地工作，使开挖、掘进、出土等相互关联设备和其他设备能平衡地发挥功能。

三、盾构的类型及选择

盾构的分类方法较多，可按挖掘土体的方式、开挖面的挡土形式、加压稳定开挖面的形式、组合分类法、盾构切削断面的形状、盾构的尺寸大小、施工方法、适用土质等多种方式分类。

（一）按挖掘土体的方式分类

按挖掘土体的方式分类，盾构可分为手掘式盾构、半机械式盾构及机械式盾构三种。手掘式盾构，即开挖和出土均靠人工操作进行的方式；半机械式盾构，即大部分开挖和出土作业由机械装置完成，但另一部分仍靠人工完成；机械式盾构，即开挖和出土等作业均由机械装备完成。

（二）按开挖面的挡土形式分类

按开挖面的挡土形式分类，盾构可分为开放式、部分开放式、封闭式三种。开放式盾构，即开挖面敞开，并可直接看到开挖面的开挖方式；部分开放式盾构，即开挖面不完全敞开，而是部分敞开的开挖方式；封闭式盾构，即开挖面封闭，不能直接看到开挖面，而是靠各种装置间接地掌握开挖面的方式。

（三）按加压稳定开挖面的形式分类

按加压稳定开挖面的形式分类，盾构可分为压气式、泥水加压式、削土加压式、加水式、泥浆式、加泥式六种。压气式盾构，即向开挖面施加压缩空气，用该气压稳定开挖面；泥水加压式盾构，即用外加泥水向开挖面加压稳定开挖面；削土加压式（又称土压平衡式）盾构，即用开挖下来的土体的土压稳定开挖面；加水式盾构，即向开挖面注入高压水，通过该水压稳定开挖面；泥浆式盾构，即向开挖面注入高浓度泥浆，靠泥浆压力稳定开挖面；加泥式盾构，即向开挖面注入润滑性泥土，使之与开挖下来的砂卵石混合，由该混合泥土对开挖面加压稳定开挖面。

（四）组合分类法

这种分类方式是把前面（二）、（三）两种分类方式组合起来命名分类的方法。这种分类方法目前使用较为普遍。这种分类方式的实质是看盾构机中是否存在分隔开挖面和作业面的隔板。开放式盾构不设隔板，其特点是开挖面敞开，适于在开挖面可以自立的地层中使用。开挖面缺乏自立性时，可用压气等辅助工法防止开挖面坍落，稳定开挖面。部分开放式盾构（网格式盾构），即隔板上开有取出开挖土砂出口的盾构，又称为挤压式盾构。封闭式盾构是一种设置封闭隔被的机械式盾构，开挖土砂是从位于开挖面和隔板之间的土舱内取出的，利用外加泥水压或者泥土压与开挖面上的土压平衡来维持开挖面的稳定性，所以封闭式分为泥水平衡式和土压平衡式两种。进而土压平衡式又分为真正的土压平衡式和加泥平衡式；加泥平衡式又分为加泥和加泥浆两种平衡方式。

（五）按盾构切削断面的形状分类

按盾构切削断面形状分类，盾构可分为圆形、非圆形两大类。圆形又可分为单圆形、半圆形、双圆搭接形、三圆搭接形。非圆形又可分为马蹄形、矩形（长方形、正方形、凹矩形、凸矩形）、椭圆形（纵向椭圆形、横向椭圆形）。

（六）按盾构的尺寸大小分类

按盾构的尺寸大小分类，盾构可分为超小型、小型、中型、大型、特大型、超特大型。超小型盾构系指直径 $D \leqslant 1m$ 的盾构；小型盾构系指 $1m < D \leqslant 3.5m$ 的盾构；中型盾构系指 $3.5m < D \leqslant 6m$ 的盾构；大型盾构系指 $6m < D \leqslant 14m$ 的盾构；特大型盾构系指 $14m <$

$D \leqslant 17m$ 的盾构；超特大型盾构系指 $D > 17m$ 的盾构。

（七）按施工方法分类

按施工方法分类，盾构可分为二次衬砌盾构、一次衬砌盾构（ECL 工法）。二次衬砌盾构，即盾构推进后先拼装管片，然后再做内衬（二次衬砌）；一次衬砌盾构，即盾构推进的同时现场浇筑混凝土衬砌（略去拼装管片的工序）的工法，又称 ECL 工法。

（八）按适用土质分类

按适用土质分类，盾构可分为软土盾构、硬岩盾构及复合盾构。软土盾构，即切削软土的盾构；硬岩盾构，即开挖硬岩的盾构；复合盾构，即既可切削软土又能开挖硬岩的盾构。

四、衬砌结构

盾构隧道的衬砌，通常分为一次衬砌和二次衬砌。一般情况下，一次衬砌是由管片组装成的环形结构；二次衬砌是在一次衬砌内侧灌注的混凝土结构。由于在开挖后要立即进行衬砌，因此将数个钢筋混凝土或钢等制造的块体构件组装成圆形等衬砌。为了提高盾构隧道的构筑速度，通常管片是在工厂制作好的预制构件，建造隧道时运至现场拼装为管环（又称管片环）。目前盾构法隧道一次衬砌最常用的管片结构是有钢筋混凝土管片和复合管片。

钢筋混凝土管片通常有铸铁管片、箱形管片、平板形管片和砌块形管片。铸铁管片的强度接近于钢材。该管片质量轻、耐腐蚀性好，管片精度高，能有效防渗抗漏。缺点是金属消耗量大，机械加工量大，价格昂贵。由于具有脆性破坏的特征，因此不宜用作承受冲击荷载的隧道衬砌结构。箱形管片衬砌由钢、铸铁和钢筋混凝土等不同材质制作的管片构成。平板形管片衬砌常用钢筋混凝土制成。砌块形衬砌常用钢筋混凝土或混凝土制成，主要用于能提供弹性抗力的地层。

复合管片常用于区间隧道的特殊段，如隧道与工作井交界处、旁通道连接处、变形缝处等。该管片强度比钢筋混凝土管片大，抗渗性好，但耐腐蚀性差。

装配成环衬砌一般由数块标准块 A、两块邻接块 B 和一块封顶块 K 组成，彼此之间用螺栓连接而成，环与环之间一般是错缝拼装。

单块管片的尺寸有环宽和管片的长度及厚度。管片环宽的选择对施工、造价的影响较大。管片环宽有进一步增大的趋势，目前控制在 1000~1500mm。

管片的厚度应根据隧道直径、埋深、承受荷载的情况、衬砌结构构造、材质、衬砌所承受的施工荷载以及结构的刚度等因素确定。

拼装方法根据结构受力要求，可分为通缝拼装和错缝拼装。所有衬砌环的纵缝环环对齐的称为通缝；而环间纵缝相互错开，犹如砖砌体一样的称为错缝。

圆形衬砌采用错缝拼装较为普遍，其优点是能加强圆环接缝刚度，约束接缝变形。但当环面不平整时，容易引起较大的施工应力。通缝拼装是使管片的纵缝环环对齐，拼装较为方便，容易定位，衬砌圆环的施工应力较小，但其缺点是环面不平整的误差容易积累。

在错缝拼装条件下，环、纵缝相交处呈"丁"字形，而通缝拼装时则呈"十"字形，在接缝防水上丁字缝比十字缝较易处理。在某些场合中，如需要拆除管片后修建旁侧通道或有某些特殊需求时，管片常采用通缝形式，以便进行结构处理。

衬砌拼装方法按拼装顺序，又可分为"先纵后环"和"先环后纵"两种。

先纵后环是将管片逐块先与上一环管片拼接好，最后封顶成环。这种拼装顺序，可轮流缩回和伸出千斤顶活塞杆以防止盾构后退。

先环后纵是拼装前将所有盾构千斤顶缩回，管片先拼成圆环，然后拼装好的圆环沿纵向靠拢形成衬砌，拧紧纵向螺栓。这种方法的优点是环面平整，纵缝拼装质量好；缺点是在盾构机易产生后退的地段，不宜采用。

管片的连接有沿隧道纵轴的纵向连接和与纵轴垂直的环向连接。管片的连接方式有螺栓连接、无螺栓连接和销钉连接。

螺栓连接可分为纵向连接螺栓和环向连接螺栓两种。

采用错缝拼装时，为了曲线段施工方便，一般将纵向连接螺栓沿圆周等距离分置。为了均匀地向衬砌背后进行回填注浆，管片上还应设置一个以上的注浆孔，其直径一般由所用的注浆材料决定，通常其内径为50mm左右。

盾构法隧道的管片上必须考虑设置起吊环。混凝土平板型管片和球墨铸铁管片大多将壁后注浆孔同时兼作起吊环使用，而钢管片则需另设置起吊配件。

五、管片结构设计

（一）设计原则

根据施工过程中的每个阶段和正常使用阶段的受力情况，选择最不利受力工况，根据不同的荷载组合，按承载能力极限状态和正常使用极限状态，对整体或局部进行受力分析，对结构强度、刚度、抗浮或抗裂进行验算。

（二）荷载计算

1. 水土压力

计算水土压力的方法有两种：一种是将水压力作为土压力的一部分来考虑；另一种是将水压力和土压力分开计算。通常前者适用于黏性土，后者适用于砂性土。对于稳定性好的硬质黏土及固结粉土也多以水土分算进行考虑。

（1）垂直土压力

将垂直土压力作为作用于衬砌顶部的均布荷载来考虑，其大小宜根据隧道的覆土厚度、隧道的断面形状、外径和围岩条件来决定。考虑长期作用于隧道上的土压力时，如果覆土

厚度小于 $2D$ ，地基中产生成拱效应的可能性较小，故采用全覆土压力。

$$p_{e1} = p_0 + \sum \gamma_i H_i + \sum \gamma_j H_j \tag{8-22}$$

$$H = \sum H_i + \sum H_j \tag{8-23}$$

式中： p_{e1} ——垂直土压力（kPa）；

γ_i ——在潜水位以上的第 i 层土的单位重度（kN/m³）；

H_i ——在潜水位以上的第 i 层土的厚度（m）；

γ_j ——在潜水位以下的第 j 层土的单位重度（kN/m³）；

H_j ——在潜水位以下的第 j 层土的单位重度（m）；

H ——土的覆盖厚度（m）；

p_0 ——上覆荷载（kPa）。

当覆土厚度大于 $2D$ 时，地基中产生成拱效应的可能性较大，采用松弛土压力。

一般来说，当垂直土压力采用松弛土压力时，考虑到施工时的荷载以及隧道竣工后的变动，多设定一个土压力的下限值。垂直土压力的下限值一般将其取为相当于隧道外径 2 倍的覆土厚度的土压力值。

当土层为互层分布时，以地层构成中的支配地层为基础，将地层假设为单一土层进行计算或者以互层的状态进行松弛土压力的计算。

（2）水平土压力

从隧道衬砌拱部至底部，作用于衬砌形心处的水平土压力为均布荷载。它的大小由垂直土压力乘以侧压力系数确定。

在难以获得弹性抗力的情况下，可以采用静止土压力系数。在考虑弹性抗力的情况下，可以使用主动土压力系数作为侧压力系数或者采用静止土压力系数适当地折减后进行计算，设计计算采用的侧向土压力系数的值一般介于静止土压力系数与主动土压力系数之间。

水平土压力也可以用五边形模型估计为均载或均匀可变荷载。计算水平土压力 q_e 如下，即：

$$q_e = p_{e1}(q_{e1} + q_{e2})/2 \tag{8-24}$$

式中： p_{e1} ——衬砌拱部的垂直土压力（kPa）；

q_{e1} ——衬砌拱部的水平土压力（kPa）；

q_{e2} ——衬砌底部的水平土压力（kPa）。

（3）水压力

一般情况下作用在衬砌上的水压力为静水压力。但为了简化计算，也可以将水压力分为两种情况：拱顶以上和隧道底以下其值分别为该处静水压力相等的均布垂直水压力，由拱顶至隧道底两侧的水压力取为均匀变化的水平荷载，其值分别为拱顶和隧道底处的静水压力相等。

由于隧道开挖，水的重力作为浮力作用在衬砌上。若拱顶处的垂直土压力和衬砌自重的合力大于浮力，其差值将是作用在隧道底的垂直土压力（地基抗力）。当作用于衬砌顶部的垂直荷载（减去水压力）与衬砌自重的和小于浮力时，在衬砌顶部的地层中必须产生足够大的土压力以抵抗浮力作用。这种现象出现在隧道覆土厚度小、地下水位高以及地震时容易发生液化的地基中。如果顶部难以产生与浮力相当的抗力时，隧道就会上浮。

若采用静水压力，则管片上各点处的水压力为：

$$p_w = \gamma_w \left[H_w + \frac{t}{2} + R_c(1 - \cos\theta) \right] \quad (8-25)$$

式中：p_w——水压力（kPa）；

γ_w——水的重度（kN/m³）；

θ——隧道上任意一点与垂直方向的夹角（°）。

若采用垂直均布荷载和水平均布变化的荷载组合，则衬砌水压力计算如下：

作用在衬砌拱部的垂直水压力 p_{w1} 为：

$$p_{w1} = \gamma_w H_w \quad (8-26)$$

作用在衬砌底部的垂直水压力 p_{w2} 为：

$$p_{w2} = \gamma_w \left[H_w + 2\left(\frac{t}{2} + R_c \right) \right] = \gamma_w \left(H_w + D \right) \quad (8-27)$$

作用在衬砌拱部的水平水压力 q_{w1} 为：

$$q_{w1} = \gamma_w \left(H_w + \frac{t}{2} \right) \quad (8-28)$$

作用在衬砌底部的水平压力 q_{w2} 为：

$$q_{w2} = \gamma_w \left[H_w + \left(\frac{t}{2} + 2R_c \right) \right] \quad (8-29)$$

若采用静水压力，则浮力 F_w 为：

$$F_w = \gamma_w \pi R_e^2 \quad (8-30)$$

若采用垂直均布荷载和水平均匀变化的荷载组合，则浮力为：

$$F_w = 2R_e \left(p_{w2} - p_{w1} \right) = 2\gamma_w D R_e = \gamma_w D^2 \quad (8-31)$$

由弹性方程可得，隧道衬砌底部的垂直土压力 p_{e2} 为：

$$p_{e2} = p_{e1} + p_{w1} + \pi p_g - p_{w2} = p_{e1} + \pi p_g - \frac{F_w}{2R_c} = p_{e1} + \pi p_g - D\gamma_w \quad (8-32)$$

其中，p_g 为静荷载。

若不考虑自重对地基的反作用力，则：

$$p_{e2} = p_{e1} + p_{w1} - p_{w2} \quad (8-33)$$

2. 静荷载

静荷载是作用于隧道横断面形心上的垂直方向荷载，一次衬砌的静荷载按下式计算：

$$p_g = W / (2\pi R_c) \tag{8-34}$$

其中，W 为沿隧道轴线方向每米衬砌的重力（kN）。

如果断面是矩形，则

$$p_g = \gamma_c t \tag{8-35}$$

其中，γ_c 为混凝土单位重度（kN/m³）。

3. 地面超载

地面超载增加了作用于衬砌上的土压力，道路交通荷载、铁路交通荷载、建筑物的荷载作用于衬砌上的力即为地面超载。

公路车辆荷载：$p_0 = 10 \text{kN/m}^2$；

铁路车辆荷载：$p_0 = 25 \text{ kN/m}^2$；

建筑物的荷载：$p_0 = 10 \text{kN/m}^2$。

4. 地基反力

当计算衬砌中的内力时，必须确定地基反力的作用范围、大小及方向。地基反力通常分两种：独立于地基位移而定的反力，从属于地基位移而定的反力。

地基反力的常用计算方法中，对垂直方向与地基位移无关的地基反力，取与垂直荷载相平衡的均布反力；对于水平方向的地基反力，是随衬砌向围岩方向的变形而产生的，因此在衬砌水平直径上下 45° 中心角范围内，取以三角形分布的地基抗力。按作用在水平直径点地基抗力大小与衬砌向围岩方向的水平变形成正比进行计算。

5. 内部荷载

应进行核算隧道拱部悬挂设备或内部水压力而引起的荷载的安全性。

6. 施工时期的荷载

以下荷载是施工时作用在衬砌结构上的荷载。

（1）盾构顶进推力：当管片生产时，应测试管片抵抗盾构顶进推力的强度，为了分析盾构千斤顶推力对管片的影响，设计者应该检查由于偏心而引起的剪力和弯矩，包括允许极限放置时的情况。

（2）运输和装卸时的荷载。

（3）背后注浆压力。

（4）直立操作时的荷载。

（5）其他荷载：储备车厢的静载、管片调整形状时的千斤顶推力、切割挖掘机的扭转力等。

盾构千斤顶推力是最主要的力，其他压力随着荷载条件的给定均取某一参考值。

$$F_s = (700 \sim 1000)\pi \frac{D^2}{4} \qquad (8-36)$$

其中，F_s 为盾构千斤顶推力（kN）。

7. 地震影响

通常使用静态分析法，如地震变形法、地震系数法、动力学分析法等。地震变形法通常适用于调查隧道地震变形。

8. 其他荷载

如果需要，应该检查邻近隧道对开挖的影响和不均匀沉降的影响。

（三）衬砌内力计算

管环构造模型因管片接头力学处理方式的不同而异，分类如下。

1. 假定管片环是弯曲刚度均匀的环的方法

这种模型有考虑和不考虑管片接头抗弯刚度降低两种模型。

（1）考虑管片接头抗弯刚度降低，把管环认为是具有均匀抗弯刚度（为接头的抗弯刚度）的环。

因管片有接头，故对其整体刚度有影响，可以将接头部分弯曲刚度的降低评价为环整体刚度的降低，但仍然将其作为抗弯刚度均匀的圆环处理。将整体圆环刚度折减为 ηEI，刚度折减系数 $\eta < 1$。通常情况下，取 η 为 0.6~0.8。系数 η 因管片种类、管片接头的结构形式、环相互交错连接的方法和结构形式而有所不同，目前系数 η 是根据实验结果和经验来确定的。

（2）不考虑管片接头抗弯刚度降低，把管环认为是具有与管片主截面同样刚度，且抗弯刚度均匀的环。

在该法中，水压力按垂直均布荷载和水平均匀变化荷载的组合计算。垂直方向的地基抗力、水平方向的地基抗力则假定为三角形分布荷载，是以隧道的起拱点为顶点的等腰三角形；其大小与位移的大小成正比，符合温克尔假定。但该法不适用于下列情况：由于土壤条件变化而产生的非均布变化的荷载，有偏压荷载。

管片截面内力的计算可用结构力学方法进行计算。

2. 假定管片环是多铰环的方法

这种计算方法是一种把接头作为铰接接头的解析法。多铰环本身是非静定结构，只有在隧道围岩的作用下才会成为静定结构，并假定沿圆环分布有均匀的径向地基反力。作用于管环上的荷载以主动土压力方式作用。地层反力通常按温克尔假定进行计算。

采用该模型进行计算，得出的管片衬砌截面弯矩相当小，故采用此种模型进行设计是比较经济的。但是要求隧道周围的围岩比较好，能够提供足够的抗力。因此，铰接圆环模型适用通缝拼装的管片衬砌和围岩条件比较良好的情况，在英国和俄罗斯等欧洲国家使用较多。

3. 假定管片环是具有旋转弹簧的环并以剪切弹簧评价错缝接头拼装效应的方法

该方法是将管片主截面简化为圆弧梁或者直线梁构架，将管片接头看作旋转弹簧，将环接头看作剪切弹簧的构造模型，将其弹性性能用有限元法进行分析，计算截面内力。这种模型可用于计算由于管片接头引起的管片环的刚度降低和错缝接头的拼装效应。

第九章　高层建筑结构设计

第一节　高层建筑结构的设计基础

一、高层建筑结构设计的特点

（一）减轻自重

高层建筑减轻自重比多层建筑更有意义。从地基承载力角度考虑，如果在同样地基情况下，减轻房屋自重意味着不增加基础造价和处理措施就可以多建层数，这对于在软弱土层上建房有显著的经济效益。地震效应与建筑的质量成正比，减轻房屋自重是提高结构抗震能力的有效办法。高层建筑的质量大，不仅作用于结构上的地震剪力大，而且由于重心高，地震作用倾覆力矩大，对竖向构件产生很大的附加轴力，从而造成附加弯矩更大。

在高层建筑房屋中，结构构件宜采用高强度材料，非结构构件和围护墙体应采用轻质材料。减轻房屋自重既减小了竖向荷载作用下构件的内力，使构件截面变小，又可以减小结构刚度和地震效应；既能节省材料、降低造价，又能增加使用空间。

（二）承受的荷载

高层建筑和低层建筑一样，承受自重、活荷载、雪荷载等垂直荷载和风、地震等水平作用。

在低层结构中，水平荷载产生的内力和位移很小，通常可以忽略；在多层结构中，水平荷载或作用的效应（内力和位移）逐渐增大；在高层建筑中，水平荷载和地震作用成为主要的控制因素。

（三）载荷对结构内力的影响

从对结构内力的影响看，垂直荷载主要产生轴力，其与房屋高度大体上呈线性关系；而水平荷载或作用则产生弯矩，其与房屋高度呈二次方变化。

（四）重视轴向变形影响

采用框架体系和框—墙体系的高层建筑中，框架中柱的轴压应力往往大于边柱的轴压应力，中柱的轴向压缩变形大于边柱的轴向压缩变形。当房屋很高时，这种轴向变形的差异会达到较大的数值，其后果相当于连续梁的中间支座产生沉陷，从而使连续梁中间支座的负弯矩值减小，跨中正弯矩值和端支座负弯矩值增大。在低层建筑中，因为柱的总高度较小，该效应不显著，所以可以不考虑。

在高层建筑中，尤其是超高层建筑中，柱的负载很重，柱的总高度又很大，整根柱在重力荷载下的轴向变形有时达到数百毫米，对建筑物的楼面标高产生不可忽略的影响。同时，轴向变形对结构、构件剪力和侧移的影响也不能忽略。

（五）侧移是主要控制因素

从侧移观点看，侧移主要由水平荷载或作用产生，且与高度呈四次方变化。

高层建筑设计不仅需要较大的承载能力，而且需要较大的刚度，使侧移不至于过大，这是因为侧移过大时会有以下影响：①使填充墙和装修损坏，也会使电梯轨道变形；②会使主体结构出现裂缝，甚至损坏；③使结构产生附加内力，甚至引起倒塌。

（六）概念设计与结构计算同等重要

结构抗震设计中存在许多不确定或未知的因素。例如，地震地面运动的特征（强度、频谱、持时）是不确定的，结构的地震响应也就很难确定，同时很难对结构进行精确计算。高层建筑结构的抗震设计计算是在一定假定条件下进行的。尽管分析手段不断提高，分析原理不断完善，但是由于地震作用的复杂性和不确定性、地基土影响的复杂性和结构体系本身的复杂性，可能导致理论分析计算结果和实际情况相差数倍之多。尤其是当结构进入弹塑性阶段之后，构件会出现局部开裂，甚至破坏，这时结构很难用常规的计算原理去进行内力分析。

实践表明，在设计中把握好高层建筑的概念设计，从整体上提高建筑的抗震能力，消除结构中的抗震薄弱环节，再辅以必要的计算和结构措施，才能设计出具有良好的抗震性能和足够抗震可靠度的高层建筑。

概念设计是指在设计中，要求工程师运用概念进行分析（不是只依赖计算），作出判断，并采取相应措施。判断能力主要来自工程师本人所具有的设计经验，包括力学知识、专业知识、对结构地震破坏机理的认识、对地震震害经验教训和试验破坏现象认识的积累等。

概念设计是抗震设计中很重要的一部分，涉及的内容十分丰富，主要有以下几点：

①选择对建筑抗震有利的场地和地基。场地条件通常是指局部地形、断层、地基土层、砂土液化等。表土覆盖层土质硬、厚度小，则承载力高、稳定性好，在地震作用下不易产生地基失效；土质越软、厚度越大，对地震的放大效应越大；局部突出的土质山梁、孤立

的山包，对地震效应有放大作用；在发震断层，地震中常出现地层错位、滑坡、地基失效或土体变形。抗震设计时，应选择坚硬土或中硬土场地，当无法避开不利的或危险的场地时，应采取相应措施。

②选择延性好的结构体系与材料。

③抗震结构平面及立面布置应简单、规则，抗震结构的刚度、承载力和延性在楼层平面内应均匀，沿结构竖向应连续，刚度和质量分布均匀。

④对于抗震结构，应设计成延性结构。

⑤减轻结构自重有利于抗震。

⑥抗震结构刚度不宜过大，结构也不宜太柔，要满足位移限制。所设计结构的周期要尽量与场地上的卓越周期错开，以大于卓越周期较好。

⑦防止结构出现软弱层而造成严重破坏或倒塌，防止传力途径中断。特别是不规则结构或体型复杂的结构，一定要设置从上到下贯通连续的、有较大的刚度和承载力的抗侧力结构。

⑧抗震结构应尽量减少扭转，扭转对结构的危害很大，同时要尽量增大结构的抗扭转刚度。

⑨抗震结构必须具有承载力和延性的协调关系。延性不好的构件或进入塑性变形阶段产生较大变形的、对结构抗倒塌不利的部位可设计较高的承载力，使它们不屈服或晚屈服。

⑩尽可能设置抵抗地震的多道防线。超静定结构允许部分构件屈服甚至损坏，是抗震结构的优选结构。合理预见并控制超静定结构的塑性铰出现部位就可能形成抗震的多道防线。

⑪控制结构的非弹性部位（塑性铰区），实现合理的屈服耗能机制。塑性铰部位会影响结构的耗能，合理的耗能机制应当是梁铰机制。因此，在延性框架中，盲目加大梁内的配筋是有害而无益的。

⑫提高结构整体性。各构件之间的连接必须可靠。

⑬地基基础的承载力和刚度要与上部结构的承载力和刚度相适应。

结构概念设计是高层建筑结构设计的重要内容，工程师对概念设计的掌握是一个不断学习和积累的过程，是通过力学知识与规律建立结构受力与变形规律的各种概念，对历次地震震害的理解与对国内外震害教训经验的积累，以及对各类结构试验研究结果的了解和应用。通过大量工程经验的日积月累，理论联系实际，就会在概念设计的知识和能力上逐步前进。

总之，概念设计中最重要的是分析、预见、控制结构的耗能和薄弱部位。概念设计必须综合考虑，有矛盾时要衡量利弊，因势利导，转化或消除其弱点。概念正确才有助于分析，概念清楚才有助于宏观控制。

二、高层建筑结构的布置原则

（一）结构总体布置

高层建筑结构体系确定后，要特别重视建筑体型和结构的总体布置，使建筑物具有良好的造型和合理的传力路线。因此，结构体系受力性能与技术经济指标能否做到先进合理，与结构布置密切相关。

目前，高层建筑物的结构设计严格地说只是一种校核。设计人员往往先假定结构构件的截面尺寸，再进行复核计算。如果被假定的构件截面过大或过小，则需要重新调整后再进行复算，直至取得比较合理的截面尺寸为止。有经验的工程师善于利用以往工程设计的经验判断构件截面的大小，这样可以避免多次调整而带来的反复计算，从而加速了工程设计的进度。

结构选型和结构布置是结构设计的关键，远比内力分析重要得多。假如我们从一个不良的体型着手，则以后所能做的工作就是提供"绷带"，即尽可能地改善一个从根本上就拙劣的建筑方案。反之，如果我们从一个良好的体型与合理的结构设计入手，即使是一个拙劣的工程师也不会过分地损害它的极限功能。

做好这一工作的基础是设计者首先要学会概念设计。理论与实践均表明，一个先进且合理的设计不能仅依靠力学分析来解决。因为对于较复杂的高层建筑，某些部位无法用解析方法精确计算。特别是在地震区，地震作用的影响因素有很多，要求精确计算是不可能的。概念设计是指对结构工作状态和一些基本概念的深刻理解，运用正确的思维概念指导设计。概念设计需要的知识是多方面的，包括理论分析、施工技术、设计经验、事故及震害的分析和处理等。工程师应不断总结，勤于思考，加深对若干概念的理解。

①结构布置的关键是受力明确，传力途径简捷。

②结构布置的两大忌是上刚下柔和平面刚度不均匀，尽量避免不规则平面及立面建筑形态。

③考虑建筑物受到基本烈度地震时房屋不做修理或稍做修理仍可使用，即小震不坏，中震可修，大震不倒。但不坏并不是无破损，其重点是保物。大震不倒是指地震超过基本烈度时，楼板、屋顶不掉下来，只要有竖向构件支撑，使人及设备可以转移即可，其重点是保人。人比物重要，故大震不倒是设计的重点。

④设计成抗风时建筑物刚，抗震时建筑物柔。

⑤结构的承载力、变形能力和刚度要均匀连续分布，适应结构的地震反应要求。某一部位过强、过刚会使其他楼层形成相对薄弱环节而导致破坏。

⑥高层建筑中突出屋面的塔楼必须具有足够的承载力和延性，以承受高振型产生的鞭梢效应影响。

⑦关于结构延性，应当从设计上规划，使结构塑性铰发生在所期望的部位，形成最佳

耗能机构，采取积极的耗能措施（如人工塑性铰），对结构进行控制。构件设计应采取有效措施，防止脆性破坏，保证构件有足够的延性。脆性破坏指剪切、锚固和压碎等突然而无事先警告的破坏形式。设计时应保证抗剪承载力大于抗弯承载力，按"强剪弱弯"的方针进行配筋。

⑧在设计上和构造上实现多道设防，通过空间整体性形成高次超静定等。

⑨选择有利的场地，避开不利的场地，采取措施保证地基的稳定性。基岩有活动性断层和破碎带、不稳定的滑坡地带都属于危险场地，不宜兴建高层建筑；冲积层过厚、沙土有液化的危险、湿陷性黄土等属于不利场地，要采取相应的措施减轻震害的影响。基础及地基设计的关键是控制绝对沉降量及相对沉降差，使荷载不大于地耐力，保证地基基础的承载力、刚度和有足够的抗滑移、抗转动能力。

⑩减轻结构自重，最大限度地降低地震的作用。

只有对上述概念有了深刻的理解，才能作出较好的结构布置。

1. 做好结构总体布置

高层建筑结构应根据房屋高度和高宽比、抗震设防类别、抗震设防烈度、场地类别、结构材料、施工技术条件等因素考虑其适宜的结构体系。高层建筑不应采用严重不规则的结构体系，而应具有必要的承载能力、刚度和变形能力，避免因部分结构构件的破坏而导致整个结构丧失承载能力，对可能出现的薄弱部位，应采取有效措施予以加强。

高层建筑结构的竖向布置和水平布置宜采用合理的刚度和承载能力分布，避免因局部突变和扭转效应而形成薄弱部位。抗震建筑宜具有多道防线。

所谓规则结构，是指平面和立面体型规则，结构平面布置均匀对称并具有较好的抗扭刚度；结构竖向布置均匀，结构刚度、承载能力和质量分布均匀，无突变。严重不规则结构的方案不宜采用，必须对结构方案进行调整。

2. 房屋的适用高度

对高层建筑的高度限制，主要出于对房屋抗震性能与抗风能力等的要求，因为超过规定高度限值，按常规设计方法，很难达到相关规程所规定的各项要求。即使勉强达到结构规范的要求，从技术、经济及建筑功能的角度分析也是不合理的。

高层建筑按适用高度分为 A 级与 B 级两类。A 级高度的钢筋混凝土高层建筑是指目前数量最多、应用最广泛的建筑。凡是超过 A 级建筑高度限值的钢筋混凝土高层建筑属于 B 级。

3. 控制主体结构高宽比

在地震作用下，建筑物就如一个悬臂杆件，其整体刚度是很关键的抗震性能，否则过大的变形，不仅会导致主体结构遭到严重震害，而且非结构构件的门窗、隔墙、填充墙、电气设备和装饰也会遭到严重破坏。

高层建筑最大高宽比的限制是对结构刚度、整体稳定、承载能力和经济合理性的宏观控制。

在复杂体型的高层建筑中，一般可按所考虑方向的最小投影宽度计算高宽比，但对突出建筑物平面很小的局部结构（如楼梯间、电梯间等），一般不应包含在计算宽度内；对带有裙房的高层建筑，当裙房的面积和刚度相对于其上部塔楼的面积和刚度较大，计算高宽比时，房屋高度和宽度可按裙房以上部分考虑。

（二）结构平面布置

结构平面布置必须考虑有利于抵抗水平和竖向荷载，受力明确，传力直接，力争均匀对称，减少扭转的影响。地震区的建筑不宜采用角部重叠的平面形状或细腰形平面形状，因为这两种平面形状的建筑的中央部位都形成了狭窄、突变部分，成为地震中最为薄弱的环节，容易发生震害。尤其在凹角部位产生应力集中，极易开裂、破坏。这些部位应采用加大楼板厚度、增加板内配筋、设置集中配筋的边梁、配置45°斜向钢筋等方法予以加强。

（三）结构竖向布置

1.一般原则

结构竖向布置最基本的原则是沿竖向结构的强度与刚度宜均匀、连续，避免有过大的外挑和内收；不应突然变化，不应采用竖向布置严重不规则的结构；尽量使重心降低，顶部突出部分不能太高，否则会产生端部效应，高振型的影响明显加大；各层刚度中心宜在一条竖直线上，尤其是在地震区，竖向刚度变化容易产生严重的震害。

结构宜设计成刚度下大上小，自下而上逐渐减小。如果下层刚度小使变形集中在下部，形成薄弱层，严重时会引起建筑全面倒塌。如果体型尺寸有变化，也应下大上小逐渐变化，不应发生过大的突变。

在实际工程设计中，往往沿竖向分段改变构件的截面尺寸和混凝土的强度等级，这种改变使刚度发生变化，成自下而上的递减。从施工方面来说，改变次数不宜太多；但从结构受力角度来看，改变次数太少，每次变化太大则容易产生刚度突变。因此，一般沿竖向变化不超过4次。每次改变时，梁、柱尺寸宜减小100~150mm，墙厚宜减小50mm，混凝土强度宜减小5MPa。尺寸减小与强度降低最好错开楼层，避免同层同时改变。竖向刚度突变还由于下述原因产生：

①底层或底部若干层由于取消一部分剪力墙或柱子而产生刚度突变。通常出现在底部大于空间剪力墙结构或框筒的下部大于柱距楼层。这时，应尽量加大落地剪力墙和下层柱的截面尺寸，并提高这些楼层的混凝土强度等级，尽量减少刚度削弱的程度。

②中部楼层部分剪力墙中断。如果建筑功能要求必须取消中间楼层的部分墙体，则取消的墙不宜多于1/3，不得超过半数，其余墙体应加强配筋。

③顶层设置空旷的大房间而取消部分剪力墙或内柱。由于顶层刚度削弱，高振型影响会使地震作用加大。顶层取消的剪力墙也不宜多于1/3，不得超过一半。框架取消内柱后，全部剪力应由其他柱或剪力墙承受，并在柱子顶层全长加密配箍。

2. 高层建筑结构应设置地下室

高层建筑设置地下室有如下的结构功能：

①利用土体的侧压力防止水平力作用下结构的滑移、倾覆。

②减小地基土的质量，降低地基的附加压力。

③提高地基土的承载能力。

④减轻地震作用对上部结构的影响。

（四）楼板的布置

楼板除传递垂直荷载外，还是传递水平力、保证结构协同工作的关键构件。在目前的结构计算中，一般假定楼板在平面内的刚度为无限大，这将大大简化计算分析。因此，在构造设计上，要使楼盖具有较大的平面内刚度。在实际高层建筑中，也要求楼盖具有足够的平面内刚度，以保证建筑物的空间整体稳定性和有效传递水平力。

值得注意的是，保证协同工作是靠楼板而不是靠梁，因而必须保证楼板在平面内刚度为无穷大，保证其在墙、柱和梁上的支承可靠。否则，理论分析前提会失去保证。在楼板布置时，应尽量采用整体现浇。对于装配式楼板，应设置现浇层，并在支承长度，板与梁、墙的连接上采取可靠的构造措施。

房屋高度超过50m的框架—剪力墙结构、筒体结构和复杂高层结构只采用现浇楼盖结构。这些结构由于各片抗侧力结构刚度相差很大，因此楼板变形更为显著。由于主要抗侧力结构的间距较大，水平荷载要通过楼面传递，因此结构中的楼板有更良好的整体性。剪力墙结构和框架结构也宜采用现浇楼盖结构。

房屋高度不超过50m的8度、9度抗震设计的框架—剪力墙结构也宜采用现浇楼盖结构。6度、7度抗震设计的框架—剪力墙结构可以采用装配整体式楼盖。高度不超过50m的框架结构或剪力墙结构允许采用加现浇钢筋混凝土面层的装配整体式楼板，现浇层厚度不应小于50mm；混凝土强度等级不应低于C20，并应双向配置直径6~8mm、间距150~200mm的钢筋网，钢筋应锚固在剪力墙内，以保证其整体工作。

预应力平板厚度可按跨度的1/50~1/40采用，板厚不宜小于150mm，预应力平板预应力钢筋保护层厚度不宜小于30mm。预应力平板设计中应采取措施防止或减少竖向和横向主体结构对楼板施加预应力的阻碍作用。

房屋顶层、结构转换层、平面复杂或开洞过大的楼盖以及地下室楼盖中，抗侧力构件的剪力要通过楼板进行重新分配，传递到竖向支承结构上去，使楼板受到很大的内力，因此，要用现浇楼板并采取加强措施。顶层楼板厚度不宜小于 130mm，转换层楼板厚度不宜小于 180mm，地下室顶板厚度不宜小于 180mm，一般楼层现浇楼板厚度不宜小于 80mm。

（五）变形缝的设置

在一般高层建筑结构的总体布置中，考虑沉降、温度收缩和体型复杂对房屋结构的不利影响，通常用沉降缝、伸缩缝或防震缝将房屋分成若干独立的部分，从而消除沉降差、温度应力和体型复杂对结构的危害。

1. 变形缝设置的指导思想

①三种缝的设置、有关规范都有原则性规定。但在高层建筑中，常常由于立面要求、建筑效果或防水处理困难等希望避免设缝，而是从总体布置、结构构造和施工方法上采取相应的措施，以减少温度、沉降和体型复杂引起的问题。

②缝的设置原则是力争不设，尽量少设，必要时一定要设，宜做到一缝多用，即尽量将各缝合一。

2. 变形缝的种类

（1）温度伸缩缝

在多层与高层建筑中，为防止结构因温度变化和混凝土收缩而产生裂缝，常隔一定距离用温度收缩缝分开，温度收缩缝简称温度缝或伸缩缝。伸缩缝是为了避免因温度变化和混凝土收缩应力而使房屋产生裂缝设置的。

1）造成结构温度应力的因素如下。

①混凝土浇筑凝固过程中的收缩。

②凝固后环境温度变化所引起的收缩和膨胀，如季节温差、室内外温差和日照温差等。

当结构的膨胀和收缩受到限制时，则产生温度应力。当温度应力超过一定限值时，使房屋结构产生开裂。房屋长度越长，温度应力越大。高层建筑的温度应力对底部及顶部危害较为明显。

2）高层钢筋混凝土结构一般不计算由于温度变化产生的内力，原因如下。

①高层建筑的温度场分布和收缩参数等很难准确地确定。

②混凝土不是弹性材料，它既有塑性变形，又有蠕变和应力松弛，实际的内力要远小于按弹性结构的计算值。

③设置缝增加材料用量，建筑处理复杂。

（2）沉降缝

在多层和高层建筑中设置沉降缝的目的是避免地基不均匀沉降而引起上部结构开裂和破坏。一般在下列情况下，可考虑设置沉降缝。

①在建筑高度差异或荷载差异较大处。

②地基土的压缩性有显著差异处。

③上部结构类型和结构体系不同，其相邻交接处。

④基底标高相差过大，基础类型或基础处理不一致处。

但高层建筑常常设有地下室，沉降缝会使地下室构造复杂，缝部位防水困难。因此，目前也有不设沉降缝而采取如下措施减少沉降差。

①当压缩性很小的土质不太深时，可以利用天然地基，把高层和裙房部分放在一个刚度很大的整体基础上，使它们之间不产生沉降差。

②可采用"调"的办法，即在设计与施工中采取措施，调整各部分沉降，减小其差异，降低由沉降差产生的内力。

a.调压力差。主楼部分荷载大，采用整体的箱形基础和筏形基础，降低土压力，并加大埋深，以减少附加压力；低层部分采用较浅的十字交叉梁基础，增加土压力，这样可使高低层沉降接近。

b.调时间差。先施工主楼，主楼工期长，沉降大，待主楼基本建成，沉降基本稳定，再施工裙房，使后期沉降基本相近。

c.调标高差。当沉降值计算较为可靠时，主楼标高定得稍高，裙房标高定得稍低，预留两者沉降差，使两者最后的实际标高相一致。

在上述几种情况下，必须在主楼与裙房之间预留后浇带，待两部分沉降稳定后再连为整体。

（3）防震缝

建筑物各部分层数、质量、刚度差异过大，或有错层时，可用防震缝分开。当房屋外形复杂或者房屋各部分刚度与质量相差悬殊时，在地震作用下，由于各部分的自振频率不同，在各部分连接处，必然会引起相互推拉挤压，产生附加拉力、剪力和弯矩，引起震害。防震缝是为了避免由这种附加应力和变形产生的震害而设置的。

一般抗震设计的高层建筑出现下列情况时，宜设置防震缝：

①平面长度和外伸长度尺寸超出了规程限值而又没有采取加强措施时。

②各部分结构刚度相差很大，采取不同材料和不同结构体系时。

③各部分质量相差很大时。

④房屋有错层，且楼面高差较大时。

设置防震缝时，防震缝的最小宽度应符合下列要求：

①框架结构房屋的高度不超过 15m 的部分可取 70mm；超过 15m 的部分，6 度、7 度、8 度和 9 度相应增加高度为 5m、4m、3m 和 2m，宜加宽 20mm。

②框架—剪力墙结构房屋可按第一项规定数值的 70% 采用，剪力墙结构房屋可按第一项规定数值的 50% 采用，但两者均不宜小于 70mm。

③防震缝两侧的结构体系不同时，防震缝宽度应按不利的结构类型确定；防震缝两侧

的房屋高度不同时，防震缝宽度应按较低的房屋高度确定。

④当相邻结构的基础存在较大沉降差时，宜增大防震缝的宽度。

避免设防震缝的方法如下。

①优先采用平面布置简单、长度不大的塔式楼。

②在建筑体型复杂时，采取加强结构整体性的措施而不设缝。例如，加强连接处的楼板配筋，避免在连接部位的楼板内开洞等。

第二节　高层建筑结构的设计要求

一、设计要求

在使用荷载及风荷载作用下，结构应处于弹性阶段或仅有微小裂缝，结构应满足承载能力及侧向位移限制的要求。在地震作用下，应采用两阶段设计方法，达到三水准设计目标。在第一阶段设计中，除要满足承载力及侧向位移限值的要求外，还要通过抗震措施满足延性要求。当需要进行第二阶段验算时，在罕遇地震作用下，需满足弹塑性层间变形的限制要求，防止结构倒塌。

（一）承载力要求

高层建筑结构构件的承载力应按下列公式验算。

持久设计状况、短暂设计状况：

$$\gamma_0 S_d \leqslant R_d \qquad (9-1)$$

地震设计状况：

$$S_d \leqslant R_d / \gamma_{RE} \qquad (9-2)$$

式中：S_d——结构构件内力组合的设计值，包括组合的弯矩、轴力、剪力设计值等；

R_d——结构构件的承载力设计值；

γ_0——结构重要性系数，对安全等级为一级的结构构件不应小于 1.1，对安全等级为二级的结构构件不应小于 1.0；

γ_{RE}——结构构件承载力抗震调整系数，考虑地震作用的偶然性和作用时间短，对承载能力做相应调整，当仅考虑竖向地震作用组合时，各类构件的承载力抗震调整系数均应取 1.0。

（二）舒适度要求

1. 弹性变形验算

在风荷载及多遇地震作用下，高层建筑结构应具有足够大的刚度，避免产生过大的楼层位移，影响结构的稳定性和使用功能。楼层位移控制实际上是针对构件截面大小、刚度大小的一个宏观指标。在正常使用条件下，限制高层建筑结构层间位移的主要目的有两点：一是保证主体结构处于弹性受力状态，避免钢筋混凝土墙或柱出现裂缝，将混凝土梁等楼面构件的裂缝数量、宽度和高度限制在规范规定范围内；二是保证填充墙体、隔墙和幕墙等非结构构件完好，避免产生明显损伤。

2. 弹塑性变形限值

罕遇地震作用下，为防止结构倒塌，结构薄弱层（部位）层间弹塑性位移应符合下式要求：

$$\ddot{A}u_p \leqslant [\theta_p]h \tag{9-3}$$

式中：$\ddot{A}u_p$——罕遇地震作用下的楼层最大的弹塑性层间位移；

$[\theta_p]$——弹塑性层间位移角限值；

h——计算楼层层高。

混凝土结构弹塑性变形计算还可以采用弹塑性分析方法，根据实际工程情况采用静力或动力时程分析方法。弹塑性分析方法的基本原理是以结构构件、材料的实际力学性能为依据，得出相应的非线性本构关系，建立结构的计算模型，求解结构在各个阶段的变形和受力变化，必要时考虑结构构件的几何非线性影响。一般需借助计算机分析软件进行，因此，还需要考虑分析软件的计算模型、结构阻尼选取、构件破损程度的衡量、有限元的划分等因素，存在较多的人为因素和经验因素，需要对计算结果的合理性进行分析和判断。

3. 舒适度要求

高层建筑在风荷载作用下产生水平振动，过大的振动加速度会使楼内的使用者感觉不舒适，甚至不能忍受，无法工作和生活。高层建筑的风振反应加速度包括顺风向加速度、横风向加速度和转角加速度。

人在大跨度楼盖上行走、跳跃等会引起结构竖向振动，有可能使楼内的人感觉不舒适。因此，应对楼盖结构竖向振动的频率、竖向振动的加速度做一定限制。

（三）结构稳定和倒塌

在进行高层结构承载力验算时，还应保证结构的稳定和足够抵抗倾覆的能力。在竖向荷载作用下高层建筑一般不会出现整体丧失稳定的问题，但在水平荷载作用下结构发生侧向变形后，重力荷载就会产生附加弯矩，该附加弯矩又会进一步增大侧向位移，这是一种二阶效应，它不仅会增大构件内力，严重时还会造成结构倒塌。因此，在某些情况下需要考虑结构的整体稳定验算。

1. 重力二阶效应

一般包括两部分，一部分是由构件自身挠曲变形引起的附加重力效应，即 $P-\delta$ 效应，二阶内力与构件的挠曲形态有关，一般中段大，端部为零；另一部分是由结构在水平荷载或作用下产生的侧移变位，引起的附加重力效应，即 $P-\Delta$ 效应。一般高层建筑结构由于构件的长宽比不大，构件挠曲二阶效应相对较小，即 $P-\delta$ 效应可忽略不计；而高层建筑结构的侧移较大，为楼层高度的 1/3000~1/500，重力荷载的 $P-\Delta$ 效应相对较为明显。

只要有水平侧移，就会引起重力荷载作用下的侧移二阶效应（$P-\Delta$ 效应），其大小与结构侧移和重力荷载大小有关，而结构侧移又与结构侧向刚度和水平作用大小密切相关。因此，结构的侧向刚度和重力荷载是影响结构稳定和 $P-\Delta$ 效应的主要因素，侧向刚度与重力荷载的比值则称为结构的刚重比。

房屋建筑钢结构的侧向刚度相对较小，水平作用下计算分析时，应计入二阶效应的影响；高层建筑在罕遇地震作用下进行弹塑性分析时，应计入重力二阶效应的影响。

对于高层钢筋混凝土结构，可以采用下述方法判断弹性计算分析时是否需计入重力二阶式效应的影响，满足下式规定的弹性计算分析可不考虑重力二阶效应的影响。

2. 结构整体稳定

高层钢筋混凝土剪力墙结构、框架—剪力墙结构、筒体结构的整体稳定性应符合下列要求：

$$EJ_d \geqslant 1.4H^2 \sum_{i=1}^{n} G_i \qquad (9-4)$$

高层钢筋混凝土框架结构的整体稳定性应符合下列要求：

$$D_i \geqslant \frac{10\sum_{j=1}^{n} G_j}{h_i}(i=1,2,3,\cdots,n) \qquad (9-5)$$

若不满足式（9-4）或式（9-5），则重力 $P-\Delta$ 效应呈非线性关系急剧增长，可能引起结构整体失稳，应调整并增大结构的侧向刚度。

3. 建筑抗倾覆分析

当高层建筑的高宽比较大、风荷载或水平地震作用较大、地基刚度较弱时，若高层建筑的侧移较大，其重力合力作用点移至基底平面范围以外，则建筑物可能发生倾覆，设计时要控制高宽比。在基础设计时，对于高宽比大于4的高层建筑，在地震作用效应标准组合下基础底面不允许出现零应力区；对于高宽比不大于4的高层建筑，基础底面零应力区不应超过基础底面面积的15%。符合上述条件时，高层建筑结构的抗倾覆能力具有足够的安全储备，一般不会发生倾覆，因此，通常不需要进行特殊的抗倾覆验算。

（四）抗震等级和结构延性

1. 抗震等级

抗震等级是结构抗震设计的重要参数，高层建筑钢筋混凝土结构抗震等级是根据抗震设防类别、结构类型、设防烈度和房屋高度四个因素确定的，抗震等级的高低体现了结构抗震性能要求的严格程度。建筑结构根据其抗震等级采用相应的抗震措施，抗震措施包括抗震计算时构件截面内力调整措施和抗震构造措施。抗震措施应符合下列两项要求：

①甲类、乙类建筑应按本地区抗震设防烈度提高一度的要求加强其抗震措施。但抗震设防烈度为9度时应按比9度更高的要求采取抗震措施；当建筑场地为Ⅰ类时，应允许按本地区抗震设防烈度的要求采取抗震构造措施。

②丙类建筑应按本地区抗震设防烈度确定其抗震措施。当建筑场地为Ⅰ类时，除6度外，应允许按本地区抗震设防烈度降低一度的要求采取抗震构造措施。

抗震等级分为特一级、一级、二级、三级、四级5个等级，特一级要求最高，四级要求最低。当本地区的抗震设防烈度为9度时，A级高度乙类建筑的抗震等级应按特一级采用，甲类建筑应采取更有效的抗震措施。

2. 结构延性

结构延性是指构件和结构屈服后，具有的承载能力不降低或降低很少（不低于其承载力的85%），且有足够塑性变形能力的一种性能，一般用延性比 μ 表示延性，即塑性变形能力的大小。延性比大的结构在地震作用下进入弹塑性状态时，能吸收、耗散大量的地震能量，这样结构虽然变形较大，但不会出现超出抗震要求的建筑物严重破坏或倒塌；相反，若结构延性较差，在地震作用下则容易发生脆性破坏甚至倒塌。

一般来说，在结构抗震设计中对结构中的重要构件的延性要求高，高于结构的总体延性要求；对构件中的关键杆件或部位的延性要求，高于对构件的延性要求。

（1）构件延性比

对于钢筋混凝土构件，当受拉钢筋屈服以后，即进入塑性状态，构件刚度降低，随着变形迅速增加，构件承载力略有增大，当承载力开始降低时，就达到极限状态。

（2）结构延性比

当某个杆件出现塑性铰后，结构开始出现塑性变形，结构刚度略有降低；当出现塑性铰的杆件增多后，塑性变形加大，结构刚度继续降低；塑性铰达到一定数量时，结构也会出现屈服，即结构进入塑性变形迅速增大而承载力略有增加的阶段，是屈服后的弹塑性阶段。

结构延性是对结构或构件变形能力的要求，即在达到屈服后保持承载力的同时所具有的变形能力，地震对结构来说是一种能量的施加，而结构是以发生不同的侧移变形来表现其影响程度的。如果以提高结构自身刚度和承载力这样的抗震理念来进行设计，显然整体费用高且不经济，况且目前对大震作用下结构的受力研究尚不明确，无法保证结构的绝对安全，而结构延性采用的是一种以柔克刚的方式处理地震问题，属于减震理念，地震作用下允许结构发生一定范围内的变形，以此变形来耗散地震能量，从而减小对结构的直接作用。结构延性中通过控制顺序和位置，可以充分发挥结构的受力性能，实现"小震不坏，中震可修，大震不倒"的抗震设计理念。

二、设计步骤

高层建筑设计步骤可分为以下几步。

①选择合理的结构形式（框架结构、剪力墙结构、框架—剪力墙结构、框架—筒体结构）主要是根据建筑功能的要求（大空间的平面布置，可选择框架、框筒结构）、抗震性能（地震区宜选用周期较长的结构形式以减轻地震作用，而在强风区，过长的自振周期会对结构的抗风性能产生不利影响）以及经济性。

②确定所选结构上各类构件的截面尺寸和数量（框架梁、柱截面尺寸、框架—剪力墙结构中剪力墙的片数、筒体的壁厚等）。在选定高层建筑结构形式之后，初选构件截面尺寸和构件数量的正确与否会直接影响结构的计算工作量。

③确定结构上各类计算荷载的数值（竖向荷载和水平荷载）。根据我国高层建筑的现状，在方案估算阶段，可按经验估算确定结构的单位面积重力荷载。

A.框架结构：$12\sim14kN/m^2$；

B.框架—剪力墙结构：$14\sim16kN/m^2$；

C.剪力墙、筒体：$15\sim18kN/m^2$。

④对所选结构进行内力分析和变形计算。

⑤对结构构件进行截面设计（各种强度或变形的验算）。

⑥建筑物地面以下的基础选择和设计。

⑦绘制结构施工图。

第三节　复杂高层建筑结构设计

现代高层建筑向着体型复杂、功能多样的综合性发展，为人们提供了良好的生活环境和工作条件，体现了建筑设计的人性化理念。但同时使建筑结构受力复杂、抗震性能变差、结构分析和设计方法复杂化。从结构受力和抗震性能方面来说，工程设计不宜采用复杂高层建筑结构。

一、带转换层高层建筑结构设计

在高层建筑中，沿房屋高度方向建筑功能有时会发生变化，如下部楼层作为商店、餐馆、文化娱乐设施用，需要尽可能大的室内空间，要求柱网大、墙体少；如中部楼层作为办公用房，需要中等的室内空间，可以在柱网中布置一定数量的墙体；如上部楼层作为住宅、旅馆用房，需要采用小柱网或布置较多的墙体。为了满足上述使用功能要求，结构设计时，上部楼层可采用室内空间较小的剪力墙结构，中部楼层可采用框架—剪力墙结构，下部楼层则可布置为框架结构。因此，必须在两种结构体系转换的楼层设置水平转换结构构件。

大多数情况下转换层设置在底部，但也有高位转换的情况。通过转换层，可以实现上下部结构体系的转换、上下部柱网和轴线的改变。

转换层结构受力复杂，增加了结构的复杂程度，主要表现：转换层的上部、下部结构布置或体系有变化，容易形成下部刚度小、上部刚度大的不利结构，易出现下部变形过大的软弱层，或承载力不足的薄弱层，而软弱层本身又十分容易发展成承载力不足的薄弱层而在大震时倒塌。因此，传力通畅、克服和改善结构沿高度方向的刚度和质量不均匀是带转换层结构设计的关键。

（一）内部结构的转换层结构形式

目前工程中应用的转换层结构形式有转换梁、桁架、空腹桁架、箱形结构、斜撑等。非抗震设计和6度抗震设计时转换构件可采用厚板，7度、8度抗震设计时地下室的转换结构构件可采用厚板。

1. 梁式转换层

梁式转换层具有传力直接、明确，受力性能好，构造简单和施工方便等优点，一般应用于底部大空间剪力墙结构体系中，是目前应用最多的一种转换层结构形式。转换梁可沿纵向或横向平行布置，当需要纵、横向同时转换时，可采用双向梁的布置方案。

2. 板式转换层

当上下柱网、轴线有较大错位，难以用梁直接承托时，可做成厚板，形成板式转换层。板的厚度一般很大，以形成厚板式承台转换层。其优点是下层柱网可以灵活布置，不必严格与上层结构对齐，施工简单。但由于板很厚，自重增大，材料消耗很多。捷克布拉迪斯拉发市酒店就是典型的采用厚板式转换层的实例。

3. 箱式转换层

单向托梁或双向托梁与其上、下层较厚的楼板共同工作，可以形成整体刚度很大的箱形转换层。箱形转换层是利用原有的上、下层楼板和剪力墙经过加强后组成的，其平面内刚度较单层梁板结构大得多，改善了带转换层高层建筑结构的整体受力性能。箱形转换层结构受力合理，建筑空间利用充分，在实际工程中也有一定应用。

4. 斜杆桁架式和空腹桁架式转换层

在梁式转换层结构中，当转换梁跨度很大且承托层数较多时，转换梁的截面尺寸会很大，造成结构经济指标上升，结构方案不合理。另外，采用转换梁也不利于大型管道等设备系统的布置，以及转换层建筑空间的充分利用。因此，采用桁架结构代替转换梁作为转换层结构是一种较为合理的方案。桁架式转换层具有受力性能好、结构自重较轻、经济指标好、充分利用建筑空间等优点，但其构造和施工复杂。空腹桁架式转换层在室内空间利用上比桁架式转换层和箱式转换层均好。

（二）外部结构的转换层结构形式

由于建筑使用功能的需要，外围结构往往要在底部扩大柱距。目前结构形式有梁式转换、桁架式转换、墙式转换、间接式转换、合柱式转换、拱式转换等。梁式转换即底层用几根大柱支撑，给人以稳固、强壮的感觉，如在我国香港康乐大厦等建筑中采用；合柱式转换即三柱合一柱的方式，结构合理，造型美观，曾在纽约世界贸易中心等建筑中采用；拱式转换曾用在日本岗山住友生命保险大楼等建筑中，将拱与桁架结合获得大跨度的转换效果。

当转换层采用深梁、实心厚板或箱形厚板，且楼层面积较小时，转换层刚度很大，可视为刚性转换层；当转换层采用斜杆桁架或空腹杆桁架，且楼层面积较大时，可视为弹性转换层。

二、带加强层高层建筑结构设计

（一）主要结构形式

当框架—核心筒结构的高度较大、高宽比较大或侧向刚度不足时，可沿竖向利用建筑避难层、设备层设置适宜刚度的水平伸臂构件，形成带加强层的高层建筑结构。必要时，加强层可设置周边水平环带构件。水平伸臂构件、周边环带构件可采用斜杆桁架、实体梁、箱形梁（整层或跨若干层）、空腹桁架等形式。

环向构件是指沿结构周边布置一层楼或两层楼高的桁架，其作用如下：

①加强结构周边竖向构件的联系，提高结构的整体性。

②协同周边竖向构件的变形，减小竖向变形差，使竖向构件受力均匀。

在框架—筒体结构中，刚度很大的环向构件加强了深梁作用，可减小剪力滞后；在框架—筒体结构中，环向构件加强了周边框架柱的协同工作，并可将与伸臂相连接的柱轴力分散到其他柱子上，使相邻柱子受力均匀。由于采光通风等要求，实际工程中多采用斜杆桁架或空腹桁架。如果伸臂和环向构件同时设置，则宜设置在同一层。伸臂与环向构件可采用相同的结构形式，但两者的作用不同。在较高的高层建筑结构中，如果将减小侧移的伸臂结构与减少竖向变形差的环向构件结合使用，则可在顶部及（0.5~0.6）H（H为结构总高度）处设置两道伸臂，综合效果较好。

（二）结构设计要求

1. 伸臂加强层的作用

在框架—核心筒结构中通过刚度很大的斜杆桁架、实体梁、整层或跨若干层高的箱形梁、空腹桁架等水平伸臂构件，在平面内将内筒与外柱连接，沿建筑高度可根据控制结构整体侧移的需要设置一道、二道或几道水平伸臂构件。由于水平伸臂构件的刚度很大，在结构产生侧移时，它将使外柱拉伸或压缩，从而承受较大的轴力，增大外柱抵抗的倾覆力矩，同时使内筒反弯，减小侧移。

由于伸臂加强层的刚度比其他楼层的刚度大得多，因此带加强层的高层建筑结构属于竖向不规则结构。在水平地震作用下，结构的变形和破坏容易集中在加强层附近，即形成薄弱层；伸臂加强层的上、下相邻层的柱弯矩和剪力均发生突变，使这些柱子容易出现塑性铰或产生脆性剪切破坏。加强层的上、下相邻层柱子内力突变的大小与伸臂刚度有关，伸臂刚度越大，内力突变越大；加强层与其相邻上、下层的侧向刚度相差越大，则柱子越容易出现塑性铰或剪切破坏，形成薄弱层。因此，设计时宜采用"有限刚度"的加强层，应尽可能地采用桁架、空腹桁架等整体刚度大而杆件刚度不大的伸臂构件，桁架上、下弦杆（截面小、刚度也小）与柱相连，可以减小不利影响。

2. 伸臂加强层的结构布置

①加强层的数量、刚度和位置要合理，效率要高。设置伸臂加强层的主要目的是增大整体结构刚度、减小侧移。因此，有关加强层的合理位置和数量的研究，一般是以减小侧移为目标函数进行分析和优化。研究分析表明，当设置一个加强层时，其最佳位置为底部固定端以上（0.60~0.67）H 处，即大约在结构的 2/3 高度处；当设置两个加强层时，如果其中一个设在 0.7H 以上（也可在顶层），则另一个设置在 0.5H 处，可以获得较好的效果；设置多个加强层时结构侧移会进一步减小，但侧移减小量并不与加强层数量成正比，当设置的加强层数量多于 4 个时，进一步减小侧移的效果就不明显。因此，加强层不宜多于 4 个。设置多个加强层时，一般可沿高度均匀布置。

②优化方案、传力直接、锚固可靠。水平伸臂构件宜贯通核心筒，其平面布置宜位于核心筒的转角或 T 字形节点处，避免核心筒墙体因承受很大的平面外弯矩和局部应力集中而破坏。水平伸臂构件与周边框架的连接宜采用铰接或半刚接，以保证其与核心筒的可靠连接；在结构内力和位移计算中，设置水平伸臂桁架的楼层宜考虑楼板平面内的变形。

③应避免加强层及相邻框架柱内力增大而引起的不安全，加强层及上、下邻层框架柱和核心筒应加强配筋构造，加强层及相邻楼盖的刚度和配筋应加强。

为避免在加强层附近形成薄弱层，使结构在罕遇地震作用下呈现强柱弱梁、强剪弱弯的延性机制，加强层及其相邻层的框架柱和核心筒剪力墙的抗震等级应提高一级采用，即一级提高至特一级，若原抗震等级为特一级则不再提高；加强层及其上、下相邻层的框架柱的箍筋应全柱段加密，轴压比限值应按其他楼层框架柱的数值减少 0.05 采用。加强层及其相邻层核心筒剪力墙应设置约束边缘构件。

三、带错层高层建筑结构设计

（一）错层结构的应用

当建筑物的使用功能对层高要求不同、立面与造型效果需要又不能分开的平面组合在一起时，即形成了竖向错层结构。常见的如高层商品住宅楼，将同一套单元内的几个房间设在不同高度的几个层面上，形成错层结构。

从结构受力和抗震性能来看，错层结构属于竖向不规则结构，对结构抗震不利。由于楼板分成数块，且相互错置，削弱了楼板协同结构整体受力的能力；由于楼板错层，在一些部位形成短柱，使应力集中。剪力墙结构错层后，会使部分剪力墙的洞口布置不规则，形成错洞剪力墙或叠合错洞剪力墙；框架结构错层可能形成许多短柱与长柱混合的不规则体系。因此，高层建筑特别是位于地震区的高层建筑，应尽量不采用错层结构。

（二）错层结构的结构布置

国内有关单位做过错层剪力墙结构住宅房屋模型振动台试验对比结果表明，平面布置不规则、扭转效应显著的错层剪力墙结构破坏严重，而平面布置规则的错层剪力墙结构的破坏程度相对较轻。错层框架结构或错层框架—剪力墙结构的抗震性能比错层剪力墙结构更差。因此，当抗震设计时，高层建筑沿竖向宜避免错层布置。当房屋不同部位因功能不同而使楼层错层时，宜采用防震缝将其划分为独立的结构单元。另外，错层结构房屋的平面布置宜简单、规则，避免扭转；错层两侧宜采用结构布置和侧向刚度相近的结构体系，以减小错层处墙、柱的内力，避免错层处形成薄弱部位。当采用错层结构时，为了保证结构分析的可靠性，相邻错开的楼层不应归并为一个刚性楼板层计算。

在错层结构的错层处，其墙、柱等构件易产生应力集中，受力较为不利，应采取以下加强措施。

（1）抗震设计时，错层处框架柱的截面高度不应小于600mm，混凝土强度等级不应低于C30，箍筋应全柱段加密。抗震等级应提高一级采用，一级应提高至特一级，若原抗震等级为特一级时应允许不再提高。

（2）对于错层处平面外受力的剪力墙截面厚度，非抗震设计时不应小于200mm，抗震设计时不应小于250mm，并均应设置与之垂直的墙肢或扶壁柱；抗震设计时，其抗震等级应提高一级采用。错层处剪力墙的混凝土强度等级不应低于C30，水平和竖向分布钢筋的配筋率，非抗震设计时不应小于0.3%，抗震设计时不应小于0.5%。如果错层处混凝土构件不能满足设计要求，则需采取有效措施改善其抗震性能，如框架柱可采用型钢混凝土柱或钢管混凝土柱、剪力墙内可设置型钢等。

四、多塔楼高层建筑结构设计

高层建筑上部主体建筑要满足自然通风与采光、消防等要求，平面体型不能过于巨大，而地下室及裙楼从提供大空间使用、防水、立面一致性及经济性等方面考虑，要求大平面体型。这样就出现了越来越多的大底盘多塔楼结构，即底部几层布置为大底盘，上部采用两个或两个以上的塔楼作为主体结构。这种多塔楼结构的主要特点是在多个塔楼的底部有一个连成整体的大裙房，形成大底盘。大底盘多塔楼结构应采用整体和分塔楼计算模型分别验算整体结构和各塔楼结构的第一扭转周期与第一平动周期的比值，并符合要求。

（一）多塔楼的结构布置

大底盘多塔楼高层建筑结构在大底盘上一层突然收进，使其侧向刚度和质量突然变化。由于大底盘上有两个或多个塔楼，结构振型复杂，并会产生复杂的扭转振动，引起结构局部应力集中，对结构抗震不利。如果结构布置不当，则竖向刚度突变、扭转振动反应及高振型的影响会加剧。因此，结构布置应满足下列要求：

（1）多塔楼建筑结构各塔楼的层数、平面和刚度宜接近。多塔楼结构模型振动台试验研究和数值计算分析结果表明，当各塔楼的质量和侧向刚度不同且分布不均匀时，结构的扭转振动反应大，高振型对内力的影响更为突出。因此，为了减轻扭转振动反应和高振型反应对结构的不利影响，位于同一裙房上各塔楼的层数、平面形状和侧向刚度宜接近；如果各多塔楼的层数、刚度相差较大，宜用防震缝将裙房分开。

（2）塔楼底盘结构宜对称布置，塔楼结构的综合质心与底盘结构质心距离不宜大于底盘相应边长的20%（塔楼结构的综合质心是指将各塔楼平面看作一组合平面而求得的质量中心）。试验研究和计算分析结果表明，当塔楼结构与底盘结构偏心较大时，会加剧结构的扭转振动反应。因此，结构布置时应尽量减小塔楼与底盘的偏心。

（3）抗震设计时，转换层不宜设置在底盘屋面的上层塔楼内，否则，应采取有效的抗震措施。多塔楼结构中同时带转换层结构是在同一工程中采用两种复杂结构，结构的侧向刚度沿竖向突变与结构内力传递途径改变同时出现，使结构受力更加复杂，不利于结构抗震。如果再把转换层设置在大底盘屋面的上层塔楼内，则转换层与大底盘屋面之间的楼层更容易形成薄弱部位，从而加剧了结构破坏。因此，设计中应尽量避免将转换层设置在大底盘屋面的上层塔楼内，否则，应采取有效的抗震措施，包括提高该楼层的抗震等级、增大构件内力等。震害及计算分析表明，转换层宜设置在底盘楼层范围内，不宜设置在底盘以上的塔楼内。

（二）多塔楼结构加强措施

大底盘多塔楼结构是通过下部裙房将上部各塔楼连接在一起的，与无裙房的单塔楼结构相比，其受力最不利的部位是各塔楼之间的裙房连接体。这些部位除应满足一般结构的有关规定外，还应采取下列加强措施。

（1）为保证多塔楼高层建筑结构底盘与塔楼的整体作用，底盘屋面楼板底盘屋面上、下层结构的楼板应加强构造措施。当底盘屋面为结构转换层时，其底盘屋面楼板的加强措施应符合转换层楼板的规定。

（2）为保证多塔楼高层建筑中塔楼与底盘的整体工作，抗震设计时，对其底部薄弱部位应予以特别加强，而多塔楼之间裙房连接体的屋面梁应加强；对于塔楼与裙房连接体相连的外围柱、剪力墙，从固定端至裙房屋面上一层的高度范围内，柱纵向钢筋的最小配筋率宜适当提高，柱箍筋宜在裙房屋面上、下层的范围内全高加密，剪力墙宜按抗震规范规定设置约束边缘构件。

第十章 建筑施工安全生产应急管理

第一节 建筑施工安全生产应急管理体系

安全生产是建筑工程施工顺利完成的保障，而建筑施工安全生产应急管理是安全生产中的重要组成部分。

一、建筑施工安全生产应急管理体系基本框架

整体来看，应急管理工作是在深入总结群众实践经验的基础上，制定各级各类应急预案，形成应急管理体制、机制，并且最终上升为一系列的法律法规和规章，使突发事件应对工作基本上做到有章可循、有法可依。由此，应急预案，应急管理体制、机制和法制合称"一案三制"，共同构成了我国应急管理体系的基本框架。"一案三制"是基于四个维度的一个综合体系：体制是基础，机制是关键，法制是保障，预案是前提，它们具有各自不同的内涵特征和功能定位，是应急管理体系不可分割的核心要素。

对于建筑行业，从宏观层面来看，建筑施工安全生产应急管理体系建设同样围绕"一案三制"展开；从微观层面来看，作为建筑施工企业及项目部应在国家应急管理体系的基础之上，根据企业的自身规模、业务类型、市场环境等条件，通过全面的危险源分析，建立适应企业特点并重点针对建筑施工现场的应急管理体系。建筑施工安全生产应急管理体系的构建，可以为建筑施工安全生产应急管理工作的有序、有效开展提供保障。

（一）建筑施工安全生产应急预案

建筑施工安全生产应急预案是建筑企业针对在施工项目现场可能发生的重大事故（件）或灾害，为保证迅速、有序、有效地开展应急与救援行动，降低事故人员伤亡和财产损失而预先制订的有针对性的工作方案。

应急预案在应急管理系统中起着关键作用，是各类突发重大事故的应急基础。应急预

案的管理包括预案的编制和公布、预案的培训演练、预案的评估和修订等。建立健全和完善应急预案体系，就是要建立"纵向到底，横向到边"的预案体系。所谓"纵"，就是按垂直管理的要求，从国家到省到市、县、乡镇各级政府和基层单位都要制定应急预案，不可出现断层；所谓"横"，就是所有种类的突发事件都要有部门管，都要制定专项预案和部门预案，不可或缺。相关预案之间要做到互相衔接，逐级细化。

（二）建筑施工安全生产应急管理体制

应急管理体制包括应急管理机构设置、职责划分及其相应的制度建设。我国应急管理体制建设的重点是建立健全集中统一、坚强有力的组织指挥机构，发挥国家的政治优势和组织优势，形成强大的社会动员体系；建立健全以事发地党委、政府为主，有关部门和相关地区协调配合的领导责任制；建立健全应急处置的专业队伍、专家队伍。

从宏观层面的制度建设来看，国家安全生产事故灾难应急领导机构为国务院安委会，综合协调指挥机构为国务院安委会办公室，国家安全生产应急救援指挥中心具体承担安全生产事故灾难应急管理工作，专业协调指挥机构为国务院有关部门管理的专业领域应急救援指挥机构。地方各级人民政府的安全生产事故灾难应急机构由地方政府确定。应急救援队伍主要包括消防部队、专业应急救援队伍、生产经营单位的应急救援队伍、社会力量、志愿者队伍及有关国际救援力量等。国务院安委会各成员单位按照职责履行本部门的安全生产事故灾难应急救援和保障方面的职责，负责制定、管理并实施有关应急预案。我国建筑施工安全生产应急管理体制宏观上与国家突发事件应急管理体制相一致。

从微观层面的制度建设来看，建筑施工企业实行安全生产岗位责任制，决策层、管理层、实施层的各级岗位各施其责，明确参与人员的职责与权限并落实到人；落实应急管理规章制度，从应急预案的编制、实施、参与应急救援演习人员、应急救援物资储备、应急演练种类、应急演练方式、应急演练次数、应急预案的修改完善等方面详细规定；加强过程管理，采用定期检查和不定期抽查相结合的方式，检查应急管理规章制度的实施状态、与上级主管部门的衔接、安全隐患的排查与整改措施、应急救援队伍和物资的准备情况，降低因管理疏漏而发生事故的概率；开展全员安全生产应急管理教育，提高队伍素质，预防事故的发生；确认事故发生后的性质和影响程度，控制事故的影响范围、协调应急队伍的运转效率，以及次生灾害产生的影响。

（三）建筑施工企业安全生产应急管理体系的构建策略

建筑施工项目突发生产安全事故后，应急管理的第一责任主体首先是建筑施工企业及其项目部。作为建筑施工企业，安全生产应急管理体系的构建应遵循以下基本策略。

1. 全程化的应急管理

在制度上预防，于过程中控制，完善后期评估与总结，进行全程管理。建筑施工安全生产应急管理应贯穿建筑施工全过程，在施工的每一阶段，都要实施监测、预警、干预或控制等缓解性措施。及时准确地分析建筑工程项目危险源、性质及危害程度，恰当地选择应急方案，是及时避免建筑工程项目生产安全事故突发和实现全过程管理的关键点。

2. 全员的应急管理

培育健康的企业文化，以增进企业全体员工的应急理念和提高面对突发生产安全事故的勇气。在企业员工上下凝聚共识、形成合力的情况下，共同抵抗突发生产安全事故冲击的能量是巨大的。

3. 整合的应急管理

要合理整合各类资源，应与企业之外的组织或单位维持良好的互动关系，实现跨组织合作对象的多元化，彼此合作，争取更多的社会资源，从而提升企业应对建筑施工项目突发生产安全事故的实力。

4. 集权化的应急管理

要建立健全建筑工程项目突发生产安全事故应急组织机构和责任制度，厘清组织隶属关系，明确权责，增加组织成员间的协调合作，夯实消除建筑施工项目突发生产安全事故的组织基础。

5. 全面化的应急管理

建筑施工企业要不断吸收外部的新知识，建立学习型组织，确保应急管理能够识别面临的一切危险源，能够涵盖所有环节中的一切危险源，提升建筑施工项目突发生产安全事故的预见性，防止其发生与发展。

二、建筑施工安全生产应急管理制度

应急管理制度是建筑施工企业管理制度的重要组成部分，是工程项目管理的重要内容，是安全生产的重要保障，也是每位员工应对突发事件时必须共同遵守的行为规范和准则。应急管理制度起源于有效的应急管理方法，是通过将生产实践中行之有效的应急措施和办法制定成统一标准来实现应急管理工作的标准化、规范化。建筑施工企业应从对突发事件的随机零散管理向集中有序管理改进，从被动应付型向主动保障型转变，建立一套有效的应急管理制度，从制度层面保障应急管理工作的实施。

（一）建筑施工安全生产应急管理制度建立的依据

1. 符合国家法律法规的管理要求

全国各行各业应急管理制度的建立是在国家宏观管理要求下进行的。建筑施工现场应急管理是施工企业应急管理的组成部分，属于微观管理的范畴，应服从国家宏观管理。建筑施工现场应急管理制度应该秉承国家宏观应急管理中的精神和原则，体现对国家突发事件应急管理方针、法律法规和标准规范的贯彻执行。

2. 符合施工企业和工程项目实际情况

建筑施工现场应急管理制度的建立是在施工企业应急管理制度的框架下进行的，施工企业的应急管理属于微观管理，制度的制定应充分强调适应企业的实际情况，如企业的规模、经营范围、主要风险、管理的模式和水平、工作流程、组织结构等，不能照搬其他企业的制度。同时它还要符合具体工程项目的实际情况，如项目的规模、施工环境、施工技术特点、项目组织结构、人员安排等。应根据工程项目自身特点，在已有企业应急管理制度基础上制定施工现场应急管理制度。

3.符合突发事件应急管理的特点

制定应急管理制度的目的是有效地应对突发事件，因此它的制定还要充分考虑突发事件应急的特点。不同于一般的事件处理，突发事件的应对要求快速的反应，最大限度地保障人员的安全。应急管理制度在制定时就需要注重这些方面，体现反应迅速、保障安全的特点。此外，只有在制度上体现出突发事件应急的特点，它才能更加全面准确地反映突发事件应急的需要，更好地指导事件处理。

（二）建筑施工安全生产应急管理制度制定的原则

应急管理制度制定实施后，既要保持相对稳定，又不能一成不变。要以严肃、认真、谨慎的态度，经过不断实践，总结经验教训，对应急管理制度不断增加新的内容。有关人员要认真总结每一次突发事件应对的情况，把存在的问题逐级反馈，以便对应急管理制度做及时的修正和改进。总的来说，制定应急管理制度应该遵循以下原则和要求。

1.制度要具有针对性

制度要简单明了，易懂易记，切忌冗长烦琐，用词晦涩，难以理解；厘清各项制度的对象，增强针对性，避免出现分工不清，责任不明现象。

2.制度应有可操作性

每一个项目可以调配的资源都是有限的，应急能力也参差不齐，制度规定要符合实际，不能脱离实际。

3.保证制度有效实施

制度的公布执行，必须有其严肃性和约束力，切勿走形式。通过严格奖罚以保证制度全面有效地实施，要求明确制定专门的奖罚制度以支持整套制度的有效实施，同时要有一定的弹性，使应急人员可以相机行事。

4.强化相关宣传培训

要重视宣传和教育培训，缩短员工素质与制度要求之间的差距。

（三）建筑施工安全生产应急管理制度的内容

应急管理制度是建筑施工企业为应对突发事件而采取的组织方法。应急管理涉及的相关主体众多，应急管理工作内容也极为丰富，制度的内容应该充分体现各相关方的协调和应急管理工作的顺利进行。根据有关法律法规的要求和应急管理的特点，建筑施工企业针对工程项目现场的应急管理制度主要包括以下几项。

1. 应急管理责任制度

应急管理责任制度是建筑施工现场各项应急管理制度中最基本的一项制度。应急管理责任制度作为保障突发事件应对的重要组织手段，其内容包括对施工现场应急管理的管理要求、职责权限、工作内容和工作程序、应急管理工作的分解落实、监督检查、考核奖罚作出具体规定，形成文件并组织实施，确保每位员工在自己的岗位上认真履行各自的职责。

2. 教育培训制度

人员的教育培训是提高全员应急意识和应急能力的基础性工作，是应急管理的重要环节。教育培训的对象是施工现场的全体人员，上至项目经理，下到现场操作人员。施工现场人员应根据工程项目的施工部位和施工进度有针对性地接受教育培训，通过相应的考核。教育培训制度对具体的教育培训对象、组织实施、形式和内容作出详细的规定，最大限度地保障人员应急时的需要。

3. 危险源管理制度

危险源管理是应急管理的重要内容之一。危险源管理制度是对建筑施工现场所涉及各类危险源的识别及处理的具体规定。以制度的形式对建筑施工危险源进行风险管控，可以保证该项工作的规范化和科学化。危险源管理制度具体包括危险源的辨识与分析、危险源的风险评估、危险源的监控预警、危险源的控制实施以及危险源的信息管理和档案管理等方面的内容规定。

4. 应急预案管理制度

建筑施工企业应根据本企业和工程项目的实际情况编制应急预案并形成体系。应急预案管理制度具体规定应急预案的编制要求、编制程序、编制内容、预案启动情形、预案的改进和管理等内容。应急预案管理制度的确立可以有效保证建筑施工企业应急预案的编制按照要求进行，保证预案的形式和内容标准化、规范化。

5. 应急救援制度

应急救援制度是各项应急管理制度中最重要的一项制度，其他制度的制定最终还是为应急救援服务。应急救援制度具体指导应急救援行动的实施，是现场人员采取救援行动的行为准则和规范。应急救援制度要对救援的形式、工作程序、工作内容、人员的职责权限，以及救援过程中的决策指挥权、不同主体间的协调、救援的优先级等作出具体规定。

6. 善后处置制度

善后处置制度是应急管理制度的内容之一。施工企业必须对突发事件造成的财产损失和人员伤亡进行登记、报告、调查、处理和统计分析工作，总结和吸取突发事件应对的经验教训。同时应该调查清楚事故原因，追究相关人的责任，尽快清理事故现场恢复正常的工程建设秩序。善后处置制度就是要对上述的内容作出详细的规定，以规范工作程序和方法。

三、建筑施工安全生产应急管理组织结构

（一）建筑施工安全生产应急管理组织形式

组织形式也称为组织结构类型，是指一个组织以什么样的结构方式去处理层次、跨度、部门设置和上下级关系。在现代建筑施工企业中，通常采用公司—项目部两个管理层次，现场项目部的组织形式与施工企业的组织形式是相互关联的，建立矩阵制的企业组织结构。项目部是施工企业派驻施工现场的组织，项目经理负责施工企业现场所有工作的实施和管理，企业为项目部的工作提供指导和各方面的支持。建筑施工企业应急管理组织形式也应遵循同样的组织设置层次，公司层面设置一级应急管理机构，工程项目部层面设置二级应急管理机构。应对突发事件时，两级机构呈联动状态，及时沟通，互相配合，同时积极落实各项应对措施。

应急管理有预防、准备、响应和恢复四个阶段，对应的就有日常管理状态和应急管理状态。日常管理状态下主要是应急预防和应急准备工作，可以认为是公司或项目部的日常管理工作。应急管理状态就是突发事件发生后的应对状态，此时公司和项目部由正常状态下的组织结构转换成应急反应组织结构。建筑施工企业合理的应急组织模式应当是在正常状态下不增加任何机构部门与人员和不影响各职能部门原来职责的基础上进行创建，突发事件发生时生成应急组织机构模式。

建筑施工现场发生突发事件时，项目部就是应急管理的行为主体。建筑施工现场项目部负责应急管理预防和准备阶段的工作，也是突发事件发生后的应对组织。根据工程项目规模和复杂程度的不同，会有不同的项目部组织形式，应该依据工程项目的特点和项目部的组织形式构建合理的应急管理组织。

应急组织直接面对突发事件，其结构设置有着很强的目标导向性，即遏制事态发展、控制事件带来的损失。应急组织是为应对突发事件而形成的一个临时性组织，但是它也需要一定的稳定性，同时需要有很好的灵活性。应急组织中各小组直接按照应急响应所要进行的工作设立，各小组是由不同技能的人员跨越不同职能领域组成，负有特殊任务，为了共同的目标进行协作，直到突发事件消亡为止。

（二）建筑施工安全生产应急管理职责

人是应急管理的关键因素，也是应急组织构成的具体内容，突发事件应对的所有工作是由应急组织来完成，但最终还是落实到人身上。为使各项工作能更好地进行，建筑施工企业应该对应急组织有明确的职责划分。

1.指挥决策主体的职责

应急管理指挥分为公司级的应急总指挥和施工项目现场的事故现场指挥。应急总指挥在日常管理状态下的职责是定期检查各应急反应组织和部门的正常工作及应急反应准备情

况。还要根据各施工场区的实际条件，努力与周边有条件的企业达成在事故应急处理中共享资源、相互帮助的应急救援协议、建立共同的应急救援网络。应急管理状态下，应急管理总指挥的职责主要是启动应急反应组织；指挥、协调应急反应行动；协调、组织和获取应急所需要的其他资源、设备以支援现场的应急操作；组织公司总部的相关技术人员和管理人员对施工场区生产全过程各危险源进行风险评估，确定升高或降低应急警报级别；与企业外应急反应人员、部门、组织和机构进行联络；通报外部机构和决定请求外部援助。

项目经理是应急管理的现场指挥，负责施工现场突发事件应对的指挥决策工作。在日常管理状态下，项目经理应组织领导各部门建立应急管理制度，进行危险源的识别与评估、应急预案的编制与管理、人员培训、应急物质准备等工作。项目经理也要负责与所属施工企业的沟通协调工作，在企业的指导和支持下完成各项应急准备工作。应急管理状态下，由项目经理与工程部、技术部、质量安全部、物资部负责人组成应急领导小组，项目经理任现场应急指挥。应急领导小组负责启动应急组织并履行以下职责：识别突发事件的性质和严重程度，作出决策并启动相应的应急预案；确保应急人员安全和应急行动的执行，做好现场指挥权转变后的移交和应急救援协助工作；做好消防、医疗、交通管制、抢险救灾等各公共救援部门的协调工作；负责突发事件的报告工作，协调好企业内部、应急组织与外部组织的关系，以获取应急行动所需资源和外部援助。

2. 应急职能部门的职责

应急职能部门是从公司原有职能部门中抽调所需的各类专业人员组成的，这些抽调的人员要避免因拥有两个上级和接受双重领导而造成权责不清。公司应规定：在日常管理工作中，各类工作人员归其隶属的原职能部门领导，但与应急预防和应急准备有关的工作应该优先于其他工作完成。在应急管理状态下，所有抽调的各类专业人员归其所在的应急职能部门所领导，对其负责，原部门领导无权干预其应急工作。

日常管理状态下，应急部门的职能和职责主要是为应对突发事件做一些准备工作。应急管理状态下，各应急职能部门的职能和职责发生了很大的变化，主要是按应急总指挥的部署，有效地组织应急反应物资资源和应急反应人力资源，及时赶赴事故现场进行应急救援，提供科学的工程技术方案和技术支持、后勤服务，协助组织事故现场的保卫工作等。

3. 应急小组的职责

应急小组在现场应急领导小组的领导下，完成突发事件应对所要做的各项工作。在日常管理状态下，应急小组的职责包括：根据施工现场的特点对施工全过程的危险源进行科学的识别和风险评估；制定应急预案，进行各种应急反应技能的学习培训和演练；按照计划准备施工现场应急物资；对现场重大危险源进行监控。应急管理状态下，应急小组要按应急总指挥的部署，有效地进行各项应急处置工作。

四、建筑施工安全生产应急管理机制

（一）建筑施工安全生产应急管理过程

与国家突发事件应急管理过程相同，建筑施工安全生产应急管理过程也包括应急预防、应急准备、应急响应和应急恢复四个阶段。

1. 应急预防

应急预防是通过管理措施和技术手段尽可能地避免突发事件，以实现本质安全的目的。建筑施工安全生产应急预防工作主要通过建筑施工现场的安全生产管理过程来实现，包括建立健全施工现场安全生产责任制度，依据建筑施工安全生产有关标准规范实施管理；通过宣传教育增加预防工程生产安全事故的常识和防范意识，提高防范能力和应急反应能力；通过规范化作业提高建筑施工安全生产工作水平，将施工现场突发生产安全事故的风险降到最低限度；通过开展安全生产检查和风险评估，及时消除事故发生隐患。

2. 应急准备

应急准备是事故发生之前采取的行动，目的是应对事故发生而提高应急行动能力及推进有效的响应工作。建筑施工企业应急准备的内容主要包括施工现场危险源的辨识和风险评价，危险源的处置，现场的监控预警，应急预案的编制、培训和演练，现场的应急教育等。同时，在开展应急能力评估的基础上，不断加强应急预案、应急队伍和应急物资等基本应急保障能力的建设。

3. 应急响应

应急响应是事故发生期间和发生后立即采取的行动，是建筑施工现场应急管理的核心，目的是保护生命，使财产、环境破坏降到最低限度，并有利于恢复。应急响应的基础是应急管理的预防和准备工作，并依赖于应急准备工作的经验积累。建筑施工企业应急响应程序按过程可分为接警、警情判断与响应决策、启动相应的应急预案、开展救援、扩大应急、应急恢复和应急结束等。事故发生单位负责人接到事故报告后，应当立即启动事故相应应急预案，或者采取有效措施，组织抢救，防止事故扩大，减少人员伤亡和财产损失。

4. 应急恢复

应急恢复是使生产、生活恢复到正常状态或得到进一步的改进。建筑施工企业在应急恢复阶段应对事故发生原因、损失等进行调查，评估应对过程并修订和完善应急预案，尽快恢复工程项目正常施工。应急恢复工作主要包括恢复与重建、人员安置赔偿、事件调查与报告、损失评估、应急预案评估和修订等环节。

（二）建筑施工安全生产应急管理运行机制

机制指其内部组织和运行变化的规律，应急管理是一个动态过程，应急预防、应急准备、应急响应和应急恢复这四个阶段贯穿突发事件发生前、发展中、发生后的整个过程。

在实际操作中，应急管理的这四个阶段并没有明确的界线，各阶段之间往往是重叠的。但是，应急管理的每一个阶段都有自己单独的目标，并且成为下一个阶段内容的一部分。建筑施工生产安全应急管理遵循同样的规律，这四个阶段构成了应急管理的动态循环过程，但并不是一个简单的循环过程，而是一种持续改进的动态循环。在每次对突发安全生产事故进行应急处置之后，都要认真总结经验、吸取教训、改进管理过程，这样建筑施工安全生产应急管理就会呈现一个逐渐上升和可持续发展的过程。

（三）建筑施工安全生产应急管理保障机制

应急管理的实施需要在人力、物力、财力、交通运输、医疗卫生、通信以及制度等方面提供保障，以保证应急救援、恢复重建等工作的需求和有序进行。建筑施工企业安全生产应急管理所需的最主要和最关键的保障要素主要包括三类，分别是制度保障、组织保障和资源保障，从制度、组织、资源三个方面为应急管理工作的开展保驾护航。

1. 制度保障

制度是要求大家共同遵守的办事规程或行动准则，它作为应急管理一项保障要素的意义就在于保证应急管理工作实施的规范化。应急管理制度一方面可以促使企业和施工现场负责人树立明确的应急管理意识，在组织生产活动的同时考虑现场应急问题；另一方面把现场组织起来，明确各员工应急管理工作内容、分工和操作程序。

2. 组织保障

组织包括组织结构和组织的人员构成两个方面，它为应急管理的实施提供智力支持和组织保障。应急管理过程中，起主导和决定性作用的是人，合理的组织结构可以最大限度发挥人的作用。组织结构合理是应急管理顺利实施的前提条件，人员构成则作为具体的内容丰富了整个组织结构框架，二者结合起来形成高效运转的有机体，主导应急管理工作。

3. 资源保障

资源包括物资、资金、信息等，资源保障为突发事件的处置提供具体物资和信息，是应急管理得以进行的物质基础和信息保障。施工现场应根据实际情况，配备相应的应急资源，不能在现场配备的要寻求紧急需要时的快速供应。资源供应的准确及时、丰富与否直接关系到应急管理的成效。

五、建筑施工安全生产应急资源保障

从广义上讲，应急资源是指了为保障应急处置地顺利进行，维持人们正常生产和生活所需要的一切来源，无论是天然生成的还是被人为创造出来的，无论是现有的还是潜在的，包括人力、物力、财力资源，都可以归结到应急资源的范畴。建筑施工安全生产应急资源是指为有效开展建筑施工安全生产应急活动，保障应急行动顺利进行所需的人力、物质、资金、信息、技术等各类资源的总和。应急资源既包括企业自有的内部资源，也包括可以调配到的其他外部资源。

（一）应急资源保障的意义

应急资源是有效应对突发事件的重要物质基础和人力保障，无论是事前的预防与准备、事中的处置与救援，还是事后的恢复与重建，都需要大量的应急资源来保障和实现。应急资源不仅是应急管理的对象，也是有效开展应急管理的基础。应急资源对于应急管理有着至关重要的作用，品种齐全、数量充足的应急资源是应急处置的关键，对于提高应急组织综合应对能力具有十分重要的意义。

首先，应急资源是应急预案编制的基础。应急预案要根据突发事件的性质对应急资源提出供应和储备的要求，具体要求的提出必然要综合考虑成本和效益，这样预案编制就要受企业和施工现场实际的资源保障能力的约束。反过来，能在多大程度上满足需要的各类资源是应急预案编制的前提。

其次，应急资源是应急决策的保障。应急决策受事件情形、应急预案、应急资源情况的影响。应急决策要保证应急行动有足够的资源保障，没有充足的应急资源，再好的决策也只能是空谈。应急决策应结合突发事件情形，综合考虑应急资源的可获得情况提出。

最后，应急资源是应急综合能力的具体体现。应急资源越充足，应急响应的限制就越少，应急能力也就越强。

（二）应急资源保障要素的主要种类

1. 人力资源

人力资源是应急能力建设和应急救援工作的主体力量，应急人员的素质和应急能力直接决定了安全应急管理能力和水平。从政府管理层面看，各省、自治区、直辖市建设行政主管部门要组织好 3 支建设工程重大质量安全事故应急工作基本人员力量：一是工程设施抢险力量，主要由施工、检修、物业等人员组成，担负事发现场的工程设施抢险和安全保障工作；二是专家咨询力量，主要由从事科研、勘察、设计、施工、质检、安监等工作的技术专家组成，担负事发现场的工程设施安全性鉴定、研究处置和应急方案、提出相应对策和意见的任务；三是应急管理力量，主要由建设行政主管部门和各级管理干部组成，担负接收同级人民政府和上级建设行政主管部门应急命令、指示，组织各有关单位对建设工程重大质量安全事故进行应急处置，并与有关单位进行协调及信息交换的任务。

从建筑施工企业应急管理角度看，人力资源管理主要包括两个方面：其一，建筑施工企业应根据企业自身能力和项目实际情况建立高效的应急管理组织机构，配备合格的应急管理人员，明确各级应急部门和人员的工作职责，建立岗位责任制。一旦发生突发事件，企业能够按照应急预案的内容和组织分工有效地进行事件处置。其二，建筑施工企业应当培养和建立生产安全事故应急救援队伍，与地方各级人民政府和有关部门的应急救援组织建立联动协调机制，不断加强应急救援队伍的业务培训和应急演练等应急能力建设，提高装备水平。

2. 物质资源

物质资源是指基础设施、应急救援物资、技术装备等以物质实体形态存在的资源。物质资源是有效实施各种应急方案的物质基础，也是信息资源的物质载体和突发事件应急管理的物质保障。物质资源的作用是直接满足施工现场应急的物质需求与应急人员安全需求。建筑施工现场物质资源涉及的内容非常广泛，按用途可分为防护救助、应急交通、动力照明、通信广播、设备工具和一般工程材料等几大类。防护救助物资包括保护应急人员安全的器物，如安全帽、安全带、手套等，也包括抢救受伤人员用的担架、各类药物。应急交通主要指运送应急物资和受伤人员用的各种交通工具。动力照明是应对地下工程、隧道工程突发事件以及夜间突发事件所必需的。通信广播包括电话、对讲机等通信工具，人员疏散、调配用的扩音器、广播设施等。设备工具由应急处置时用的机械设备和工器具、消防灭火设施、降水排水设施等组成。一般工程材料主要有沙石、钢管、木材等应急时所需材料。

3. 资金资源

建筑施工现场突发事件的特点决定了应急资源不需要也无须都以实物的形式存在，多种形式的应急资源更有利于资源效益的发挥。资金资源是调动外部和间接资源的总枢纽，能够扩展突发事件应急管理资源的范围和种类，是影响应急决策自由度的重要因素。资金资源是物质资源发挥效能的有益补充，也是人力资源和信息资源的重要保障。资金资源包括用于建筑施工现场突发事件应急管理的各种预算、专项应急资金、保险等以货币或存款形式存在的资金。

4. 信息资源

信息资源是突发事件相关信息及其传播途径、媒介、载体的总称，在突发事件应急管理中发挥着重要作用。信息资源具有双向性：一方面，应急组织要依靠信息资源组织应急工作、作出决策、采取行动；另一方面，应急组织要借助信息资源了解突发事件发展现状与趋势，进而借助信息资源驱动人力、财力、物力等资源以间接满足应急需求。信息资源的及时、客观、准确直接关系突发事件应急管理的效率，是影响突发事件应急管理的重要因素。建筑施工现场应急管理信息包含事态信息、环境信息、资源信息和应急知识等。

（三）应急资源配置的原则

1. 效率性原则

突发事件的性质决定了效率是建筑施工现场应急管理的生命。效率性原则具体有两方面的含义：一方面，时间上的效率性至关重要，突发事件一旦发生，必须迅速反应，全面调动资源开展应急救援，缓解各类资源的供需矛盾，恢复正常的施工秩序；另一方面，资源的配置效率与使用效率不可或缺。从应急资源角度看，突发事件应急管理是一个资源供应与消耗补充的全过程，在该过程中所消耗与占用资源带来的各种成本的总和就是突发事件应急管理的成本。只有在资源配置过程中有效、合理、充分地使用资源，不断降低耗费与占用资源所带来的无效成本、沉没成本、机会成本等，才能满足效率性原则。

2. 协调性原则

突发事件应急管理的资源配置过程本身就是一个依照资源属性，对各类资源及其供给和实际需求进行协调的过程。突发事件应急管理中，各类资源的所有者性质不同，职责不同，价值与利益取向也会有所差异，而且在应对突发事件的介入方式也不尽相同。有效的协调必须把个体的、局部的力量聚合成整体的力量，发挥资源整体的最大效用。突发事件应急管理资源配置必须坚持协调性原则，整合内部的和外部的各种资源，并对各级各类资源进行统一指挥、有效协调，发挥整体功效，提高资源配置效率和运行效率。

3. 管控结合原则

突发事件应急管理中的资源配置，要坚持统一指挥，注重关键资源的控制，全面提高资源配置效率。为确保对突发事件的控制，决策人员必须集中时间精力和有限资源，抓主要矛盾，确保对关键信息、应急人员、安全设施、应急救援物资等核心资源的控制，实现资源的科学优化配置与快速有效调度，保障总体局面的稳定与控制，从而为突发事件应急管理的其他工作环节提供坚实可靠的基础与强有力支撑。同时，要围绕事态的发展变化，以控制为主和以管理为主的两种资源配置方式统筹结合起来，这也是将突发事件应急响应与日常准备工作有机结合起来的必然要求。

第二节　建筑施工危险源辨识与管理

一、危险源概述

（一）危险源定义

危险源由三个要素构成：潜在危险性、存在条件和触发因素。在系统安全研究中，认为危险源的存在是事故发生的根本原因，防止事故就是消除、控制系统中的危险源。

根据危险源在事故发生、发展中的作用，把危险源划分为两大类，即第一类危险源和第二类危险源。把系统中存在的、可能发生意外释放的能量或危险物质称为第一类危险源；将导致约束、限制能量措施失效或破坏的各种不安全因素称为第二类危险源，包括人、物、环境三个方面的问题。一起事故发生是两类危险源共同作用的结果，第一类危险源的存在是发生事故的前提，第二类危险源的出现是第一类危险源导致事故的必要条件，它们分别决定事故的严重程度和可能性大小，两类危险源共同决定危险源的危险程度。

（二）建筑施工领域危险源

建筑施工领域危险源广泛存在于施工过程各阶段并且多种多样，具有复杂性、突发性、时效性、长期性等特点。与化工、机械制造等行业相比，在建筑施工过程中，施工作业面随着工程进展不断改变，多工种交叉作业，机械化作业程度低，劳动者素质参差不齐，手工劳动繁杂等，这些因素决定了建筑施工过程中的危险源是动态的，随着工程的进展而不断变化的。因此，建筑施工领域危险源，通常使用危险性较大的分部分项工程来划定并进行管理。

1. 危险性较大的分部分项工程范围和内容

（1）基坑支护、降水工程

开挖深度超过 3m（含 3m）或虽未超过 3m 但地质条件和周边环境复杂的基坑（槽）支护降水工程。

（2）土方开挖工程

开挖深度超过 3m（含 3m）的基坑（槽）的土方开挖工程。

（3）模板工程及支撑体系

①各类工具式模板工程，包括大模板、滑模、爬模、飞模等。

②混凝土模板支撑工程，搭设高度 5m 及以上；搭设跨度 10m 及以上；施工总荷载 $10kN/m^2$ 及以上；集中线荷载 15kN/m 及以上；高度大于支撑水平投影宽度且相对独立无联系构件的混凝土模板支撑工程。

③承重支撑体系，用于钢结构安装等满堂支撑体系。

（4）起重吊装及安装拆卸工程

①采用非常规起重设备、方法，且单件起吊重量在 10kN 及以上的起重吊装工程。

②采用起重机械进行安装的工程。

③起重机械设备自身的安装、拆卸。

（5）脚手架工程

①搭设高度 24m 及以上的落地式钢管脚手架工程。

②附着式整体和分片提升脚手架工程。

③悬挑式脚手架工程。

④吊篮脚手架工程。

⑤自制卸料平台、移动操作平台工程。

⑥新型及异型脚手架工程。

（6）拆除、爆破工程

①建筑物、构筑物拆除工程。

②采用爆破拆除的工程。

（7）其他

①建筑幕墙安装工程。

②钢结构、网架和索膜结构安装工程。

③人工挖扩孔桩工程。

④地下暗挖、顶管及水下作业工程。

⑤预应力工程。

⑥采用新技术、新工艺、新材料、新设备及尚无相关技术标准的危险性较大的分部分项工程。

2. 超过一定规模的危险性较大的分部分项工程范围和内容

（1）深基坑工程

①开挖深度超过5m（含5m）的基坑（槽）的土方开挖、支护、降水工程。

②开挖深度虽未超过5m，但地质条件、周围环境和地下管线复杂，或影响毗邻建筑（构筑）物安全的基坑（槽）的土方开挖、支护、降水工程。

（2）模板工程及支撑体系

①工具式模板工程，包括滑模、爬模、飞模工程。

②混凝土模板支撑工程，搭设高度8m及以上；搭设跨度18m及以上；施工总荷载15kN/m² 及以上；集中线荷载20kN/m 及以上。

③承重支撑体系，用于钢结构安装等满堂支撑体系，承受单点集中荷载700 kg 以上。

（3）起重吊装及安装拆卸工程

①采用非常规起重设备、方法，且单件起吊重量在100kN 及以上的起重吊装工程。

②起重量300kN 及以上的起重设备安装工程；高度200m 及以上内爬起重设备的拆除工程。

（4）脚手架工程

①搭设高度50m 及以上落地式钢管脚手架工程。

②提升高度150m 及以上附着式整体和分片提升脚手架工程。

③架体高度20m 及以上悬挑式脚手架工程。

（5）拆除、爆破工程

①采用拆除爆破的工程。

②码头、桥梁、高架、烟囱、水塔或拆除中容易引起有毒有害气（液）体或粉尘扩散、易燃易爆事故发生的特殊建、构筑物的拆除工程。

③可能影响行人、交通、电力设施、通信设施或其他建、构筑物安全的拆除工程。

④文物保护建筑、优秀历史建筑或历史文化风貌区控制范围的拆除工程。

（6）其他

①施工高度50m 及以上的建筑幕墙安装工程。

②跨度大于36m 及以上的钢结构安装工程；跨度大于60m 及以上的网架和索膜结构安装工程。

③开挖深度超过16m 的人工挖孔桩工程。

④地下暗挖工程、顶管工程、水下作业工程。

⑤采用新技术、新工艺、新材料、新设备及尚无相关技术标准的危险性较大的分部分项工程。

二、建筑施工危险源类型

建筑施工危险源识别、分类、分级管理，是加强施工安全管理，预防事故发生的基础性工作。危险源一般划为三类，即施工现场作业区域危险源、临建设施危险源、施工现场周围地段危险源。

（一）施工现场作业区域危险源

1. 与人的行为有关的危险源

"三违"，即违章指挥、违章作业、违反劳动纪律，不进行入场安全生产教育，不作安全技术交底等。事故原因统计分析表明，70%以上的事故是由"三违"造成的。

2. 存在于分部分项工艺过程、施工机械运行和物料运输过程中的危险源

（1）脚手架搭设、模板支撑工程、起重设备安装和运行（塔吊、施工电梯、物料提升机等）、人工挖孔桩、深基坑及基坑支护等局部结构工程失稳，造成机械设备倾覆、结构坍塌。

（2）高层施工或高度大于2m的作业面（包括高空"四口、五临边"作业），安全防护不到位或安全网内积存建筑垃圾、施工人员未配系安全带等原因，造成人员踏空、滑倒等高空坠落摔伤或坠落物体打击下方人员等事故。

（3）现场临时用电不符合《施工现场临时用电安全技术规范》标准，各种电气设备的安全保护（如漏电、绝缘、接地保护、一机一闸）不符合要求，造成人员触电、火灾等事故。

（4）工程材料、构件及设备的堆放与频繁吊运、搬运过程中，因各种原因发生堆放散落、高空坠落、撞击人员等事故。

（5）防水施工作业、焊接、切割、烘烤、加热等动火作业应配备灭火器材，设置动火监护人员进行现场监护。可燃材料及易燃易爆危险品应按计划限量进场，分类专库储存，库房内应通风良好，设置严禁明火标志。

3. 存在于施工自然环境中的危险源

（1）挖掘机作业时，损坏地下燃气管道或供电管线，造成爆炸和触电、停电事故。坑道内施工作业、室内装修作业因通风排气不畅，造成人员窒息或中毒事故。

（2）五级（含五级）以上大风天气，高空作业、起重吊装、室外动火作业等，造成施工人员高坠或高空坠物和火灾事故。

（二）临建设施危险源

（1）受自然气象条件（如台风、汛、雷电、风暴潮等）侵袭易发生临时建筑倒塌造成群死群伤意外。

（2）临时简易帐篷搭设不符合消防安全间距要求，如果发生火灾意外，火势会迅速引燃其他帐篷。

（3）生活用电电线私拉乱接，直接与金属结构或钢管接触，易发生触电及火灾等意外。

（4）临建设施撤除时房屋发生整体坍塌，作业人员踏空、踩虚造成伤亡意外等。

（5）厨房与临建宿舍安全间距不符合要求，易燃易爆危险化学品临时存放或使用不符合要求、防护不到位，造成火灾或人员窒息中毒意外。

（6）工地饮食因卫生不符合卫生标准，造成集体中毒或疾病意外。

（三）施工现场周围地段危险源

（1）深基坑工程、隧道、地铁、竖井、大型管沟的施工，紧邻居民聚集居住区或临街道路，因为支护、支撑、大型机械设备等设施失稳、坍塌，不但造成施工场所破坏，而且往往引起地面、周边建筑和城市道路等重要设施的坍塌、坍陷、爆炸与火灾等意外。

（2）基坑开挖、人工挖孔桩等施工降水，有可能造成周围建筑物因地基不均匀沉降而倾斜、开裂，倒塌等意外。

（3）由于高层施工临街一侧安全防护不到位，可能发生高空落物情况对过往行人造成物体打击伤害。

（4）占道施工或码放材料未作安全防护或没有警示标志。

（5）施工现场围墙因为基础失稳造成墙体倒塌，对临街一侧行人造成伤害或对物品造成损坏。

以上建筑施工所涉及的危险源范围，应在国家现行法律法规框架内，建立施工企业安全管理防范体系，完善各专业门类齐全的施工作业实施细则，依法管理安全生产。保证进场施工设备完好，保障周围地段设施、道路安全。落实安全生产措施经费，不断淘汰落后技术、工艺，适度提高施工生产安全设防标准，最终达到建设施工安全生产标准化，以此降低因建设施工给城市带来的安全风险。

三、建筑施工危险源辨识与评估

（一）建筑施工危险源辨识

危险源应由三个要素构成：潜在危险性、存在条件和触发因素。危险源的潜在危险性是指一旦触发事故，可能带来的危害程度或损失大小，或者说危险源可能释放的能量强度或危险物质量的大小。危险源的存在条件是指危险源所处的物理、化学状态和约束条件状态。触发因素是危险源转化为事故的外因，每一类型的危险源都有相应的敏感触发因素。

事故的发生通常是两类危险源共同作用的结果：第一类危险源是事故发生的能量主体，决定事故后果的严重程度；第二类危险源是第一类危险源造成事故的必要条件，决定事故发生的可能性。两类危险源相互关联、相互依存，第一类危险源的存在是第二类危险源出现的前提，第二类危险源的出现是第一类危险源导致事故的必要条件。危险源辨识的首要任务是辨识第一类危险源，并在此基础上再辨识第二类危险源。

建筑施工企业安全管理体系中危险源的辨识、风险控制是施工现场安全管理工作的重要因素。追溯生产安全事故发生的根源，危险源的存在及触发是重要因素，对危险源进行有效的辨识与控制是建筑施工安全生产管理十分重要的环节。

（二）建筑施工危险源产生原因

导致建筑施工工程安全事故的因素很多，分类方法也多种多样。可以将生产过程危险和有害因素分为四大类。

1. 人的因素

在生产活动中，来自人员自身或人为性质的危险和有害因素主要包括：

（1）心理生理因素

负荷超限、健康状况异常、心理异常、辨识功能缺陷、其他心理生理危险和危害因素。

（2）行为因素

指挥错误、操作失误、监护失误、其他错误、其他行为性危险和危害因素。

（3）工艺技术因素

工艺技术因素指作业人员采用的技术和方法是否正确，技术组织措施有无不当等。例如，对易燃易爆材料的加工或遇到高温挥发性有毒气体产生的作业是否与电焊在同一工作面或紧邻工作面同时作业等（各种有毒有害化学品的挥发泄漏所造成的人员伤害、火灾）。

2. 物的因素

机械、设备、材料等方面存在的危险和有害因素主要包括：

（1）物理性危险和危害因素

设备、设施、工具、附件缺陷，如强度不够、刚性不够、稳定性差、应力集中、操纵器缺陷、制动器缺陷、控制器缺陷、防护缺陷、无防护、防护装置缺陷、防护不当、支撑不当、防护距离不够、其他防护缺陷、电伤害、信号缺失、其他物理性危险和危害因素。

（2）化学性危险和危害因素

易燃易爆品、压缩气体和液化气、有毒品、放射性物质、腐蚀品、其他化学性危险和危害因素。

3. 环境因素

生产作业环境中危险和有害因素主要包括：

（1）气象变化的危险危害因素有 5 级以上大风天气、高温、冰冻、地下施工、其他生物性危险和有害因素。

（2）工程地质、地形地貌、水文、功能分区、防火间距、动力设施、道路、贮运设施等。

（3）不适宜的作业方式、作息时间、作业环境等引起的人体过度疲劳危害。如夜间施工照明不足，或夜间照明产生眩光、重影，有挥发性毒气产生的材料加工场地通风换气不足，在狭窄空间内（如地下、深坑内）作业导致通风换气不足，水位下作业面的防排水设施能力不足或无备用品（件），工作面与周边无安全隔离区（带）等。

4. 管理因素

管理因素是指管理和管理责任缺失所导致的危险有害因素，主要从安全职业健康的组织机构、责任制、管理规章制度、投入、职业健康管理等方面考虑。包括职业健康组织机构不健全、职业健康责任制未落实、职业健康管理规章制度不完善、职业健康投入不足、职业健康管理不完善、其他管理因素缺陷。

综合分析以上四种因素，人为的因素占主要部分。例如，人的不安全行为表现在违章指挥、违章作业、违反劳动纪律，事故原因统计分析表明，70% 以上事故是由"三违"造成的。

（三）建筑施工危险源辨识方法

建筑施工危险源辨识方法有许多种，主要包括基本分析法、直接经验法、建筑施工安全检查标准等。建筑施工危险源辨识一般采用作业条件危险性评估方法 D=LEC（格雷厄姆法）方法，对识别出的危险源进行评估和量化。只有充分辨识危险源的存在，确定危险源的等级，找出其存在的原因，可能引发事故导致不良后果的系统、材料、设备及生产过程的不安全特征。只有制订分级控制方案，才能有效监控事故（危害）的发生。危险源辨识有两个方面：一是辨识可能发生事故的后果；二是识别可能引发事故的设备、材料、能量、物质、生产过程等。事故后果可分为对人的伤害、对环境的破坏及财产损失三大类。在此基础上可细分成各种具体的伤害或破坏类型。在可能发生事故的后果确定后，可进一步分析、辨识事故发生的原因，即安全生产系统结构链锁：根本原因、间接原因、直接原因、能量异动。

（四）建筑施工危险源评估

危险源评估也称危险评价或安全评价，是确定危险源可能产生的生产安全事故的严重性及其影响，确定危险等级。同时，对系统中存在的危险源进行定性或定量分析，得出系统发生危险的可能性及其后果严重程度，确定风险是否可以接受。通过安全评价对既定指数、等级或概率作出定性、定量的表示，寻求最低事故率最少的损失和最优的安全投入。定性安全评价方法主要是根据经验和直观判断能力对生产系统的工艺、设备、设施、环境、人员和管理等方面的状况进行定性的分析，安全评价的结果反映出定性的指标是否达到了某项安全指标、事故类别和导致事故发生的因素等。典型的定性安全评价方法包括安全检查标准对照法、直接经验法、作业条件危险性评价法（LEC）、故障类型和影响分析、危险可操作性研究等。

1. 安全检查标准对照法

安全检查标准对照法是将一系列建筑施工安全检查项目列出检查评分表，以确定系统的状态，定性地对系统进行综合评定划分。该方法在安全检查、验收、评价和现状综合安全评价中较常用，是建筑施工企业在安全管理和监督检查中常用的方法。

2. 直接经验法

凡属下列情况之一直接判断为危险源：①不符合法律法规及其他要求的施工作业；②曾经发生过较大安全事故或一般伤亡事故仍未采取有效控制措施；③相关方合理抱怨或要求；④直接可以观察到可能导致事故的危险且无控制措施。针对施工过程中因施工工艺产生的危险源，应邀请各专业的技术专家对其危险源产生的原因调查研究、收集资料、现场测试、分析比较，运用类推原理预测评价，确保施工作业人员安全防护、机械设备运行状况不发生问题。

3. 作业条件危险性评价法

作业条件危险性评价法是一种定量评价方法，用公式表示为 $D=LEC$，其中，表示事故或危险事件发生的危险程度，L 表示发生事故的可能性，E 表示人体暴露于危险环境的频繁程度，C 表示发生事故可能产生的后果。

危险源评价的基本任务是危险性的定性定量分析过程，在进行定性评价时应尽量使其体现量的概念。

四、危险源管理

（一）危险源管理原则

施工企业的决策机构或项目主要负责人应当保证重大危险源安全管理与监控所需资金的投入，施工项目必须对从业人员进行入场安全教育和安全技术交底，使其全面了解掌握本岗位的安全操作技能和在紧急情况下应当采取的应急措施。建筑施工重大危险源控制的目的不仅是预防重大事故的发生，而且要做到一旦发生事故就能将事故危害限制到最低限度。

（二）危险源的控制管理

在法律框架内建立健全施工现场安全生产责任制度，通过责任制度对施工过程中的人员、物料、设备、环境进行约束管理，使现场的各种危险因素始终处于受控制状态并逐步消除，进而趋近本质型、永久型安全目标，从根源上减少或消除危险。依据建筑施工企业的各种施工标准、操作规范逐步实施现场管理标准化。通过规范作业提高施工人员安全生产意识，使现场环境、机械设备、材料摆放等保持良好的状态，将施工现场的风险减小到最低限度甚至忽略不计的安全水平，以求达到"安全生产零事故"的目标，实现施工过程对人、环境或财产没有危害。目前，由于多种因素导致管理人员、施工人员的安全意识淡薄，施工项目的效益与安全、质量与安全、工期与安全、环境与安全等矛盾的存在，施工现场不可避免地存在安全隐患和安全风险，要彻底消除，是很难办到的。但我们采取主动措施，加大投入，加强管理，从而减少或减免事故的发生是可以办到的，着力在作业人员入场安全培训教育、安全隐患及时整改、现场监督检查、风险管理上下功夫，施工现场逐渐趋近本质安全不是没有可能的。

危险源的控制管理是建立在危险源辨识和风险评价的基础上，编制科学的危险源管理方案和指导文件可以控制施工中各个环节可能出现的风险。实施过程中应进行检查、分析和评价，使人员、机械、材料、方法、环境等因素均处于受控状态，达到实施风险控制的目的。可以从以下三个方面进行，即技术控制、人行为控制和管理控制。

1. 技术控制

技术控制是采用安全技术措施对固有危险源进行控制，主要技术有消除、控制、防护、隔离、监控、保留和转移等。安全技术措施应符合以下要求：①根据危险等级、安全规划制定安全技术控制措施；②安全技术控制措施符合安全技术分析的要求；③安全技术控制措施按施工工艺、工序实施，提高其有效性；④安全技术控制措施实施程序的更改应处于控制中；⑤安全技术控制措施实施的过程控制应以数据分析、信息分析以及过程监测反馈为基础。

2. 人行为控制

人行为控制是控制人为失误，减少人不正确的施工作业行为对危险源的触发作用。

3. 管理控制

从管理控制方面，可采取以下措施对危险源进行控制：

（1）建立施工现场重大危险源的辨识、登记、公示、控制管理体系，明确具体责任并且组织实施。

（2）对存在重大危险源的分部分项工程，在施工前必须编制安全技术专项施工方案，应满足四个原则性要求：①符合建筑施工危险等级的分级规定；②按照消除、隔离、减弱、控制危险源的顺序选择安全技术措施；③采用可靠依据的方法分析确定安全技术方案的可靠性和有效性；④根据施工特点制定安全技术方案实施过程中的控制原则，并明确重点控制与监测部位及要求。除应有切实可行的安全技术方案、措施外，还应当包括监控措施、应急预案以及紧急救护措施等内容。

（3）安全技术方案应由施工项目专业技术人员及施工项目安全管理人员共同编制完成，并由施工企业技术负责人、监理单位总监理工程师审批签字。

（4）对存在重大危险部位的施工必须严格按照专项施工方案进行施工作业，由工程技术人员进行技术交底，并有书面记录和签字，确保作业人员清楚掌握施工方案的技术要领。凡涉及验收项目，方案编制人员应参加验收，并及时形成验收记录。

（5）施工企业应对从事重大危险部位施工作业的施工队伍、特种作业人员进行登记造册，了解掌握作业队伍的特点，以便采取有效措施对施工作业活动中的人员进行管理、控制，及时分析现场存在的不安全行为，同时找出解决办法。

（6）施工单位应根据工程特点和施工范围，对施工过程进行安全分析，对分部分项各道工序、各个环节可能产生的危险因素和不安全状态进行辨识、登记，汇总重大危险源明细，制定有效的控制措施，对施工现场重大危险源部位进行环节控制，并公示控制的项目、部位、环节及内容等，以及可能发生事故的类别，对危险源采取的防护设施及防护设施的状态要责任落实到人。

（7）施工企业项目部应将重大危险源公示表作为每天施工前对施工人员安全交底内容之一，时刻提醒作业人员保持安全防范意识，规范安全作业行为。

（8）建筑施工现场的布置应保障疏散通道、安全出口、消防通道畅通，防火防烟分区、防火间距应符合有关消防技术标准。

（9）施工现场存放易燃易爆危险品的场所不得与居住场所设施在同一建筑物内，并与居住场所保持安全距离。

（10）监理单位应对重大危险源专项施工方案进行审核，对施工现场重大危险源的辨识、登记、公示、控制情况进行监督管理，对重大危险部位作业进行旁站监理。对旁站过程中发现的安全隐患及时开具监理通知单，问题严重的有权停止施工。对整改不力或拒绝整改的，应及时将有关情况报当地建设行政主管部门或建设工程安全监督管理机构。

（11）建设单位要保证用于重大危险源防护措施所需的费用及时划拨，施工单位要将施工现场重大危险源的安全防护、文明施工措施费单独列支，保证专款专用。

（12）施工单位应对施工项目建立重大危险源施工档案，每周组织有关人员对施工现场的重大危险源进行安全检查，并做好施工安全检查记录。

（三）危险源管理方法和步骤

通过对危险源辨识和安全技术分析、施工安全风险评估、施工安全技术方案分析，建立施工现场重大危险源申报、分级制度。其中安全技术分析涉及各种各样施工过程，应尽可能地采用具体的定量分析方法，同时根据建筑施工安全标准和工作经验进行定性分析并制订有效的管理方案，明确危险源的管理责任和管理要求。使危险源管理规范化、制度化，逐步实现工程项目危险源全面控制机制是危险源管理的目的。

1.危险源点分析

根据工程特点对可能影响生产安全的危险因素进行分析。在分析危险因素时，应覆盖与建筑施工相关的所有场所、环境、材料、设备、设施、方法、施工过程中的危险源。对分析范围加以限定，以便在合理的、有限的范围内进行分析。列出所有可能影响生产安全的危险因素，找出危险点，提出控制措施。

2. 危险源评估

（1）根据过去的经验教训，进行施工安全风险评估，分析可能出现的危险因素。确定危险源可能产生的严重性及其影响，确定危险等级。

（2）根据工程特点查清危险源，明确给出危险源存在的部位、根源、状态和特性。即危险因素存在于施工现场哪个子系统中。

（3）识别转化条件，找出危险因素变为危险状态的触发条件和危险状态变为事故的必要条件。

（4）依据施工安全技术方案划分危险等级，排出先后顺序和重点。对重点危险因素首先采取预控或消除、隔离措施。其次根据危险等级分析安全技术的可靠性，制定出安全技术方案实施过程中的控制指标和控制要求。

（5）制定控制事故的预防措施。

（6）指定落实控制措施的分包单位和人员，并且必须监督到位。

3. 危险源预控的一般步骤

危险源预控的一般步骤如下：

（1）全面了解即将开始施工作业的场内场外情况，认真分析工程特点以及本项目安全工作重点。同时，将过去完成的同类施工作业中所积累的安全生产经验教训，作为预测工程危险源点和制定安全防范措施的参照。

（2）对大型危险专业项目，应事先召开专题会议对其进行分析预测，寻找存在的危险点，明确作业中应重点加以防范的危险点，并提出控制办法。

（3）围绕确定的危险源点，制定切实可行的安全防范措施，并向所有参加作业的人员进行交底。

（4）工作结束后对作业危险源点预控工作进行检查回顾，认真总结经验教训。在下一次同类作业前要把遗漏的危险点都寻找出来，并结合以前的预测结果，从而制订出更完善的预控危险点方案。

4. 危险源点预控工作

（1）执行建筑施工企业安全生产三级教育制度，认真编制标准化、规范化的危险性因素控制表。从班组开始，以自下而上、上下结合，施工队、项目管理人员共同把关的原则，组织所有参建分包单位管理人员做好危险性因素分析和预防工作。

（2）三级安全生产教育编制的主要内容，应该以施工队、班组为单位，按不同专业列出经常从事的作业项目。由各专业针对作业内容、工作环境、作业方法、使用的工具、设备状况和劳动保护的特点以及以往事故经验教训，分析并列出人身伤害的类型和危险因素。

（3）以危险因素控制表为准，按分部分项为单元进行安全技术交底工作。由安全生产负责人或班组长组织全体作业人员，分析查找该项目作业过程中可能出现的威胁人身、设备安全的危险因素。一般性施工作业项目的安全技术交底由班组长负责填写，交工长审核，经施工队指定的专业技术人员或安全员审批后执行。对于危害等级高的施工作业项目，应由施工队、专业分包、项目部、安监部及主管生产的负责人主持召开施工作业前的准备会议。针对该项目的各个环节，分析查找危险因素，并按专业制订安全技术措施方案。明确施工队和专业分包应控制的危险因素及落实安全技术措施的负责人。由各分包单位负责人组织本单位作业班组长了解熟悉安全技术措施方案，明确各自应控制的危险因素及落实安全技术措施的指定负责人。由指定负责人组织作业人员，根据安全技术措施方案内容学习了解和分析。危害等级高的作业项目安全技术交底，应由施工队和项目部技术人员、安监部负责审核，项目总工程师批准后执行。

5.危险因素控制措施的实施

（1）项目部应在施工作业项目开工前将制订、审核、批准的安全技术措施方案转交施工队和班组，在有项目管理人员参加的情况下组织施工作业人员学习和了解，同时进行安全技术交底并履行签字手续。

（2）班长应在班前会上，结合当天的施工作业点部位、具体工作内容、周围环境及施工人员身体健康状态等情况宣讲生产安全注意事项。并在班后会上总结危险因素控制措施执行中存在的问题，提出改进意见。

（3）每日施工作业开工前，项目安全负责人在向全体作业人员宣讲安全注意事项的同时，应宣读本工程项目针对重大危险源管理必须遵守的原则事项。

（4）施工作业过程中，全体人员应严格遵守《安全操作规程》的规定，认真执行安全技术交底所规定的各项要求。安全负责人在进行安全检查时，随时监督检查每个作业人员执行安全措施的情况，及时纠正不安全行为。

（5）项目负责人和全体项目管理人员、各分包单位安全员，应经常深入施工现场监督检查人、机、物、料方面是否存在安全生产隐患。安全操作规程、安全标准是否得以正确执行，及时纠正违章现象。

（6）每次分部分项施工作业结束后，及时进行工作总结，不断改进完善安全技术交底内容，同时为下次进行同类施工作业提供安全可靠的经验。

6.危险因素控制措施的安全责任

（1）项目负责人要认真贯彻执行安全生产方针政策和法规，落实企业安全生产各项规章制度，结合项目工程的特点及施工全过程，组织制定本项目工程安全生产管理办法，并监督实施。作为项目工程安全生产第一责任人，对本项目工程安全生产负全面管理责任。组织项目管理人员、施工队、班组长、专业分包单位召开工程项目危险因素分析会，做到危险因素分析工作全面、充分。同时，制定正确完备的危险因素控制措施，在开工前宣讲危险因素控制措施，并且检查各项措施、方案、安全交底是否得到正确执行，监督、督促管理人员遵守各项安全管理制度，正确执行各项安全管理措施。

（2）工长、班长是所管辖区域内安全生产的第一责任人，对所管辖范围内的安全生产负直接责任。根据施工作业情况负责组织全体人员召开危险因素分析会，做到危险因素分析准确、全面。负责审查危险因素控制措施是否符合实际，是否正确完善，是否具有可操作性。宣讲危险因素产生和预防注意事项，对危险源点要强调只能做什么，绝对不能做什么。总结危险因素控制措施执行中存在的问题及改进要求。深入现场检查各作业点危险因素控制措施是否正确执行和落实。

（3）现场施工作业人员是安全生产的第一责任人，认真执行安全生产规章制度及《安全操作规程》，积极参加危险因素分析会，对防范措施提出意见或建议。严格遵守《安全操作规程》，认真执行安全技术交底各项内容，不可做的绝对不做，保证做到"三不伤害"。工作中，在保证自身安全的同时，要及时纠正作业班其他人员的违章行为。

（4）项目部技术人员、安全负责人、施工队负责人等，组织相关人员制定危害等级较高的危险因素控制措施，做到正确完备。开工前召开专题会议，布置危险因素控制措施，并且检查各项措施得到正确执行。对所制定、审批的安全、组织、技术措施方案和危险因素控制措施是否正确、完备负责。深入作业现场监督检查安全技术措施和危险因素控制措施是否得到正确执行，及时纠正违章现象，对违章责任者提出处罚意见。

7. 危险因素控制措施的要求

（1）项目管理人员应熟悉掌握和确认施工现场分部分项危险源点，认真履行安全生产技术交底程序。做到危险源点分析准确，措施严密，职责明确，不断提高自身生产安全管理水平，使施工现场作业达到标准化、规范化水准。

（2）制定的危险因素控制措施，必须符合《建筑施工安全检查标准》《安全生产操作规程》、专业技术工艺规程及有关规定并符合现场实际，要有针对性和可操作性。

（3）为使作业危险因素控制措施能认真贯彻执行，防止走过场，项目负责人、分包单位负责人、项目安全负责人、工长、班长必须认真履行各自的生产安全职责，做到责任到位，确保作业全过程的安全。

（4）特殊工种作业人员应持证上岗，岗位证书经项目安全员验证登记备案后才能上岗作业。实习人员和短期施工人员必须进行入场安全生产培训教育，经考试合格后方可上岗作业。同时，现场管理人员应对实习人员和短期施工人员的现场作业加强监护和指导。

（5）所有参加作业的人员在工作中应严格遵守《安全操作规程》和安全管理制度，认真执行安全生产检查标准，规范作业行为，做到标准化作业，确保人身、设备安全。

（6）作为三大事故多发行业的建筑业应通过科学、有效、长期手段对施工现场的危险源采取全过程的监控，将安全生产工作真正转移到以预防为主的轨道上来，并最终降低事故率。

第三节　建筑施工安全生产应急预案

一、应急预案概述

（一）应急预案的定义

应急预案，又称"应急计划"或"应急救援预案"。建筑施工安全生产应急预案是建筑企业针对在施工项目现场可能发生的重大事故（件）或灾害，为保证迅速、有序、有效地开展应急与救援行动、降低事故人员伤亡和财产损失而预先制订的有针对性的工作方案。

（二）应急预案的内容和特点

应急预案是在辨识和评估潜在的重大危险、事故类型、发生的可能性、发展过程、事故后果及影响严重程度的基础上，对应急机构与职责、人员、技术、装备、设施（备）、物资、救援行动及其指挥与协调等方面预先作出的具体安排，是开展应急救援行动的指南，是标准化的反应程序。

1. 应急预案的内容

（1）组织体系

明确生产经营单位的应急组织形式及组成单位或人员，可用结构图的形式表示，明确构成部门的职责。应急组织机构根据事故类型和应急工作需要，可设置相应的应急工作小组，明确各小组的工作任务及职责。

（2）响应程序和措施

在建立预警及信息报告机制的基础上明确应急响应程序和措施，具体包括响应分级、响应程序、处置措施等。响应程序指根据事故级别的发展态势，描述应急指挥机构启动、应急资源调配、应急救援、扩大应急等的程序；处置措施指针对可能发生的事故风险、事故危害程度和影响范围，制定相应的应急处置措施，明确处置原则和具体要求。

（3）各类保障

应急预案中的各类保障主要包括通信与信息保障、物资装备保障和其他保障。

2. 应急预案的特点

（1）科学性

制定应急预案，从事件或灾情设定、信息收集传输与整合、力量部署到物资调集和实施行动都要讲究科学，必须经过科学论证确定方案，在实战演练中完善预案，并在科学决策的基础上采取行动。

（2）可操作性

应急预案是针对可能发生事故灾害而制定的，主要目的就是在事故发生时能根据预案来进行力量调度和物资调配，为灾害事故的有效处置打下坚实的基础。当事故（件）发生后，能按照预案进行力量部署、采取处置对策、组织实施，达到知己知彼，起到速战速决的作用，将灾害损失控制在最低限度。因此，制定的救援预案要具有可操作性。

（3）复杂性

制定应急预案是一项细致复杂的工作。一是从制定的内容上来讲，应急预案既包括突发性公共事件，又包括自然灾害、事故灾难、公共卫生和社会安全等方面；二是从它的制定过程来看，需要收集资料、开展调研、确定力量部署等，还要进行实战演练以检验预案是否具有可操作性；三是从预案的实施过程和行动来讲，预案的制定是根据人们对灾害事故设想发生的情景来制定的，由于预案制定者认识的局限性、灾害事故发生点的不确定性以及事故现场千变万化等因素，使应急预案具有复杂性。

二、建筑施工安全生产应急预案的目的、作用和分类

建筑施工安全生产应急预案是国家安全生产应急预案体系的重要组成部分。建筑企业制定安全生产应急预案是贯彻落实"安全生产、预防为主、综合治理"方针，规范建筑企业应急管理工作，提高应对和预防风险与事故的能力，保证员工生命安全，最大限度地减少财产损失、环境损害和社会影响的重要措施。

（一）建筑施工安全生产应急预案的目的

在建筑工程施工过程中，脚手架搭设、模板支撑、砖砌筑等大多数工种仍是手工操作，工人劳动强度高、劳动力密集，易疏忽而酿成事故。脚手架和模板施工、建筑物内外装修、设备安装等过程大多是在高处进行，属于超过2m的高处作业，危险性较高。建设工程从基础、结构到装修各阶段，因分部分项工程工序不同，施工方法不同，现场作业环境、状况和不安全因素都在不断变化，施工中多工种、多班组在同一地段交叉作业也时有发生，安全隐患多。由于建筑施工一般为露天作业，受天气、温度影响大，自然因素有可能导致事故发生。同时，由于建筑施工管理水平参差不齐，重效益，重工期，忽视安全生产的现象不在少数，企业的安全生产责任制和安全培训、安全检查等各项规章制度的落实不到位，违章指挥、违章作业、违反劳动纪律现象得不到及时制止，安全检查走过场，事故隐患不能及时消除。

根据建筑业的特点，可能发生的生产安全事故主要包括坍塌、火灾、中毒、爆炸、物体打击、高空坠落、机械伤害、触电、环境污染等。为了在事故发生后能及时予以控制，防止事故的蔓延，有效地组织抢险和救助，建筑施工企业应对已初步认定的危险场所和部位进行风险分析和评估。对认定的危险因素和危险源，应事先进行事故后果定量预测，估计在事故发生后的状态、人员伤亡情况和财产损失程度，以及对周边地区可能造成危害的程度。依据预测提前制定事故应急预案，组织、培训应急救援队伍和配备完善的应急救援器材。一旦发生事故，能及时、有序地按照预定方案进行有效的应急救援，争取在最短时间内使事故得到有效控制，最大限度地避免或减少人员伤亡和财产损失。

（二）建筑施工安全生产应急预案的作用

应急预案的作用重点体现在"平时牵引应急准备，战时指导救援"。建筑施工安全生产应急预案是建筑企业应急救援体系的主要组成部分，是应急救援工作的核心内容之一。建筑企业编制的各项应急预案，为帮助指导突发工程事故的应急救援行动，提高人员应急能力，及时、有序、有效地开展事故应急救援工作提供了重要保障。

（三）建筑施工安全生产应急预案的分类

应急管理是一项系统工程，建筑企业的组织体系、管理模式、生产规模、风险种类不同，应急预案体系构成也不一样。建筑企业应结合本企业的实际情况，从公司、项目部、班组分别制定相应的施工安全应急预案和现场应急处置方案，形成体系，互相连接，并按照统一领导、分级负责、条块结合、属地为主的原则，同地方政府和相关部门应急预案相衔接。

建筑企业根据本企业组织体系、管理模式、风险种类、生产规模特点，可以对施工安全应急预案主体结构等要素进行调整。

1. 综合应急预案

综合应急预案是建筑企业从总体上阐述生产安全事故的应急方针和政策、应急组织结构和应急职责、应急行动、措施和保障的基本要求和程序，是应对生产安全事故的综合性文件。

原则上，每个建筑企业都应编制一个综合应急预案，明确建筑企业应对各类突发事件和生产安全事故的基本程序和基本要求。建筑施工安全综合应急预案的主要内容包括总则、单位概况、组织机构及职责、风险因素和风险源识别、预防与预警、应急响应、信息发布、后期处置、保障措施、培训与演练、奖惩、附则 12 个部分。建筑企业综合应急预案一般由建筑企业成立专门机构组织制定。

2. 专项应急预案

专项应急预案是建筑企业根据生产过程中可能遇到的突发事件和存在的风险因素、危险源，按照综合应急预案的程序和要求，为应对某一种类型或某几种类型事故，或者针对重要生产设施、重大危险源、重大活动等编制的应急救援工作方案。专项应急预案用于指导可能出现的突发事件和事故制定相应的预防、处置和救援措施，可作为综合应急预案的附件并入综合应急预案。

建筑施工安全专项应急预案的主要内容包括事故类型和危害程度分析、应急处置的基本原则、组织机构及职责、预防和预警、信息报告程序、应急处置、应急物资与装备保障 7 个部分。建筑施工安全专项应急预案一般由企业安全生产管理部门和施工项目部组织制定。

建筑施工企业常见的事故专项应急预案主要有坍塌事故应急预案、火灾事故应急预案、高处坠落事故应急预案、中毒事故应急预案等。

3. 现场处置方案

现场处置方案是施工项目部根据项目的施工部位、施工工序、施工设备、施工工艺以及项目周边环境情况，对可能造成事故的风险因素和危险源制定的合理的、具体的、详细的、有效的处置措施。现场处置方案是应急预案的重要组成部分，其核心是施工现场一旦发生突发事件或生产安全事故，现场人员能够按照应急处理程序采取有效处置措施，迅速控制事故，最大限度地减少人员伤亡和财产损失，并为事故后恢复创造有利条件。

现场处置方案应具体、简单、操作性强，主要包括事故风险分析、应急组织与职责、应急处置、注意事项等几项内容。施工项目部应对本项目进行风险评估，针对危险源逐一编制现场处置方案，并通过培训和演练使相关人员应知应会，熟练掌握，作到迅速反应，正确处置。

按照事故类型划分，施工项目部现场处置方案主要包括高处坠落事故现场处置方案、物体打击事故现场处置方案、触电事故现场处置方案、机械伤害事故现场处置方案、坍塌事故现场处置方案、火灾事故现场处置方案、中毒事故现场处置方案等。

建筑施工企业在编制应急预案的基础上，可针对工作场所、岗位的特点，编制简明、实用、有效的应急处置卡。应急处置卡应当规定重点岗位、人员的应急处置程序和措施，以及相关联络人员和联系方式，便于从业人员携带。

三、建筑施工安全生产应急预案的编制

（一）建筑施工安全生产应急预案的编制原则

编制建筑施工安全生产应急预案，是建筑企业在项目施工过程中进行事故应急准备的核心工作内容之一，是开展应急救援工作的重要保障。编制应急预案不仅要遵守一定的编制程序，应急预案的内容也应满足下列原则。

1. 以人为本

应急预案的编制应坚持"以人为本"的基本思想，将保护人民群众的生命安全放在首要位置。

2. 依法依规

建筑施工安全生产应急预案的内容应符合国家相关法律法规、标准和规范的要求，编制工作必须遵守相关法律法规的规定，同时必须经建筑企业负责人批准后才能实施，以保证合法合规性和权威性。

3. 符合实际

每个建筑工程施工项目都不相同，都有自己的特点，也就决定了没有通用的建筑施工安全生产应急预案。建筑企业应结合本企业的管理特点和对项目的风险分析结果，针对项目的重大危险源、可能产生的突发事件、重要施工部位、关键施工工序、管理薄弱环节等有针对性编制，确保其有效性。针对本企业的管理状况和业务特点，制定出决策程序、处

置方案和应急手段，制订出与本企业管理相适应的、有效的、先进的方案，保证应急预案
具有科学性。

4.注重实效

建筑施工安全生产应急预案是建筑企业在项目施工过程中发生事故或突发事件后进行
应急救援的指导性文件，是作业指导书，在某种程度上决定了应急救援的效果。因此，建
筑施工安全生产应急预案应具有可操作性或实用性，即施工现场一旦发生事故或突发事件，
企业的应急组织、人员可以按照预案的规定，迅速、有序、有效地开展应急救援行动，最
大限度地减少人员伤亡和财产损失。

5.协调兼容

建筑企业应急预案应与上级部门应急预案、地方政府应急预案、分支机构应急预案、
项目部应急预案相互衔接，确保发生事故或突发事件时能够及时启动各方应急预案，快速、
有效地进行应急救援。

（二）建筑施工安全生产应急预案的编制要求

建筑企业必须以科学的态度，在全面调查的基础上，实行企业组织与专家指导相结合
的方式，开展科学分析和论证，并针对企业的客观情况编制应急预案，从而保证应急预案
具有科学性、针对性和可操作性。

编制建筑施工安全生产应急预案的基本要求包括以下几点。

1.分级、分类制定应急预案内容

建筑施工安全生产应急预案应分级、分类制定。建筑施工企业公司一级应编制综合应
急预案和各类专项应急预案，项目部一级应编制专项应急预案和现场处置方案。专项应急
预案和现场处置方案应根据施工现场可能发生的事故类型分类制定。

2.做好应急预案之间的衔接

建筑企业与其他企业不同，项目部是因工程开工而组建，随工程结束而终止的，项目
部的寿命短则几个月，长则几年，是一个临时性组织。每个工程项目其项目规模、施工环
境、施工方法、管理人员都不同。为了确保应急预案具有针对性，不同项目部在项目开工
前都应根据本项目部的实际情况制定相应的应急预案，项目的临时性决定了施工企业必须
不断制定项目级应急预案。相对于项目级应急预案的临时性来说，建筑施工企业公司级应
急预案相对固定，因此新组建的项目部在编制应急预案前应全面分析公司级应急预案，只
有以公司级应急预案为编制依据，这样才能确保项目级应急预案与公司级应急预案相互衔
接，在现场发生事故时事态才能得到有力控制。

3.结合企业实际情况，确定应急预案内容

建筑企业制定应急预案时一定要结合企业的实际情况，要对本企业的应急救援能力进
行实事求是的评估并作为制定应急预案的基础，制定的内容一定要与本企业的应急救援能
力相适应，具有针对性和可操作性。

4.应急预案内容应有较强的可读性

建筑施工现场的工人主要来自农村，因其文化水平普遍偏低，识别能力不强，而且其流动性又大，学习时间少，所以项目部在编制应急预案时更应该注意预案的可读性，应做到语言简洁、通俗易懂，特别是面向操作工人的现场应急处置方案的应急组织、事故报告程序、处置措施等要素应尽量以图表的形式表达，如某现场处置方案的处置措施。只有做到应急预案易学、易懂、易掌握，使工人不需接受太多的培训就能掌握预案的内容，才能确保在工人频繁流动的情况下，各现场处置方案仍能稳定地起到作用。

（三）建筑施工安全生产应急预案的编制要素

建筑施工安全生产应急预案的编制要素一般分为关键要素和一般要素。关键要素是指建筑施工安全生产应急预案要素中必须规范的内容。这些要素涉及建筑企业日常应急管理和应急救援的关键环节，具体包括危险源辨识和风险分析、组织机构及职责、信息报告与处置和应急响应程序与处置技术等要素。关键要素必须符合建筑企业实际和有关规定要求。一般要素是指应急预案中可简写或可省略的内容。这些要素不涉及建筑企业日常应急管理和应急救援的关键环节，具体包括应急预案中的编制目的、编制依据、工作原则、单位概况等。

（四）建筑施工安全生产应急预案的编制步骤

1.成立应急预案编制工作组

建筑企业应结合本企业职能部门设置和分工，成立以企业主要负责人为组长的应急预案编制小组，明确编制任务、职责分工，制订工作计划。以及原编制小组应由企业各方面专业人员和专家组成，包括预案制定和实施过程中所涉及或受影响的部门负责人及具体执笔人员。对于重大、重要或工程规模大、施工环境复杂的施工项目，必要时，可以要求项目所在地地方政府相关部门代表作为成员。

2.资料收集

收集应急预案编制所需的各种资料是一项非常重要的基础工作。掌握的相关资料越多，资料内容越翔实，越有利于编制高质量的应急预案。

3.风险评估

危险源辨识和风险评估是编制应急预案的关键，所有应急预案都建立在风险评估的基础之上。建筑施工企业风险评估包括以下内容：

（1）分析本企业存在的危险因素，确定事故危险源。识别危险因素，确定危险源是风险评估的基础。建筑施工企业与其他企业不同，工作内容和工作地点是随项目的不同而不断变化的，项目的差异决定了建筑施工企业必须按项目逐一进行危险因素识别和危险源确定。

（2）分析可能发生的事故类型及后果，并判断出可能产生的次生事故、衍生事故。建筑施工安全事故类别主要表现为高处坠落、物体打击、触电事故、坍塌事故和机械伤害五大伤害。建筑企业应根据施工现场周边环境条件、施工现场作业环境条件、现场布置、设备布置、施工工序、管理模式等进行综合分析，确定危险源及可能产生的事故类型和后果。

在分析可能产生的事故时，一定要注重分析事故可能产生的次生事故、衍生事故。如在城市中心区施工，建筑基坑坍塌事故极有可能造成周边市政道路、供热供电供气管线和建筑物损害的次生事故，其造成的损失可能大于坍塌事故本身造成的损失。

（3）评估事故的危害程度和影响范围，提出风险防控措施。针对可能产生的事故类型，评估事故的危害程度和影响范围是制定风险防控措施的基础，制定防控措施的目的是预防事故的发生或最大限度地减少事故损失，特别是防止发生人员伤亡。因此，建筑施工企业一定要根据本企业的实际情况，针对性地制定风险防控措施，保证风险防控措施的可行性。

4.应急资源调查

应急资源调查是指全面调查本地区、本单位第一时间可以调用的应急资源状况和合作区域内可以请求援助的应急资源状况。建筑企业应急能力评估是根据项目风险评估的结果，对建筑企业及其项目部应急能力的评估，主要包括对人员、设备等应急资源准备状况的充分性评估和进行应急救援活动所具备能力的评估。实事求是地评价本企业的应急装备、应急队伍等应急能力，明确应急救援的需求和不足，为编制应急预案奠定基础。

建筑企业应急能力评估主要包括应急制度、组织机构、风险评估、监测与预警、指挥与协调、应急预案、信息发布、应急保障等。应急能力评估可以采用检查表的形式通过专家进行打分，从而对其具有的应急能力进行评价。

5.编制应急预案

在上述工作的基础上，针对可能发生的事故，按照有关规定编制应急预案。应急预案编制过程中，应注意全体人员的参与与培训，使所有与事故有关人员均掌握危险源的危险性、应急处置方案和技能。应急预案应充分利用社会应急资源，与地方政府预案、上级主管单位以及相关部门的预案相衔接。

建筑企业在应急预案编制过程中，应当根据法律法规、规章的规定或者实际需要，征求相关应急救援队伍、公民、法人或其他组织的意见。

6.应急预案评审

应急预案编制完成后，建筑企业应组织评审。评审分为内部评审和外部评审，内部评审由建筑企业主要负责人组织有关部门和人员进行，外部评审由建筑企业组织外部有关专家和人员进行评审。应急预案评审合格后，建筑企业主要负责人签发实施，并进行备案管理。

第四节　建筑施工安全生产应急培训和演练

建筑施工事故往往突然发生，如果事先没有制定事故应急预案，会由于慌张、混乱而无法实施有效的抢险救援；若事先的准备不充分，可能发生应急救援人员不能及时到位、延误人员抢救和事故控制，甚至导致事故扩大等情况。事先制定应急预案，可以最大限度地减少甚至避免这种现象的发生。但要做到事故突发时能准确、及时地采用应急处置措施和方法，快速反应、处置及时有效，还必须结合相关应急预案对有关人员进行培训和演练，使各级应急机构的指挥人员、抢险队伍、企业职工了解和熟悉事故应急的要求和自己的职责。只有做到这一步，才能在紧急状况时及时、有效、正确地实施现场抢险和救援措施，最大限度地减少人员伤亡和财产损失。

一、建筑施工安全生产应急培训

（一）培训目的

采取不同形式，开展安全生产应急管理知识、应急技能和应急预案的宣传教育培训工作，是建筑企业安全生产应急管理的基础性工作，通过宣传教育培训实现以下目的：

（1）使企业员工熟悉企业应急预案，掌握本岗位事故预防措施和具备基本应急技能。

（2）使企业应急救援人员熟悉应急救援知识，熟悉和掌握应急处置程序，提高应急救援技能。

（3）提高应急救援人员和企业员工应急意识。

（二）培训内容

建筑企业应对企业管理人员、项目管理人员、应急救援人员、现场施工人员进行法律法规、安全技术知识、应急救援知识、应急救援技能、应急救援案例的办法内容的培训，重点包括以下几个方面。

1. 报警

（1）使应急人员和现场施工人员了解并掌握如何利用身边的工具最快最有效地报警，如使用移动电话（手机）、固定电话、网络或其他方式报警。

（2）使应急人员和现场施工人员熟悉发布紧急情况通告的方法，如使用警笛、警钟、电话或广播等。

（3）当事故发生后，为及时疏散事故现场的所有人员，应急队员应掌握如何在现场贴发警示标志。

2. 疏散

（1）为避免事故中不必要的人员伤亡，应培训足够的应急队员在事故现场安全、有序地疏散被困人员或周围人员。

（2）对施工人员进行培训，使其熟悉紧急避险和疏散的知识、技能和注意事项。

（3）对人员疏散的培训主要在应急演练中进行，通过演练还可以测试应急人员的疏散能力。

3.救援

（1）使应急人员了解和掌握救援的基本知识、救援技能、救援设备和器材的使用等。

（2）使现场施工人员了解和掌握最基本的自救知识和技能。

4.指挥和配合

应急指挥和配合是决定应急救援效果的关键因素。根据事故现场的实际情况及时决策和指挥，各救援队伍能够密切配合，协同工作，才能够有效地提高应急救援工作的效率，取得最好的结果。指挥和配合培训主要在应急演习中进行。

（三）培训方式

从培训技巧的种类来讲，建筑施工安全生产应急培训可以划分为理论授课型、案例研讨型和模拟演练型。

（1）理论授课型培训，主要是针对建筑施工安全生产应急管理中的一个或几个问题，由专家向受训对象进行讲解。这种方式主要用于对企业员工和应急救援人员的基本应急救援知识和技能的培训。

（2）案例研讨型培训，主要是针对建筑施工安全生产应急管理中的一个或几个问题，由受训者进行讨论，找出解决问题的方法。这种方式主要应用于建筑企业各级应急救援负责人之间的协调问题的培训。

（3）模拟演练型培训，主要是建筑企业针对应急预案的一部分或整体进行演练，以便发现问题、解决问题。

（四）培训的实施

建筑企业安全生产应急培训应按照制订的培训计划，认真组织，精心安排，合理安排事件，充分利用不同方式开展，使参培人员能够在良好的氛围中学习，掌握有关应急知识。培训的实施主要包括以下几个方面。

1.制订培训计划

建筑企业应根据本企业的实际情况、业务特点和需求分析制订培训计划，明确培训目标。

2.课程设计和课程准备

对建筑企业不同类型的人员，应进行具有针对性的应急培训，对企业中高层管理人员、基层管理人员、施工作业人员的培训内容和重点是不同的，要针对性地进行课程准备，包括标准授课计划、辅助设施、学习资料等。

3.选择适合的培训方式

针对不同的培训对象、内容，所采取的培训方式也有所区别。在各种方式中，选择合适的方式是培训计划的主要内容之一，也是培训成败的关键因素之一。

4.做好培训记录和效果评价

培训工作是建筑企业安全生产应急管理的一项重要工作，培训部门一定要做好培训记录，建立培训档案并对培训效果进行评价。针对不同的培训方式和对象，可以采用不同的评价方式，既可以通过考核方式和手段，评价受训者的培训效果，也可以在培训结束后，通过考核受训者在演练中或实践中的表现来评价培训效果。对评价不合格的，应组织进行再次培训。

二、建筑施工安全生产应急演练

（一）应急演练的目的

建筑企业在施工现场开展应急演练，主要目的是验证应急预案的实用性，找出存在的问题，建立和保持可靠的信息渠道及应急人员的协同性，确保企业各级应急组织能够正确履行职责。

（二）应急演练的原则

1.符合相关规定

按照国家相关法律法规、标准及有关规定组织开展演练。

2.切合企业实际

结合企业生产安全事故特点和可能发生的事故类型组织开展演练。

3.注重能力提高

以提高指挥协调能力、应急处置能力为主要出发点组织开展演练。

4.确保安全有序

在保证参演人员及设备设施的安全的条件下组织开展演练。

（三）应急演练的内容

应急演练依据应急预案和应急管理工作重点，通常包括以下内容。

1.预警与报告

根据事故情景，向相关部门或人员发出预警信息，并向有关部门和人员报告事故情况。

2.指挥与协调

根据事故情景，成立现场指挥部，调集应急救援队伍和相关资源，开展应急救援行动。

3.应急通信

根据事故情景，在应急救援相关部门或人员之间进行音频、视频信号或数据信息互通。

4. 事故监测

根据事故情景，对事故现场进行观察、分析或测定，确定事故严重程度、影响范围和变化趋势等。

5. 警戒与管制

根据事故情景，建立应急处置现场警戒区域，维护现场秩序。

6. 疏散与安置

根据事故情景，对事故可能波及范围内的相关人员进行疏散、转移和安置。

7. 医疗卫生

根据事故情景，调集医疗卫生专家和卫生应急队伍开展紧急医学救援，并开展卫生监测和防疫工作。

8. 现场处置

根据事故情景，按照相关应急预案和现场指挥部要求对事故现场进行控制和处理。

9. 社会沟通

根据事故情景，积极召开事故情况通报会，同时通报事故有关情况。

10. 后期处置

根据事故情景，应急处置结束后，所开展的事故损失评估、事故原因调查、事故现场清理和相关善后工作。

11. 其他

根据建筑行业（领域）安全生产特点所包含的其他应急功能。

（四）应急演练方式

应急演练按照演练内容分为综合演练和单项演练，按照演练形式分为桌面演练和现场演练，不同方式的演练可互相组合。

1. 综合演练

综合演练是指建筑企业针对本企业安全生产应急预案中多项或全部应急响应功能，为检验、评价应急救援体系整体应急能力而开展的演练活动。

综合演练要求建筑企业从公司总部到项目部到班组各级应急单位、部门都要参加，以检验各级应急单位、部门之间的协调联动能力，检验在紧急情况下能否充分调动现有的人力、物力等各类资源有效控制事故或减轻事故后果。综合演练是建筑企业规模最大、动用人员和资源最多、持续时间最长、成本最高的演练方式，也是能比较全面、真实地展示应急预案的优缺点，参与人员能够得到比较好的实战训练的演练方式。在条件和时机成熟时，建筑企业应尽可能地进行综合演练。

2. 单项演练

单项演练是建筑企业针对本企业应急预案中某项应急响应功能或现场处置方案中一系

列应急响应功能而开展的演练活动。主要针对一个或少数几个特定环节和功能进行演练。

单项演练一般在建筑企业应急指挥中心举行，并可同时开展现场演练，调用有限的应急资源，主要目的是针对特定的应急响应功能，检验应急响应人员以及应急管理体系的策划和响应能力。单项演练主要针对部分应急响应功能进行，演练侧重点明显，工作细致深入。如建筑企业进行的指挥和控制功能演练，其目的是检验评价本企业总部应急部门、项目部应急部门指导施工班组应急人员在一定压力下应急运行和及时响应能力。

3. 桌面演练

桌面演练是建筑企业针对施工项目现场可能发生的事故情景，利用图纸、沙盘、流程图、计算机、视频等辅助手段，并依据本企业应急预案而进行交互式讨论或模拟应急状态下应急行动的演练活动。

桌面演练的主要作用是使演练人员在检查和解决应急预案中存在的问题时，获得一些建设性讨论结果，并锻炼演练人员解决问题的能力，解决各级应急组织之间的相互协作和职责划分问题。桌面演练方法成本低、针对性强，主要为单项演练、现场演练和综合演练服务，是建筑企业为应对生产安全事故做应急准备常采用的一种有效形式。

4. 现场演练

现场演练是建筑企业在项目施工现场，针对本项目可能发生的生产安全事故，在可能发生事故的生产区域设定事故情景，依据本企业应急预案而模拟开展的演练活动。

现场演练时，建筑企业事先在施工现场设置突发事件情景和后续发展情景，参演人员调集可利用的应急资源，针对应急预案中部分或所有应急功能，通过实际决策、行动和操作，完成真实应急响应过程，从而检验和提高应急人员现场指挥、队伍调动、应急处置和后勤保障等应急能力。现场演练时建筑企业常采用的演练方式如现场火灾演练、现场基坑坍塌演练等，现场演练场面较大，真实、复杂，应进行充分的设备设施准备、演练工作准备和善后工作准备。

（五）应急演练方式的选择

建筑企业应急管理部门在选择应急演练方式时，应根据本企业安全生产要求、资源条件和客观实际情况，并充分考虑以下因素：

（1）本企业应急预案和应急响应程序制定工作的进展情况。

（2）本企业常见的事故类型和面临风险的性质和大小。

（3）本企业现有的应急资源状况，包括人员、设备、物资和资金等。

（4）在项目进行现场演练和综合演练时，项目所在地政府及相关部门的态度。

（六）建筑企业应急演练的准备

建筑企业应根据本企业的实际情况和需要，制订应急演练计划，包括演练目的、类型

（形式）、时间、地点，演练主要内容、参加单位和经费预算等，并根据应急预案和应急演练计划进行应急演练准备。应急演练准备一般包括成立演练组织机构、编制演练文件、演练工作保障、应急演练情景设计、制定演练现场规则五个方面。

1. 成立演练组织机构

应急演练通常成立演练领导小组，下设策划组、执行组、保障组、评估组等专业工作组。根据演练规模大小，其组织机构可进行调整。

①领导小组：负责演练活动筹备和实施过程中的组织领导工作，具体负责审定演练工作方案、演练工作经费、演练评估总结以及其他需要决定的重要事项等。

②策划组：负责编制演练工作方案、演练脚本、演练安全保障方案或应急预案、宣传报道材料、工作总结和改进计划等。

③执行组：负责演练活动筹备及实施过程中与相关单位、工作组的联络和协调、事故情景布置、参演人员调度和演练进程控制等。

④保障组：负责演练活动工作经费和后勤服务保障，确保演练安全保障方案或应急预案落实到位。

⑤评估组：负责审定演练安全保障方案或应急预案，编制演练评估方案并实施，进行演练现场点评和总结评估，撰写演练评估报告。

2. 编制演练文件

建筑企业应急演练文件一般包括演练工作方案、演练脚本、演练评估方案、演练保障方案和演练观摩手册。

（1）演练工作方案

建筑企业在进行应急演练之前；应编制演练工作方案，其内容主要包括：

①应急演练目的及要求。

②应急演练事故情景设计。

③应急演练规模及时间。

④参演单位和人员主要任务及职责。

⑤应急演练筹备工作内容。

⑥应急演练主要步骤。

⑦应急演练技术支撑及保障条件。

⑧应急演练评估与总结。

（2）演练脚本

根据需要，可编制演练脚本。演练脚本是应急演练工作方案具体操作实施的文件，可以帮助参演人员全面掌握演练进程和内容。演练脚本一般采用表格形式，主要内容包括：

①演练模拟事故情景。

②处置行动与执行人员。

③指令与对白、步骤及时间安排。

④视频背景与字幕。

⑤演练解说词等。

（3）演练评估方案

根据演练工作方案和演练脚本编写演练评估方案，供演练观摩人员、评估人员对演练进行评估，演练评估方案的内容主要包括：

①演练信息：应急演练目的和目标、情景描述，应急行动与应对措施简介等。

②评估内容：应急演练准备、应急演练组织与实施、应急演练效果等。

③评估标准：应急演练各环节应达到的目标评判标准。

④评估程序：演练评估工作主要步骤及任务分工。

⑤附件：演练评估所需要用到的相关表格等。

（4）演练保障方案

针对应急演练活动可能发生的意外情况制定演练保障方案或应急预案，并进行演练，做到相关人员应知应会，熟练掌握。演练保障方案应包括应急演练可能发生的意外情况、应急处置措施及责任部门，应急演练意外情况中止条件与程序等。

（5）演练观摩手册

根据演练规模和观摩需要，可编制演练观摩手册。演练观摩手册通常包括应急演练时间、地点、情景描述、主要环节及演练内容、安全注意事项等。

3.演练工作保障

建筑企业应急演练工作保障主要包括人员保障、经费保障、物资和器材保障、场地保障、安全保障、通信保障和其他保障等。

（1）人员保障

按照演练方案和有关要求，策划、执行、保障、评估、参演等人员参加演练活动，必要时考虑增加替补人员。

（2）经费保障

根据演练工作需要，明确演练工作经费及承担单位。

（3）物资和器材保障

根据演练工作需要，明确各参演单位所准备的演练物资和器材等。

（4）场地保障

根据演练方式和内容，选择合适的演练场地。演练场地应满足演练活动需要，避免影响企业和公众正常生产、生活。

（5）安全保障

根据演练工作需要，采取必要安全防护措施，确保参演、观摩等人员以及生产运行系统安全。

（6）通信保障

根据演练工作需要，采用多种公用或专用通信系统，保证演练通信信息通畅。

（7）其他保障

根据演练工作需要，提供其他保障措施。

4. 应急演练情景设计

策划小组确定演练目标后，应着手进行演练情景设计。演练情景是指对假想事故按其发生过程进行叙述性的说明。情境设计就是针对假想事故的发生过程，设计出一系列情景事件，目的是通过引入这些需要应急组织做出相应响应行动的事件，刺激演练不断进行，从而全面检验演练目标。

情境设计中必须说明何时、何地、发生何种事故、被影响区域和气候条件等事项，即必须说明事故情景。作用是为演练活动提供初始条件并说明初始事件的有关情况。情境设计中还必须明确和规划事故各阶段的时间和内容，即必须说明何时应发生何种情景事件，以促进应急组织采取应急行动。情景事件一般通过控制消息通知演练人员。控制消息是一种刺激应急组织采取行动的方法，一般分两类，一类是演练前已准备好的消息，另一类是演练过程中自然产生的消息。控制消息的主要作用是诱使、引导演练人员作出正确回应，传递方式主要有电话、无线通信、传真或口头传达等。

5. 制定演练现场规则

演练现场规则是指为确保应急演练安全而制定的对有关演练和演练控制、参与人员职责、实际突发事件、法规符合性、演练结束程序等事项的规定和要求。

建筑企业应急演练安全既包括参演人员安全，也包括公共和环境安全。演练策划组应制定演练规则，规则中应包括如下工作内容：

（1）演练过程中所有消息或沟通应有"演练"二字。

（2）应指定应急演练的现场区域，参与演练的所有人员不得采取降低保障人身安全条件的行动，不得进入禁止进入的区域，不得接触不必要的危险，也不得使他人遭受危险。

（3）演练过程中不得把假象事故、情景事件或模拟事件错的当成真的，特别是在可能使用模拟方法来提高演练真实度的地方，如虚拟伤亡、灭火地段等，当计划这种模拟行动时，必须考虑可能影响设施安全运行的所有问题。

（4）演练不应要求极端的气候条件，不能因演练模拟场景需要而污染环境。

（5）除演练方案或情景设计中列出的可模拟行动，以及控制人员的指令外，演练人员应将演练事件或信息当作真实事件或信息作出反应，应将模拟的危险条件当作真实情况采取应急行动。

（6）演练过程中不应妨碍发现真正的紧急情况，应同时制定发现真正紧急事件时可立即终止、取消演练的程序，迅速、明确地通知所有响应人员从演练到真正应急的转变。

（7）演练人员在没有启动演练方案中的关键行动时，控制人员可发布控制信息，指导演练人员采取相应行动，帮助演练人员完成关键行动。

（8）演练人员应统一着装，正确穿戴劳动保护用品，佩戴演练袖标，根据应急预案的相关规定按章操作。

第五节　建筑施工生产安全事故应急处置

建筑施工生产安全事故应急处置是迅速控制事态发展、降低事故损失的重要手段。其核心任务是要根据事故的性质、类型、地点、环境、波及范围和现有救援能力等实际情况，以此采取适合的处置方案和方法。

一、建筑施工生产安全事故应急处置原则

建筑施工生产安全事故发生之后，现场应急处置虽然没有固定的模式，但一般应遵循以下原则。

（一）以人为本，减少伤亡

建筑施工生产安全事故应急处置的目的是保障人员生命和财产安全。建筑施工企业应切实履行安全应急处置的职能，把保护和保障企业员工健康和生命财产安全作为首要任务，最大限度地减少突发安全事件造成的人员伤亡和危害。安全生产应急管理的各项规章制度的制定和实施，应充分体现以保障人民群众生命财产安全的理念来落实，切实履行法律赋予的职责，把保障生命和财产安全作为首要任务。应急救援期间，应明确指令在"黄金时间"内第一任务为抢救伤员，救援措施应合理可行，最大限度地确保人员安全和减少人员伤亡。在废墟、有毒有害气体等特殊救援环境里，为确保参与救援人员和伤员的安全，在应急救援队伍建设期间，应加大先进的智能化救援设备的装备，不能冒险作业或强行作业，避免次生灾害造成人员伤亡或二次伤害。

人们在价值观念上推崇那些为了人民群众的安全和利益不怕流血牺牲的人，这种理念精神在某种情况之下是值得提倡和发扬的，但在应急过程中，如果没有科学的方法与态度，这种精神就可能成为一种盲目的、不负责任的冲动。从理性的角度考虑，在事故的应急处置过程中，应当明确的一个基本目标是保证所有人的安全，既包括受害人和潜在的受害人，也包括应急处置的参与人员。现场的应急指挥人员在指导思想上也应当充分地权衡各种利弊得失，尽可能使现场应急的决策科学化与最优化，避免付出不必要的牺牲和代价。

（二）快速反应，科学救援

无论是火灾、爆炸还是坍塌等事故，都会对人民群众的生命和财产安全以及正常的社会秩序构成严重威胁。而且事故所具有的突发性等特点，决定了在现场处置过程中任何时间上的延误都有可能加大应急处置工作的难度，以至于事故的损失扩大，引发更为严重的后果。因此，在应急处置过程中必须坚持做到快速反应，力争在最短的时间内到达现场、控制事态、减少损失，以最高的效率与最快的速度救助受害人，并为尽快地恢复正常的工作秩序、社会秩序和生活秩序创造条件。

事故发生之后现场应急处置并无固定模式可循，一方面要遵循事故处置的一般原则，另一方面要根据事故的性质与所影响的范围灵活掌握和处理。有的事故在爆发的瞬间就已结束，没有继续蔓延的条件，但大多数事故在救援和处置过程中可能还会继续蔓延扩大，如果处置不及时，很可能带来灾难性的后果甚至引发其他事故。事故现场控制的作用，首先体现在防止事故继续蔓延扩大方面。因此，必须在第一时间内作出反应，以最快的速度和最高的效率进行现场控制。快速反应是事故应急处置中的首要要求，应采用先进技术，充分发挥专家作用，实行科学民主决策。采用先进的救援装备和技术，增强应急救援能力，确保应急救援的科学、及时、有效。

（三）应急优先，兼顾调查

按照一般的程序，事故应急处置工作结束之后，或在应急处置过程的适当时机，调查工作就需要介入，以分析事故的原因与性质，发现、收集有关的证据，澄清事故的责任者。现场处置工作中所采取的一切措施都要有利于日后对事故的调查。在实践中容易出现的问题是应急人员的注意力都集中在救助伤亡人员，或防止灾难的蔓延扩大上，而忽略了对现场与证据的保护，结果在事后发现其中有犯罪嫌疑需要收集证据时，现场已遭到破坏，给调查工作带来被动。因此，必须在进行现场控制的整个过程中，把保护现场作为工作原则贯彻始终。虽然对事故的应急处置与调查处理是不同的环节与过程，但在实际工作中没有明确的界限，不能把两者截然分开。

（四）属地为主，协同应对

在突发事件应急处置过程中，各级地方政府必然要承担主要角色，发挥主导作用，组织并协调应急救援力量参与救援，政府应急管理能力的强弱，决定应急救援的成效。由地方政府统一指挥协调所辖地区的部门、企事业单位建立突发公共事件应急指挥机构，分级设置、分级负责、分类指挥、属地管理为主、综合协调、逐级提升的突发公共事件处置体系。根据事故的影响程度，在相关部门的统一领导下，就近属地动员一切力量、争分夺秒抢救人员和物资，协调动员事故发生所属地的交通、消防、医院、相关企业、社区等其他社会力量的应急救援队伍、物资，参与应急救援。同时，加强应急处置队伍建设，建立联动协调制度，充分动员和发挥企业全体员工的作用，依靠集体的力量，形成统一指挥、反应灵敏、功能齐全、协调有序、运转高效的应急管理机制。

二、建筑施工生产安全事故应急处置内容

（一）应急处置基本任务

事故应急救援工作是在预防为主的情况下，贯彻统一指挥、分级负责、区域为主、单位自救和社会救援相结合的原则。除平时做好事故预防工作，避免和减少事故的发生外，还要落实好救援工作的各项准备措施，确保一旦发生事故能及时进行响应。由于重大事故发生的突然性，发生后的迅速扩散性以及波及范围广的特点，决定了应急响应行动必须迅速、准确、有序和有效。

1. 控制危险源

及时有效地控制造成事故的危险源是事故应急响应的首要任务。只有控制了危险源，防止事故的进一步扩大和发展，才能及时有效地实施救援行动。特别是发生在人口稠密地区的扩散型事故，应及时控制事故继续扩展。

2. 抢救受害人员

抢救受害人员是事故应急响应的重要任务。在响应行动中，及时、有序、科学地实施现场抢救和安全转送伤员对挽救受害人的生命、稳定病情、减少伤残率以及减轻受害人的痛苦等具有重要意义。

3. 指导人员防护，组织人员撤离

由于事故发生的突然性，发生后的迅速扩散性以及波及范围广、危害大的特点，应及时指导和组织现场人员采取各种措施进行自身防护，并迅速撤离危险区域或可能发生危险的区域。在撤离过程中应积极开展人员自救与互救工作。

4. 清理现场，消除危害后果

对事故造成的对人体、土壤、水源、空气的危害，迅速采取封闭、隔离、洗消等措施；对事故外逸的有毒有害物质和可能对人和环境继续造成危害的物质，应及时组织人员进行清除；对事故后的不稳定因素进行监测与监控，并采取适当的措施，直至符合安全标准。除此之外，事故应急响应过程中还应了解发生的原因和事故性质，准确估算事故影响范围和危险程度，查明人员伤亡情况，同时注意保护好现场和保存相关证据，为开展事故调查奠定基础。

（二）应急处置程序

应急响应启动一般按以下基本步骤进行。

1. 事故上报

（1）上报时限及要求

事故发生后，事故现场有关人员应当立即向施工单位负责人报告；施工单位负责人接

到报告后，应当在 1h 内向事故发生地县级以上人民政府建设主管部门和有关部门报告。

情况紧急时，事故现场有关人员可以直接向事故发生地县级以上人民政府建设主管部门和有关部门报告。

实行施工总承包的建设工程，由总承包单位负责上报事故。

安全生产监督管理部门和负有安全生产监督管理职责的有关部门接到事故报告后，应当依照下列规定上报事故情况，并通知公安机关、劳动保障行政部门、工会和人民检察院，安全生产监督管理部门和负有安全生产监督管理职责的有关部门逐级上报事故情况，每级上报的时间不得超过 2h。

①安全生产监督管理部门和负有安全生产监督管理职责的有关部门依照前款规定上报事故情况，应当同时报告本级人民政府。②国务院安全生产监督管理部门和负有安全生产监督管理职责的有关部门以及省级人民政府接到发生特别重大事故、重大事故的报告后，应当立即报告国务院。③必要时，安全生产监督管理部门和负有安全生产监督管理职责的有关部门可以越级上报事故情况。

事故报告后出现新情况的，应当及时补报。

自事故发生之日起 30 日内，事故造成的伤亡人数发生变化的，应当及时补报。道路交通事故、火灾事故自发生之日起 7 日内，事故造成的伤亡人数发生变化的，应当及时补报。事故发生后，有关单位和人员应当妥善保护事故现场以及相关证据，任何单位和个人不得破坏事故现场、毁灭相关证据。因抢救人员、防止事故扩大以及疏通交通等原因，需要移动事故现场物件的，应当作出标志，绘制现场简图并作出书面记录，同时，妥善保存现场重要痕迹、物证。

（2）上报内容

①事故发生单位概况。

②事故发生的时间、地点以及事故现场情况。

③事故的简要经过。

④事故已经造成或者可能造成的伤亡人数（包括下落不明的人数）和初步估计的直接经济损失。

⑤已经采取的措施。

⑥其他应当报告的情况即事故的补报。

2. 事故接报

事故接报是救援工作的第一步，对成功实施救援起到重要的作用。项目经理接到事故报告后应启动相应的应急预案，组织项目现场救援工作，并立即向企业安全管理部门报告事故情况及后续的事故发展情况。

事故发生地人民政府及有关部门接到事故报告后，相关负责同志要立即赶赴事故现场，按照有关应急预案规定，成立事故应急处置现场指挥部，代表本级人民政府履行事故应急处置职责，组织开展事故应急处置工作。

3. 应急队伍集结

救援队伍进入事故现场，应选择有利地形（地点）设置现场救援指挥部或救援、急救医疗点。救援点的位置选择关系到能否有序地开展救援和保护自身的安全。救援指挥部、救援和医疗急救点的设置应考虑以下几项因素。

（1）地点

应选在上风向的非事故波及范围区域，需注意不要远离事故现场，便于指挥和救援工作的实施。

（2）位置

救援队伍应尽可能在靠近现场救援指挥部的地方设点，并随时保持与指挥部的联系。

（3）标志

指挥部、救援或医疗急救点，均应设置醒目的标志，方便救援人员和伤员识别。

4. 现场状态与情境的评估

任何处置工作的开展都必须以对现场形势的准确评估为前提，快速反应的原则并不是单纯强调速度快，而是要保证处置工作的高效率。因此，事故的应急处置人员在到达现场后，如果不了解现场基本情况就盲目进行处置是不可取的，这不仅无法实现防止事态蔓延扩大的目的，而且会造成应急救援人员的伤亡，造成更大的损失。为了有效地进行现场控制，应急处置人员的首要职责是获取现场准确的信息，对所发生的事故进行及时准确的认识与把握。一旦这些信息反馈给指挥决策部门，可以帮助他们作出正确决策。

（1）评估事故的性质

重特大事故发生后，往往提供的信息不充分（或信息随时发生变化），这决定了在进行应急处置工作时，首先要对面临的现场情况进行评估，而对事故性质的判断尤为重要，因为不同性质事故的应急处置要求有不同的侧重点。例如，在对有爆炸发生的事件进行现场控制时，要对现场进行评估，判明这是意外事故还是人为破坏。如果是人为破坏，就需要在处置时对现场进行仔细的勘察，注意发现和搜集证据。在评估中，要注意根据事故发生的原因、时间、地点、所针对的人群和所采取的手段等因素来判明事故性质，以便更有针对性地开展处置工作。

（2）现场潜在危害的监测

多数事故的处置现场可能会存在各种潜在危险，事故会随时二次爆发，造成事态的蔓延和扩大，导致危害加剧，并对应急处置人员的安全构成一定的威胁。因此，在进行应急处置时，必须对现场潜在的危害进行实时监测和评估，避免二次事故的发生。例如，在爆炸事故中，由于现场可能存在未爆炸的危险物质，对这些物质的处置就决定了处置工作的最终效果。一般应通过搬运、冷却等方法防止其发生爆炸。对无法搬走的危险物品，除采取必要的措施进行保护外，还必须安排有经验的人员对其进行实时监控，一旦发现爆炸征兆，应及时通知所有人员撤离。应急处置人员的重要职责之一是救人，但处置者自身的安全也是必须考虑的。

（3）现场情景与所需的应急资源

事故应急处置工作头绪多、任务重，而且是在非常紧急的情况下开展的，因此稍有不慎就会造成更大的损失。其中现场情景与应急资源是否匹配，是决定应急处置工作能否取得成功的重要因素之一。如果应急资源不足，可能会造成对现场的控制不力，导致损失扩大；及时组织足够的应急资源、参与现场处置，是保证处置工作顺利进行的基础；但动用过多的应急资源，也可能造成不必要的浪费。通过对现场情景以及处置难度的评估分析，及时合理地采取各种措施，调动相应的人力资源和物质资源参与现场处置，是实现应急处置快速、有效的重要保证。在实践中，无论最终需要组织多少应急资源，都应特别强调第一出动力量的重要性。有力的第一出动力量可以在处置之初有效控制事态。如果第一出动力量不足，再调集其他力量增援，则可能失去应急的最佳时机。值得注意的是，由于事件性质和特点不同，其难度和处置所需的处置力量也不尽相同。因此，评估的意义就在于因时因地因事的不同，通过评估可以调集适当的应急处置力量，达到快速妥善处置的效果。

（4）人员伤亡的情况评估

人员伤亡情况不仅决定着事故的规模与性质，也是安排现场救护主要考虑的因素。在我国突发公共事件的报告制度中，人员伤亡情况是决定事故报告的时间期限、反应级别的重要指标。当人员伤亡的数量超出地方政府的反应能力时，必须及时请求上一级政府给予应急资源的支持。应急处置现场对人员伤亡情况的评估包括确定伤亡人数及种类、伤员主要的伤情、需要采取的措施及需要投入的医疗资源。在事故刚刚发生时，估计人员伤亡的情况一般应以事发时可能在现场的人数作为评估的基准，根据事故的严重程度分析人员伤亡的大致情况。根据应急管理的适度反应原则，对人员伤亡的情况评估应尽量实事求是。如果估计过重，不仅会造成资源的浪费，而且会加重事故对社会心理的冲击；反之则可能由于报告不及时，反应不足而错失救援的良机。在现场医疗救护中，对于已经死亡的人员，要妥善保存和安置尸体，尽可能地搜集相关证物和遗物，为善后工作和调查工作提供有利条件。对于受伤人员首先应将其运送出危险区域，随后立即进行院前急救。依据受害者的伤病情况，按轻伤、中度伤、重伤和死亡进行分类，分别以伤病卡作出标志，置于伤病员的左胸部或其他明显部位，这种分类将便于医疗救护人员辨认并采取相应的急救措施，在紧急情况下根据需要把有限的医疗资源运用到最需要的人群身上。

（5）经济损失的情况评估

事故的经济损失包括一切经济价值的减少、费用支出的增加、经济收入的减少，在应急处置初期，处置现场对经济损失的情况评估包括直接经济损失和间接经济损失，包括人员伤亡、财务和资源的毁灭、环境的破坏，以及事故可能带来的对经济的负面影响等。但由于经济损失的估算一般需要技术人员和专业知识，现场处置人员一般只对损失进行观察、计数和登记，同时为日后进行专业估算提供依据。

（6）周围环境与条件的评估

一些事故在应急处置过程中依然处于积极运动期，随时可能造成新的危害，而周围环境和条件就是其再次爆发的主要因素。因此，在应急处置时必须随时注意周围环境和条件对处置工作的影响。对事发现场周围环境与条件的评估包括对空间、气象、处置工作的可用资源及特点的评估。不同类型事故现场对环境特点的把握应有不同的侧重点。例如，火灾的发展蔓延与火场的气象条件有密切的关系，但即使同是火灾，房屋建筑物火灾和森林火灾的气象特点的重要性也不相同。同样，如果坍塌发生在不同的空间位置，其蔓延的可能性和处置工作中可利用的资源也不同。一般来说，周围环境简单、无其他建筑物和人群处，一旦发生事故，事故向其他区域蔓延的可能性较小，这就是由其特定的现场环境所决定的。周围环境评估的重要性体现在可以让事故应急处置部门比较清晰地了解处置的具体条件，根据不同的空间、气象等环境条件，合理地配置和使用不同的处置资源，提高处置的效率，从而达到预期的效果。

5.应急救援

事故应急救援在对现场情况、人员伤亡、经济损失、周围环境等进行评估后，要根据事故类型、特点和规模作出紧急安排。尽管不同的事故所需的安排不同，但大多数事故的现场处置都应包括设置警戒线、应急反应人力资源组织与协调、应急物资设备的调集、人员安全疏散、现场交通管制、现场以及相关场所的治安秩序维护，以及对受害人作出分类处理等方面的内容。

（1）设置警戒线

为保证应急处置工作的顺利开展以及事后的原因调查，几乎所有的处置现场都要设立不同范围的警戒线。在事故处置中，由于事故的规模比较大，影响范围比较广，人员伤亡比较严重，往往要根据实际情况设立多层警戒线，以满足不同层次处置工作的要求。一般而言，应设置两层警戒线。

（2）应急反应人力资源组织与协调

通过对现场情况的初步评估，应根据相关应急预案组织应急响应的人力资源。随着我国突发公共事件应急预案体系的建立，已逐渐摆脱了过去盲目反应的局面，大大避免了人力资源组织的混乱。根据现场应急预案安排，各个部门在处置中分工协作，具有较为明确的任务和职责。在事故发生后，由现场应急指挥组织各部分应急处置人员赶赴现场并开展工作，并在现场的出入通道设置引导和联络人员安排处置后续人员。

（3）应急物资设备的调集

应急处置需要大量的专业设备和工具。当企业的应急物资设备无法满足救援需求时，应及时向地方人民政府请求支援，政府有关部门要按照国家有关规定和指挥部的需要，在各自职责范围内做好应急保障工作，确保交通、通信、供电、供水、气象服务以及应急救援队伍、装备、物资等救援条件。

（4）人员安全疏散

根据人员疏散原则，在处置现场组织及时有效的人员安全疏散，是避免大量人员伤亡的重要措施。紧急疏散常见于火灾和坍塌等突发性事件的应急处置过程中。紧急疏散的最大特点在于其紧急性，如果在短时间内人员无法及时疏散，就有可能造成严重的人员伤亡。但在紧急疏散过程中，绝不能一味地强调疏散的速度，如果疏散过程中秩序混乱，就可能造成人群的相互拥挤和踩踏、车流的堵塞现象，甚至造成群死群伤。因此，临时紧急疏散必须兼顾疏散的速度和秩序。根据无数组织人员疏散事故的经验与教训，疏散过程的秩序应成为优先考虑的因素。由于人在紧急情况下会出现各种应急心理反应，进而采取不理智的行为，因此在进行紧急疏散时必须考虑处于危险之中人的心理和行为特点。

（5）现场交通管制

现场交通管制是确保处置工作顺利展开的重要前提。通过实行交通管制，封闭可能影响现场处置工作的道路，开辟救援专用路线和停车场，禁止无关车辆进入现场，疏导现场围观人群，保证现场的交通快速畅通；根据情况需要和可能开设应急救援"绿色通道"，在相关道路上实行应急救援车辆优先通行。必要时，可向社会进行紧急动员，或征用其他部门的交通设施装备。

（6）现场治安秩序维护

事故发生后，在公安机关未到达现场之前，负有第一反应职责的施工单位人员应立即在现场周围设立警戒区和警戒哨，前期做好现场控制、交通管制、疏散救助群众和维护公共秩序等工作。

6. 恢复与善后

应急恢复从应急救援工作结束时开始。决定恢复时间长短的因素包括破坏与损失的程度，完成恢复所必需的人力、财力和技术支持，相关法律法规，其他因素（天气、地形、地势等）。

（1）现场警戒和安全

应急救援结束后，由于以下原因可能还需要继续隔离事故现场：事故区域还可能造成人员伤害；事故调查组需要查明事故原因，因此不能破坏和干扰现场证据；如果伤亡情况严重，需要政府部门进行调查；其他管理部门也可能要进行调查；保险公司要确定损坏程度；工程技术人员需要检查该区域以确定损坏程度和可抢救的设备。

恢复工作人员应该用鲜艳的彩带或其他设施装置将被隔离的事故现场区域围成警戒

区。保安人员应防止无关人员入内。项目部要向保安人员提供授权进入此区域的名单，还要通知保安人员如何应对有关部门的检查。安全和卫生人员应该确定受破坏区域的污染程度或危险性。如果此区域可能给相关人员带来危险，安全人员要采取一定安全措施，包括发放个人防护设备、通知所有进入人员受破坏区的安全限制等。

（2）员工救助

员工是企业最宝贵的财富，在完成恢复过程中对员工进行救助是极其重要的。然而，在事故发生时，大部分人员在一定程度上受到影响而无法全力投入工作，而部分员工在重特大事故过后还可能需要救助。

对员工援助主要包括以下几个方面：保证紧急情况发生后向员工提供充分的医疗救助；按企业有关规定，对伤亡人员的家属进行安抚；如果事故影响到员工的住处，应协助员工对个人住处进行恢复。除此之外，还应根据损坏情况考虑向员工提供现金预付、薪水照常发放、削减工作时间和咨询服务等方面的帮助。

（3）应急后评估

应急后评估是指在突发公共事件应急工作结束后，为了完善应急预案，提高应急能力，对各阶段应急工作进行的总结和评估。

应急后评估可以通过日常的应急演练和培训，或通过对事故应急过程的分析和总结，结合实际情况对预案的统一性、科学性、合理性和有效性以及应急救援过程进行评估，根据评估结果对应急预案以及应急流程等进行定期修订。对前一种方式而言，建筑施工企业可以按照有关规定，结合本企业实际通过桌面演练、实战模拟演练等不同形式的预案演练，经过评估后解决企业内部门之间以及企业同地方政府有关部门的协同配合等问题，增强预案的科学性、可行性和针对性，以便提高快速反应能力、应急救援能力和协同作战能力。

三、建筑施工生产安全事故现场应急处置

事故应急处置工作由许多环节构成，其中现场控制和安排既是一个重要的环节，也是应急管理工作中内容最复杂、任务最繁重的部分。现场控制和安排在一定程度上决定了应急处置的效率与质量。科学合理的现场控制不仅能大大降低事故造成的损失，也是应急处置能力的重要体现。

建筑施工现场应根据事故类型及伤害程度采取有效的处置方案。下面列举建筑施工现场发生率最高的五大伤害事故（高处坠落事故、触电事故、机械伤害事故、物体打击事故、坍塌事故）的现场应急处置措施。

（一）高处坠落事故应急处置

（1）发生高空坠落事故后，现场知情人应当立即采取措施，切断或隔离危险源，防止救援过程中发生次生灾害。

（2）切断或隔离危险源后，现场知情人员应当立即开展现场急救工作，同时拨打"120"急救电话和上报事故信息。拨打电话时要尽量说清楚以下几件事：

①说明伤情和已经采取了什么措施，以便让救护人员事先做好急救的准备。

②讲清楚伤者（事故）发生的具体地点。

③说明报救者姓名（或事故地）和电话，并派人在现场外等候接应救护车，同时把救护车辆进事故现场的路上障碍及时予以清除，以利救护车辆到达后，能及时进行抢救。

（3）现场知情人员应做好受伤人员的现场救护工作。如受伤人员出现骨折、休克或昏迷状况，应采取临时包扎止血措施，进行人工呼吸或胸外心脏按压，尽量努力抢救伤员，将伤亡事故控制到最小程度，损失降到最小。

（4）应急人员赶赴现场后，应当立即设置警戒线对事故现场进行隔离和保护并安排人员警戒，严禁无关人员入内，为应急救援工作创造一个安全的救援环境。同时，应立即组织查找事故原因，杜绝事故的再次发生。

（5）急救人员必须在最短的时间内到达现场，迅速对患者判断有无威胁生命的征象，并按以下顺序及时检查与优先处理存在的危险因素：呼吸道梗阻、出血、休克、呼吸困难、反常呼吸、骨折等。

（6）在伤员转送之前必须进行急救处理，避免伤情扩大，途中做进一步检查，进行病史采集，通过询问护送人员、事故目击者了解受伤机制，以发现一些隐蔽部位的伤情，做进一步处理，减轻患者伤情。在伤员转送途中密切观察患者的瞳孔、意识、体温、脉搏、呼吸、血压、出血情况，以及加压包扎部位的末梢循环情况等，以便及早发现问题，及早作出相应的处理。

（7）及时将伤亡及抢救进展情况报告单位负责人。

（二）触电事故应急处置

（1）发生触电事故后，现场人员应立即向四周呼救，拨打120急救电话并通知项目负责人，采取紧急措施以防止事故进一步扩大。项目负责人启动现场处置方案。

（2）对于低压触电事故，可采用下列方法使触电者脱离电源，切不可直接去拉触电者：

①如果触电地点附近有电源开关或插头，可立即拉开电源开关或拔下电源插头，以切断电源。

②可用有绝缘手柄的电工钳、干燥木柄的斧头、干燥木把的铁锹等切断电源线。也可采用干燥木板等绝缘物插入触电者身下，以隔离电源。

③当电线搭在触电者身上或被压在身下时，可用干燥的衣服、手套、绳索、木板、木棒等绝缘物为工具，拉开、提高或挑开电线，使触电者脱离电源。

（3）对于高压触电事故，可采用下列方法使触电者脱离电源：

①立即通知有关部门停电。

②用高压绝缘杆挑开触电者身上的电线。

③触电者如果在高空作业时触电，断开电源时要防止触电者摔下来造成二次伤害。

（4）如果触电者伤势不重，神志清醒，但有些心慌，四肢麻木，全身无力或者触电者曾一度昏迷，但已清醒过来，应使触电者安静休息，不要走动，严密观察并送医院。

（5）人触电后会出现神经麻痹、呼吸中断、心脏停止跳动，呈现昏迷不醒状态，通常都是假死，万万不可当作"死人"草率从事。

（6）对于假死的触电者，要迅速持久地进行抢救，有不少的触电者经过4h甚至更长时间的抢救而抢救过来的。也有经过6h的口对口人工呼吸及胸外挤压法抢救而活过来的实例。只有经过医生诊断确定死亡，才能停止抢救。

（7）险情发生至现场恢复期间，疏散组应封锁现场，设置警戒线，防止无关人员进入现场发生意外。

（8）及时将伤亡及抢救进展情况报告单位负责人。

（三）机械伤害事故应急处置

（1）发现受伤人员后，必须立即停止运转的机械，向周围人呼救，同时报告现场负责人。

（2）现场负责人接到报告后应立即到现场查看情况并通知应急领导小组和医务部门，若受伤人员伤势较重，应立即拨打"120"急救电话，报警时应说明事故发生的时间、区域场所、人员伤亡情况、受伤者的受伤部位和受伤情况、事故范围程度、现场其他情况、报警人姓名和电话，以便让救护人员和应急处置人员做好急救的准备。

（3）现场应急处置小组在接到报警后，应立即组织应急抢救，最大限度地减少人员伤害和财产损失。如遇事态严重，难以控制和处理，应立即请求社会专业资源（拨打"119"救援电话）提供支持和救援。

（4）项目部医护人员到达现场后应立即对伤者救治，对创伤出血者迅速包扎止血，送往医院救治。

（5）及时将伤亡及抢救进展情况报告单位负责人。

（四）物体打击事故应急处置

（1）发现有人受伤后，现场人员应大声呼救，同时报告现场负责人。

（2）现场负责人接到报告后应立即到现场查看情况并通知应急领导小组和医务部门，若受伤人员伤势较重，应立即拨打"120"急救电话，报警时应说明事故发生的时间、区域场所、人员伤亡情况、受伤者的受伤部位和受伤情况、事故范围程度、现场其他情况、报警人姓名和电话，以便让救护人员和应急处置人员做好急救的准备。

（3）现场应急处置小组在接到报警后，应立即组织应急抢救，最大限度地减少人员伤害和财产损失。如遇事态严重，难以控制和处理，应立即请求社会专业资源（拨打"119"救援电话）提供支持和救援。

（4）项目部医务人员到达现场后首先观察伤者的受伤情况、部位、伤害性质。

（5）及时将伤亡及抢救进展情况报告单位负责人。

（五）坍塌事故应急处置

（1）出现塌方征兆时：

①当施工人员发现土方支撑或建筑物有裂纹或发出异常声音时，应立即通知该区域施工人员迅速撤离可能塌方区域，同时报告现场负责人。

②现场负责人接到报告后立即到达现场查看情况，并通知现场处置小组。

③技术部门、安全部门接到报告后立即到达现场，对危险区域进行查看，由现场处置小组制定应急处置措施并负责执行，待危险因素消除后方可继续施工。

（2）发生塌方事故后，现场人员应大声呼叫，通知该区域施工人员，立即疏散，并立即通知现场负责人。

（3）现场负责人接到报告后应立即到达现场，询问现场人员有无人员被埋，对现场施工人员人数进行清点，确定有无人员被埋，并将情况立即报告现场处置小组。然后组织人员保护现场，设置警戒线做好警戒，禁止无关人员进入该区域，以免造成二次伤害。

①若没有人员被埋：待现场处置小组赶到现场后，对现场进行详细检查，并根据现场情况组织机械进行处理，对周边区域存在的塌方隐患进行处理。

②若有人员被埋：现场负责人应立即询问现场人员，了解被埋人员数量、大体位置，组织现场人员进行抢救工作，同时立即通知现场处置小组，并拨打"120"和"119"救援电话求援。现场处置小组到过现场后，应组织现场人员进行询问、调查，掌握被埋具体人数；然后查看现场，根据塌方情况和现场抢救情况，继续组织人员、机械对被埋人员进行抢救，准备好车辆运送伤员车辆；同时立即将事故情况上报单位负责人。

（4）抢救前要详细检查塌方区域，对有可能塌方的隐患先处理后再进行抢救工作；抢救过程中要密切关注现场情况，特别是高处土石方情况，防止造成二次事故。

（5）当事故有可能出现扩大、影响周围建筑物，应当立即向当地政府有关部门应急领导小组提出申请，请求社会支援并协助其进行疏散、处理。

（6）被埋人员抢救出土后：

①及时送医院进行检查、救治。

②对呼吸、心跳停止的伤员予以心脏复苏直至与"120"救援人员交接。

③应急救援队负责清除伤员伤口、鼻口泥块、凝血块、呕吐物等，将昏迷伤员舌头拉出，以防窒息。

④对骨折、外伤流血的伤者，简易包扎、止血或简易固定后送医院救治。

第十一章 建筑工程施工技术

第一节 特殊土地基的处理技术

一、特殊土地基的工程性质及处理原则

（一）淤泥类土

软土是指淤泥和淤泥质土。软土是一种主要由黏性颗粒组成的土，在静水或非常缓慢的流水环境中沉积而成。它具有含水量大、压缩性高、透水性小、承载力低等特点，主要分布在我国东南沿海、沿江和湖泊地区。软土中分布量最大、面积最广的是淤泥类土，它属于低强度、高压缩性的有机土，是事故多发、难以处理的地基土。淤泥类土的工程性质如下所示。

1.压缩性高、沉降量大

一般情况下，建在淤泥类土上的砖石结构的民用房屋沉降幅度如下：二层为15~30cm；四层为25~60cm；五层以上多超过60cm，其中福州、中山、宁波、新港、温州等地沉降最大。这些地区四层房屋下沉超过50cm，有的高达60cm以上。

2.由黏粒、粉粒构成，黏粒含量高，渗透性低

淤泥类土的渗透系数一般为 $i \times 106 \sim i \times 10-1cm/s$，土的固结时间很长，房屋沉降稳定历时达数年至数十年。在正常的施工速度情况下，超过二层的房屋，施工期间沉降占总沉降的20%~30%，其余的沉降可延长20年以上。在新开发区修筑道路时，我们可发现道路填土过多造成路基不均匀下沉现象。路面因不均匀沉降而产生的裂缝，虽经修补但仍很难恢复，其主要原因是填筑后产生的沉陷恢复稳定需要的时间比较长。

3.快速加荷可引起大量下沉、倾斜及倾倒

饱和淤泥类土的承载能力与加荷排水状况有很大的关系。如果加荷速率过快，土壤中的水分无法排出，则会使孔隙内的水压升高；当外荷超过允许承载力的50%时，则会使

地基发生塑性变形，大量的土体被挤压出来，从而造成地基的沉降或地基失稳。

4. 土的抗剪强度低、易于滑坡

饱和结构性淤泥土的强度决定于黏聚力值，在 10~20kPa，因此地基的允许承载力最高为100kPa，低者30~40kPa。软土边坡的稳定坡度值很低，只有 1：5（坡高与坡长之比），地震时为 1：10，降水后有所提高，但预压后，地基承载力可提高一倍。

（二）杂填土地基

杂填土，是指含有建筑垃圾、工业废料、生活垃圾等杂物的填土。从上述定义不难看出"杂填土"中的"杂"并不是汉语词典表述的词义：多种多样、不单纯的意思，而是含建筑垃圾、工业废料、生活垃圾的意思。所以对于同时包含碎石、卵石、砂、粉土及黏性土中的一种、一种以上或建筑垃圾、工业废料、生活垃圾含量很少或较少的土不能界定为杂填土。

1. 建筑垃圾

建筑垃圾是指从事建筑业的拆除、建设、装饰、修理等生产活动所产生的渣土、废混凝土、废砖石等废弃物。

2. 工业废料

工业废料，即工业固体废弃物，是指工矿企业在生产活动过程中排放出来的各种废渣、粉尘及其他废物等。如化学工业的酸碱污泥、机械工业的废铸砂、食品工业的活性炭渣、纤维工业的动植物的纤维屑、硅酸盐工业的砖瓦碎块等。

3. 生活垃圾

生活垃圾是指在日常生活或者为日常生活提供服务的活动中产生的固体废物，以及法律、行政法规规定视为生活垃圾的固体废物。

垃圾分类是指按照一定规定或标准将垃圾分类储存、分类投放和分类搬运，从而转变成公共资源的一系列活动的总称。垃圾分类的目的是提高垃圾的资源价值和经济价值，力争物尽其用。

从工程意义上来说，杂填土通常因为其成分复杂、均匀性极差而且可能存在不良工程性能（比如生活垃圾容易降解），一般不宜直接作为地基土或填筑材料使用，是一种工程性能极差的土类型，工程实践中一般作为弃土。

杂填土是一种具有高度压缩不均匀、强度差别较大的软弱地基土。在没有经过任何处理的情况下，杂填土是不能做地基的，应慎重对待。

（三）湿陷性黄土

湿陷性土包括湿陷性黄土及具有湿陷性的碎石土、砂土和其他土。湿陷性土的特点是当其未受水浸湿时，一般强度较高，压缩性较低。但受水浸湿后，在上覆土层的自重应力或自重应力和建筑物附加应力作用下，土的结构迅速破坏，并发生显著的附加下沉，其强度也随着迅速降低。

湿陷性土主要由湿陷性黄土组成。湿陷性黄土是指在一定压力下受水浸湿，土结构迅速破坏，并产生显著附加下沉的黄土。

（四）膨胀土

膨胀土主要是由蒙脱石、伊利石等强亲水性黏土矿物组成的高塑性黏性土，具有胀缩性、多裂隙性、水敏性、强度衰变性、超固结性和地形的平缓性。膨胀土主要分布于我国湖北、广西、云南、安徽、河南等地，其工程特性如下：

（1）颜色有灰白、棕、红、黄、褐及黑色；

（2）粒度成分中以黏土颗粒为主，一般在50%以上，最低也要大于30%，粉粒次之，砂粒最少；

（3）矿物成分中黏土矿物占优势，多为伊利石、蒙脱石，高岭石含量很少；

（4）胀缩强烈，膨胀时产生膨胀压力，收缩时形成收缩裂隙。长期反复胀缩使土体强度产生衰减；

（5）各种成因的大小裂隙发育；

（6）早期生成的膨胀土具有超固结性，胀缩变形特性引起巨大危害。

二、特殊土地基的处理方法

在特殊土地基上建造建（构）筑物，这类地基土强度低、压缩性高，易引起上部结构开裂或倾斜，一般都需经过地基处理。因为建（构）筑物不均匀沉降，造成地基处理就是按照上部结构对地基的要求，对地基进行必要的加固或改良，提高地基土的承载力，保证地基稳定，减少房屋沉降或不均匀沉降，消除黄土湿陷的现象。地基处理的方法甚多，仍在不断地涌现和完善，下面将介绍几种常见的处理方法。

（一）灰土垫层

灰土垫层的材料为石灰和土，石灰和土的体积比一般为3∶7或2∶8。灰土垫层的强度随用灰量的增大而提高，但当用灰量超过一定值时，其强度增加很小。灰土地基施工工艺简单、费用较低，是一种应用广泛、经济且实用的地基加固方法，适用于加固处理1~3m厚的软弱土层。

1. 材料要求

（1）土：土料可采用就地基坑（槽）挖出来的粉质黏土或塑性指数大于4的粉土，但应过筛，其颗粒直径不大于15mm，土内有机含量不得超过5%。不宜使用块状的黏土和砂质粉土、淤泥、耕植土、冻土。

（2）石灰：应使用达到国家三等石灰标准的生石灰，使用前生石灰需消解3~4天并过筛，其粒径不应大于 5mm。

2. 施工要点

在使用灰土垫层处理特殊土地基时，施工人员应该遵守以下施工要点：

（1）在施工之前要先验一下槽，将积水和淤泥清理干净，夯实两遍，待其干燥后方可铺灰土。

（2）在灰土施工时，要适当地控制其含水率，以用手紧握土料成团，手指轻捏就能碎为宜，如土料水分过多或不足时，可以晾干或洒水润湿；应拌和均匀，颜色均匀，拌好后及时铺好夯实；厚度内槽（坑）铺土应分层进行，壁上预设标志控制。

（3）按设计要求，在现场进行测试，确定每一层的夯打遍数，通常夯打（或碾压）不少于四遍。

（4）灰土分段施工时，墙脚、柱墩、承重窗间墙之间的接缝不能有缝隙，上下相邻两层灰土的接缝间距不得小于 0.5m，接缝处的灰土应充分夯实；当灰土垫层地基高度不同时，应做成阶梯形，每阶宽度不少于 0.5m。

（5）在地下水位以下的基槽、坑内施工时，应采取排水措施，在无水状态下施工；夯实后的灰土两天内不得受水浸泡。

（6）灰土打完后，应及时进行基础施工，并及时回填土，否则要做临时遮盖，防止日晒雨淋；刚打完毕或尚未夯实的灰土，如遭受雨淋浸泡，则应将积水及松软灰土除去并补填夯实；受浸泡的灰土，应在晾干后再使用。

（7）在冬季施工中，严禁使用冻土或拌有冻土的土料，并采取有效的防冻措施。

3. 质量检查

质量检查可用环刀法取样，测定其干密度，质量标准可按压实系数鉴定，一般为 0.93~0.95。

（二）砂垫层和砂石垫层

由于地基的软土比较松软，通常会将基础底面下面一定厚度软弱土层挖除，用砂或砂石垫层来代替，以起到提高基础土地基承载力，减少沉降，加速软土层排水固结作用。砂、砂石垫层的主要作用：提高基础底面以下地基浅层的承载力。地基中的剪切破坏是从基础底面下边角处开始，随基底压力的增大而逐渐向纵深发展的，因此当基础底面以下浅层范围内可能被剪切破坏的软弱土为强度较大的垫层材料置换后，可以提高承载能力，减少沉降量。一般情况，基础下浅层的沉降量中所占的比例较大。由于土体侧向变形引起的沉降，理论上也是浅层部分占的比例较大。以垫层材料代替软弱土层，可大大减少这部分的沉降量，加速地基的排水固结。用砂石作为垫层材料，由于其透水层大，在地基受压后便是良好的排水面，可使基础下面的空隙水压力迅速消散，避免地基土的塑性破坏，从而加速垫层下软弱土层的固结及其强度的提高。

砂、砂石垫层的适用范围：适用于 3m 内的软弱、透水性强的黏性土层处理，垫层厚度一般为 0.5~2.5m 之间为宜；若超过 3m，则费工费料，施工难度也较大，经济费用高；若小于 0.5m，则不起作用。

1. 材料要求

砂、砂石垫层宜用颗粒级配良好、质地坚硬的中粗砂、砾砂、卵石和碎石；也可以采用细砂，但宜掺入一定数量的卵石或碎石，其掺入量按设计规定（含石量不超 50%）。此外，如石屑、工业废料，经过试验合格后也可作为垫层的材料。兼起排水固结作用的垫层材料含泥量不宜超过 3%，碎石或卵石粒径不宜大于 50mm。

2. 施工要点

在使用砂、砂石垫层处理特殊土地基时，施工人员应该遵守以下施工要点：

（1）砂石均需机械拌和均匀后方可分层夯填；

（2）施工前要统一放置标高及清除干净基底的杂草浮土，同时应严禁搅动下卧层及周边土质层；

（3）为防止下雨造成边坡塌方，施工作业前应在基坑内及四周做好排水措施，从而确保边坡稳定；

（4）如基底尚存在较小厚度淤泥质土，为防止碾压时冒出泥浆或脱层，可在施工前往该处抛石挤密，或将基层压入底层；

（5）应分层分级夯铺，每层铺设厚度应小于 300mm，如采用大型碾压机械，其铺设厚度可控制在 500mm 以内。

3. 质量检查

在捣实后的砂垫层中，用容积不小于 200cm³ 的环刀取样，测定其干密度，以不小于通过试验所确定的该砂料在中密状态时的干密度数值为合格。如系砂石垫层，施工人员可在垫层中设置纯砂检查点，在同样施工条件下取样检查。中砂在中密状态的干密度，一般为 1.55~1.60g/cm³。

（三）强夯法

强夯法指的是为提高软弱地基的承载力，用重锤从一定高度下落夯击土层使地基迅速固结的方法。该方法是利用起吊设备，将 10~100t 的重锤提升至 10~40m 高处使其自由下落，依靠强大的夯击能和冲击波作用夯实土层。强夯法适用于处理碎石土、砂土、低饱和度的粉土与黏性土、湿陷性黄土、杂填土和素填土等地基。对高饱和度的粉土与黏性土等地基，当采用在夯坑内回填块石、碎石或其他粗颗粒材料进行强夯置换时，应通过现场试验确定其适用性。

1. 机具设备

（1）夯锤

强夯锤的锤重范围为 10~150t，底面形式宜采用圆形或多边形。夯锤的材质最好为铸钢，如条件所限，则可用钢板壳内填混凝土。夯锤底面宜对称设置若干个直径约 250~300mm 与顶面贯通的排气孔，以利于夯锤着地时坑底空气迅速排出和起锤时减小坑底的吸力。锤底面积应该按土的性质确定，对于砂质土和碎石填土，采用底面积为 2~4m² 较为合适；对于黏性土一般为 3~4m²；对于淤泥质土一般采用 4~6m² 为宜。锤底静接地压力值可取 25~40 kPa，对于细颗粒土锤底静接地压力宜取较小值。

（2）起重机具

一般选用 15t 以上的履带式起重机或其他专用的起重设备；当起重机吨位不够时，也可采取加钢支腿的方法，起重能力应大于夯锤重量的 1.5 倍；采用履带式起重机时，可在臂杆端部设置辅助门架，或采用其他安全措施，防止落锤时机架倾覆。

（3）脱钩器

脱钩器应该有足够强度，起吊时不产生滑钩；脱钩灵活，能保持夯锤平稳下落，同时挂钩方便、迅速。

（4）推土机

一般情况下，使用 120~320 型推土机，用作回填、整平夯坑。

2. 作业条件

（1）应有岩土工程勘察报告、强夯场地平面图及设计对强夯的效果要求等技术资料；

（2）强夯范围内的所有地上、地下障碍物已经拆除或拆迁，对不能拆除的已采取防护措施；

（3）场地已整平，并修筑了机械设备进出道路，表面松散土层已经预压，雨期施工周边已挖好排水沟，防止场地表面积水；

（4）已选定检验区做强夯试验，通过试夯和测试，确定强夯施工的各项技术参数，制定强夯施工方案；

（5）当强夯所产生的振动对周围邻近建（构）筑物有影响时，应在靠建（构）筑物一侧挖减振沟或采取适当加固防振措施，并设观测点；

（6）测量放线，定出控制轴线、强夯场地边线，钉木桩或点白灰标记出夯点位置，并在不受强夯影响的处所，设置若干个水准基点。

3. 质量检查

在使用强夯法处理特殊土地基时，质量检查应该遵守以下几点：

（1）应检查施工记录及各项技术参数，并应在夯击过的场地选点检验；

（2）一般可采用标准贯入、静力触探或轻便触探等方法，符合试验确定的指标即为合格；

（3）检查点数，每个建筑物的地基不少于 3 处，检测深度和位置按设计要求确定。

（四）灰土挤密桩

灰土挤密桩常用以消除黄土的湿陷性，适用于处理地下水位以上的湿陷性黄土、素填土和杂填土等。处理深度宜为 5~15m，是湿陷性黄土地基处理常用的方法之一，因此在中国西北及华北等黄土地区已广泛应用。

灰土挤密桩法是利用柴油锤打桩机锤击沉管挤压成孔，使桩间土得以挤密，用灰土填入桩孔内分层夯实形成灰土桩，并与桩间土组成复合地基的地基处理方法。

1. 材料及构造要求

（1）土料：可采用素黄土及塑性指数大于 4 的粉土，有机质含量小于 5%，不得使用耕植土；土料应过筛，土块粒径不应大于 15mm。

（2）石灰：选用新鲜的块灰，使用前 7d 消解并过筛，不得夹有未熟化的生石灰块粒及其他杂质，其颗粒直径不应大于 5mm，石灰质量不应低于二级标准，活性 $CaO+MgO$ 的含量不少于 60%。

（3）对选定的石灰和土进行原材料和土工试验，确定石灰土的最大干密度、最佳含水量等技术参数。拌和采用集中拌和设备，确保充分拌和及颜色均匀一致，灰土的夯实含水量宜控制在最佳含水量 ±2% 之间，边拌和边加水，确保灰土的含水量为最优含水量。

2. 施工要点

在使用灰土挤密桩处理特殊土地基时，施工人员应该遵守以下施工要点：

（1）施工前应在现场进行成孔、夯填工艺和挤密效果试验，以确定分层填料厚度、夯击次数和夯实后干密度等要求；

（2）灰土的土料和石灰质量要求及配制工艺要求同灰土垫层，填料的含水量超出或低于最佳值 3% 时，宜进行晾干或洒水润湿；

（3）桩施工一般采取先将基坑挖好，预留 20~30cm 土层，其次在坑内施工灰土桩，最后基础施工前再将已搅动的土层挖去；

（4）桩的施工顺序应先外排后里排，同排内应间隔一两个孔，以免因振动挤压造成相邻孔产生缩孔或坍孔，成孔达到要求深度后，施工人员应立即夯填灰土，填孔前应先清底夯实、夯平，夯击次数不少于 8 次；

（5）桩孔内灰土应分层回填夯实，每层厚 350~400mm，夯实可用人工或简易机械进行，桩顶应高出设计标高约 150mm，挖土时将高出部分铲除；

（6）如果孔底出现饱和软弱土层时，可采取加大成孔间距，以防由于振动而造成已打好的桩孔内挤塞；当孔底有地下水流入，可采用井点抽水后再回填灰土或可向桩孔内填入一定数量的干砖渣和石灰，经夯实后再分层填入灰土。

3. 质量保证措施

（1）严格执行现行标准、规范、规程；

（2）施工时加强管理，进行认真的技术交底和检查，桩孔要防止漏打或漏填，并将每天每班成孔挤成桩工作量及时复核，并整理上报；

（3）严把质量关，施工过程各工序都要设专人负责监督成孔、回填、夯实质量并做好施工记录，如发现地基土质异常并影响成孔、回填或夯实时，应立即停止施工并报甲方项目部、监理单位负责人员，待查明情况或采取有效措施处理后方可继续施工；

（4）每道工序必须实施下道工序对上道工序的验收制度，而且当班人员在自检的基础上与质量技术组一起进行验收；

（5）做好技术资料整理。施工人员根据每天实际完成工程量，认真如实填写工程隐蔽验收记录和灰土挤密桩桩孔施工记录表，并上报监理单位；

（6）施工过程应加强质量抽查，抽查数量不得少于成桩数量的 2%，采用环刀取样测定桩身土的压实系数及桩间土的挤密系数，并做好记录。对不合格的桩应采取加桩补救的措施。

4. 安全措施

（1）施工人员进入施工现场要进行安全教育，并做好记录；

（2）现场施工人员必须严格执行有关规程、规范以及各种安全生产操作规程；

（3）桩机操作时，应安放平稳，防止成孔时突然倾倒或锤头突然下落，造成人员伤亡或设备损坏；

（4）成孔时距桩锤 6m 范围内不得有人进行其他作业；

（5）已成好的孔尚未回填时，应加盖板，以免人员或物件掉入孔内；

（6）夯填前，应先检查夯实机等电源线绝缘是否良好，接地线、开关应符合要求，电线不得拖地使用，应一律架空，倒车时一定要有人看好并拉好电线，以免拉、轧断电线造成触电事故；

（7）成孔最好当天填完，遇隔夜施工要做好防雨措施，将孔围拢，孔眼要覆盖，同时要做好施工现场的排水工作，做到安全文明施工。

（五）砂桩

砂桩 19 世纪 30 年代起源于欧洲。20 世纪 50 年代后期，日本出现了振动式和冲击式的施工方法，处理深度可达 30m。砂桩技术自 20 世纪 50 年代引进我国后，在工业与民用建筑、交通、水利等工程建设中得到了应用。砂桩是指先用振动或冲击荷载在软弱地基中成孔后，再将砂挤压入土中，形成大直径的密实柱体。砂桩可以提高地基的强度，减少地基的压缩性，提高地基的抗震能力，防止饱和松散砂土地基的振动液化。

1. 材料和构造要求

砂可用天然级配的中、粗砂或其他有良好渗水性的代用材料，粒径以 0.3~3mm 为宜，含泥量不大于 5%。构造上要求砂桩直径一般为 220~320mm，最大可达 700mm，间距宜为 1.8~4.0 倍桩径，桩深度应达到压缩层下限处。如在压缩层范围内有密实的下层，则只加固软土层部分。砂桩布置应该呈梅花型。桩的平面尺寸，在宽度及长度方向最外排砂桩轴线到基础边缘距离应不小于 1.5 倍砂桩直径或 1/10 砂桩有效长度，以防止基土塑性变形及冻胀的影响。在加固饱和软土地基时，一般在桩顶上设置一层厚度不小于 200mm 的砂垫层，布满整个基底，以起扩散应力和排水的作用。

2. 砂桩的作用

（1）在松散砂土中的作用：挤密作用、振密作用、砂土地基预震作用。对挤密砂桩的沉管法或干振法，由于在成桩过程中桩管对周围砂层产生很大的横向挤压力，桩管体积的砂被挤向桩管周围的砂层，使桩管周围的砂层孔隙比减小，密实度增大。砂桩有效挤密范围约为 3~4 倍桩体直径。振动法成桩时，桩管周围土体同时受到挤密和振密作用，其有效振密范围比挤密作用更明显，可达 6 倍桩体直径。

（2）在软黏土中的作用：置换作用、排水作用。砂桩在软弱黏性土中成桩后，地基就变成由砂桩和桩间土共同组成的复合地基。由于密实的砂桩取代了在砂桩体积相等的软土，所以复合地基的承载力比天然地基大，其沉降也就比天然地基小。砂桩在软弱黏性土地基中构成排水路径，可以起着排水砂井作用，使土层中的水向砂桩集中并通过砂桩排走，从而加快地基固结沉降速率。

3. 施工要点

在使用砂桩处理特殊土地基时，施工人员应该遵守以下施工要点：

（1）打砂桩时地基表面会产生松动或隆起，在基底标高以上宜预留 0.5~1.0m 的土层，待打完桩后再将预留土层挖至设计标高，如坑底仍不够密实，可再辅以人工夯实或机械压实。

（2）砂桩的施工顺序，应从外围或两侧向中间进行。如砂桩间距较大，也可逐排进行。

（3）打砂桩通常用振动沉桩机将带活瓣桩尖与砂桩同直径的钢桩管沉下、灌砂、振动拔管即成。振动力以 30~70kN 为宜，不能过大，避免过分扰动软土。拔管速度应控制在 1~1.5m/min 范围内，以免形成中断、颈缩，造成事故。对特别软弱土层也可二次沉管灌砂，形成扩大砂桩。

（4）灌砂时砂的含水量应加以控制，对饱和水的土层，砂可采用饱和状态，也可用水冲法灌砂；对非饱和水的土、杂填土或能形成直立的桩孔孔壁的土层，含水量可采用 7%~9%。

（5）砂桩的灌砂量应按桩孔的体积和砂在中密状态时的干土密度计算（一般取 2 倍桩管入土体积），其实际灌砂（不包括水重）不得少于计算的 95%，如发现砂量不够或砂桩中断等情况，可在原位进行复打灌砂。

（六）振冲地基

振冲地基法是指利用振冲器的强力振动和高压水冲加固土体的方法。该法是国内应用较普遍和有效的地基处理方法，适用于各类可液化土的加密和抗液化处理，以及碎石土、砂土、粉土、黏性土、人工填土、湿陷性土等地基的加固处理。

1. 施工机具设备

机具设备主要有振冲器、起重机械、水泵及供水管道、加料设备和控制设备等。振冲器为类似插入式混凝土振捣器的设备。起重设备采用 80~150kN 履带式起重机或自制起重机具，水泵要求流量 20~30m³/h，水压 0.6~0.8/mm²。控制设备包括：控制电流操作台、150A 电流表、500V 电流表以及供水管道、加料设备等。

2. 施工要点

在使用振冲地基处理特殊土地基时，施工人员应该遵守以下施工要点：

（1）施工前应先进行振冲试验，以确定其成孔施工合适的水压、水量、成孔速度及填料方法，达到土体密实度时的密实电流值和留振时间等。

（2）振冲施工工艺，先定位，然后振冲器对准孔点，以 1~2m/min 的速度沉入土中。每沉入 0.5~1.0m，宜在该段高度悬留振冲 5~10s，进行扩孔，待孔内泥浆溢出时再继续沉入，使之形成 0.8~1.2m 的孔洞。当下沉达到设计深度时，留振并减小射水压力，一般保持 0.1N/mm²，以便排除泥浆进行清孔。亦可将振冲器以 1~2m/min 的均速沉至设计深度以上 300~500mm，然后以 3~5m/min 的均速提出孔口，再用同法扎沉至孔底，如此反复一两次，达到扩孔目的。

（3）成孔后应立即往孔内加料，把振冲器沉入孔内的填料中进行振密，至密实电流值达到规定值为止，反复进行直至桩顶，每次加料的高度为 0.5~0.8m。在砂性土中制桩时，亦可采用边振边加料的方法。

（4）在振密过程中宜小水量喷水补给，以降低孔内泥浆密度，有利于填料下沉，便于振捣密实。

（七）深层搅拌法

深层搅拌法常常被应用到建筑工程建设的地基施工中，经过长时间的验证，深层搅拌法确实能够有效加固地基，提高地基的整体性以及稳定性，也能够最大限度地减少由于地基土质不稳定导致的地基沉降。所以近年来，深层搅拌法越来越多地被应用到工程建设过程中，技术也越来越成熟，其实际施工效率也在逐渐提高。可以说深层搅拌法对于地基处理而言有着极其重要的意义及作用。

1. 适用范围

一般来说深层搅拌法适用在饱和软黏土地质条件下，因为利用水泥、石灰等材料与深层地基中的软黏土进行充分的搅拌混合能够通过一系列的反应，对原本松软、流动性强、强度低的地基起到良好的加固作用。在施工过程中水泥、石灰等作为固化剂掺入地基土质层中，加上机械的搅拌作用就能够在黏土与固化剂充分混匀的基础上形成整体性强的地基整体，同时会具备良好的水稳定性，能够提高地基原有的强度。利用深层搅拌法处理地基能够有效提高地基的承载力，对于防止地基沉降也能够起到有效作用。如今在高速公路边坡加固施工中也通常会使用到该技术。而深层搅拌法施工中主要就是深层石灰搅拌桩施工与深层水泥搅拌桩施工两种常用的方法。

（1）深层石灰搅拌桩施工

深层石灰搅拌桩被广泛运用于软土地基的处理施工当中。这种方法广泛应用于塑性指标比较高的软土地基施工。在这样的条件下，石灰的作用效果要比用水泥的效果好得多，也可靠得多。深层石灰搅拌就是用外力强制地把石灰和软土地基中的种种土质搅拌和混合，石灰会和软土地基中的种种土质，物质发生化学反应，不仅可以稳定地基，也可以增大软土地基的强度，使之满足施工要求。这种方法技术简单、经济合理，这样的话，就可以有效地控制软土地基强度不够，沉降太多的问题，对整个工程都有较好的作用。

（2）深层水泥搅拌桩施工

深层水泥搅拌桩的技术广泛用于淤泥、类似土质、灰炭土和粉土地基的施工。这种方法，同样是软体地基施工的主要方法之一，所以只要使用得合理，使用得恰当，就可以使软土硬结，提高地基强度，再用特制的深层搅拌机械做辅助，整个工程就能顺利有序地进行施工。

2. 施工要点

（1）深层搅拌法的施工工艺流程。施工过程是：深层搅拌机定位→预搅下沉→制配水泥浆→提升井浆搅拌→重复上、下搅拌清洗→移至下一根桩位。

（2）施工时，先将深层搅拌机用钢丝绳吊挂在起重机上，用输浆管将贮料罐、砂浆泵同深层搅拌机接通，开动电机，搅拌机叶片相向而转，借用设备自重，以 0.38~0.75m/min 的速度沉至要求加固深度；再以 0.3~0.75m/min 的均匀速度提升搅拌机，与此同时开动砂浆泵，将砂浆搅拌机中心管不断压入土中，由搅拌机叶片将水泥浆与深层处的软土搅拌，边搅拌边喷浆，直至提至地面，即完成一次搅拌过程。用同法再一次重复搅拌下沉和重复搅拌喷浆上升，即完成一根柱状加固体，外型"8"字形，一根接一根搭接，即成壁状加固体。几个壁状加固体连成一片即成块体。

（3）施工中要控制搅拌机提升速度，使之连续匀速，以控制注浆量，保证搅拌均匀。

（4）应用管道，每天加固以备再用，完毕应用水清洗贮料罐、砂浆泵、深层搅拌机及相关设备。

第二节　桩基础工程施工技术

钢筋混凝土预制桩能承受较大荷载，坚固耐久，施工速度快，但对周围环境影响较大，是我国广泛应用的桩型之一。常用的为钢筋混凝土方形实心断面桩和圆柱体空心断面桩，预应力混凝土桩正在推广应用。钢筋混凝土方桩的断面直径多为 250~550mm，单根桩或多节桩的单节长度应根据桩架高度、制作场地、道路运输和装卸能力而定。多节桩如用电焊或法兰接桩时，节点的竖向位置应避开土层中的硬火层。在工厂预制，长度不宜超过 12m；在现场预制，长度不宜超过 30m。混凝土强度等级不宜低于 C30，桩身配筋率不宜小于 0.8%，压入桩不宜小于 0.5%，纵向钢筋直径不宜小于 14mm。桩身宽度或直径大于或等于 350mm 时，纵向钢筋不宜少于 8 根，桩的接头不宜超过两个。

一、钢筋混凝土预制桩的制作与运输

钢筋混凝土预制桩的制作与运输应该遵守以下要求：

第一，钢筋混凝土预制桩多数在打桩现场或附近就地制作，为节省场地，现场预制桩多为叠浇法施工，重叠层数不宜超过四层。桩与桩之间应做好隔离层，上层桩的浇筑必须在下层桩或邻近桩的混凝土达到设计强度的 30% 以后方可进行。预制场地应平整、坚实，并防止浸水沉陷，以确保桩身平直。

第二，钢筋骨架的主筋连接宜采用对焊。同一截面内的接头数不得超过 50%，钢筋骨架及桩身尺寸的允许偏差不得超出规定，否则桩易打坏。

第三，预制桩的混凝土常用 C30~C40 混凝土，应由桩顶向桩尖连续浇筑捣实，一次完成。制作完后，应洒水养护不少于 7 天。混凝土粗骨料宜为 5~40mm。

第四，桩的混凝土达到设计强度的 70% 方可起吊；达到 100% 方可运输和打桩。桩在起吊和搬运时，吊点应符合设计规定。起吊时应平稳提升，吊点同时离地。如要长距离运输，可采用平板拖车或轻轨平板车运输。

第五，桩堆放时，地面必须平整、坚实，垫木间距应根据吊点确定，各层垫木应位于同一垂直线上，最下层垫木应该适当加宽，堆放层数不宜超过四层，不同规格的桩应分别堆放。

二、钢筋混凝土预制桩的沉桩

钢筋混凝土预制桩的沉桩方法有锤击法、静力压桩法、振动法和水冲法等。

（一）锤击法

锤击法是利用桩锤的冲击能克服土对桩的阻力，使桩沉到预定深度或达到持力层。该法施工速度快，机械化程度高，适用范围广，但施工时有振动、挤土、噪声和污染现象，不宜在市中心和夜间施工。

1. 打桩设备

打桩设备包括桩锤、桩架和动力装置。桩锤是对桩施加冲击力，将桩打入土中的主要机具。桩架是支持桩身和桩锤，将桩吊到打桩位置，并在打桩过程中引导桩的方向，保证桩沿着所要求方向冲击的打桩设备。动力装置取决于所选的桩锤。当选用蒸汽锤时，则需配备蒸汽锅炉和卷扬机。

（1）桩锤

桩锤主要有落锤、柴油锤、蒸汽锤和液压锤，目前柴油锤应用最多。

①落锤

落锤具有构造简单、使用方便、能随意调整其落锤高度等优点，它适合在普通黏土和含砾石较多的土层中打桩，一般用卷扬机拉升施打。但是，落锤生产效率低，对桩的损伤较大。落锤重量一般为0.5~1.5t，重型锤可达数吨。

②柴油锤

柴油锤是利用燃油推动活塞往复运动进行锤击打桩。柴油锤分导杆式和筒式两种，锤重0.6~6.0t。此设备轻便，打桩迅速，每分钟锤击40~80次，可用于大型混凝土桩和钢管桩等，是目前应用较广的一种桩锤。

③蒸汽锤

蒸汽锤是利用蒸汽的动力进行锤击。根据其工作情况又可分为单动式汽锤与双动式汽锤。单动式汽锤冲击力较大，可以打各种桩，常用锤重3.0~10t，每分钟锤击次数为25~30次。双动式汽锤打桩速度快，冲击频率高，每分钟达100~120次，适合打各种桩，并能用于打钢板桩、水下桩、斜桩和拔桩，锤重0.6~6t。

④液压锤

液压打桩锤属于锤击方式。其原理为：以液压能为动力，将锤抬至一定高度，通过泄油或反向供油的方式，使锤加速下落，途中会产生较大冲击，将桩体夯入地基。因锤和桩帽直接接触，同时完成冲击力的传递，对混凝土桩或钢桩、木桩都较为适用。若有防水罩，还可进行水下作业。

从上述分析中可知，液压打桩锤具有使用方便、污染少、适应性强等诸多优势，必将成为最重要的沉桩方式。

（2）桩架

常用的桩架主要有：沿轨道行驶的多功能桩架、装在履带底盘上的打桩架两种基本形式。

①多功能桩架

多功能桩架由立柱、斜撑、回转工作台、底盘及传动机构组成。它的机动性和适应性很大，在水平方向可作360°回转，立柱可前后倾斜，底盘下装有铁轮，可在轨道上行走。这种桩架可适应各种预制桩及灌注桩施工，缺点是机构较庞大，现场组装和拆迁较麻烦。

②履带式桩架

履带式桩架是以履带式起重机为底盘，增加导杆和斜撑组成，用以打桩。该桩架具有移动方便的优点，可适应各种预制桩、灌注桩施工。

2. 打桩

在打桩前，施工人员应做好下列工作：清除妨碍施工的地下、地上的障碍物；平整施工场地；定位放线；设置供水、供电系统；安装打桩机等。

桩基轴线的定位点，应设置在不受打桩影响的地点，打桩地区附近需设置不少于 2 个水准点。在施工过程中可据此检查桩位的偏差以及桩的入土深度。打桩时，施工人员应注意下列一些问题：

（1）打桩顺序

打桩顺序影响打桩速度和打桩质量，尤其对周围的影响更大。当桩的中心距小于 4 倍桩径时，打桩顺序尤为重要。由于桩对土体的挤密作用，先打入的桩因水平推挤而造成偏移和变位，或被垂直推挤造成浮桩；然后打入的桩难以达到设计标高或入土深度，造成土体挤压和隆起。打桩时可选用下列打桩顺序：①由中间向两侧对称施打；②由中间向四周施打；由一侧向单一方向进行，并逐排改变方向；③大面积的桩群多分成几个区域，由多台打桩机采用合理的顺序同时进行打桩。

（2）打桩方法

桩架就位后，首先将桩锤和桩帽吊起来，其次吊桩并送至导杆内，垂直对准桩位缓缓插入土中，垂直度偏差不得超过 0.5%，再次固定桩帽和桩锤，使桩、桩帽、桩锤在同一垂线上，确保桩能垂直下沉，最后放下桩锤轻轻压住桩帽，桩在自重作用下，向土中沉入一定深度而达到稳定位置。这时，再校一次桩的垂直度，即可进行打桩。为了防止击碎桩顶，在桩锤与桩帽、桩帽与桩之间应加弹性衬垫，桩帽和桩顶四周应有 5~10mm 间隙。

打桩时宜用"重锤低击""低提重打"，可取得良好效果。开始打桩时，锤的落距宜较小，待桩入土一定深度并稳定后，再按要求的落距锤击。单动汽锤的落距以 0.6m 左右为宜，柴油锤以不超过 1.5m，落锤以不超过 1mm 为宜。

（3）测量和记录

打桩系隐蔽工程施工，施工人员应做好打桩记录，作为工程验收时鉴定桩的质量的依据之一。

（4）质量控制

打桩的质量视打入的偏差是否在允许范围之内，最后贯入度与沉桩标高是否满足设计要求，桩顶、桩身是否打坏以及对周围环境有无造成严重危害而定。

打桩的控制，对桩尖部位坚硬、硬塑的黏性土、碎石土、中密以上的砂或风化岩等土层，以贯入度控制为主，桩尖进入持力层深度或桩尖标高可作参考。如贯入度已达到而桩尖标高未达到时，连续锤击 3 次，每次 10 击的平均贯入度不应大于规定的数值。桩尖位于其他软土层时，应以桩尖设计标高控制为主，贯入度可作参考。如控制指标已符合要求，而其他指标与要求相差较大时，应会同有关单位研究解决。当遇到贯入度剧变，桩身突然发生倾斜、移位或有严重回弹，桩顶或桩身出现严重裂缝、破碎等情况时，应暂停打桩，并分析原因，采取相应措施。

桩的垂直偏差应控制在1%之内，按标高控制的预制桩，桩顶标高允许偏差为 −50~100mm。

3. 静力压桩

静力压桩是利用无振动、无噪声的静压力将桩压入土中，用于软弱土层和邻近怕振动的建筑物地基的处理。静力压桩可以消除由于打桩而产生的振动和噪声。

静力压桩过去是利用桩架的自重和压重，通过滑轮组或液压将桩压入土中。近年来多用液压的静力压桩机，压力可达400t。压桩一般分节压入，逐段接长，为此需要桩分节预制。当第一节桩压入土中，其上端距地面2m左右时将第二节桩接上，继续压入。压同一根桩，应连续施工。如初压时桩身发生较大位移、倾斜，压入过程中如桩身突然下沉或倾斜，桩顶混凝土破坏或压桩阻力剧变时，应暂停压桩，及时研究处理。

接桩的方法目前有三种：焊接法、法兰接法和浆锚法。前两种接桩方法适用于各类土层，后者只适用于软弱土层，其中焊接接桩应用最多。接桩时，我们必须对准下节桩并垂直无误后，先用点焊将拼接角钢连接固定，再次检查位置，若正确方可进行焊接。施焊时，应两人同时在对角对称地进行，以防止节点变形不均匀而引起桩身歪斜。焊缝要连续、饱满。接桩时上、下节桩的中心线偏差不得大于10mm，节点弯曲矢高不得大于0.1%桩长。

（二）混凝土灌注桩施工

混凝土灌注桩是先直接在桩位上就地成孔，然后在孔内灌注混凝土或安装钢筋笼再灌注混凝土而成。根据成孔工艺不同，分为干作业成孔的灌注桩、泥浆护壁成孔的灌注桩、套管成孔的灌注桩、爆扩成孔的灌注桩和人工挖孔的灌注桩等。

1. 干作业成孔灌注桩

干作业成孔灌注桩适用于地下水位较低、在成孔深度内无地下水的土质，无需护壁可直接取土成孔。目前常用螺旋钻机成孔。螺旋钻机利用动力旋转钻杆，钻杆带动钻头上的叶片旋转来切削土层，削下的土屑靠与土壁的摩擦力沿叶片上升排出孔外。在软塑土层含水量大时，我们可用疏纹叶片钻杆，以便较快地钻进。

2. 泥浆护壁成孔灌注桩

泥浆护壁成孔是用泥浆保护孔壁，防止塌孔和排出土渣而成孔，不论地下水位高或低的土层皆适用。

（1）测定桩位

根据建筑的轴线控制定出桩基础的每个桩位，可用小木桩标记。桩位放线允许偏差20mm。正式灌注桩之前，应对桩基轴线和桩位复查一次，以免木桩标记变动而影响施工。

（2）埋设护筒

护筒是用 4~8mm 厚钢板制成的圆筒，其内径应大于钻头直径 100mm，上部宜开设 1~2 个溢浆孔。埋设护筒时先挖去桩孔处表土，再将护筒埋入土中。护筒中心与桩位中心的偏差不得大于 50mm。护筒与坑壁之间用黏土填实，以防漏水。护筒埋深在黏土中不小于 1.0m，在砂土中不宜小于 1.5m。护筒顶面应高于地面 0.4~0.6m，并应保持孔内泥浆面高出地下水位 1m 以上。护筒的作用是固定桩孔位置、防止塌孔和成孔时引导钻头方向。

3. 制备泥浆

制备泥浆的方法应根据土质条件确定。在黏性土中成孔时，可在孔中注入清水，钻机旋转时，切削土屑与水拌和，用原土造浆，泥浆相对密度应控制在 1.1~1.2；在其他土中成孔时，泥浆制备应选用高塑性黏土或膨胀土；在砂土和较厚的火砂层中成孔时，泥浆相对密度应控制在 1.1~1.3；在穿过砂或卵石层或容易塌孔的土层中成孔时，泥浆相对密度应控制在 1.3~1.5。施工中应经常测定泥浆相对密度，定期测定黏度、含砂率和胶体率等指标。废弃的泥浆、泥渣应妥善处理。

4. 成孔

成孔机械有回转钻机、潜水钻机、冲击钻等，其中以回转钻机应用最多。

（1）回转钻机成孔

回转钻机是由动力装置带动钻机回转装置转动，由其带动带有钻头的钻杆转动，由钻头切削土壤。根据泥浆循环方式的不同，分为正循环回转钻机和反循环回转钻机。由空心钻杆内部通入泥浆或高压水，从钻杆底部喷出，携带钻下的土渣沿孔壁向上流动，将土渣从孔口带出流入泥浆沉淀池。泥浆或清水先由钻杆与孔壁间的环状间隙流入钻孔，然后由吸泥泵等在钻杆内形成真空，使之携带钻下的土渣由钻杆内腔返回地面流向泥浆池。反循环工艺的泥浆上流的速度较高，能携带较大的土渣。

（2）潜水钻机成孔

潜水钻机是一种旋转式机械，其动力、变速机构和钻头连在一起，可以下放至孔中地下水中成孔，用正循环工艺将土渣排出孔外。

（3）冲击钻成孔

冲击钻主要用于在岩土层中成孔，成孔时将冲锥式钻头提升一定高度后，先是以自由下落的冲击力来破碎岩层，然后用掏渣筒来掏取孔内的渣浆。

5. 清孔

当钻孔达到设计要求深度后，即应进行验孔和清孔，清除孔底沉渣、淤泥，以减少桩基的沉降量，提高承载能力。对不易塌孔的桩孔，可用空气吸泥机清孔，气压为 0.5MPa，使管内形成强大高压气体上涌，被搅动的泥渣随着高压气流上涌，从喷口排出，直至孔口喷出清水为止；对稳定性差的孔壁应用泥浆（正、反）循环法或掏渣筒排渣。孔底沉渣厚度对于端承桩≤50mm，对于摩擦桩≤300mm。清孔满足要求后，施工人员应该立即吊放钢筋笼并灌注混凝土。

6.浇筑水下混凝土

在无水或水少的浅桩孔中灌注混凝土时，应分层浇筑振实，分层高度一般为0.5~0.6m，不得大于1.5m。混凝土坍落度在一般黏性土中宜为50~70mm，砂类土中为70~90mm，黄土中为60~90mm，水下宜为100~220mm。水泥密度不小于360kg/m³，含砂率为40%~45%，并宜选用中粗砂，为改善和易性及缓凝性，宜掺外加剂。水下混凝土浇筑常用导管法。其方法是利用导管输送混凝土并使之与环境水隔离，依靠管中混凝土的自重，压管口周围的混凝土在已浇筑的混凝土内部流动、扩散，以完成混凝土的浇筑工作。套管成孔灌注桩是利用锤击打桩法或振动打桩法，将带有钢筋混凝土桩靴或带有活瓣式桩靴的钢套管沉入土中，然后灌注混凝土并拔管而成。若配有钢筋时，则在规定标高处吊放钢筋骨架。

（三）沉管灌注桩

沉管灌注桩，系采用与桩的设计尺寸相适应的钢管（即套管），在端部套上桩尖沉入土中后，在套管内吊放钢筋骨架，然后边浇注混凝土边振动或锤击拔管，利用拔管时的振动捣实混凝土而形成所需要的灌注桩。由于施工过程中，锤击会产生较大噪声，故不适合在市区使用。沉管灌注桩非常适合土质疏松、地质状况比较复杂的地区，但遇到土层有较大孤石时，该也工艺无法实施，应改用其他工艺穿过孤石。

1.锤击沉管灌注桩

在锤击沉管灌注桩施工时，用桩架吊起钢套管，对准预先设在桩位处的预制钢筋混凝土桩靴。套管与桩靴连接处要垫以麻、草绳，以防止地下水渗入管内。然后缓缓放下套管，套入桩靴压进土中。套管上端扣上桩帽，检查套管与桩锤是否在同一垂直线上。套管偏斜≤0.5%时，即可用锤击打桩套管。先用低锤轻击，如无偏移才正常施打，直至符合设计要求的贯入度或沉入标高，并检查管内有无泥浆或水进入，如果没进水就可以灌筑混凝土。套管内混凝土应尽量灌满，然后开始拔管。拔管要均匀，第一次拔管高度控制在能容纳第二次所需的混凝土灌注量为限，不宜过高，应保证管内不少于2m高度的混凝土。拔管时应保持连续不停地锤击，并控制拔管速度，对一般土层，以不大于1m/min为宜，在软弱土层及软硬土层交界处，应控制在0.8m/min以内。桩冲击频率视锤的类型而定。单动汽锤采用倒打拔管，频率不低于70次/min；自由落锤轻击不得少于50次/min。在管底未拔到桩顶设计标高之前，倒打或轻击不得中断。拔管时还要经常探测混凝土落下的扩散情况，注意保持管内的混凝土略高于地面，这样一直到安全管拔出为止。桩的中心距在5倍桩管径以内或小于2m时，均应跳打，中间空出的桩须待邻桩混凝土达到设计强度的50%以后，方可施工。锤击灌注桩宜用一般黏性土、淤泥土、砂土。

2. 振动沉管灌注桩

振动沉管灌注桩采用激振器或振动冲击沉管。施工时，先安装好桩机，将桩套管下端活瓣合起来，对准桩位，徐徐放下套管，压入土中，勿使其偏斜，即可开动激振器沉管。当桩管沉到设计标高，且最后 30s 的电流值、电压值符合设计要求后，停止振动，用吊斗将混凝土灌入桩管内，然后再开动激振器、卷扬机拔出钢管，边振边拔。沉管时必须严格控制最后 4min 的贯入速度，其值按设计要求，或根据试桩和当地长期的施工经验确定。振动灌注桩可采用单打法、反插法或复打法施工。

3. 夯压成型沉管灌注桩

夯压成型沉管灌注桩（简称夯压桩）是在锤击沉管灌注桩的基础上发展起来的。它是利用打桩锤将内外钢管沉入土层中，由内夯管夯扩端部混凝土，使桩端形成扩大头，再灌注桩身混凝土，用内夯管和桩锤顶压在管内混凝土面形成桩身混凝土。夯压桩直径一般为400~500mm，扩大头直径一般可达 450~700mm，桩长可达 20m，适用于中低压缩性黏土、粉土、砂土、碎石土、强风化岩等土层。

夯压桩的机械设备同锤击沉管桩，常用 D1~D25 型柴油锤，外管底部采用开口，内夯管底部可采用闭口平底或闭口锥底，内外钢管底部间隙不宜过大，通常内管底部比外管内径小 20~30mm，以防沉管过程中土挤入管内。内外管高低差一般为 80~100mm（内管较短）。在沉管过程中，不用桩尖，外管封底，采用干硬性混凝土或无水混凝土，经夯击形成柔性阻水、阻泥管塞。当不出现由内、外管间隙涌水、涌泥时，使用上述封底措施；当地下水量较大，涌水、涌泥现象严重时，也可在底部加一块镀锌铁皮或预制混凝土桩尖，以更好地达到止水目的。夯压桩成孔深度控制同锤击沉管桩，当持力层为砂土、碎石土、残积土时，桩端达到设计贯入度后，宜再锤击二次，以利于提高地基土的承载力。

（四）人工挖孔灌注桩

人工挖孔灌注桩是先指采用人工挖掘方法进行成孔，然后安装钢筋笼，浇筑混凝土，成为支撑上部结构的桩。人工挖孔桩的优点是：设备简单，噪声小，振动小，对周围的原有建筑物影响小；施工现场较干净；土层情况明确，可直接观察到地质变化情况，桩底沉渣能清除干净，施工质量可靠。当高层建筑采用大直径的混凝土灌注桩时，人工挖孔比机械成孔具有更大的适应性，因此近年来随着我国高层建筑的发展，人工挖孔桩得到较广泛地运用，特别在施工现场狭窄的市区修建高层建筑时，更显示其特殊的优越性。但人工挖孔桩施工时，工人在井下作业，施工安全应予以特别重视，要严格按操作规程施工，制定可靠的安全措施。

1. 施工机具

第一，电动葫芦和提土桶，用于施工人员上下，材料与弃土的垂直运送，若孔较浅，也可用独木杠杆提升土石；

第二，潜水泵，用于抽出桩孔中的积水；

第三，鼓风机和输风管，用于向桩孔中强制送入新鲜空气；

第四，镐、锹、土筐、照明灯、对讲机等。

2.施工工艺

第一，按设计图纸放线、定桩位。

第二，开挖土方，采取分段开挖，每段高度决定于土壁保持直立状态的能力，一般 0.5~1.0m 为一施工段，开挖范围为设计桩径，加扩壁厚度。

第三，支设护壁模板。模板高度取决于开挖土方施工段的高度，一般为 1m，由 4~8 块活动钢模板组合而成。

第四，在模板顶部放置操作平台。平台可用角钢和钢板制成半圆形，两个合起来即为一个整圆，用来临时放置混凝土和浇筑混凝土。

第五，浇筑护壁混凝土。护壁混凝土要捣实，因它起着防止土壁塌陷与防水的双重作用，第一节护壁厚度宜增加 100~150mm，上下节护壁用钢筋拉结。

第六，拆除模板继续下一段的施工。当护壁混凝土达到 1MPa，常温下约为 24h 后方可拆除模板，开挖下一段的土方，再支撑浇筑护壁混凝土，如此循环，直至挖到设计要求深度。

第七，排除孔底积水，浇筑桩身混凝土。当混凝土浇筑至钢筋笼的底面设计标高时，再安放钢筋笼继续浇筑桩身混凝土。浇筑时，混凝土必须通过溜槽；当高度超过 3m 时，应用串筒，串筒末端离孔底高度不宜大于 2m，混凝土宜采用插入式振捣器捣实。

（五）灌注桩施工质量要求

灌注桩施工质量检查包括成孔及清孔、钢筋笼制作及安放、混凝土搅拌及灌注等工序过程的质量检查。成孔及清孔时主要检查已成孔的中心位置、孔深、孔径、垂直度、孔底沉渣厚度；钢筋笼制作安放时主要检查钢筋规格、焊条规格、品种、焊口规格、焊缝长度、焊缝外观和质量，主筋和箍筋的制作偏差及钢筋笼安放的实际位置等；混凝土搅拌和灌注时主要检查原材料质量与计量，混凝土配合比、坍落度等；对于沉管灌注桩还要检查打入深度、停锤标准、桩位及垂直度等。

对于一级建筑物和地质条件复杂或成桩技术可靠性较低的桩基工程，应采用静载检测和动测法检查；对于大直径桩还可以采取钻取岩心、预埋管超声检测法检查，数量根据具体情况由设计确定。桩基验收应包括下列资料：

第一，工程地质勘察报告、桩基施工图、图纸会审纪要，设计变更单及材料代用通知单等；

第二，经审定的施工组织设计、施工方案及执行中的变更情况；

第三，桩位测量放线图，包括工程桩位线复核签证单；

第四，桩质量检查报告；

第五，单桩承载力检测报告；

第六，基坑挖至设计标高的基桩竣工平面图及桩顶标高图。

第三节　钢筋工程施工技术

一、钢筋冷加工

（一）钢筋冷拉

钢筋冷拉是指在常温下，以超过钢筋屈服强度的拉应力拉伸钢筋，使钢筋产生塑性变形，以提高强度，节约钢材，同时对钢筋进行调直、除锈。

1.冷拉原理

钢筋冷拉后有内应力存在，内应力会促进钢筋内的晶体组织调整，经过调整，屈服强度又进一步提高。该晶体组织调整过程称为"时效"。采用控制应力方法冷拉钢筋时，其冷拉控制应力下的最大冷拉率应符合规定。

冷拉时应检查钢筋的冷拉率，如超过表中规定，应进行屈服点、抗拉强度和伸长率试验。如果钢筋冷拉尚未达到控制应力，而个别钢筋的冷拉率已经达到最大值，则应立即停止冷拉，对其鉴别后使用。控制应力方法冷拉钢筋时，易于保证钢筋质量，在有测力计的条件下应优先采用。采用控制冷拉率方法冷拉钢筋时，冷拉率应由试验确定。一般以来料批为单位，测定同炉批钢筋冷拉率时的冷拉应力，应符合其试样不应少于4个，并取其平均值作为该批钢筋实际采用的冷拉率。不同炉批的钢筋，不宜用控制冷拉率的方法进行钢筋冷拉。多根连接的钢筋，用控制应力的方法进行冷拉时，其控制应力和每根的冷拉率均应符合规定；当用控制冷拉率的方法进行冷拉时，冷拉率可按总长计，但冷拉后每根钢筋的冷拉率不得超过规定。

钢筋冷拉时，冷拉速度不宜过快，宜控制在0.5~1m/min，达到规定的制应力（或冷拉率）后，须稍停再放松。钢筋伸长值的起点，以拉紧钢筋（约为冷拉应力的10%）时为准，负温下采用控制冷拉率方法时，制冷拉率与常温相同；采用控制应力方法，当气温低于−20℃时，由于钢筋的屈服强度随温度降低而提高，故其控制应力应比常温下提高30~50N/mm^2，钢筋不得在−30℃以下进行冷拉。

2.冷拉设备

冷拉设备主要由拉力装置、承力结构、钢筋火具和测力装置等组成，拉力装置由卷扬机、张拉小车及滑轮组等组成。承力结构可采用钢筋混凝土压杆（又称冷拉槽）或地锚。

测力装置可采用电子秤传感器或弹簧测力计等。冷拉设备的冷拉能力应大于钢筋的冷拉力。

（二）钢筋冷拔

冷拔是使直径 6~8mm 的热轧低碳钢圆盘条钢筋在常温下强力通过特制的钨合金拔丝模孔，在拉伸与压缩的共同作用下，产生塑性变形。因钢筋内部晶粒的变化比冷拉时更大，从而使强度大幅提高，但塑性降低，呈硬钢性质。

冷拔的工艺流程为：钢筋轧头——除皮——拔丝。轧头是用一对轧辊将钢筋端部轧细，以便钢筋通过拔丝模孔口。除皮是钢筋通过两个变向槽轮，反复弯曲除去表面的氧化皮或锈层。拔丝时，钢筋需通过润滑剂进入拔丝模。润滑剂常用生石灰 100kg、动物油 20kg、石蜡 5kg、水适量配制而成。影响钢筋冷拔质量的主要因素为原材料质量和冷拔总压缩率。冷拔总压缩率是指由盘条冷拔至成品钢丝的横截面总压缩率。冷拔总压缩率越大，钢丝的抗拉强度越高，但塑性越低。冷拔低碳钢丝有时要经多次冷拔而成，每次冷拔的压缩率不宜太大，否则拔丝机的功率大，拔丝模易损耗，且易断丝。一般前道钢丝和后道钢丝的直径之比以 1：0.87 为宜。冷拔次数亦不宜过多，否则易使钢丝变脆。直径 5mm 的冷拔低碳钢丝，宜用直径 8mm 的圆盘条拔制；直径 4mm 或小于 4mm 者，宜用直径 6.5mm 的圆盘条拔制。冷拔低碳钢丝经调直机调直后，抗拉强度约降低 8%~10%，塑性有所改善，使用时应加以注意。

二、钢筋的一般加工

钢筋的一般加工主要包括钢筋的调直、切断和弯曲。钢筋的调直方法有机械调直和人工调直两种。通常直径在 10m 以下的盘圆钢筋用调直机或卷扬机调直；直径在 10mm 以上的直条粗钢筋用锤击法人工调直。当采用冷拉方法调直钢筋时，必须注意控制冷拉率，Ⅰ 级钢筋不得超过 4%，Ⅱ、Ⅲ 级钢筋不得超过 1%。

钢筋的切断通常用切断机。切断机分机械传动和液压传动两类，可切断直径为 6~40mm 左右的钢筋。切断钢筋时应注意先断长料，后断短料，受力钢筋下料长度的允许偏差为 ±10mm。钢筋可采用弯曲机械弯曲成型，以减轻劳动强度，提高工效，保证质量。钢筋弯曲机通常有两个工作速度，低速用于直径为 24~40mm 的钢筋，中速用于直径为 18mm 以下的钢筋。钢筋弯曲时，弯曲直径不宜过小。

三、钢筋连接

工程中钢筋往往因长度不足或因施工工艺上的要求进行连接。目前，施工中应尽量采用焊接连接方式。绑扎连接和焊接连接已列入规范，机械加工连接正在推广应用，化学材料锚固连接在我国尚很少采用。

（一）绑扎连接

采用绑扎连接时，其搭接长度、位置、端部弯钩等要求应符合规范的规定。这种连接方式可在直径不太大的钢筋中应用。其优点是施工方便，不受设备条件、施工条件的限制。缺点是用钢量大，钢筋的传力性能不太理想，在接头处，由于一根钢筋变成两根，有时会发生排列困难，或钢筋太密，致使混凝土不宜灌实，影响结构承载力。

（二）焊接连接

焊接连接是目前应用得最广泛的一种钢筋连接方法。该方法的优点是传力性能好，节约钢材、适用范围广。缺点是需要技术高的焊工，用电量大，焊接接头的焊接质量与钢材的焊接性、焊接工艺有关。钢材的焊接性是指在一定的焊接工艺条件下，获得优质焊接接头的难易程度，也就是金属材料对焊接加工的适应性。钢材的焊接性可根据钢材化学成分与焊接热影响区淬硬性的关系，把钢中合金元素（包括碳）的含量用碳当量粗略地评定。

1.闪光对焊

闪光对焊是将焊件装配成对接接头，接通电源，并使其端面逐渐移近达到局部接触，利用电阻热加热这些触点（产生闪光），使端面金属熔化，直至端部在一定深度范围内达到预定温度时，迅速施加顶锻力完成焊接的方法。

闪光对焊分为连续闪光焊和预热闪光焊两种。连续闪光焊是自闪光一开始就徐徐移动钢筋，形成连续闪光，接头处逐步被加热。连续闪光焊工艺简单，宜于焊接直径25mm以内的Ⅰ～Ⅱ级钢筋。预热闪光焊是首先连续闪光，使钢筋端面闪平，其次使接头处做周期性的闭合拉开，每一次都激起短暂的闪光，使钢筋预热，接着再连续闪光，最后顶锻。预热闪光焊能焊Ⅳ级钢筋以及直径较大的Ⅰ～Ⅱ级钢筋。

闪光对焊的焊接过程一般可以分成预热、闪光（俗称烧化）、顶锻等阶段。

（1）预热阶段

预热阶段是闪光对焊在闪光阶段之前先以断续的电流脉冲加热工件。

第一，预热的速度控制。一般预热时焊件的接近速度大于连续闪光初期速度，焊件短接后稍延时即快速分开呈开路，即进入匀热期，如此反复直至加热到预定温度。预热可以采用计数（短接次数）、计时或行程（设预热留量）来控制。

第二，预热的转换。预热结束时，可以将焊件的接近速度降低，使焊件从预热阶段转入闪光阶段。转换的方式有两种：一种是强制转入闪光阶段，这样预热的热输入方式和能量可任意调节，过程转换点稳定；另外一种是采用自然转换方式，此时预热时的焊件靠近速度须选用闪光初期的靠近速度，当焊件端面升温到某值时可自然转入闪光。

（2）闪光阶段

闪光阶段是闪光对焊加热过程的核心。闪光的主要作用是加热工件。在此阶段中，先接通电源，并使2个工件端面轻微接触。电流通过时，接触点熔化，成为连接两端面的液体金属过梁。在电流的作用下，随着动夹钳的缓慢推进，过梁的液体金属不断产生、蒸发。液态金属微粒不断从接口间喷射出来，形成火花急流——闪光。

在闪光过程中，工件逐渐缩短，端头温度也逐渐升高，动夹钳的推进速度也必须逐渐加大。在闪光过程结束前，工件整个端面形成一层液体金属层，并在一定程度上使金属达到塑性变形温度。

在这个阶段中，闪光必须稳定而且强烈。所谓稳定是指在闪光过程中不发生断路和短路现象。断路会减弱焊接处的自保护作用，接头易被氧化。短路会使工件过烧，导致工件报废。所谓强烈是指在单位时间内有相当多的过梁爆破。闪光越强烈，焊接处的自保护作用越好，这在闪光后期尤为重要。

（3）顶锻阶段

在闪光阶段结束时，立即对工件施加足够的顶端压力，接口间隙迅速减小，过梁停止爆破，即进入顶锻阶段。顶锻是实现焊接的最后阶段。顶锻时，要封闭焊件端面的间隙，排除液态金属层及其表面的氧化物杂质。顶锻阶段包括初期通电顶锻和断电继续顶锻（送进加压）的过程。顶锻是一个快速的锻击过程。它的前期是封闭焊件端面的间隙，防止再氧化，这段时间越快越好。当端面间隙封闭后，断电并继续顶锻。

顶锻留量包括间隙、爆破留下的凹坑、液态金属层尺寸及变形量。加大顶锻留量有利于彻底排除液态金属和夹杂物，保证足够的变形量。一般建议最大扭曲角不应超过80°，液态金属刚挤出接口呈"第三唇"即可。

2. 电弧焊

电弧焊可分为手工电弧焊、半自动（电弧）焊、自动（电弧）焊。自动（电弧）焊通常是指埋弧自动焊，是在焊接部位覆有起保护作用的焊剂层，由填充金属制成的光焊丝插入焊剂层，与焊接金属产生电弧，电弧埋藏在焊剂层下，电弧产生的热量熔化焊丝、焊剂和母材金属形成焊缝，其焊接过程是自动化进行的。最普遍使用的是手工电弧焊。

施工现场常用交流弧焊机使焊条与钢筋间产生高温电弧。焊条的表面涂有焊药，以保证电弧稳定燃烧，同时焊药燃烧时形成气幕可使焊缝不致氧化，并能产生熔渣覆盖焊缝，减缓冷却速度。选择焊条时，其强度应略高于被焊钢筋。对重要结构的钢筋接头，应选用低氢型碱性焊条。

钢筋电弧焊接头的主要形式有：搭接焊接头、帮条焊接头、坡口焊接头，以及窄间隙焊接头。

（1）搭接焊与帮条焊接头

搭接焊接头，只适用于I级钢筋。钢筋宜预弯，以保证两钢筋的轴线在同一直线上。帮条焊接头，可用于I、II级钢筋。帮条宜采用与主筋同级别、同直径的钢筋制作。搭接焊与帮条焊宜采用双面焊，如不能进行双面焊时，也可采用单面焊，其焊缝长度应增加一倍。

（2）坡口焊接头

坡口焊分为平焊和立焊两种，适用于装配式框架结构的节点，可焊接直径18~45mm

的Ⅰ、Ⅱ、Ⅲ级钢筋。钢筋坡口平焊，采用V型坡口，坡口角度55°~65°，根部间隙为4~6mm，下垫钢板。钢筋坡口立焊，采用半V型坡口，坡口角度为40°~55°，根部间隙为3~5mm，亦贴有焊板。

（3）窄间隙焊接头

水平钢筋窄间隙焊接适用于直径20mm以上钢筋的现场水平连接。焊接时，两钢筋端部置于U型铜模中，留出10~15mm的窄间隙，用焊条连接焊接，熔化钢筋端面，并使熔化金属充填间隙形成接头。

3. 电渣压力焊

电渣压力焊是将两钢筋安放成竖向或斜向（倾斜度在4∶1的范围内）对接形式，利用焊接电流通过两钢筋间隙，在焊剂层下形成电弧过程和电渣，产生电弧热和电阻热，熔化钢筋，加压完成的一种压焊方法。简单地说，电渣压力焊就是利用电流通过液体熔渣所产生的电阻热进行焊接的一种熔焊方法。它工效高、成本低，高层建筑施工中已取得很好的效果。

电渣压力焊的主要设备包括：二相整流或单相交流电的焊接电源；火具、操作杆及监控仪的专用机头；可供电渣焊和电弧焊两用的专用控制箱等。电渣压力焊耗用的材料主要有焊剂及铁丝。因焊剂要求既能形成高温渣池和支托熔化金属，又能改善焊缝的化学成分提高焊缝质量，所以常选用含锰、硅量较高的埋弧焊的"431"焊剂，并避免焊剂受潮，以免在高温作用下产生蒸汽，使焊缝有气孔。铁丝常采用绑扎钢筋的直径为0.5~1mm的退火铁丝，制成球径不小于10mm的铁丝球，用来引燃电弧（也可直接引弧）。电渣压力焊的工艺过程如下。

（1）电弧引燃过程

焊接火具焊紧上下钢筋，钢筋端面处安放引弧铁丝球，焊剂灌入焊剂盒，接通电源，引燃电弧。

（2）造渣过程

靠电弧的高温作用，将钢筋端面周围的焊剂充分熔化，形成渣池。

（3）电渣过程

当钢筋断面处形成一定深度的渣池后，将上钢筋缓慢插入渣池中，此时电弧熄灭，渣池电流加大，渣池因电阻较大，温度迅速升到2000℃以上，将钢筋端头熔化。

（4）挤压过程

当钢筋端头熔化达一定量时，加力挤压，将熔化金属和熔渣从结合部挤出，同时切断电源。电渣压力焊工艺参数主要有焊接电流、焊接电压、通电时间、钢筋熔化量以及挤压力大小等。

4. 气压焊

气压焊也属于焊接中的压焊。钢筋气压焊是利用乙炔与氧混合气体燃烧所形成的火焰加热钢筋两端面，使其达到塑化状态，在压力作用下获得牢固接头的焊接方法。这种焊接方法设备简单、工效高、成本较低，适用于各种位置的直径为 16~40mm 的Ⅰ、Ⅱ级钢筋焊接连接。

气压焊的焊接原理与熔焊不同，它是钢筋端部加热后，产生塑性变形，促使钢筋端面的金属原子互相扩散，进一步加热至钢材熔点的 0.80~0.90 倍（1250~1350℃）时，进行加压顶锻，使钢筋端面更加紧密接触，在温度和压力作用下，晶粒重新组合再结晶而达到焊合的目的。钢筋气压焊设备由供气装置、多嘴环管加热器、加压器以及焊接火具等组成。钢筋气压焊的工艺过程为：

第一，接合前端面处理与钢筋轴线垂直切平端面。在焊接前用角向磨光机将钢筋端面打磨干净。

第二，初期压焊，用碳化火焰接缝连续加热，以防接合面氧化。待接缝处钢筋红热时，施加 30~40N/mm² 的截面压强，直至钢筋端面闭合。

第三，主压焊，把加热焰调成乙炔稍多的中性焰，沿钢筋轴向在 2d（d 为钢筋直径）范围内宽幅加热。

（三）机械加工连接

机械加工连接正在中国得到发展和推广应用。目前正在推广的有两种方法：一种是套筒冷压连接工艺；另一种是锥螺纹套筒连接工艺。这两种套筒连接方法与绑扎连接方法相比，优点是受力性能好，可节省钢材；与焊接方法相比，用电省，不受气候和高空作业影响，没有明火，操作简单，施工速度快，不需要熟练工种，质量易于保证，但造价要稍高些。

1. 钢筋套筒冷压连接

钢筋套筒冷压连接，是将需连续的变形钢筋插入特制钢套筒内，利用液压驱动的挤压机进行径向或轴向挤压，使钢套筒产生塑性变形，使它紧紧咬住变形钢筋实现连接。它适用于竖向、横向及其他方向的较大直径变形钢筋的连接。与焊接相比，它具有节省电能、不受钢筋可焊性好坏影响、不受气候影响、无明火、施工简便和接头可靠度高等特点。

钢筋挤压连接的工艺参数，主要是压接顺序、压接力和压接道数。压接顺序应从中间向两端压接。压接力要能保证套筒与钢筋紧密咬合，压接力和压接道数取决于钢筋直径、套筒型号和挤压机型号。

2. 钢筋锥螺纹套筒连接

用于这种连接的钢套筒内壁，用专用机床加工呈锥形螺纹，钢筋的对接端头亦在套丝机上加工有与套筒匹配的锥螺纹。连接时，经对螺纹检查无油污和损伤后，先用手旋入钢筋，然后用扭矩扳手紧固至规定的扭矩即完成连接。该方法具有速度快、质量稳定、对中性好等优点，其在中国一些大型工程中多有应用。

对闪光对焊接头，要求从同批成品中切取 6 个试件，3 个进行拉伸试验钢筋规定的抗拉强度值，或至少有两个试件在焊缝之外，呈延性断裂。做弯曲试验的试件，在规定的弯心直径下，弯曲至 90° 时不得在焊缝或热影响区发生破断。

对电弧焊接头，要求从成品中每批（现场安装条件下，每一楼层中以 300 个同类型接头为一批）切取 3 个试件，做拉伸试验，其试验结果要求同闪光对焊。对电渣压力焊接头，要求从每批成品在现浇混凝土框架结构中，每一楼层中以 300 个同类型接头为一批；不足 300 个时，切取 3 个试件进行拉伸试验，其试验结果均不得低于该级别钢筋规定的抗拉强度值。

对套筒冷压接头，要求从每批成品（每 500 个相同规格、相同制作条件的接头为一批，不足 500 个仍为一批）中，切取 3 个试件做拉伸试验，每个试件实测的抗拉强度值均不应小于该级别钢筋的抗拉强度标准值的 1.05 倍或该试件钢筋母材的抗拉强度。对锥形螺纹套筒接头，要求从每批成品（每 300 个相同规格接头为一批，不足 300 个仍为一批）中，取 3 个试件做拉伸试验，每个试件的屈服强度实测值不小于钢筋的屈服强度标准值，并且抗拉强度实测值与钢筋屈服强度标准值的比值不小于 1.35 倍。

第四节　混凝土工程施工技术

一、混凝土的浇筑

混凝土是指由胶凝材料将集料胶结成整体的工程复合材料的统称。通常讲的混凝土一般是指用水泥作胶凝材料，砂、石作集料，与水（可含外加剂和掺合料）按一定比例配合，经搅拌而得的水泥混凝土，也称普通混凝土，它广泛应用于土木工程。商品混凝土是指以集中搅拌、远距离运输的方式向建筑工地供应一定要求的混凝土。商品混凝土是现代混凝土与现代化施工工艺的结合，它的普及程度能代表一个国家或地区的混凝土施工水平和现代化程度。集中搅拌的商品混凝土主要用于现浇混凝土工程，混凝土从搅拌、运输到浇灌需 1~2h，有时超过 2h。因此商品混凝土搅拌站合理的供应半径应在 10km 之内。

（一）混凝土浇筑的基本要求

1.防止离析

混凝土离析，主要是指混凝土拌合物组成材料之间的黏聚力不足，粗骨料下沉的现象。一般情况下，如果混凝土中分泌出了大量的水，基本上能够确定，混凝土已经发生了离析。离析之后的混凝土，各种组成材料呈现出了明显的分层现象，骨料在最下面，水在最上层。如果这个时候搅动混凝土，我们会发现，它已经失去了原有的黏性。所以，离析之后的混凝土主要表现为：分离和分层、抓底、和易性差等。而这些都能导致混凝土的性能发生改变，最终影响工程质量。离析是混凝土最常见的问题之一，它不仅改变了混凝土的泵送性能，也可能导致混凝土的功能性变差。

为此，混凝土自高处倾落的自由高度不应超过 2m，而在竖向结构中限制自由倾落高度不宜超过 3m，否则应沿串筒、斜槽、溜管或振动溜管等下料。

2. 正确留置施工缝

作为一种特殊的工艺缝，施工缝是按设计要求或施工需要分段浇筑，当浇筑混凝土达到一定强度后继续浇筑混凝土所形成的接缝。浇筑时由于施工技术如安装上部钢筋、重新安装模板和脚手架等客观原因，或施工组织如工人换班、分段或分层浇筑混凝土等主观原因，不能连续将结构整体浇筑完成，且停歇时间可能超过混凝土的初凝时间时，则应预先确定在适当的部位留置施工缝。

（1）留设原则

由于施工缝处新老混凝土连接的强度可能比整体混凝土强度低，所以施工缝的留设位置应事先计划，在混凝土浇筑前确定，以防止产生薄弱环节。

施工缝宜留设在结构受剪力较小且便于施工的位置。受力复杂的结构构件或有防水抗渗要求的结构构件，施工缝留设位置应经设计单位确认。

（2）留设位置

①水平施工缝

水平施工缝的留设位置应符合下列规定：

第一，柱、墙施工缝可留设在基础、楼层结构顶面，柱施工缝与结构上表面的距离宜为 0~100mm，墙施工缝与结构上表面的距离宜为 0~300mm；

第二，柱、墙施工缝也可留设在楼层结构底面，施工缝与结构下表面的距离宜为 0~50mm，当板下有梁托时，可留设在梁托下 0~20mm；

第三，高度较大的柱、墙、梁以及厚度较大的基础，可根据施工需要在其中部留设水平施工缝；当因施工缝留设改变受力状态而需要调整构件配筋时，应经设计单位确认；

第四，特殊结构留设水平施工缝应经设计单位确认。

②竖向施工缝

竖向施工缝的留设位置应符合下列规定：

第一，有主次梁的楼板施工缝应留设在次梁跨度中间 1/3 范围内；

第二，单向板施工缝应留设在与跨度方向平行的任何位置；

第三，楼梯梯段施工缝宜设置在梯段板跨度端部 1/3 范围内；

第四，墙的施工缝宜设置在门洞口过梁跨中 1/3 范围内，也可留设在纵横墙交接处；

第五，特殊部位留设竖向施工缝应经设计单位确认。

③设备基础施工缝

设备基础施工缝留设位置应符合下列规定：

第一，水平施工缝应低于地脚螺栓底端，与地脚螺栓底端的距离应大于150mm；当地脚螺栓直径小于30mm时，水平施工缝可留设在深度不小于地脚螺栓埋入混凝土部分总长度的3/4处；

第二，竖向施工缝与地脚螺栓中心线的距离不应小于250mm，且不应小于螺栓直径的5倍。

（3）留设界面处理

施工缝留设界面，应垂直于结构构件和纵向受力钢筋。结构构件厚度或高度较大时，施工缝或后浇带界面宜采用专用材料封挡。

在混凝土浇筑过程中，因特殊原因需临时设置施工缝时，施工缝留设应规整，并宜垂直于构件表面，必要时可采取增加钢筋、事后修凿等技术措施，还应采取钢筋防锈或阻锈等保护措施。

混凝土浇筑过程中，因暴雨、停电等特殊原因导致无法继续浇筑混凝土，或不能满足有关要求，而不得不临时留设施工缝时，施工缝应尽可能规整，留设位置和留设界面应垂直于结构构件表面，当有必要时可在施工缝处留设加强钢筋。如果临时施工缝留设在构件剪力较大处、留设界面不垂直于结构构件时，应在施工缝处采取增加加强钢筋并事后修凿等技术措施，以保证结构构件的受力性能。

施工缝往往由于留置时间较长，容易受建筑废弃物污染，要求采取技术措施进行保护。保护内容包括模板、钢筋、埋件位置的正确，还包括施工缝位置处已浇筑混凝土的质量；保护方法可采用封闭覆盖等技术措施。如果施工缝间隔施工时间可能会使钢筋产生锈蚀情况时，还应对钢筋采取防锈或阻锈措施。

（4）混凝土浇筑规定

在施工缝处继续浇筑混凝土时，应符合下列规定：

第一，结合面应为粗糙面，并应清除浮浆、松动石子、软弱混凝土层；

第二，结合面处应洒水湿润，并不得有积水；

第三，施工缝处已浇筑混凝土的强度不应小于1.2MPa；

第四，柱、墙水平施工缝水泥砂浆接浆层厚度不应大于30mm，接浆层水泥砂浆应与混凝土浆液成分相同。

（二）混凝土的浇筑方法

1. 分层浇筑

浇筑混凝土采用分层浇筑的方式时，首先要保证下层的混凝土处于初步凝结的状态，能够有效地确保混凝土结构的整体性施工的过程的连续性。总之浇筑混凝土的各个环节要实现统一协调、互相配合，在混凝土的搅拌、浇筑、运输以及振捣等各个阶段，施工单位要根据不同的情况，选择不同的方案。

（1）全面分层方式

所谓全面分层方式，指的是在混凝土的整体结构中，对混凝土进行全面分层浇筑。例如对第一层浇筑结束后对第二层进行浇筑，对第二层浇筑结束后再对第三层进行浇筑，依据这样的方式一直持续下去直到浇筑完毕为止。注意运用这样的浇筑方式，要确保结构面不大并且在施工的过程中遵循从短边开始，沿着长边方向进行的原则。当然也可以根据实际情况，选择从中间向两端方向或者从两端向中间的浇筑方式。

（2）分段分层方式

全面分层的浇筑方式，具有强度大的优点，但是如果施工现场所运用的机械不能满足施工要求时，而运用分段分层的浇筑方式就能够实现混凝土的浇筑。运用分段分层方式时，首先要从混凝土的最低层进行浇筑，过了一段时间后对第二层进行浇筑，其次按照从上到下的浇筑顺序进行浇筑，这种方式适用于厚度小、面积大、长度大的混凝土结构形式中。施工人员要根据工程的实际需要选择运用的方法，灵活运用。

（3）斜面分层方式

斜面分层的浇筑方式适用于长度长、厚度高的混凝土结构中。进行浇筑时首先一次性将混凝土浇筑到顶端，使混凝土的斜面形成 1∶3 的斜面坡度。进行浇筑时，运用自上而下的方式，认真、仔细地进行浇筑，确保混凝土的施工质量。

2. 连续浇筑

浇筑混凝土应连续进行，如必须间歇，其间歇时间应尽量缩短，并应在前层混凝土初凝之前，将次层混凝土浇筑完毕。混凝土运输、浇筑及间歇的全部时间不得超过规定，若超过则应留置施工缝。

3. 现浇钢筋混凝土框架结构的浇筑

浇筑前首先要划分施工层和施工段。施工层一般按结构层划分，而每一施工层如何划分施工段，则要考虑工序数量、技术要求、结构特点等。要做到当木工在第一施工层安装完模板，准备转移到第二施工层的第一施工段上时，下面第一施工层的第一施工段所浇筑的混凝土强度应达到允许工人在上面操作的强度。

浇筑柱子时，一施工段内的每排柱子应由外向内对称地顺序浇筑，不要由一端向另一端推进，以防柱子模板因误差积累难以纠正。断面400mm×400mm以内，或有交叉箍筋的柱子，应在柱子模板侧面开孔用斜溜槽分段浇筑，每段高度不超过2m，断面在400mm×400mm以上，无交叉箍筋的柱子，如柱子高度不超过4.0m，可从柱顶浇筑，如用轻骨料混凝土从柱顶浇筑，则柱高不得超过3.5m。柱子开始浇筑时，底部应先浇筑层厚50~100mm与所浇筑混凝土内砂浆成分相同的水泥砂浆或水泥浆。浇筑完毕，如柱顶处有较大厚度的砂浆层，则应加以处理。柱子浇筑后，待混凝土拌合物初步沉实后，再浇筑上面的梁板结构。

梁和板一般同时浇筑，从一端开始向前推进。只有当梁高大于1m时才允许将梁单独浇筑，此时的施工缝留在楼板板面下20~30mm处。梁底与梁侧面应振实，振动器不要直接触及钢筋和预埋件。楼板混凝土的虚铺厚度应略大于板厚，用表面振动器振实，用铁插尺检查混凝土厚度，振捣完后用长的木抹子抹平。浇筑叠合式受弯构件时，应按设计要求确定是否设置支撑，且叠合面应有不小于6mm的凸凹差。

4. 大体积混凝土浇筑

所谓大体积混凝土，主要指的是最小尺寸在1m以上的混凝土结构，其具有提升整体结构稳定性的作用。在建筑行业不断发展的过程中，大体积混凝土浇筑技术的应用领域越来越广，不论是工业厂房的施工，还是大型基础设施工程，抑或是房屋建筑均可以应用得到，且效果良好，甚至可以有效改善传统混凝土应用中存在的裂缝问题。但该技术在应用时较易受到其他因素影响，进而影响实际应用效果，甚至为工程质量带来不良影响。

（1）控制混凝土温度

大体积混凝土浇筑时，要将混凝土入模温度控制在30℃以内，如果是在高温季节施工，要对混凝土的原材料采取一定的降温措施，防止现场混凝土的温度过高。混凝土内部和表面的温差在25℃以内，混凝土表面和大气的温差在20℃以内。避免由于温差过大和降温过快产生的强度应力超过混凝土的抗拉强度，造成混凝土开裂。

（2）浇筑方法

底板混凝土浇筑应横向浇筑、纵向推进，一个坡度、分层浇注、一次到顶，混凝土形成的坡度以1∶10到1∶15，每层浇注厚度以不大于500mm为宜。

混凝土分层浇筑时间须严格控制，下层混凝土初凝前要浇捣上层混凝土，防止出现冷缝现象。现场要配备发电机等应急设备，一旦出现突发现象要能进行相应的应急处理。

（3）混凝土振捣

大体积混凝土振捣采用"二次振捣工艺"，即在下层砼初凝前进行上层砼浇筑并对下层砼再次进行振捣。混凝土振捣要分层、定距、快插慢拔。振动棒要分三点布置，一点置于浆头，一点置于泵口，一点置于中间，振捣到浮浆不下沉，气泡不上浮。上层混凝土振捣时振捣棒应插入下层混凝土100~200mm，振捣时间一般以15s为宜。

（4）二次抹压

大体积混凝土浇筑面应在2h以内进行二次抹压处理，避免出现裂缝。这道工序很多的单位都会忽略，导致后期混凝土表面出现很多的裂缝。

二、混凝土的养护

混凝土浇筑结束后运用覆盖、浇水的方式使其能够有效地实现混凝土的养护。除此之外，安排相关的人员看管混凝土，确保混凝土处于湿润状态。在夏天，通过覆盖湿草或者浇水的方式养护，不能少于7天。混凝土拌合物经浇筑振捣密实后，即进入静置养护期，使其中的水泥逐渐与水起水化作用而增长混凝土的强度。在这期间应设法为水泥顺利水化创造条件，即进行混凝土的养护。因为水泥浆体中的最大颗粒被水化硅酸钙凝胶厚层所包裹，阻碍了水化作用，所以，实际上水泥颗粒不会完全水化。但养护的目的是在合理的代价内保证水泥尽可能水化。从理论上来说，如果水灰比不小于0.42，即使不另外补充水分，混凝土中也有足够的水保证水泥完全水化。但当因蒸发作用和水化时可能发生的自干作用，而使混凝土内部相对湿度低于80%时，水化作用会停止，强度增长也会中断，结果使混凝土强度比其潜在的强度要低，对高强混凝土（水灰比低），其强度降低得更明显。因此，混凝土浇筑后的养护极为重要，须补充水分保证水化。混凝土养护一般可分为标准养护、自然养护和加热养护。

（一）标准养护

混凝土在温度为20℃和相对湿度为90%以上的潮湿环境或水中进行的养护称为标准养护。该方法用于对混凝土立方体试件进行养护。

（二）自然养护

混凝土在平均气温高于5℃的条件下，相应地采取保湿措施（如浇水）所进行的养护称为自然养护。施工规范规定，应在浇筑完毕后的12h以内对混凝土进行养护。

自然养护分浇水养护和表面密封养护两种。浇水养护就是用草帘将混凝土覆盖，经常浇水使其保持湿润。采用硅酸盐水泥、普通硅酸盐水泥或矿渣硅酸盐水泥时，养护时间不得少于7天。采用火山灰水泥、粉煤灰水泥、掺有缓凝型外加剂或有抗渗要求的混凝土，养护时间不得少于14天。对于有特殊要求的结构部位或特殊品种水泥，要根据具体情况确定养护时间，浇水次数以能保持湿润状态为宜。浇水养护简单易行、费用少，是现场最普遍采用的养护方法。

表面密封养护适用于不易浇水养护的高耸构筑物或大面积混凝土结构，混凝土表面覆盖薄膜后，能阻止其自由水的过多蒸发，保证水泥充分水化。表面密封养护的方法之一是将以过氯乙烯树脂为主的塑料溶液用喷枪喷洒到混凝土表面上，形成不透水塑料薄膜；方法之二是将以无机硅酸盐为主和其他有机材料为辅配制成的养护剂喷洒到混凝土表面，使其表面1~3mm的渗透层范围内发生化学反应，既可提高混凝土表面强度，又可形成一层坚实的薄膜，使混凝土与空气隔绝。

（三）加热养护

加热养护主要是蒸汽养护。在混凝土构件预制厂内，将蒸汽通入封闭窑内，使混凝土构件在较高的温度和湿度环境迅速凝结、硬化，一般养护12h左右。在施工现场，可将蒸汽通入模板内，进行热模养护，以缩短养护时间。

三、混凝土冬季施工

（一）冬季混凝土施工的一般原理

混凝土拌合物浇筑后之所以逐渐凝结和硬化，直至获得最终强度，是由于水泥水化作用的结果。而水泥水化作用的速度除与混凝土本身组成材料和配合比有关外，还随着温度的高低而变化。当温度升高时，水化作用加快，强度增长也较快；而当温度降到0℃时，存在于混凝土中的水有一部分开始结冰，逐渐由液相（水）变成固相（冰）。这时参与水泥水化作用的水减少了。因此，水化作用减慢，强度增长相应较慢。温度继续下降，当存在于混凝土中的水完全变成冰，也就是完全液相变为固相时，水泥水化作用基本停止，此时强度就不再增长。

水变成冰后，体积约增大9%，同时产生约2500kg/cm^{2}的膨胀应力。这个应力值常常大于水泥石内部形成的初期强度值，使混凝土受到不同程度的破坏（即早起受冻破坏）而降低强度。此外，当水变成冰后，还会在骨料和钢筋表面上产生颗粒较大的冰凌，减弱水泥浆与骨料和钢筋的黏结力，从而影响混凝土的抗压强度。当冰凌融化后，又会在混凝土内部形成各种空隙，从而降低混凝土的密实性及耐久性。

由此可见，在冬季混凝土施工中，水的形态变化是影响混凝土强度增长的关键，国内外许多学者对水在混凝土中的形态进行大量的试验。研究结果表明，新浇筑混凝土在冻结前有一段预养期，可以增加其内部液相，减少固相，加速水泥的水化作用。试验研究还表明，混凝土受冻前预养期越长，强度损失越小。

混凝土化冻后（即处在正常温度条件下）继续养护，其强度还会增长，不过增长的幅度大小不一。对于预养期长，获得初期强度较高（如达到R28的35%）的混凝土受冻后，后期强度几乎没有损失。而对于安全预养期短，获得初期强度比较低的混凝土受冻后，后期强度都有不同程度的缩减。由此可见，混凝土冻结前，要使其在正常温度下有一段预养期，以加速水泥的水化作用，使混凝土获得不遭受冻害的最低强度，一般称临界强度，即可达到预期效果。

（二）混凝土浇筑

第一，为保证混凝土的浇筑质量，防止温度发生变化影响质量，混凝土运至施工单位浇筑地点后应尽快浇筑，宜在90min内卸料；采用翻斗车运输时，宜在60min内卸料。

第二，冬季施工期间泵车润管水不得放入模板内；润管用过的砂浆也不得放入模板内，更不准集中浇筑在构件结构内。

第三，在浇筑过程中，施工单位应随时观察混凝土拌合物的均匀性和稠度变化。当浇筑现场发现混凝土坍落度与要求发生变化时，应及时与混凝土公司联系，及时进行调整。进入浇筑现场的混凝土严禁随意加水，更应杜绝边加水边泵送浇筑。

第四，当楼板、梁、墙、柱一起浇筑时，应先浇筑墙、柱，等待混凝土沉实后，再浇筑梁和楼板。浇筑墙、柱等较高构件时，一次浇筑高度以混凝土不离析为准，一般每层不超过500mm，捣平后再浇筑上层，浇筑时要注意振捣到位，使混凝土充满试模，不再显著下沉，无明显气泡排出。

第五，分层浇注厚大的整体式结构混凝土时，已浇注层的混凝土温度在未被上一层混凝土覆盖前不应低于2℃。采用加热养护时，养护前的温度不应低于2℃。

第六，混凝土的入模温度不得低于5℃，浇注后，对混凝土结构易冻部位，必须加强保温。

（三）冬季混凝土施工方法

1.冬季混凝土施工方法选择

从上述分析可以知道，在冬季混凝土施工中，主要解决三个问题：

第一，如何确定混凝土最短的养护龄期；

第二，如何防止混凝土早期冻害；

第三，如何保证混凝土后期强度和耐久性以满足要求。

实际工程中，要根据施工时的气温情况、工程结构状况（工程量、结构厚大程度与外露情况）、工期紧迫程度、水泥的品种及价格、早强剂、减水剂、抗冻剂的性能及价格，保温材料的性能及价格，热源的条件等，选择合理的施工方法。一般来说，对于同一个工程，可以有若干个不同的冬季施工方案。一个理想的方案，应当用最短的工期、最低的施工费用，来获得最优良的工程质量，也就是工期、费用、质量最佳化。

2.冬季混凝土施工方法种类

（1）调整配合比方法

调整配合比方法主要适用于在0℃左右的混凝土施工，具体流程如下。

第一，选择适当品种的水泥是提高混凝土抗冻的重要手段。试验结果表明，应使用早强硅酸盐水泥。该水泥水化热较大，且在早期放出强度最高，一般3天抗压强度大约相当于普通硅酸盐水泥的7天强度，效果较明显。

第二，尽量降低水灰比，稍增水泥用量，从而增加水化热量，缩短达到龄期强度的时间。

第三，掺用引气剂。在保持混凝土配合比不变的情况下，加入引气剂后生成气泡，同时，相应增加了水泥浆的体积，提高拌合物的流动性，改善其黏聚性及保水性，缓冲混凝土内水结冰所产生的水压力，提高混凝土的抗冻性。

第四，掺加早强外加剂，缩短混凝土的凝结时间，提高早期强度。

第五，选择颗粒硬度和缝隙少的集料，使其热膨胀系数和周围砂浆膨胀系数相同。

（2）蓄热法

蓄热法主要用于气温在−10℃左右，结构比较厚大的工程。该方法就是对原材料（水、砂、石）进行加热，使混凝土在搅拌、运输和浇灌以后，还储备相当的热量，使水泥水化放热较快，并加强对混凝土的保温，以保证在温度降到 0℃ 以前使新浇混凝土具有足够的抗冻能力。此法工艺简单，施工费用不高，但要注意内部保温，避免角部与外露表面受冻，且要延长养护临期。

（3）抗冻外加剂

抗冻外加剂法，是指在 −10℃ 以上的气温中，对混凝土拌合物掺加一种能够降低水的冰点的化学剂，使混凝土在负温下仍处于液相状态，水化作用能继续进行，从而使混凝土强度继续增长。目前，常用的抗冻剂包括：氧化钙、氯化钠等单抗冻剂，以及亚硝酸钠加氯化钠。

（4）外部加热法

外部加热法主要用于气温在 −10℃ 以下，构件并不厚大的工程。通过加热混凝土构件周围的空气，将热量传给混凝土，或直接对混凝土加热，使混凝土处于正温条件下正常硬化。

第一，火炉加热。一般在较小的工地使用，虽然方法简单，但室内温度不高，比较干燥，且释放出的二氧化碳会使新浇混凝土表面碳化，影响质量。

第二，蒸汽加热。用蒸汽使混凝土在湿热条件下硬化。此法较易控制，加热温度均匀。但因其需要专门的锅炉设备，费用较高，且热损失较大。

第三，电加热。将钢筋作为电极，或将电热器贴在混凝土表面，使电能转化为热能，以提高混凝土的温度。该方法简单方便，热损失较少，易控制，不足之处是电能消耗大。

第四，红外线加热。用高温电加热或气体红外线发生器，对混凝土进行密封辐射加热。

（四）冬季混凝土施工技术措施

1.冬季施工混凝土组成材料的要求

第一，骨料：骨料中不得有冰块、雪团和有机物，骨料应易清洁、级配良好、质地坚硬；

第二，水：宜采用可饮用的自来水；

第三，外加剂：选用防冻剂，防冻剂的作用机理是在规定的负温下显著降低混凝土的液相冰点，使混凝土在液态不结冰，保证水泥的水化作用，在一定的时间内获得预期的强度，防冻剂应通过技术鉴定，符合质量标准，并经实验室试验掌握其性能；

第四，水泥：显著活性高、水化热大的普通硅酸盐水泥。

2.冬季混凝土搅拌及运输的要求

（1）混凝土的搅拌

第一，混凝土搅拌选用加热水的方法，80℃ 以上的热水不得与水泥直接接触，而是先将热水与骨料拌和而后掺入水泥搅拌混凝土，以避免水泥假凝，混凝土搅拌的时间不得少于 3min。

第二，必要时对搅拌机周围进行防护，并进行通暖保温。

（2）混凝土的养护

第一，混凝土浇筑完成后马上用塑料布覆盖保持水分，同时在塑料布外侧覆盖保温被进行保温，保温被的覆盖应整齐、严密，使混凝土温度不至于下降过快，避免混凝土冻害的发生。

第二，适当延长混凝土养护的时间，以不少于15天为宜。

第三，加做两组混凝土同条件试块放在现场环境中，以便随时了解同条件下混凝土的抗压强度。

参考文献

[1] 赵军生.建筑工程施工与管理实践[M].天津：天津科学技术出版社，2022.

[2] 林环周.建筑工程施工成本与质量管理[M].长春：吉林科学技术出版社，2022.

[3] 张立华，宋剑，高向奎.绿色建筑工程施工新技术[M].长春：吉林科学技术出版社，2022.

[4] 胡广田.智能化视域下建筑工程施工技术研究[M].西安：西北工业大学出版社，2022.

[5] 贾炳，娄全，彭荣富.建筑工程施工安全性综合评价与应急管理研究[M].哈尔滨：东北林业大学出版社，2022.

[6] 肖义涛，林超，张彦平.建筑施工技术与工程管理[M].北京：中华工商联合出版社，2022.

[7] 王保安，樊超，张欢.建筑施工组织设计研究[M].长春：吉林科学技术出版社，2022.

[8] 李树芬.建筑工程施工组织设计[M].北京：机械工业出版社，2021.

[9] 何相如，王庆印，张英杰.建筑工程施工技术及应用实践[M].长春：吉林科学技术出版社，2021.

[10] 子重仁.建筑工程施工信息化技术应用管理研究[M].西安：西北工业大学出版社，2021.

[11] 张志伟，李东，姚非.建筑工程与施工技术研究[M].长春：吉林科学技术出版社，2021.

[12] 胡群华，刘彪，罗来华.高层建筑结构设计与施工[M].武汉：华中科技大学出版社，2022.

[13] 戚军，张毅，李丹海.建筑工程管理与结构设计[M].汕头：汕头大学出版社，2022.

[14] 滕凌.建筑构造与建筑设计基础研究[M].长春：吉林科学技术出版社，2022.

[15] 蒲娟，徐畅，刘雪敏.建筑工程施工与项目管理分析探索[M].长春：吉林科学技术出版社，2020.

[16] 王懿，龙建旭，潘金和，等.建筑结构[M].北京：北京理工大学出版社，2022.

[17] 路明.建筑工程施工技术及应用研究[M].天津：天津科学技术出版社，2020.

[18] 胡铁明 . 高层建筑施工 [M].3 版 . 武汉：武汉理工大学出版社，2020.

[19] 李玉萍 . 建筑工程施工与管理 [M]. 长春：吉林科学技术出版社，2019.

[20] 杨莅滦，郑宇 . 建筑工程施工资料管理 [M]. 北京：北京理工大学出版社，2019.

[21] 王炜，张力牛，陈芝芳 . 建筑工程施工与质量安全控制研究 [M]. 北京：文化发展出版社，2019.

[22] 王君峰，杨万科，王清海，等 . 建筑结构 BIM 设计思维课堂 [M]. 北京：机械工业出版社，2023.

[23] 刘静，王刚，徐立丹，等 .BIM 技术施工应用 [M]. 成都：西南交通大学出版社，2023.

[24] 张瑞云，朱永全 . 地下建筑结构设计 [M]. 北京：机械工业出版社，2021.

[25] 李英民，杨溥 . 建筑结构抗震设计 [M].3 版 . 重庆：重庆大学出版社，2021.

[26] 李云峰，郭道盛，张增昌 . 高层建筑结构优化设计分析 [M]. 济南：山东大学出版社，2021.

[27] 熊海贝 . 高层建筑结构设计 [M]. 北京：机械工业出版社，2021.

[28] 王光炎，吴迪 . 建筑工程概论 [M].2 版 . 北京：北京理工大学出版社，2021.

[29] 陈涌，窦楷扬，潘崇根 . 建筑结构 [M]. 哈尔滨：哈尔滨工业大学出版社，2021.

[30] 杨胜炎 . 建筑工程测量 [M]. 北京：北京理工大学出版社，2021.